U0681232

海洋动力环境卫星基础理论与工程应用

蒋兴伟　编著

海洋出版社

2014 年·北京

图书在版编目（CIP）数据

海洋动力环境卫星基础理论与工程应用/蒋兴伟编著. —北京：海洋出版社，2014.1
ISBN 978 - 7 - 5027 - 8744 - 8

Ⅰ.①海… Ⅱ.①蒋… Ⅲ.①卫星遥感 - 应用 - 海洋环境 - 研究 Ⅳ.①X21

中国版本图书馆 CIP 数据核字（2013）第 275016 号

责任编辑：苏　勤
责任印制：赵麟苏

海洋出版社　出版发行

http://www.oceanpress.com.cn
北京市海淀区大慧寺路 8 号　邮编：100081
北京旺都印务有限公司印刷　新华书店北京发行所经销
2014 年 1 月第 1 版　2014 年 1 月第 1 次印刷
开本：889mm×1194mm　1/16　印张：20.5
字数：560 千字　定价：126.00 元
发行部：62132549　邮购部：68038093　总编室：62114335
海洋版图书印、装错误可随时退换

《海洋动力环境卫星基础理论与工程应用》
主要编写人员

主　编：蒋兴伟

副主编：林明森　张有广

参与编写人员（按姓氏笔画排序）

马超飞	王其茂	王振占	王晓慧	王家松
王　睿	兰友国	朱　骏	刘　廷	孙从容
李　敏	吴奎桥	吴　斌	邹巨洪	张　欢
张　强	张　颖	张　毅	陈建荣	邵云明
范陈清	周旭华	周　武	赵齐乐	钟世明
钟　敏	施　闯	祝开建	贾永君	高　凡
郭　向	黄　磊	彭海龙	彭碧波	曾　光
解学通				

序
Preface

　　蒋兴伟博士新著《海洋动力环境卫星基础理论与工程应用》的问世，无论从海洋遥感信息探测机理、工程实践和数据服务等方面，还是从全球海洋观测系统能力建设方面，都是一部前沿、开拓创新和应用服务的力作，是又一项十分可贵的重大成果。

　　在过去的 20 多年中，海洋观测卫星在数量和种类上都有了很大的发展。这种发展结合越来越多国家发射的海洋卫星，极大地加深了我们对海洋和大气特性的了解。我国在成功发射海洋水色（HY－1A/B）卫星的基础上，随着我国第一颗海洋动力环境（HY－2A）卫星的上天，雷达高度计的测高在我国实现了厘米量级的海面高度测量，微波散射计海面测风技术实现了我国全年热带风暴的全部实况观测，被动微波辐射计的上天提供了不受云影响的海面温度的观测，这些都是海洋动力环境卫星带来的重大进展，也是我国海洋卫星的里程碑式的工作。

　　作者为我国海洋动力环境卫星的发展做出了艰苦的努力，针对我国自主技术条件下，在主被动微波载荷的需求与指标、精密定轨方案、数据处理技术和产品应用方面进行了深入的研究和论证，组织了工程实施，实现了工程的总体目标，取得了一系列的创新研究成果，使我国卫星海洋遥感技术上了新的台阶，为我国实现海洋强国提供了强大的技术支撑。

　　本书内容丰富，既有海洋现象的遥感成像机理和解读，也有工程实现的方案和技术，是对整个 HY－2A 卫星工程的很好总结和提升，是广大海洋遥感工作者必不可少的珍贵资料。

　　该书的出版将对我国海洋遥感监测技术的应用和发展起到极大的推动作用。祝愿我国的海洋卫星事业有力展翅腾飞！

姜景山

2013 年 12 月于北京

前 言
Foreword

海洋是生命的摇篮，也是实现可持续发展的重要资源宝库。沿海国家对海洋的重要性认识越来越高，加强对海洋的观测和认识，研究海洋与大气的相互作用，应对全球变化，准确预报海洋灾害，科学探测和合理开发利用海洋资源，科学保护海洋环境，有效保障国家安全和维护国家海洋主权与权益，成为沿海国家的重要任务。海洋也是各沿海国家激烈竞争的重要领域。

海洋卫星和卫星遥感海洋应用掀起了观测和认识海洋的第二次浪潮。在经历了长时期的利用船舶、岸站和水面技术对海洋的调查、监测和观测之后，海洋卫星观测带动海洋观测进入了海面与空中结合的立体观测时代，从空间、海面、水中、沿岸对海洋环境进行多平台多层次的长时序连续观测，显著提高了对海洋的观测能力，增强了对海洋的认识，提高了海洋灾害预报能力和对海上生产作业、军事活动、旅游娱乐的海洋环境保障能力，支持了海上国防建设。

发展海洋经济，打牢海洋科学基础，提高防灾减灾水平，急需大力发展海洋动力环境卫星业务化应用。"十五"、"十一五"期间，HY-1A、HY-1B 水色卫星业务化运行填补了我国海洋卫星遥感的空白。目前，保持 1 颗 HY-1B 水色卫星在轨运行，并建立了以海洋卫星为主要数据源的海冰、赤潮、绿潮、水质、海温、大洋渔场环境、海岸带环境监测业务示范系统。"十二五"期间，我国自主研制的海洋动力环境卫星（HY-2A）在轨运行，具备了高精度卫星测高、测风和被动微波测量功能，达到国外同类卫星遥感器的观测水平。但尚需在海洋防灾减灾、公益服务、海洋资源开发、极地科考、大洋开发、全球环境监测、应急监测等方面加强业务化应用能力。

HY-2A 卫星于 2007 年 1 月正式立项，2011 年 8 月发射成功，对海洋动力环境参数风、浪、流、潮和海表温度进行实时监测。我国已经具备了海洋卫星总体技术、地面应用系统和卫星业务试验应用的能力和条件。

未来 5~10 年是我国国民经济和社会发展的重要时期，海洋对解决资源和环境瓶颈、拓展经济社会发展空间、保障国家安全等将起到越来越重要的作用。我国已进入大规模、高强度、多种类开发利用海洋的阶段，但也面临着对海洋缺乏全面深入的认识、海上安全保障不足、海上事件应急能力较弱等问题；因此，大尺度、全方位认识和监控海洋，维护海洋开发环境安全，保障国家海洋权益等，是国家今后一段时期的迫切需求。建立后续的海洋动力环境卫星及相适应的地面系统，扩大海洋动力环境卫星应用领域和范围，能够显著提高我国海洋的监控能力，保障我国的海洋经济社会可持续发展，提高我国在世界海洋领域中的地位。

本书分为4篇。第1篇介绍HY-2A卫星遥感基础理论，包括雷达高度计、微波散射计和微波辐射计的观测原理；第2篇介绍HY-2A卫星工程，包括卫星系统组成、工作原理、运行轨道和系统指标以及地面系统组成、主要任务、功能和技术指标；第3篇为HY-2A卫星的工程实施，包括卫星系统、地面系统和精密定轨系统的实施方案；第4篇介绍HY-2A卫星数据的具体应用。

本书是海洋卫星地面系统设计师队伍和管理人员的必读教材。也可供从事航天工作和海洋研究的科技人员、管理人员以及大学遥感专业的教学和科研参考。

由于编者水平有限，时间仓促，书中难免出现谬误之处，恳请读者批评指正。

编著者

2013 年 10 月

目 次

海洋动力环境卫星基础理论与工程应用

第2篇 HY－2A卫星工程概述

第3篇 HY－2A卫星工程实施方案

第4篇　HY‑2A 卫星工程应用

附　录

第1篇　海洋动力环境卫星遥感基础理论

第1章 雷达高度计观测原理

1.1 背景

卫星雷达高度计经过 40 年的发展，大致经历了从探索、试验到应用研究及业务使用阶段的发展历程。在高度计发展的探索阶段，首先是美国利用搭载在 Apollo 14 上的高度计对月球进行了探测，随后是 1973 年美国 Skylab 飞船上的高度计对地球的观测。在探索阶段，高度计的观测精度非常低，Skylab 的测高精度约为 1 m，测波精度为 1~2 m。因此，很难满足海洋应用的需要。

自 Skylab 之后，各国相继发展了多颗雷达高度计卫星。第一颗雷达高度计卫星 GEOS - 3 在 1975 年 4 月发射，测高精度为 0.25~0.5 m。GEOS - 3 的主要任务是确定地球重力场和描绘全球海面的变化。该卫星为确定海洋学和地球动力学参数提供了 3 年有效数据，获取的大量高质量的数据使人们的注意力从试验阶段转向了应用阶段。美国在 1978 年发射的 Seasat 卫星上搭载的高度计测高精度达到了 10 cm 左右，径向轨道误差为 150 cm。但是，由于电池故障，Seasat 高度计只工作了 3 个月。在运行的第一个月中，Seasat 地面轨迹的精确重复周期为 17 天，然后以 3 天的重复周期运行。它是第一个能提供全球海面变化信息的高度计。Seasat 高度计证明了采用遥感技术可以在全球范围内测量海面温度、海面风速、流、潮汐等水文气象要素的能力。1985 年美国海军发射了 Geosat 高度计卫星，从开始运行到 1986 年 6 月这段时间，Geosat 按照非精确重复轨道运行，执行测地任务（GM）；从 1986 年 9 月开始按照 17 天的精确重复周期运行（ERM）。该卫星是一颗测地卫星，测高精度为 5 cm、径向轨道误差为 10 cm。它的首要任务是精确确定全球的海洋重力场和平均海平面。欧空局于 1991 年 7 月发射了欧洲第一颗遥感卫星 ERS - 1，它的测高精度 2~3 cm。该卫星的任务是获取全球海浪、海面风场、大洋环流和全球的平均海面变化等信息。美、法在 1992 年 8 月联合发射了海洋地形卫星 TOPEX/Poseidon（T/P），它的测高精度达到 1.7 cm。这颗卫星的任务就是精确确定全球海面动力地形，增进人们对全球海洋现象的认识。由于卫星测高对海洋学、地球物理学和测绘学等学科具有重要的意义，因此美国和欧空局分别发射了一些卫星的后继星，如：Geosat 的后继星 Geosat follow on - 1（GFO - 1），它由美国海军 1998 年 2 月 10 日发射，按照与 Geosat 同样的重复轨道运行；ERS - 1 的后继星 ERS - 2，它的任务同 ERS - 1；ERS - 2 的后继星 Envisat；T/P 的后继星 Jason - 1 和 Jason - 2。

我国在 2002 年 12 月 30 日发射了 Shenzhou - 4 飞船（简称：SZ - 4），在上面搭载了我国自行研制的多模态微波传感器，其中包括：高度模态（简称：高度计）、辐射模态和散射模态。SZ - 4 飞船高度计的主要任务是观测全球的有效波高、海面风速和海面高度。SZ - 4 的成功发射，对仪器实现了功能体制的验证，为 HY - 2A 卫星雷达高度计的研制和数据处理等方面奠定了技术基础。

2011 年 8 月 16 日，我国发射了 HY - 2A 卫星，星上搭载的卫星雷达高度计成功实现了对海面高度、有效波高和海面风速等全球海洋动力环境要素的观测，各项观测指标均达到国外同类卫星的观测水平。

1.2 雷达高度计脉冲与平坦海面的相互作用

Moore 和 Williams（1957）通过实验证明了雷达高度计接收的海面平均回波功率和海洋表面特性之间的相互关系，证明雷达接收的海面平均回波功率可以用一个卷积的形式表示，即认为海面的平均回波功率可以表示为发射脉冲的功率与包括散射系数、天线增益等参数在内的表达式的卷积。这个理论经过 Barrick（1972），Hayne（1980）等人的完善，得出了一个在数学和物理上都清晰的卷积模型，即将海面的平均回波功率 $P_r(t)$ 表示为：平均海平面的冲激响应 $P_I(t)$ 与雷达系统点目标响应 $S_r(t)$ 的卷积，其中平均海平面的冲激响应 $P_I(t)$ 又可以表示为平坦海面的冲激响应 $P_{FS}(t)$ 与海面散射元的高度概率密度函数 $q_s(t)$ 的卷积，这样海面的平均功率 $P_r(t)$ 用公式表示为：

$$P_r(t) = P_{FS}(t) * q_s(t) * S_r(t) \tag{1-1}$$

1.2.1 海面冲击响应

对于平坦的海面，根据雷达方程雷达回波可以表示为：

$$P_{FS}(t) = \int_{雷达照射面积A} \frac{\lambda^2 P_T\left(t - \dfrac{2r}{c}\right) G^2(\theta,\omega)}{(4\pi)^3 r^4 L_p} \sigma^0(\psi,\phi) \mathrm{d}A \tag{1-2}$$

式中，$P_T\left(t - \dfrac{2r}{c}\right)$ 表示延迟了 $2r/c$ 时间以后的发射脉冲的平均功率波形；c 表示光速；λ 表示脉冲波长；L_p 表示大气的传输损耗；r 表示海面散射元 $\mathrm{d}A$ 到雷达天线的距离；A 表示雷达天线的海面照射区面积；$G(\theta,\omega)$ 表示雷达天线的增益；$\sigma^0(\psi,\phi)$ 表示海面的后向散射系数；θ,ω,ψ 和 ϕ 为角参数。

由于星载雷达高度计天线的波束宽度以及发射脉冲都较窄，可以假设雷达天线的增益 $G(\theta,\omega)$ 与 ω 无关，同时假设雷达在小角度的照射范围内 σ^0 为常数，如果用冲击函数 $\delta(t)$ 代替式（1-2）中的发射脉冲功率 $P_T(t)$，那么式（1-2）可以表示为：

$$P_{FS}(t) = \frac{G_0^2 \lambda^2}{(4\pi)^3 L_p H^4} \int_0^\infty \int_0^{2\pi} \frac{\delta\left(t - \dfrac{2H}{c}\sqrt{1+\varepsilon^2}\right)}{(1+\varepsilon^2)^2} \sigma^0(\psi) \times$$

$$\exp\left[\frac{4}{\gamma}\left(1 - \frac{\cos^2\zeta}{1+\varepsilon^2}\right) + b + a\cos(\tilde{\phi} - \phi) - b\sin^2(\tilde{\phi} - \phi)\right]\rho \mathrm{d}\phi \mathrm{d}\rho \tag{1-3}$$

其中

$$\begin{cases} \varepsilon = \rho/H \\ a = \dfrac{4\varepsilon}{\gamma}\dfrac{\sin 2\zeta}{1+\varepsilon^2} \\ b = \dfrac{4\varepsilon^2}{\gamma}\dfrac{\sin^2\zeta}{1+\varepsilon^2} \end{cases} \tag{1-4}$$

式（1-4）经过进一步简化为：

$$P_{FS}(\tau) = A \cdot \exp(-\alpha\tau) \cdot I_0(\beta\tau^{1/2}) \cdot U(\tau) \qquad (1-5)$$

其中

$$U(\tau) = \begin{cases} 1, & \tau \geqslant 0 \\ 0, & \tau < 0 \end{cases}$$

为单位阶跃函数；$I_0(.)$ 为第二类零阶 Bessel 函数；ψ_0 由下式求得

$$\tan\psi_0 \approx \sqrt{\frac{c\tau}{H}} \qquad (1-6)$$

对于粗糙海面，海面的平均冲激响应 $P_I(t)$ 是平坦海面的冲激响应 $P_{FS}(\tau)$ 与海面散射元的高度概率密度函数 $q(t)$ 两者的卷积，即

$$P_I(\tau) = P_{FS}(\pi) * q(\tau) = \int_0^\infty P_{FS}(t)q(\tau-t)\mathrm{d}t \qquad (1-7)$$

假定海面散射元的高度概率密度函数 $q(t)$ 服从高斯分布

$$q(t) = \frac{1}{\sqrt{2\pi}\sigma_s}\exp\left(-\frac{\tau^2}{2\sigma_s}\right) \qquad (1-8)$$

并且海面散射元的高度概率密度函数 $q(t)$ 与平坦海面冲激响应 $P_{FS}(\tau)$ 的标准偏差相比很小，这样式（1-7）可以表示为

$$P_I(\tau) \approx \begin{cases} P_{FS}(0)\int_0^\infty q(\tau-t)\mathrm{d}t, & \tau < 0 \\[2mm] P_{FS}(t)\int_0^\infty q(\tau-t)\mathrm{d}t, & \tau \geqslant 0 \end{cases} \qquad (1-9)$$

将式（1-8）代入式（1-9）得：

$$P_I(\tau) \approx \begin{cases} P_{FS}(0)\left[1 + \mathrm{erf}\left(\dfrac{\tau}{\sqrt{2}\sigma_s}\right)\right]/2, & \tau < 0 \\[3mm] P_{FS}(\mathrm{t})\left[1 + \mathrm{erf}\left(\dfrac{\tau}{\sqrt{2}\sigma_s}\right)\right]/2, & \tau \geqslant 0 \end{cases} \qquad (1-10)$$

其中 erf（.）为误差函数，$P_{FS}(0)$ 为

$$P_{FS}(0) = \frac{G_0^2\lambda^2 c\sigma^0(0)}{4(4\pi)^2 L_p H^3} \qquad (1-11)$$

1.2.2　海面的平均回波功率

假定式（1-11）中雷达系统点目标响应 $S_r(t)$ 可用高斯函数来近似，那么

$$S_r(\tau) = \frac{P_T}{\sqrt{2\pi}\sigma_r}\exp\left(-\frac{\tau^2}{2\sigma_r^2}\right) \qquad (1-12)$$

式中，σ_r 为点目标响应的 3 dB 时宽，即

$$\sigma_r = 0.425T = \frac{T}{\sqrt{8\ln 2}} \qquad (1-13)$$

T 为雷达发射脉冲的 3 dB 时宽；P_T 为雷达发射的峰值功率。0.425 是将实际的发射脉冲波形用 Gauss 型函数的波形拟合时的一个常数。

这样根据式（1-1），海面的平均回波功率 $P_r(t)$ 最终表示为

$$P_r(\tau) = \frac{P_T G_0^2 \lambda^2 c \sigma^0(0)}{4(4\pi)^2 L_p H^3} \frac{\sqrt{2\pi}\sigma_r}{} \left[1 + \mathrm{erf}\left(\frac{\tau}{\sqrt{2}\sigma}\right)\right] \bigg/ 2 \cdot \begin{cases} 1, & \tau < 0 \\ \exp\left(-\frac{4c}{\gamma H}\tau\right), & \tau \geqslant 0 \end{cases} \quad (1-14)$$

1.3 波浪对雷达高度计回波的影响

当海面有波浪时会有 3 方面的因素对雷达的回波造成影响，分别是海面粗糙度、浪高和海面的随机特性。首先，当风速增加时海面的粗糙度增加，天线接收的能量更多地被海面散射并且导致回波波形后沿高度随着风速的增加而减小。其次，由于海面的散射特性，使得图 1-1 中的理想波形中有随机噪声，应通过平均的方法进行消除（Chelton et al.，2001b）。最后，海面浪高的增大使脉冲回波前沿的斜率变小，如图 1-1 所示，从回波脉冲前沿的斜率可进一步获取有效波高（$H_{1/3}$）的信息。

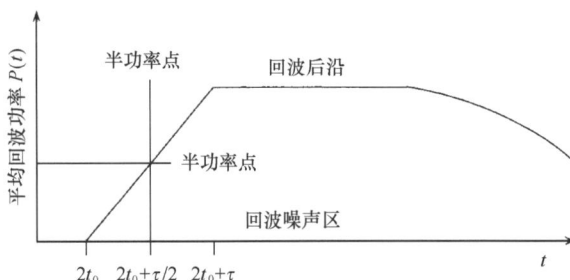

图 1-1 平坦海面平均回波功率随时间的变化

图中表示出了半功率点的位置；横轴为时间

1.3.1 海面粗糙度和 U 与雷达回波的关系

对于天底指向观测的雷达，如图 1-1 所示，海面粗糙度的增加和均方波陡随 U 增大而 $P(t)$ 减小。如果忽略随机信号部分，图 1-2 为与风速相关的回波波形，其中 $P(t)$ 随风速 U 的增大而减小，回波后沿高度降低，但脉冲波形的上升时间保持不变。以上是海面粗糙度对回波波形的影响，同样海浪也会造成上述影响，这为风速算法的确定提供了理论基础（Chelton et al.，2001b，第七部分）。天底指向角也会造成回波后沿高度的变化，所以以由海面回波反演风速 U 时需要考虑天线姿态的影响。同样，由于海面粗糙度与降雨对回波的衰减相关，这会产生一个假的风速信号，因此降雨必须确认，并将受影响的回波数据去除。此外，回波后沿的高度受风速影响，这说明高度计电子器件的特性以及测高反演精度都同样与风速有关。根据下节内容，由于高度计电子器件的线性特点，回波的增益通过星上调节，回波的增益也称为自动增益控制（AGC），为的是在测量时保证回波后沿的高度为常数，此时回波后沿高度仅取决于风速 U。

1.3.2 自动增益控制（AGC）和脉冲平均

随机的波浪场会造成回波脉冲中带有噪声。为了减少这些噪声，AGC 能够帮助实现这个

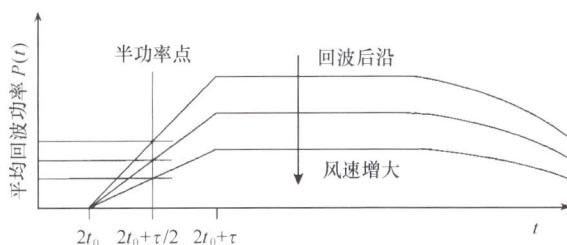

图 1 - 2　回波后沿高度随着风速的变化

功能。首先，调整单个回波脉冲的指向角，然后在足够长的时间内对波形平均。图 1 - 3 模拟的回波脉冲，当用于平均的回波数量增加时，回波可达到图 1 - 1 所示的理想波形。AGC 然后调节平均脉冲波形后沿的高度，保证它为常数。AGC 调节值被传送到地面用于估算 σ^0 和 U。半功率点通过脉冲回波的前沿来确定。对于 T/P 高度计来说，传输和接收的脉冲回波是每秒 4 000 个，在卫星上数据作了 50 ms 脉冲回波的平均。根据海洋应用的需要，在地面处理中还要对数据进行 1 s 的平均（Chelton et al.，2001b）。对于平坦的海面，海面足印沿轨迹方向约为 9 km，垂直轨迹方向为 3 km。在波浪条件下，雷达脉冲照射到海面的足印面积随着浪高的增大而增大。

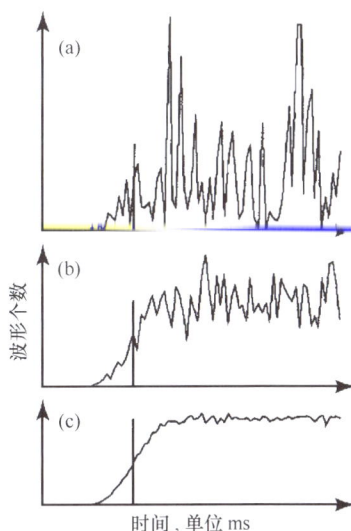

（a）单个回波；（b）25 个回波平均；（c）1 000 个回波平均。（Townsend，McGoogan & Walsh，1981）

图 1 - 3　模拟的 $H_{1/3}$ = 10 m 波高的脉冲回波

1.3.3　波浪的影响

海洋波浪对雷达回波的影响表现在脉冲照射足印和回波波形前沿的上升时间两方面。对于雷达高度计来说，波浪的振幅用有效波高 $H_{1/3}$ 表示。根据 T/P 高度计的观测，$H_{1/3}$ 一般为 3 m；每月 $H_{1/3}$ 最大的平均值约为 12 m；$H_{1/3}$ 最大的瞬时值是 15 ~ 20 m（Lefevre & Cotton，2001）。脉冲遇到海面波浪的情况如图 1 - 4 所示。由于波浪的出现，高度计最先接收到脉冲

的时间表示为:

$$t_1 = t_0 - H_{1/3}/2c \qquad (1-15)$$

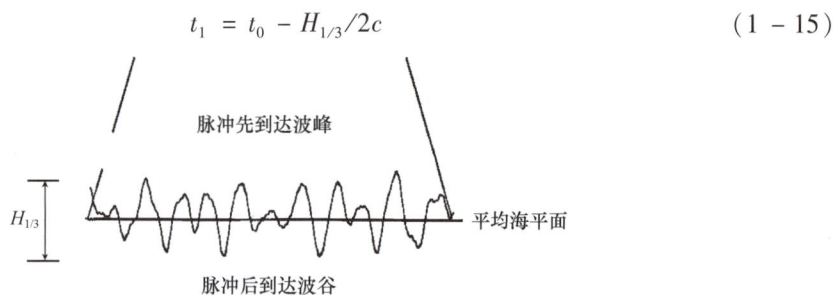

图 1-4 波浪条件下脉冲的传播示意

表 1-1 有效波高 $H_{1/3}$ 与脉冲足印面积和直径的关系,以及脉冲
1 s 平均后脉冲在轨道方向和垂直轨道方向上的足印面积

$H_{1/3}$ /m	A_{max} /km²	直径 /km	足印面积 /km × km
0	8	3.2	9 × 3
3	34	6.5	12 × 6
6	59	8.7	15 × 9
15	134	13	19 × 13

与之类似,在天底点雷达天线最后接收到脉冲的时间为:

$$t_2 = t_0 + H_{1/3}/2c + \tau \qquad (1-16)$$

与平坦海面的情况类似,在 $t_1 < t \leqslant t_2$ 时,足印是圆盘形,且面积随着时间线性增加;在 $t > t_2$ 时,足印成为环形,脉冲最大照明区域 A_{max} 可以表示为:

$$A_{max} = 2\pi h(c\tau + H_{1/3}) \qquad (1-17)$$

式 (1-17) 表明 A_{max} 随着 $H_{1/3}$ 线性增加,对于 T/P 来说,$c\tau$ 约为 1 m,当 $H_{1/3} = 3$ m 时,A_{max} 是平坦海面情况下的 4 倍。表 1-1 列出了 A_{max} 与 $H_{1/3}$ 的对应关系,以及相应的直径和 1 s 平均后的沿轨道与垂直轨道方向的足印面积。当 $H_{1/3}$ 由 0 增加到 5 m 时,脉冲足印的最大面积 A_{max} 也相应地由 3 km 增加到 13 km,此时仍小于 Ku 波段高度计 26 km 的足印直径。在 $H_{1/3} = 3$ m 时,足印是 12 km × 6 km,而在南极汇流圈这样有大浪的区域足印面积达到 20 km × 15 km。这表明大浪的出现增加了海面脉冲足印面积,并限制了高度计空间分辨率的提高。

图 1-5 中比较了平静海面与有波浪两种情况下的回波波形,由图中看出,当波浪出现时,波形的上升时间长且斜率较小。尽管出现上述变化,通过 AGC 的调节可使两种情况下波形后沿高度和半功率点位置保持一致。因此,在平静海面下适用的方法同样适用于有波浪时脉冲往返时间的反演。根据 $H_{1/3}$ 与斜率的反比关系可以用来反演全球的有效波高场,并能够进一步分析 $H_{1/3}$ 的季节变化。

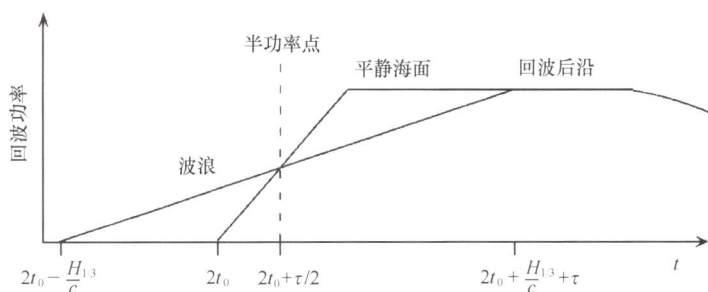

图 1 - 5　平静海面和波浪条件下回波波形

1.4　海面高度反演中的误差源

在本章 1.4.1 节到 1.4.5 节中将介绍海面高度反演中的误差源，这些误差源包括 4 个方面：高度计仪器噪声、大气误差、海况偏差和轨道误差。1.4.4 节中对全部这些误差源做了统计，得到 T/P 和 Jason - 1 高度计的测高误差分别是 4.1 cm 和 2.5 cm。1.4.5 节讨论了大气逆压效应和海洋潮汐，它们会造成海面高度的变化，进而会为地转流的反演带来误差。大地水准面的不确定性也是测高中的一个误差源，因此在 1.4.6 节中讨论了用于确定大地水准面短波长部分的重力测量任务。

1.4.1　高度计仪器噪声

在 Fu 等（1994）的工作中介绍了如何由高度计 10 s 回波的序列中采用谱分析法确定 T/P 高度计仪器噪声的方法。高度计仪器噪声随着 $H_{1/3}$ 的变化而变化，如 2 m $H_{1/3}$ 时高度计的仪器噪声是 17 mm。当 $H_{1/3}$ 增大时，噪声也增加，直到 $H_{1/3} > 3$ m 时，它将达到一个稳定值，20 ~ 25 mm。POSEIDON 与 TOPEX 高度计的仪器噪声相比，POSEIDON 高度计的仪器噪声略大。根据卫星发射前的数据得到 Jason - 1 高度计的仪器噪声是 ± 15 mm（Jason - 1 仪器噪声的估计通过卫星海洋文档、验证和数据分发机构（AVISO）的数据得到，网址是：（http：//www. jason. oceanobs. com/html/portail/general/welcome_ uk. php3）。

1.4.2　大气误差

大气误差源包括 3 部分：干对流层、湿对流层和电离层。干对流层指全部对流层中除了水汽和液水的气体；湿对流层是指水汽和云液态水；电离层是指自由电子。

1）干对流层

干对流层造成的测高路径延迟与海面大气质量有关或等于海面压强的变化，每 100 Pa 的压强造成 2.7 mm 路径延迟。干对流层的校正要用到欧洲中期天气预报（ECMWF）中心的海面压强数据。T/P 和 Jason - 1 基于 ECMWF 的压强数据计算得到的干对流层测高路径延迟的误差是 7 mm（Chelton et al. , 2001b）。

2）湿对流层

湿对流层路径延迟取决于大气水汽含量 V，对于 V 来说，通过 T/P 卫星微波辐射计 TMR 与陆基的辐射计和探空气球的测量结果比较显示：利用 TMR 测量的 V 计算路径延迟带来的误差是 11 mm（Fu et al.，1994）。利用 Jasan - 1 卫星微波辐射 JMR 反演的结果与 TMR 有相同的精度，TMR 和 JMR 以及双频高度计能识别降雨的发生，可为数据处理提供降雨标识。

3）电离层

T/P 和 Jason - 1 电离层路径延迟通过双频高度计进行校正，其误差为 5 mm。对于在 T/P 上的 POSEIDON 单频高度计电离层路径延迟，通过双频 DORIS 提供的电离层信息来校正。利用 DORIS 数据计算得到的高度计电离层路径延迟存在系统误差，约为 17 mm，或者约 3 倍于 T/P 校正值的误差。

1.4.3 海况偏差

海况偏差由海洋波浪造成。它分为两部分：一部分是电磁偏差（EM），它是雷达脉冲到达海面后，波峰和波谷对脉冲的反射程度不同，造成对平均海面高度的确定出现误差；另一部分是跟踪或偏斜偏差，它是由星上跟踪器确定的半功率点位置造成对海面高度估计偏低的误差。这两部分合称为海况偏差。偏斜偏差可以通过数据的后处理来校正；电磁偏差在数据处理中不能完全消除（Chelton et al.，2001b）。

1）电磁偏差

在波浪条件下，EM 偏差是由于波谷比波峰更多的反射了脉冲，因此平均反射面低于平均海面。电磁偏差受两个因素的影响：即波峰中的毛细结构和波高。对于前者波峰中的毛细结构散射了部分脉冲的能量，并造成平均反射面的降低；对于波高增大时，波谷展宽波峰变窄，展宽的波谷比波峰具有更好的反射特性，所以平均反射面被进一步降低。

通过实验证实 EM 偏差是负值，并且与 $H_{1/3}$ 近似呈线性关系，即为（2% ~ 3%）$H_{1/3}$，其中比例常数取决于地理位置和 U（Chelton et al.，2001b）。$H_{1/3}$ 的大小不断变化，这为 EM 的确定带来了很大误差。对于 $H_{1/3}$ 可看做由一系列正弦波组成，它最初由远处的风暴或者当地风暴产生的大振幅波浪激发。因此，EM 偏差不能由 $H_{1/3}$ 直接得到，只能根据利用雷达高度计数据反演的 $H_{1/3}$ 和 U 来部分参数化（Chelton et al.，2001b）。以 T/P 和 Jason - 1 为例，它们 EM 偏差的均方根误差等于 $H_{1/3}$ 的 1%。对于 $H_{1/3}$ = 2 m 的区域，EM 偏差在 40 ~ 60 mm 之间，且均方根误差为 ±20 mm（Fu et al.，1994）。这个误差很难消除，并且在量级上仅次于径向轨道的误差。

2）跟踪或偏斜偏差

海况偏差对星上高度计跟踪器的稳定性影响非常大，会造成对半功率点的跟踪出现漂移，所以跟踪器应附加一个负的补偿量，这个补偿量与 $H_{1/3}$ 成正比。在 $H_{1/3}$ = 2 m 时，T/P 的跟踪偏差约为 ±12 mm（Fu et al.，1994）；在 $H_{1/3}$ = 10 m 时，这个误差达到最大值约 ±40 mm（Chelton et al.，2001b）。跟踪或偏斜偏差属于仪器误差，它可以通过对波形进行重跟踪处理来消除。实际上，跟踪偏差很难从 EM 偏差中分离出来，所以这两者一般统称为海况偏差。

1.4.4 轨道误差

卫星轨道位置的不确定性是海面高度观测中的最大误差源。轨道误差与每条轨道的测量有关，并且这个误差与几百千米空间尺度上每月或更长时间的平均有关。T/P 每条轨道的均方根误差约为 2.5 cm，这里面包含了随机误差和系统误差（Chelton et al.，2001b），见表 1 - 2。每条轨道的误差能够通过时间和空间的平均来减小。

表 1 – 2　T/P 和 Jason – 1 高度计海面高度反演中的误差源统计

	T/P	Jason – 1
测高误差		
高度计仪器噪声	1.7 cm	1.5 cm
大气误差		
干对流层	0.7 cm	0.7 cm
湿对流层	1.1 cm	1.0 cm
电离层	0.5 cm	0.5 cm
海况偏差		
电磁偏差	2.0 cm	1.0 cm
偏斜偏差	1.2 cm	0.2 cm
以上误差平方和（rss）	3.2 cm	2.25 cm
径向轨道误差	2.5 cm	1.0 cm
全部海面高度测量误差平方和	4.1 cm	2.5 cm
风速/波浪精度		
风速	2.0 m/s	1.5 m/s
有效波高 $H_{1/3}$	0.2 m	5% 或 0.25 m[a]

注：[a] 取大者。

表中 T/P 的误差是通过对高度计的数据分析得到；Jason – 1 的误差是经过误差分析后得到的结果，这个结果是 Jason – 1 计划要达到的指标。

表中 T/P 数据来自文献 Chelton 等，2001b，表 11；Jason – 1 数据来自 AVISO，网址为：http：//www. jason. oceanobs. com/html/donnees/precision_ uk. html。

1.4.5　环境误差源

在海面高度的观测中除了地转流造成的高度变化外，海面高度同样还受海洋潮汐和大气逆压的影响而发生变化。潮汐是由于地球、月亮和太阳之间的相对运动造成的；大气逆压是海面压强的空间变化对海面高度的影响。上述因素造成的海面高度变化，在表 1 – 2 中没有列出。若要确定地转流，那么潮汐和大气逆压的影响必须去除。

1）潮汐

海洋潮汐具有不同的频率成分，其主要周期大约为半天或 1 天。潮汐还具有半月、月、年以及多年等长周期变化。潮汐能够使海面发生 1～3 m 的变化，除了大的海浪外，它对海面变化的影响最大（Wunsch & Stammer，1998）。在 T/P 卫星之前，潮汐模式主要依靠在海岸和岛屿附近的验潮站提供观测数据。在高度计对大洋潮汐的观测中，通过 T/P 观测和实测数据与潮汐数值模式结合使对潮汐各主要分潮振幅的确定精度达到 1 cm（Le Provost，2001）。基于潮汐模型大部分潮汐信号可以从高度计测高数据中去除，这能极大地改善地转流反演的精度。

2）大气逆压

大气逆压效应为时间尺度在两天以上时海面高度对海面压强空间变化的响应。海面压强空间上均匀的变化不影响海面高度。这里压强的变化一般指的是空间平均后的压强。海面压强的变化满足以下条件：压强每增加 100 Pa，海面高度降低 1 cm。大气逆压校正在开阔海域效果好，但在近海海域和湾流经过海域校正效果差。大气逆压和干对流层校正是海面压强的函数，但他们有本质的区别。干对流层校正不会造成海面高度的变化；大气逆压效则造成海面高度的变化。大气逆压校正与干对流层路径延迟校正类似，也使用 ECMWF 海面压强数据来校正。大气逆压校正的误差约为 300 Pa 或 3 cm 的高度变化（Chelton et al.，2001b）。

1.4.6　重力测量计划

了解海洋大地水准面和它相关的重力场方面的具体知识对反演绝对海面高度十分必要。本节将介绍 3 个重力测量计划，分别是：2000 年 7 月德国的 CHAMP 计划；2002 年 3 月的美/德 GRACE 计划和 2005 年的欧洲 GOCE 计划。利用以上重力测量计划可以精确确定海洋大地水准面，空间尺度约为 100 km。

CHAMP 是一颗非太阳同步轨道的卫星，轨道高度是 454 km。由于大气的拖曳，卫星的轨道慢慢开始下降。卫星使用非太阳同步轨道保证卫星能够观测每日的重力变化。CHAMP 使用 GPS 接收机来做连续的轨道跟踪和使用一个三轴加速计观测重力场。在 CHAMP 预计的 5 年工作寿命中，它的目标是确定地球重力场的长波长变化。

GRACE 由一对卫星组成，两者具有相同的太阳同步轨道，轨道间距 200 km，轨道高度是 500 km（具体见 http：//www.csr.utexas.edu/grace/）。GRACE 同样具有 5 年的寿命。卫星的位置和卫星间距通过 GPS 确定，并且一个微波测距系统测量卫星之间的距离，精度为 ±10 μm，或人头发直径的 1/10。GRACE 能够测量确定重力场及其变化，利用重力场的变化信息可以观测海流。

GOCE 是一颗太阳同步轨道的卫星，轨道高度 250 km。在 GOCE 两年的寿命中，测量地球重力场的空间尺度是 1 km。

上述 3 个重力测量计划的结合能大大改善海洋大地水准面的观测精度，在 100 km 的空间尺度上可达到 1 cm。结合卫星测高数据，利用改善后的大地水准面能确定 100 km 尺度的湾流和南极的绕极海流。如果大地水准面的观测精度能有效地得到改善，再重新对早期的高度计数据进行分析，可以极大地提高对海洋环流的研究水平。

1.5　国外同类雷达高度计

1.5.1　SKYLab 高度计

1973 年 5 月 14 日—11 月 16 日美国发射了 4 艘天空实验室（SKYLab）飞船，其中 SKYLab1 是无人飞船，SKYLab2-4 是载人飞船，这是美国第一次进行的载人飞船演习。演习项目有 17 项，其中一项是从天空观测地球。飞船上装载了 8 台地球观测器：多光谱摄像机（精度 9.14 m）、地球地形照相机（精度 3.35 m）、红外光谱仪、多光谱扫描仪（红外）、微波辐射计、微波散射计、雷达高度计及 L 波段辐射计，这些仪器安装在留轨舱中。

SKYLab 系列总共飞行了 171 天 13 小时，其中对地观测占 724.7 小时，获取了大量地球图像。其中光学遥感图像质量上乘。SKYLab4 留轨舱一直维持到 1979 年 11 月才坠落在印度洋。

对于雷达高度计而言，所进行的实验属功能性试验，探索今后改进测量精度的途径。由于高度计精度差，再加上在飞船条件下，轨道和姿态误差大，虽然对轨道误差做了部分校正，但大气传输和海况误差都没有补偿，所以测高精度差，大于 50 m。

1.5.2　Geos - 3 卫星高度计

在总结 SKYLab 实验经验的基础上，美国于 1975 年 4 月 9 日又发射了地球动力学和海洋卫星 Geos - 3，发射目的如下。

（1）设计、发展和发射一类测地卫星。

（2）开展测地卫星在地球科学，即固体地球物理学和海洋学的应用实验。

（3）测量参数：海面高度、有效波高和海面风速。

Geos - 3 卫星是一颗太阳同步圆形轨道极轨卫星，它是由 Johns Hopkins 大学应用物理实验室制造。星上装有一台雷达高度计，是由 GE 公司生产。此外星上还装有两套定轨设备，激光反射镜阵列和 Doppler 跟踪系统。

图 1 - 6　Geos - 3 卫星

Geos - 3 雷达高度计有窄脉冲（Short or Intensive Mode）和宽脉冲（Long or Global Mode）两种模式。数据产品由当时的美国国家海洋局（NOS）和国家测绘局（NGS）处理，由 NASA JPL 物理海洋学存档中心存档。

产品质量评估：

（1）测高精度为 5.30 m（窄）、3.55 m（宽）。

（2）误差来源：高度计仪器误差和轨道误差以及没有进行潮汐校正，大气传输校正后误差也较大，所以应用受限。

1.5.3　Seasat - A 卫星高度计

美国于 1978 年 6 月 28 日发射了世界上第一颗海洋卫星 Seasat - A。发射目的如下。

（1）了解海洋动力学现象。

（2）确定业务型海洋卫星的要求。

（3）探测参数包括海面拓扑、波浪场、内波、极地冰图、海面风场、海面温度、大气水汽、云/陆/水体区分等。

Seasat – A 卫星上探测器有 5 台，即：

（1）雷达高度计（ALT）。

（2）合成孔径雷达（SAR）。

（3）微波散射计（SASS）。

（4）多通道微波扫描辐射计（SMMR）。

（5）可见红外辐射计（VIRR）。

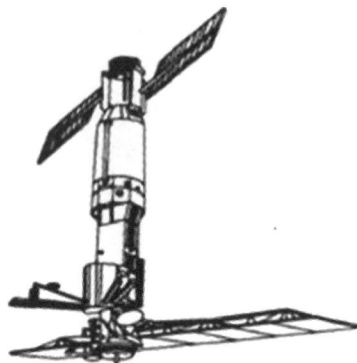

图 1 - 7　Seasat - A 卫星

此外，还有两套测定轨设备，激光反射镜阵列和 Doppler 跟踪系统。Seasat - A 卫星自 1978 年 6 月 26 日发射后，只运行了 109 天（1 502 轨道），于同年 10 月 9 日失效。Seasat - A 测高的主要仪器是雷达高度计，微波辐射计则提供大气水汽参数，可用于水汽误差校正。

1.5.4　Geosat 和 GFO - 1 卫星高度计

Geosat 是美国海军的卫星。Geosat 取自 Geodetic Satellite 的缩写，意是测地卫星。确切地说是一颗海洋测地卫星或海洋地形卫星。该卫星运行时间自 1985 年 3 月起至 1990 年 1 月为止，由于运行期间出现临时故障，实际有效时间为 3 年。GFO - 1（Geosat Follow On - 1）是 Geosat 的后继卫星。GFO - 1 于 1998 年 2 月发射，2008 年 11 月结束运行。GFO - 2（Geosat Follow On - 2）目前正处于设计阶段。Geosat 系列卫星是为海军业务服务的应用卫星系列，发射目的如下。

（1）为海军提供高度计测量数据，包括近岸海流、中尺度锋面和涡旋、海面动力地形。

（2）支持海军、NASA、NOAA 和大学的海洋科学研究。

Geosat 系列卫星上装有如下 2 台探测器。

（1）雷达高度计，Ku 波段。

（2）微波辐射计，22 GHz 和 37 GHz 波段，用作水汽辐射计，为高度计作水汽校正提供数据。

1.5.5　ERS - 1/2 卫星高度计

欧空局（ESA）分别于 1991 年 7 月和 1995 年 4 月发射了 ERS - 1 和 ERS - 2 欧洲遥感卫星，确切地说是海洋动力环境卫星，这是继美国于 1978 年 6 月发射的 Seasat 之后，世界上第二次发射这种类型卫星。发射目的如下。

图 1 – 8　Geosat 卫星

（1）对气候模式中海气相互作用模式进行改进。

（2）着重了解洋流及其能量传递过程。

（3）使两极冰盖体积平衡估计更可信。

（4）改善海岸动力过程和污染的监测。

（5）改进土地利用变化的测量和管理。

卫星探测参数包括海洋浪场、风场、海面高度、冰面拓扑、海面温度、云顶温度、水汽含量等。

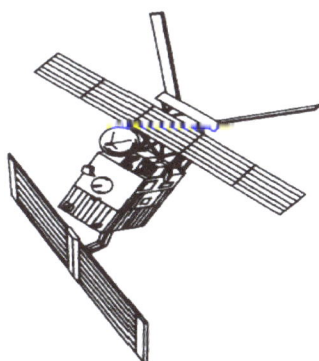

图 1 – 9　ERS 卫星

1.5.6　T/P 卫星高度计

T/P 卫星是美国和法国联合研制的雷达高度计卫星，1992 年 8 月 10 日用 Ariane 42P 火箭发射入轨，T/P 卫星发射目的如下。

（1）连续观测全球海面拓扑。

（2）观测全球海洋的季节变化。

（3）监测厄尔尼诺和其他大尺度现象。

（4）为洋流模型提供验证数据。

（5）上层水体热存储的年际变化。

（6）获得精确的全球潮汐图。

（7）增进对地球重力场的认识。

T/P 卫星上装的探测器有：

（1）双频雷达高度计（NASA）。

（2）单频固体雷达高度计（CNES）。

（3）多波段微波辐射计（NASA）。

此外，还有以下 3 套测定轨设备：

（1）激光反射器阵列。

（2）DORIS 双频跟踪系统（CNES）。

（3）GPS 接收机（NASA）。

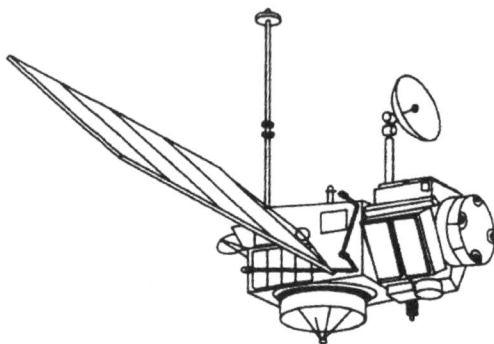

图 1-10 T/P 卫星

T/P 卫星上的激光反射器阵（Laser Retro - reflector Array，LRA），具有 192 个石英角反射器，装于高度计天线周围的两个同心环上。可利用分布在全球的地面激光跟踪站对卫星进行跟踪，使得跟踪准确度达到 3 cm。

1.5.7 Jason-1/2 卫星高度计

自从 1992 年 8 月 T/P 卫星发射以来，以及随后的一系列关于 T/P 卫星高度计系统性能的全面分析，T/P 任务科学工作组的工作目标转向 T/P 的后继计划 Jason 卫星系列。1993 年，CNES 和 NASA 同意合作研发 T/P 卫星后继星 Jason-1。T/P 任务成功的主要原因是努力优化系统，使仪器、卫星以及轨道参数都是为了完成任务目标而专门设计的。

T/P 的后继卫星是 2001 年 12 月 7 日美法联合发射的 Jason-1 卫星和 2008 年 6 月 20 日发射的 Jason-2 卫星。Jason-1/2 的设计与 T/P 类似，但它们的电子器件采用了小型化技术，与质量为 2 400 kg 的 T/P 相比其质量仅为 500 kg。Jason-1/2 与 T/P 的不同之处是仅装载了一个 POSEIDON-2 与 POSEIDON-3 高度计。这类高度计是在 SSALT 基础上发展的固态双频高度计，分别是 Ku 和 C 波段（13.575 GHz 和 5.3 GHz），其中双频的再次使用还是为了校正电离层路径延迟。关于精密定轨 POD，Jason-1 使用多普勒地球轨道和无线电定位系统（DORIS）和激光跟踪系统 SLR，如图 1-11 所示，激光跟踪系统 SLR 安装成截锥形与高度计天线相邻。Jason-1/2 还能通过两个独立的 turbo rogue 型 GPS 接收机（TRSR）来定位，不存在 GPS 的加密问题，卫星的定轨精度为 2~3 cm（Haines et al.，2002）。

关于大气校正，Jason-1 装备了微波辐射计（JMR），它是 3 个频段天底指向的微波辐射

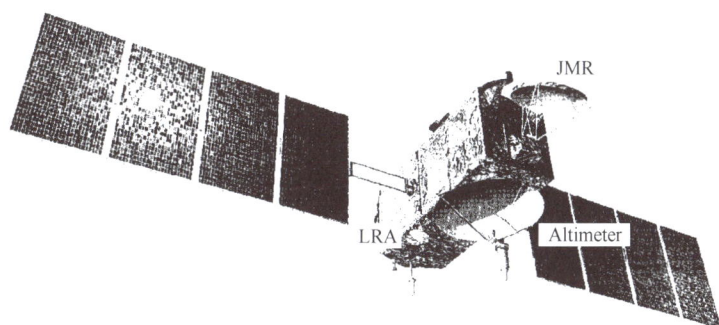

图 1 - 11　Jason - 1 卫星及其太阳能电池板

计，与 TMR 类似。JMR 工作频率是 18.7 GHz、23.8 GHz 和 34.0 GHz，在这方面与 TMR 有所不同。利用各个频段接收到的亮度温度可以计算出 V、L 和风速以及设置降雨标识。JMR 与 TMR 频率不同是考虑到了以下因素：第一，由 21.0 GHz 改变到 23.8 GHz 和 37.0 GHz 改变到 34.0 GHz 是为了减少高度计 5.3 GHz 的干扰；第二，由 18.0 GHz 改变到 18.7 GHz 是出于政治的考虑，以支持遥感频段建议的采纳（Fu and Anny，2001）。为了满足这种频率的变化，JMR 的算法已经作了修改。JMR 水汽反演的精度为 1.2 cm，这与 TMR 一致。

Jason - 1 在开始阶段与 T/P 有相同的轨道和地面轨迹，与 T/P 的观测具有连续性。在 Jason - 1 任务开始阶段，它与 T/P 轨道相同，两者前后相差 60 s 或 500 km。Jason - 1 与 T/P 保持共同轨道的时间约为 6 个月，这期间利用两星做交叉定标，对仪器进行标定。在定标结束后，T/P 变轨到与 Jason - 1 平行的轨道，位于 Jason - 1 相邻两条轨道的中间。在 T/P 任务结束之前，两个高度计的同步运行大大提高了对海洋观测的分辨率。由于 Jason - 1 轨道最初与 T/P 轨道一致，因此 Jason - 1 海上定标场使用了已有的美国 Harvest 定标场和法国科西嘉岛的定标场（位于地中海）。

1.5.8　CryoSat 高度计

CryoSat 是一颗为期 3 年，用于观测极地冰盖和海冰的雷达高度计卫星。它是一颗采用近圆形轨道的极轨卫星，卫星高度 720 km，倾角 92°（图 1 - 12）。Cryosat 采用重复周期为 369 天的轨道，并且轨道在赤道上的间隔为 7.5 km。DORIS 系统和激光反射阵列用于 CryoSat 轨道的确定（Phalippou et al.，2001）。

CryoSat 卫星上主要的仪器是 SAR 干涉雷达高度计（SIRAL）。SIRAL 由两个并排安装的椭圆形天线组成，由此形成距离向的干涉。天线尺寸为 1.15 m × 1.4 m，长轴平行于卫星轨迹。天线椭圆形设计的目的是为了容纳整流装置，以及距离向和方位向对不同波束宽度的需求。

SIRAL 工作频率为 Ku 频段，采用 3 种模式（Francis，2001）。第一种是低精度模式，此时 SIRAL 作为一个经典的单频雷达高度计，使用一根天线来发射和接收脉冲，其中 DORIS 系统提供电离层校正。传统脉冲有限模式将用来对海洋和粗糙的冰层进行观测。第二种模式为 SAR 模式，这是为了方位向获得好的分辨率，此时仪器使用一个天线来反射和接收 10 倍于低精度模式下的脉冲。SAR/Doppler 的处理是对沿迹方向的足印分为 64 个子面元。每个子面

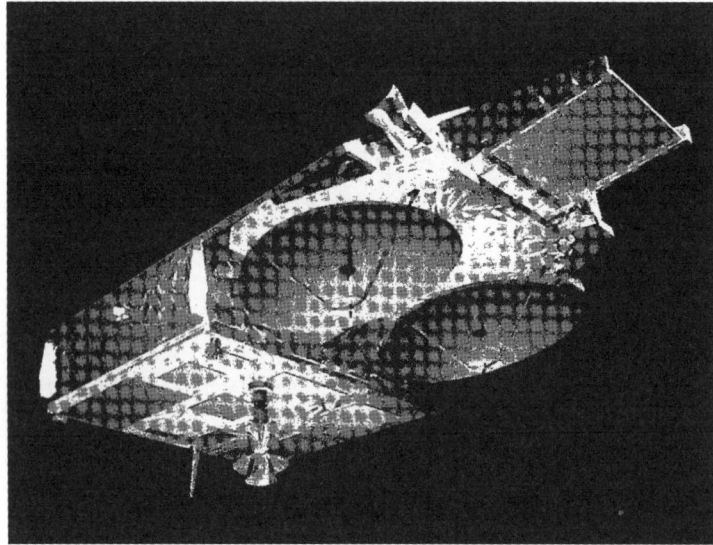

图 1 - 12　CryoSat 卫星

元在沿轨迹方向约为 250 m（这取决于地面的粗糙度）和距离向 15 km。这个模式对于粗糙冰面的观测为首选。第三个模式是 SAR 干涉模式，这个模式是设计用来观测冰盖地形具有倾斜度区域的冰盖高度。在这种模式，PRF 为 2 倍于 SAR 模式，仪器脉冲由一个天线反射，由两个天线同时接收。因为地面斜率的出现会造成最初的回波可能不是来自天底点，干涉的目的是确定无底指向角，以及相应的高程。这个模式不成像，而是在间隔为 250 m 的沿轨迹方向上获取高程的观测量。

第2章　微波散射计观测原理

2.1　背景

微波散射计可分为3种类型：第一种类型主要是利用棒状天线以及多普勒分辨技术的散射计，包括 NASA SEASAT－A 卫星散射计（SASS）和 NASA 散射计（NSCAT），其中 NSCAT 是搭载在日本的先进地球观测卫星－1上（ADEOS－1）（图2－1）；第二种类型主要是利用3根长的矩形天线以及距离分辨技术的散射计，包括搭载在欧洲遥感卫星 ERS－1，2 的主动微波装置（AMI）散射计（图2－2）以及2006年发射的搭载在 METOP 卫星上的 ASCAT（Advanced Scatterometer）散射计；第三种类型包括搭载在 QuikSCAT 卫星和 ADEOS－2 卫星上 SeaWinds 散射计。SeaWinds 散射计利用旋转的蝶形天线以不同的入射角产生圆锥扫描的笔形波束并采用距离分辨技术。表2－1列出了过去、现在和将来的微波散射计卫星发射计划。

表 2－1　以发射时间为顺序列举的卫星散射计计划

卫星	发射机构	传感器	频率/运行	发射时间	结束时间
SEASAT	NASA	SASS	14.6 GHz，4 根天线，Doppler 分辨，左右视	1978－06	1978－10
ERS－1	FSA	AMI	5.3 GHz，3 根天线，距离分辨，右视	1991－07	1996－06
ERS－2	ESA	AMI	5.3 GHz，3 根天线，距离分辨，右视	1995－04	2001－01
ADEOS－1	NASA/NASDA	NSCAT	14 GHz，6 根天线，Doppler 分辨，左右视	1996－08	1997－06
QuickSCAT	NASA	SeaWinds－1	13.4 GHz，2 根旋转笔形天线	1999－06	2009－11
ADEOS－2	NASDA/NASA	SeaWinds－2	13.4 GHz，2 根旋转笔形天线	2002－12	2003－10
METOP	ESA	ASCAT	5.3 GHz，3 根天线，左右视	2006－10	运行
GCOM－B1	NASDA/NASA	OVWM（AlphaSCAT）	SeaWinds 后续星	计划中	

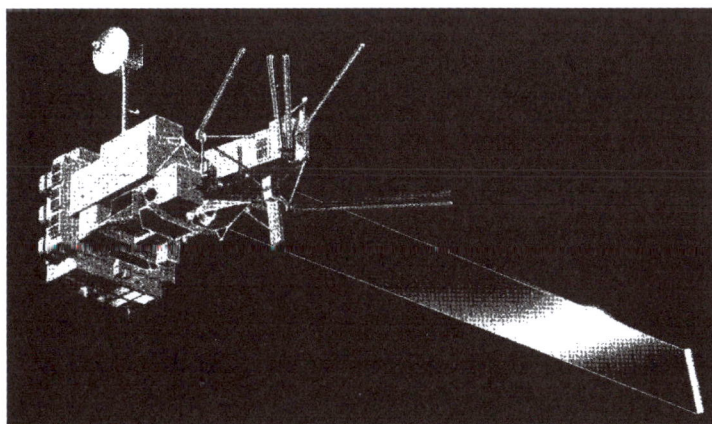

图 2－1　搭载在 ADEOS 卫星上的 NSCAT 散射计

19

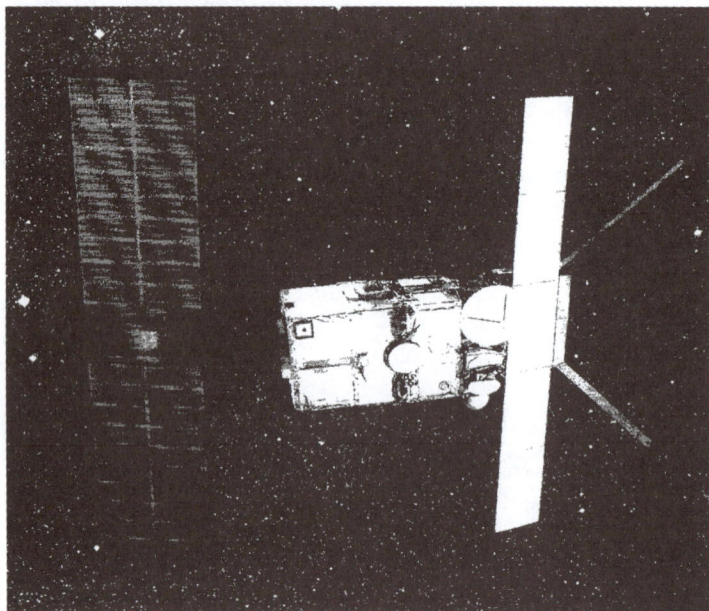

图 2 - 2　ERS - 1 卫星太阳电池位于图中的左侧；SAR 天线位于图的右侧；
3 根散射计天线位于图的最右侧

NASA 的散射计工作波段为 Ku 波段（14 GHz，波长 λ = 2 cm），而欧洲的散射计工作波段为 C 波段（5.3 GHz，波长 λ = 6 cm）。C 波段的大气透射率几乎等于 1，而 Ku 波段的大气透射率接近于 1。由于毛细重力波对海面风速变化的响应比长波灵敏，因此 Ku 波段对风速变化的响应灵敏，并且其动态范围也超过 C 波段。另外，海面降雨对 Ku 波段的影响要超过 C 波段。

表 2 - 1 表明，第一个星载散射计是 1978 年 NASA 发射的棒状天线 SASS 散射计（Johnson et al.，1980）。后来欧洲发射了搭载在 ERS - 1，2 卫星上 AMI 扇形波束散射计，ERS 系列散射计从 1991 年一直工作到 2001 年。作为 SASS 散射计的延续，NSCAT 散射计于 1996 年 8 月搭载在 ADEOS - 1 卫星上发射成功。由于太阳电池板的故障，NSCAT 散射计只工作了不到一年的时间（Wentz & Smith，1999），于 1997 年 6 月 30 日停止运行。作为 NSCAT 散射计的补充，SeaWinds 散射计于 1999 年 6 月 19 日搭载在 QuikSCAT 卫星发射成功（图 2 - 3）。在 2001 年期间，SeaWinds 散射计是唯一的在轨运行的测风散射计。2002 年 12 月，与 SeaWinds 相同的散射计搭载在 ADEOS - 2 上发射成功，并于 2003 年 10 月停止运行；2003 年 1 月被动极化微波装置 WindSat 开始运行。另外，搭载在 METOP - 1 卫星上 ASCAT 散射计 2006 年发射，目前正在轨运行。

表 2 - 2 列出了 QuikSCAT 散射计的技术指标。Naderi 等（1991）给出了 NSCAT 散射计的技术指标。由于散射计测量的风场数据对气象学家进行全球和区域的研究具有重要的应用价值，因此提出了每天都获得无冰海区准确风场数据的需求。当风速的测量范围为 3 ~ 20 m/s 时，风速的精度必须小于 2 m/s；风速的测量范围为 20 ~ 30 m/s 时，风速的精度必须小于风速的 10%。风向的精度为不超过 20°。后向散射系数的空间分辨率为 25 km；风速和风向的空间分辨率为 25 ~ 50 km。QuikSCAT 散射计数据处理系统在获得后向散射系数数据后数小时就

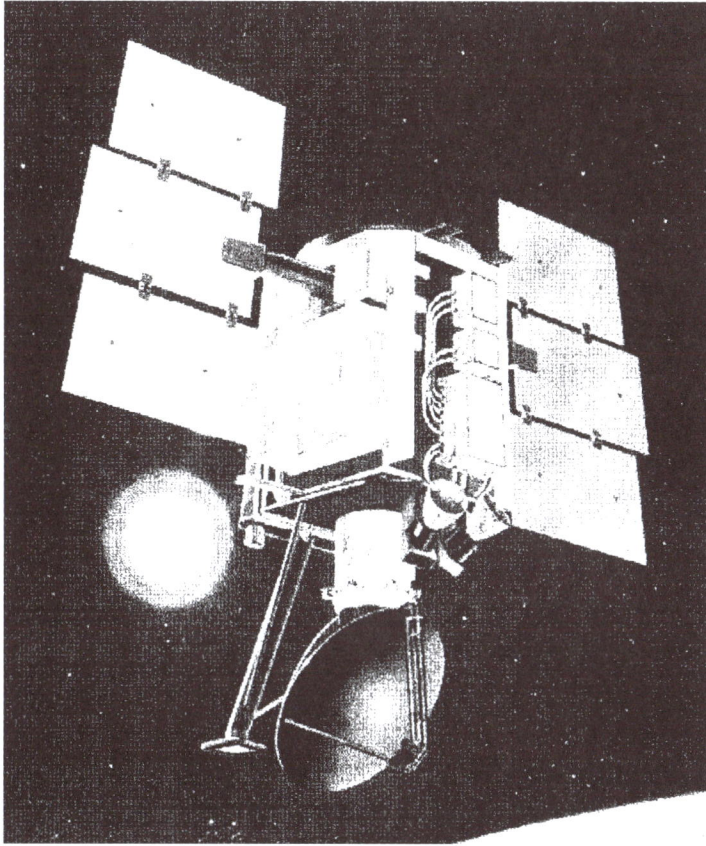

图 2 - 3　搭载在 QuikSCAT 卫星上的 SeaWinds 散射计

能产生风场产品，使用寿命最少为 3 年。

表 2 - 2　QuikSCAT 散射计的技术指标

物理量	技术指标	应用范围
风速	2 m/s（rms）或 10%	3 ~ 20 m/s 20 ~ 30 m/s
风向	20°（rms）	3 ~ 30 m/s
空间分辨率	25 km 25 km	σ_0 单元 风矢量单元
定位精度	25 km 10 km	绝对 相对
覆盖范围	每天覆盖全球 90% 的无冰海区	—
持续时间	36 个月	—

2.2　地球物理模式函数

利用后向散射系数 σ_0 的多次测量反演海面风矢量需要理解 σ_0 与海面风场的函数关系，

这种关系我们称之为地球物理模式函数,简称为模式函数。由于散射计测量的 σ_0 与观测角和方位角有关,并且与海面粗糙度成正比,而与海面 10 m 风速不一定成正比,因此散射计对海面风矢量的测量不是直接的。散射计反演的海面风速是指海面 10 m 的中性稳定风速,而中性稳定是指没有大气层化。尽管以后所提到的风速或者 10 m 风速都是指中性稳定风速,但是正如下面所讨论的,散射计测量的风速与实测风速略有不同。

层化的重要性在于它能调整穿过表面边界层的动量传输。当海洋表面的温度比大气的温度高时,边界层不稳定,所以动量就很容易从海面 10 m 的风速传到海洋表面。固定的风速在不稳定的大气条件下比稳定层化大气更容易产生海面粗糙度和后向散射,因此不稳定层化使得散射计反演的风速比实测值偏大,而稳定层化使得散射计反演的风速比实测值偏小。所以在将浮标数据与散射计反演的风速数据比较之前,必须考虑大气的层化,并适当的调整浮标观测的风速值。另外,溢油也通过增加海面张力减少海洋表面粗糙度,使得散射计反演的风速比实测值偏低。

模式函数的一般形式给出了后向散射系数 σ^0 与极化方式 p(VV,HH)、入射角 θ、风速 u 和风向的相对方位角 ϕ_R 的函数关系。这种函数关系可表示为:

$$\sigma^0 = F(p, u, \theta, \phi_R) \qquad (2-1)$$

基于机载和星载散射计数据,我们得出在固定的风速、入射角和极化方式条件下,σ^0 与 ϕ_R 的关系可以通过经验获得,并可描述为傅里叶级数展开的形式(Wentz & Smith,1999):

$$\sigma_p^0 = A_p^0(1 + A_{1p}\cos\phi_R + A_{2p}\cos 2\phi_R + \cdots) \qquad (2-2)$$

在式(2-2)中,下标 P 表示极化方式。尽管 Wentz 和 Smith(1999)说明了式(2-2)中高阶项($\cos 3\phi_R$, $\cos 4\phi_R$, $\cdots$)的贡献不会超过前三项的 4%,但是我们有时候仍然考虑式(2-2)中的高阶项。

式(2-2)中的系数可以通过将散射计的测量数据与实测或者其他卫星传感器数据比较而经验获得。包括与 NDBC 浮标数据的比较(Ferilich & Dunbar,1999)以及与 SSM/I 风速和 ECMWF NWP 风速的比较(Wentz & Smith,1999)。另外,模式函数处在不断地更新之中。SeaWinds 散射计利用 QuikSCAT 模式函数反演海面风场;ERS-1/2 散射计利用 CMOD-4 模式函数(Liu et al.,1997)反演风场。模式函数由经验获得而不是通过粗糙度理论模型建立的主要原因是缺少足够准确的理论来描述海面风引起的海浪短波与风之间的响应关系。

浮标的测风精度在低风速和高风速时存在明显的偏差。低风速时,浮标和散射计测量的风向精度偏低,另外,海流也将影响散射计的测风精度;高风速时,浮标会发生倾斜,海浪的飞沫将影响浮标上的风速计,另外涌浪也将影响浮标上风速计与海面的相对高度。

QuikSCAT 模式函数所描述的后向散射系数与风速、风向的关系如图 2-4 所示。在逆风和顺风时,后向散射系数达到极大值,横风时,后向散射系数达到极小值。模式函数的曲线形状与以下 3 个因素有关:后向散射系数随着风速的增加而增大;后向散射系数存在逆风和横风的差异以及顺风和逆风的不对称性。

首先,在固定的风速和方位角条件下,后向散射系数与风速的对数成正比(Freilich,2000)。后向散射系数随着风速的增大而增大,这意味着随着风速的增大,后向散射系数的测量精度也会提高,但是严重的海浪破碎情况除外。

其次,后向散射系数在逆风和横风的差异(逆风/横风比率)以及后向散射系数与风向

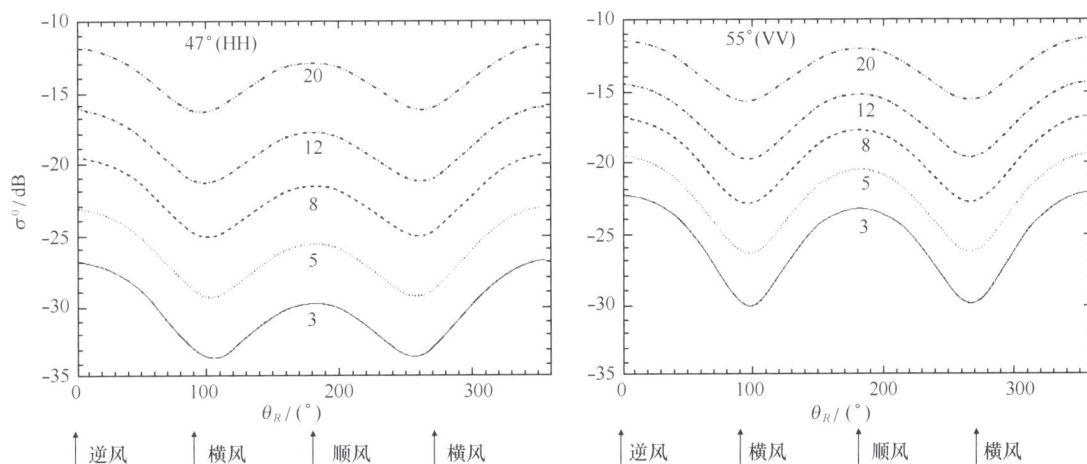

图 2 - 4　SeaWinds 散射计的地球物理模式函数

相对方位角之间的关系使得散射计能够反演风向信息。从图 2 - 4 可以看出，后向散射系数在逆风和横风的差异随着风速的增大而减小。

最后，逆风/顺风的不对称性是指逆风的后向散射系数要比顺风时稍大。这种现象的发生是由于在长波的顺风部分泡沫的存在以及短毛细重力波的突然增加。这种不对称性使得反演而得到唯一的风矢量解成为可能。一般来讲，逆风/顺风的不对称性随着入射角的增大而增加，在低风速达到极大值，并且 HH 极化的不对称性要大于 VV 极化（Freilich，2000）。Freilich 指出后向散射系数随着风速变化的灵敏度、逆风/横风比率以及逆风/顺风的不对称性随着入射角的增大而增加。

式（2 - 2）所描述的模式函数以查找表的形式给出系数 A_{0p}，A_{1p} 和 A_{2p}，如果有必要也可以给出与风速和风向有关的更高阶的系数。关于扇形波束的散射计，例如，NSCAT 和 AMI，其模式函数中规定的入射角的范围大约从 15°～65°，并且 NSCAT 模式函数需要区分 VV 和 HH 极化。由于上述的散射计在垂直轨道方向上有大约 20 个风矢量测量单元，因此需要比较复杂的模式函数查找表。相反，SeaWinds 散射计仅具有两个入射角，因此比扇形波束的散射计更容易更新模式函数，更容易提高风速和风向反演的精度。

2.3　利用模式函数海面风矢量反演方法

利用 NSCAT 散射计多次测量的后向散射系数反演海面风场的原理如图 2 - 5 所示（Naderi et al.，1991）。图中的曲线描述了后向散射系数与风速、风向方位角的关系，并且曲线所代表的后向散射系数大小相同。

首先，实线是 VV 极化、与飞行方向成 45°方位角测量的后向散射系数。该曲线说明了风速的大小位于 6～15 m/s 之间，但不包含任何风向信息。

其次，虚线代表 VV 极化、与前一次测量成直角的解的情况。实线和虚线相交总共得到 4 个交点（在图中用箭头和②表示），每一个交点代表着可能的风矢量解。所有这些交点所代表的风速大约为 10 m/s，而风向之间相差约 90°。图 2 - 5 所示的两次观测而得到 4 个多解对应着 SeaWinds 散射计外波束的刈幅以及 SASS 散射计的刈幅。

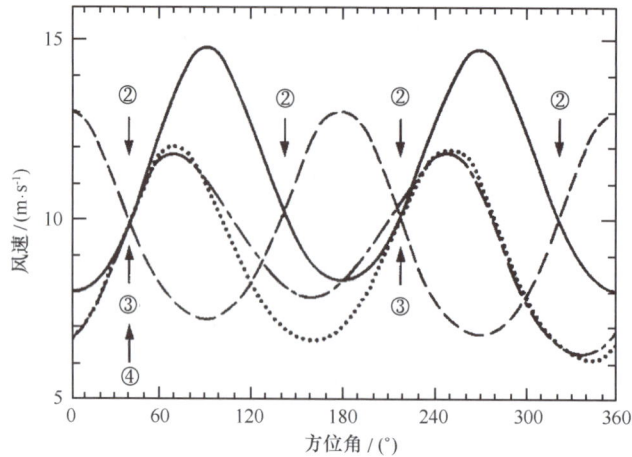

图 2-5 不同天线获得的多个可能的风矢量解, 45°天线方位角 (VV);
— — —135°(VV); ……65°(HH); - — - — 65°(VV)

再次, 点曲线表示 HH 极化、与飞行方法成 65°方位角测量的后向散射系数所对应的风矢量解。这样 3 根曲线总共有两个交点 (在图中用箭头和③表示)。由于这两个风矢量解在风速大小上相同, 但是方向相差 180°, 因此 3 次观测就能够获得正确的风速, 但是无法具体确定风向。

最后, 长短虚线表示 VV 极化、与飞行方法成 65°方位角观测的后向散射系数所对应的风矢量解。这样四根曲线相交只有一个交点 (在图中用箭头和④表示), 对应着风速的大小为 10 m/s, 风向为 40°。仔细观察③和④所标记的两个交点可以发现正确的风矢量解与 180°模糊的风矢量解之间仅仅存在一个很小的差异。造成这种差异的主要原因是由于逆风/顺风的不对称性。由于噪声的影响使得这种不对称性往往不明显, 因此许多散射计利用 3 次观测数据而往往得到两个模糊解。这种模糊解可以通过与散射计配准的 NWP 风场作为猜测场, 并利用中值滤波的方法加以消除。

2.4 国外同类微波散射计

2.4.1 NSCAT 散射计

NSCAT 散射计是一种 Ku 波段的散射计, 于 1996 年 8 月 17 日搭载在 ADEOS 卫星发射成功。ADEOS 卫星是太阳同步卫星, 轨道高度为 795 km, 绕地球 1 周 101 min, 卫星的运动速度为 6.7 km/s。

NSCAT 散射计具有 6 根相同的双极化棒状天线, 天线的长度约为 3 m, 宽度为 6 cm, 厚度约为 10~12 cm。每一根天线都向海面发射扇形波束, 波束的入射角在 20°~55°之间, 波束宽度为 0.4°。NSCAT 散射计的天线结构如图 2-6 所示。左侧天线与飞行方向的夹角分别为 45°, 65°, 135°; 而右侧天线与飞行方向的夹角分别为 45°, 115°, 135°。由于中间天线以 VV 和 HH 两种极化工作, 因此每一侧的天线可以进行 4 次不同的测量。在距离向上, 刈幅宽度为 600 km。在星下点,有一宽度为 330 km 的区域。该区域的回波信号主要是通过镜面反射得到的,因此无法反演得到风向信息。在卫星轨道每一侧的刈幅可以分成 24 个多普勒单元,每一个单元的空间分辨率为 25 km。

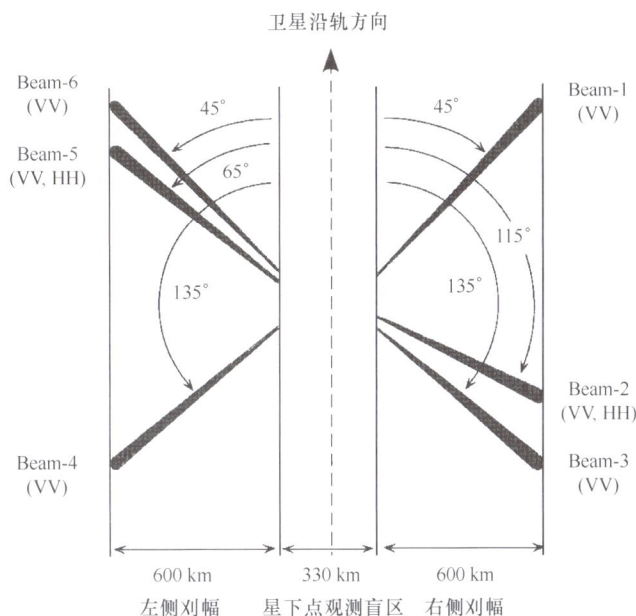

图 2 - 6 NSCAT 散射计地面刈幅(灰色)、天线足印以及星下点盲区(白色)

为了在航迹向获得 25 km 的空间分辨率,每一根天线每隔 3.74 s 采样一次,在这段时间内卫星运行了 25 km。在 3.74 s 时间内,由于 NSCAT 散射计 8 个不同的波束共用 1 个发射机/接收机,因此每一个波束每隔 468 ms 采样一次。

在 NSCAT 散射计的数据处理中,每一个多普勒单元的中心频率和带宽被调整为与赤道距离的函数,这样测量面元相对于卫星的大小和位置保持不变。相反,SASS 散射计只有 4 根棒状天线,分别位于卫星轨道的两侧,与卫星轨道方向成 45° 和 135° 角,并且其在轨多普勒滤波器固定(Johnson et al.,1980)。这导致了在靠近赤道地区,前视和后视天线的多普勒单元具有不同的尺度,从而在比较前视和后视天线测量的 σ^0 中减少了多普勒单元的重叠。

2.4.2 AMI 散射计

先进微波装置(AMI)搭载在 ERS – 1 和 ERS – 2 卫星上。ERS 系列卫星属于太阳同步卫星,轨道高度为 785 km,绕地球一圈的时间为 100 min,穿过赤道的时间为当地时间上午 10:30(Attema,1991)。AMI 属于垂直极化的 C 波段散射计,由高分辨率 SAR 和低分辨率测风散射计组成(Attema,1991)。SAR 利用一根大尺度的矩形天线,而散射计则利用 3 根高纵横比的矩形天线。AMI 系统具有 3 种运行模式:高分辨率 SAR 成像模式,该模式仅当卫星处于地面站的接收范围内以至于其数据可以被直接接收时才工作;低分辨率的 SAR 海浪观测模式以及散射计模式。海浪模式和散射计模式测量的数据可以在轨记录供以后下载。由于散射计和 SAR 利用同一个电子装置,因此当卫星靠近地面接收站时,不能总是得到散射计的测风数据。

ERS 散射计的天线足印如图 2 – 7 所示。3 根矩形天线在卫星轨道的右侧以方位角 45°、

$90°$和$135°$向海面发射脉冲波束，其中，中间天线的尺寸为$2.3 \text{ m} \times 0.35 \text{ m}$，而前视和后视天线的尺寸为$3.6 \text{ m} \times 0.25 \text{ m}$。中间天线的波束宽度为$26° \times 1.4°$，而前视和后视天线的波束宽度为$26° \times 0.9°$。对于前视和后视天线，通过调整接收机的中心频率解决各自的多普勒频移问题。为了使地球的旋转对散射计的影响达到最小化，卫星主动绕着其天底轴旋转（偏航操纵），以至于中间天线波束的多普勒频移为零。

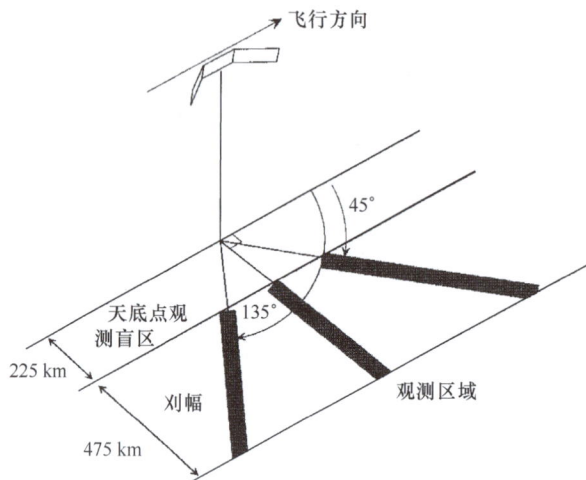

图 2 - 7   ERS 散射计的地面刈幅

ERS 散射计的刈幅宽度为 475 km，距离星下点约 275 km。AMI 散射计利用距离分辨技术测量 50 km 面元的后向散射系数。对于中间的天线，脉冲持续时间为 70 μs；而前视和后视天线的脉冲持续时间为 130 μs，由于前视和后视天线倾斜的方位角，因此其脉冲长度要比中间天线长。中间天线的 PRF 为 115 Hz，前视和后视天线的 PRF 为 98 Hz，因此对于每一根天线，脉冲之间的间隔约为 10^4 μs。

对于每一个脉冲，计算 σ^0 都要经过定标、消除系统和环境的噪声以及大气透射率的修正。每一根天线测量的 σ^0 被重新采样使其分辨单元尺度为 25 km，这样在垂直轨道方向上总共有 19 个测量单元。然后，单个的 σ^0 又被重新采样得到 50 km 的分辨率以提高其信噪比，而整个刈幅区域内的噪声为常数，约等于信号的 6%（Ezraty & Cavanie，1999）。ERS 散射计的三次观测总共可以得到两个风矢量解，最优解可以通过与 NWP 模式风场比较得到。另外，散射计的外定标以及仪器设备的检测可以通过有源定标器以及后向散射系数分布均匀的热带雨林获得。

ERS 系列散射计于 2001 年 1 月停止运行，欧空局的搭载在 METOP - 卫星上的先进散射计（ASCAT）计划于 2006 年发射以代替 ERS 系列散射计提供全球的风场数据。ASCAT 散射计与 ERS 卫星不同，METOP 卫星没有搭载 SAR 传感器。图 2 - 8 为 ASCAT 散射计观测示意图。ASCAT 散射计工作频率为 C 波段，其天线的设计与 AMI 散射计类似，同样采用距离分辨技术。ASCAT 散射计属于双边观测，星下点同样存在着盲区。

2.4.3   SeaWinds 散射计

SeaWinds 散射计搭载在卫星 QuikSCAT 和 ADEOS - 2 上，Spencer 等（1997，2000）介绍了 SeaWinds 散射计的设计和运行情况。QuikSCAT 和 ADEOS - 2 同样属于太阳同步卫星，轨道高度为 803 km，绕地球一周的时间为 101 min。QuikSCAT 卫星于当地时间上午 6：00 升轨

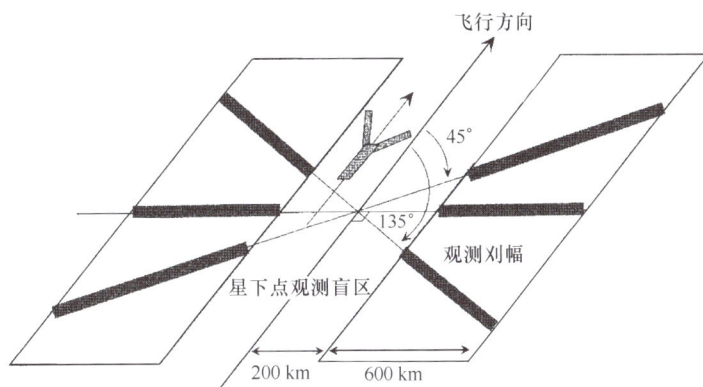

图 2 - 8　ASCAT 散射计观测示意

穿过赤道；而 ADEOS - 2 卫星于当地时间上午 10：30 降轨穿过赤道。SeaWinds 散射计由一根长约 1 m 的旋转抛物天线组成，具有两个馈元，分别以两个不同的入射角产生两个 13.4 GHz 笔形波束（如图 2 - 9 所示）。内波束采用 HH 极化，入射角为 47°；外波束采用 VV 极化，入射角为 55°；天线每分钟转动 18 圈；地面足印的直径约为 25 km。来自地面足印的回波信号或者整体被分辨或者被分成许多与距离有关的单元。SeaWinds 散射计的刈幅宽度为 1 800 km，并且星下点没有任何盲区。SeaWinds 散射计的刈幅可以分成两个部分：在深灰色区域，风矢量由四次观测的 σ_0 来确定；而在浅灰色区域，风矢量由两次观测的 σ_0 来确定。浅灰色区域又由外波束观测区域和邻近星下点区域组成。

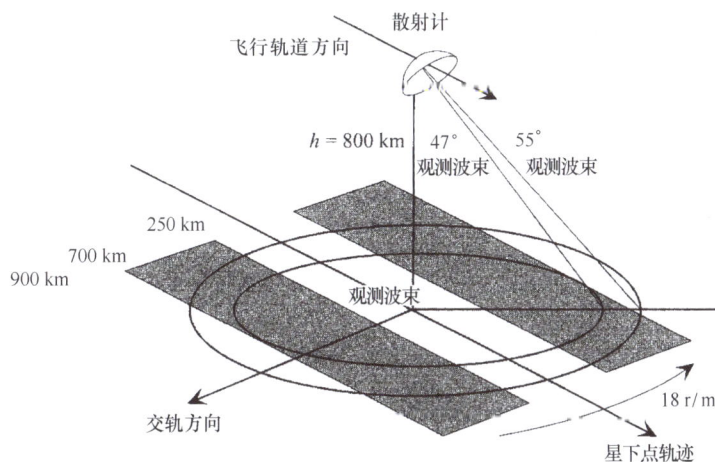

图 2 - 9　SeaWinds 散射计的天线设计以及地面刈幅

SeaWinds 散射计单个足印的旋转结构如图 2 - 10 所示；天线转 1 周，卫星向前运行 25 km。对于 4 次观测区域，图 2 - 11 显示，视场先后被外波束在时刻 t_1 和 t_4 以及内波束在时刻 t_2 和 t_3 观测到。Spencer 等（1997）说明了 SeaWinds 散射计风场反演的精度与距离星下点的距离有关，反演风场的最理想区域位于方位角相差接近 90° 的区域，所以即使在 4 次观测的区域，反演的风矢量的质量也是不同的。

表 2 - 3 列出了 SeaWinds 散射计波束的一些特性。发射/接收周期在内外波束之间交替：内波束发射，外波束接收，外波束发射，内波束接收，这样每一根天线都能在下一个脉冲发

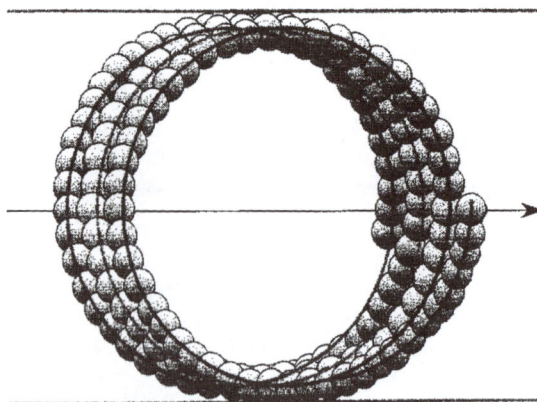

图 2 - 10　SeaWinds 散射计单个波束的扫描示意

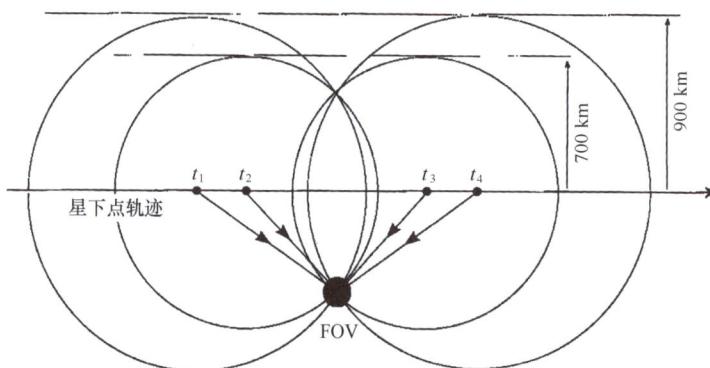

图 2 - 11　外波束两次观测，内波束两次观测，因此同一视场被观测 4 次

射之前接收到回波信号。SeaWinds 散射计的 PRF 大约为 192 Hz，对应着发射/接收周期为 5.2 ms,在这段时间内，天线转动了大约半个波束宽度。

表 2 - 3　列出了 SeaWinds 散射计波束的一些特性

参数	内波束	外波束
旋转速率	18 r/min	
极化	HH	VV
天顶角	40°	46°
海面入射角	47°	55°
斜距	1 100 km	1 245°
3 dB 足印宽度	24 × 31 km	26 × 36 km
脉冲长度（线性调频）	1.5 ms	
脉冲长度（非线性调频）	可调，> 2.7 μs	
沿轨道方向间隔	22 km	22 km
扫描方向间隔	15 km	19 km

SeaWinds 散射计每一根天线的足印成椭圆形，在方位方向长约 25 km，距离方向上约

35 km。这个足印，也称为卵形足印，采用距离分辨技术提高其分辨率（Perry，2001）。卵形足印（图2-12）可以分为12个不同的距离单元，称之为切片（slices）。我们既可以获得整个卵形足印的后向散射系数，也可以获得其中的8个切片的后向散射系数，这意味着我们可以获得不同分辨率的后向散射系数，包括整个波束足印、单个的切片足印以及多个切片足印的组合。这在地面处理系统中，需要确定卵形足印和切片足印的中心地理坐标。

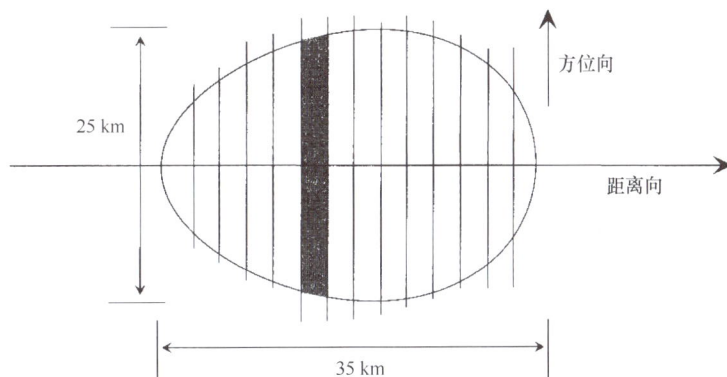

图2-12　SeaWinds散射计的天线足印分成不同的距离切片

2.4.3.1　定标和噪声消除

SeaWinds散射计的天线每转动半圈，便会产生一个内定标脉冲用于检测散射计的增益。SeaWinds散射计的噪声消除与其他散射计不同，SeaWinds散射计同时测量Φ_R和Φ_{TN}（Spencer et al.，2000）。图2-13说明了SeaWinds散射计测量Φ_R和Φ_{TN}的原理：由于多普勒频移的影响而调整回波信号的中心频率f_c。在f_c附近，Φ_R具有对称的尖峰波谱，其带宽约为80 kHz，相反，Φ_{TN}具有平坦的宽波谱，并且与Φ_R混叠在一起。为了恢复信号和噪声，对于每一个脉冲，其回波信号通过两个中心频率为f_c的滤波器，其带宽分别为1 MHz和80 kHz。宽的滤波器用于测量噪声，窄的滤波器可同时测量信号和噪声。从Φ_R中减去Φ_{TN}，就可以得到比较准确地修正后的信号。这种同时测量信号和噪声方法的优点是它能考虑到海表面和大气特性的突变影响。

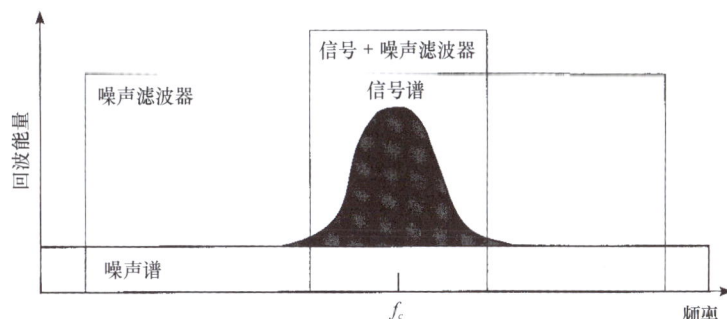

图2-13　SeaWinds散射计利用滤波器检测信号和噪声

2.4.3.2　大气透射率和降雨

每一个风矢量单元的雷达后向散射系数必须经过修正处理以消除大气透射率τ的影响。

29

由于 QuikSCAT 卫星没有安装被动微波辐射计，因此需要将全球平均的 SSM/I 数据时间、空间插值到风矢量单元的位置以计算大气透射率 τ，并考虑散射计观测角的影响（Perry，2001）。对于搭载在 ADEOS－2 卫星上的 SeaWinds 散射计，辐射计 AMSR 提供配准的水汽、液态水和降雨率数据。在有降雨存在条件下，σ_0 的测量需要考虑两个因素：第一，随着降雨率的增加，大气透射率降低（图 2－14 所示），因此回波信号受到极大的衰减作用；第二，雨滴将增加海表面的粗糙度，影响 σ_0 的测量并改变风矢量的分辨率。由于在短波波段，散射计对于小尺度表面粗糙度响应灵敏，并且大气透射率变化比较大，因此 Ku 波段的散射计受降雨的影响比 C 波段大。对于 SeaWinds/ADEOS－2，辐射计 AMSR 提供有关降雨的资料；而 SeaWinds/QuikSCAT，即使散射计在测量降雨方面的性能不及辐射计，但是仍然可以用于设置降雨标志。

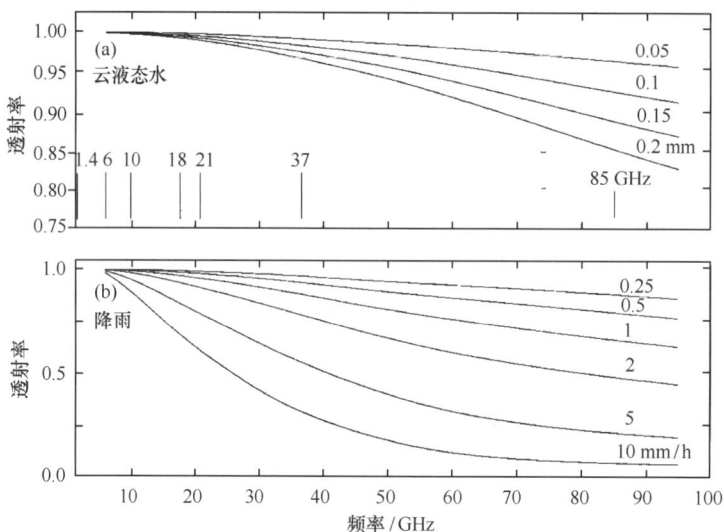

（a）和降雨率 R_R；（b）对透射率的影响

图 2－14　无雨时云中液态水 L

在（a）中曲线上云中液态水单位是 mm；（b）中降雨率单位为 mm/h。

为了相互之间区分液态水曲线，上面图中垂直刻度为 0.75~1.05，是下面图中的 4 倍。

（曲线来自 Wentz 和 Meissner，1999 的公式）

第3章 微波辐射计观测原理

3.1 背景

1973 年美国在 SKYLab 系列载人飞船上搭载了微波辐射计。几年以后，在 Nimbus－5 和 Nimbus－6 上装载了电子扫描微波辐射计（ESMR）。Nimbus－5 上的 ESMR 只有 19.35 GHz 一个波段，Nimbus－6 上的 ESMR 只有 37.0 GHz 一个波段。这两台仪器提供了有限的实验。

Seasat－A（1978 年 7 月）和 Nimbus－7（1978 年 10 月）上的扫描辐射计（SMMR）具有 5 个波段，适合于大气、海洋和陆地探测。Seasat－A 寿命仅 100 天，Nimbus－7 却一直运行到 1987 年 8 月，积累了大量有关海温和海冰资料，至今仍是宝贵的。接着，DMSP 系列卫星之一 F8（1987 年 6 月）上装载了专用微波探测成像仪（SSM/I），其后继卫星 F10、F11、F12、F13 和 F14 上都装载了 SSM/I，它是一台 4 波段微波辐射计。

此外，NOAA 系列极轨卫星上装有微波探测器 MSU（NOAA－15 以前）和先进微波探测器 AMSU（NOAA－15 以后）。MSU 在氧气吸收带 50～58 GHz 细分为 4 个波段，AMSU 由 2 台仪器（AMSU－A 和 AMSU－B）组成，AMSU－A 又有独立的 2 个单元（AMSU－A1 和 AMSU－A2）组成。AMSU－A 共有 15 个波段，即 23.8 GHz 和 31.4 GHz（AMSU－A2）、89.0 GHz 和 50～58 GHz 氧气吸收带细分为 12 个波段（AMSU－A2）。AMSU－B 由 5 个波段，即 89 GHz、150 GHz 和水汽吸收线 183.31 GHz 附近细分为 3 个波段。AMSU－A 主要用于大气温度廓线，而 23.8 GHz、31.4 GHz 和 89.0 GHz 也可用于海表和陆地探测；AMSU－B 主要用于大气湿度廓线。

ERS－1 和 ERS－2 上亦装载有微波辐射计，共两个波段，23.8 GHz 和 36.5 GHz，主要用于大气水汽测量，用于为星上雷达高度计等主动微波仪器进行水汽订正。

另外，装有微波辐射计的卫星还有 EOS PM－1（2002）、ADEOS－Ⅱ（2002）、CHEM－1（2002）、Envisat（2002）、OCEANSAT－1（1999，印度）和 OCEANSAT 2（2002，印度）。

微波辐射计能够获取的海洋环境信息，包括：海面温度、海面风速、盐度、海冰等。

此外，微波辐射计观测的大气水汽含量可用于海洋遥感器，如雷达高度计、微波散射计以及合成孔径雷达数据的大气订正。

关于微波辐射计测风，它是基于海上粗糙度的变化，由于粗糙程度变化使比辐射率 $\varepsilon(\lambda)$ 发生变化，尤其当风速大于等于 7～9 m/s 时，海面由于波浪破碎而形成白泡沫，此时比辐射率 $\varepsilon(\lambda)$ 增加显著。当白泡沫厚度在一定范围内时，$\varepsilon(\lambda)$ 近似与白泡沫厚度呈线性关系增长。此外，海面粗糙度的测量灵敏度与波长有关，这与微波散射计的测量原理类同，波长小于等于 2.8 cm（频率 $f \geqslant 10.71$ GHz）的灵敏度较高。还有观测角和极化方式的影响也是显著的。

微波辐射计测量风速已进入业务预报服务，美国海军 FNMOC 已将 SSM/I 测风数据用于风速预报。需要指出，海上风场测量的卫星遥感器有微波辐射计、雷达高度计和微波散射计，首选的测风遥感器是微波散射计，它可同时提供风速和风向信息。

关于海水盐度测量，它是基于海水电导率的变化而使复介电常数发生变化。虽然由微波辐射亮温导出盐度在原理上是成立的，国内外学者在实验室条件下作了大量验证，也用机载微波辐射计进行了现场测试，但由于种种条件限制，致使目前卫星探测海水盐度尚未引起海洋学者的兴趣。这些限制条件主要有以下两点。

（1）大洋盐度虽然随经纬度、季节的变化而稍有变化，但同一地区随时间变化不大。平均而言，大洋盐度变化范围估计小于等于4，对应于微波亮度温度小于1.5 K。目前微波辐射计的灵敏度和精度不能满足应用需求。河口地区受冲淡水影响，盐度变化较大，目前微波辐射计的空间分辨率较低，不能满足河口探测的要求。

（2）盐度探测的频率 $f \leqslant 3$ GHz（波长10 cm），若空间分辨率提高1 km左右，那么天线尺寸将达到几十米乃至100 m以上。目前卫星微波辐射计的频率不是针对盐度探测而设置的。

关于油膜测量，机载微波辐射计测量油膜是成功的，不仅可用于测量油膜存在与否，还可以测量油膜厚度和油成分。所以机载微波辐射计是海监飞机上必要的装备之一，已广泛用于溢油监视监测的业务领域。卫星微波辐射计测量溢油由于空间分辨率低，其应用受到限制。

关于海面温度测量，这是微波辐射探测的基本参数。对于黑体而言，由瑞利－琼斯公式得知物体微波辐射率正比于物理温度；对于灰体来说，则正比于亮温，而亮温很大程度上取决于物理温度。需要指出，海面温度卫星探测的主要手段是红外辐射计，微波辐射计适合于红外测温难以保证的场合，尤其适用于大尺度全天候测温。

关于海冰测量，因为海冰比辐射率大于0.9，比海水大1倍，所以微波辐射计可以较容易地区别冰水边界。此外，海冰复介电常数比海水复介电常数小得多，而穿透深度可达几十米到几百米，且与冰温高低有关，冰温愈低，穿透愈深。这样，微波辐射计不仅可以判断一年冰还是多年冰，而且有能力可以沿纵向区分不同冰层，实现海冰纵向分类。要达到此目的，星载微波辐射计的地面分辨率尚需提高。

3.2 微波辐射传输方程

当不考虑大雨滴和云颗粒散射影响的时候，以地表为下边界、以宇宙冷空为上边界的大气辐射传输模式可以用吸收－发射模式近似，这样可以使推导简化。在晴空、有云和不大于2 mm/h的轻度降雨的情况下，对于6~37 GHz光谱范围来讲，这种近似是有效的。Wentz等（1997）对 SSM/I 的观测降雨结果研究表明，雨率大于2 mm/h的情况仅为所有海洋降雨的3%，这样吸收－发射模式将可以应用于97%的海洋辐射计观测。对于被动微波遥感来说，最重要的量是单色辐照度 $L(\theta, \phi)$，单位 J/（S·m²·sr·Hz⁻¹），其定义为：在球坐标系下，沿（θ, ϕ）方向传播的单位频率、单位立体角的辐射通量密度。此外，还要考虑辐射的极化方式。通常把信号分解成为水平和垂直极化两部分，用 H 和 V 来表示，在以后的表达式中用 P 表示。根据 Beer 定律，沿路径 ds 的辐射衰减（消光）与沿路径的质量密度 ρ 成正比，即

$$dL = - k_e \rho L ds \qquad (3-1)$$
$$k_e = k_a + k_s$$

式中，k_s 是质量消光系数，k_a 是质量吸收系数，k_s 是质量散射系数，当使用体消光、吸收和散射系数时，可分别乘以密度即可。与辐射消光相对应的是辐射的热发射和散射。由 Kirchhoff 定律，物质的热辐射与吸收系数和 Planck 函数 $B(t)$ 成正比。

$$B(t) = \frac{2hv^3}{c^2(e^{hv/kt} - 1)} \qquad (3-2)$$

式中，t 是热力学温度，c 是光速，h 是 Planck 常量，k 是 Boltzmann 常量。由于散射引起的辐射增强可以表示为单次散射反照率 $\omega = k_s/k_e$ 和辐照度 L 对于立体角的加权平均值的乘积，权为 $r(\theta,\phi;\theta',\phi')$。通过以上定义，完整的辐射传输方程（RTE）可以表示为：

$$\mathrm{d}L(\theta,\phi) = k_e\Big[(1-\omega)B(t) - L(\theta,\phi) + \frac{\omega}{4\pi}\iint r(\theta,\phi;\theta',\phi')L(\theta,\phi)\sin\theta\mathrm{d}\theta\mathrm{d}\phi\Big]\mathrm{d}s$$

$$(3-3)$$

对于微波辐射，应用 Rayleigh–Jeans 近似，L 可以用亮温 T_B 表示：

$$T_B = \frac{\lambda^4 B(t)}{2kc} \qquad (3-4)$$

同时，使用吸收-发射近似，不考虑散射影响，$\omega = 0$，$k_e = k_a$，RTE 变为：

$$\mathrm{d}T_B(\theta,\phi) = k[T - T_B(\theta,\phi)]\mathrm{d}s \qquad (3-5)$$

由于 $k_e = k_a$，故用 α 代替，表示大气吸收系数。在大多数情况下（降雨除外），考虑微波在大气中的辐射传输时，仅考虑平面平行大气情况就已足够，也就是说，α、T 都是高度 h 的函数（忽略地球曲率）。这时，$\mathrm{d}s$ 可用 $\mathrm{d}h/\mu$ 代替，$\mu = \cos\theta$. 则下行亮温为数：

$$T_{BD}(\mu) = \tau(0,\infty)T_{BC} + \frac{1}{\mu}\int_0^\infty T(h)\alpha(h)\tau(0,h)\mathrm{d}h \qquad (3-6)$$

T_{BC} 是宇宙背景亮温 2.7 K。同理，大气顶部观测到的上行亮温的贡献为：

$$T_{BU}(\mu) = \frac{1}{\mu}\int_0^\infty T(h)\alpha(h)\tau(h,\infty)\mathrm{d}h \qquad (3-7)$$

式中，τ 是大气透过率。

$$\tau(h1,h2) = \exp\Big[-\frac{1}{\mu}\int_{h1}^{h2}\alpha(h)\mathrm{d}h\Big] \quad (h2 > h1) \qquad (3-8)$$

从空间观测到的亮温包括式（3-6）、（3-7）的贡献，其中，式（3-6）中包括低一级的界面反射及发射成分。最简单的情况是平面反射，表达式为：

$$T_B(\mu) = T_{BU}(\mu) + \tau(0,\infty)\big[\varepsilon_p T_s + (1-e_p)T_{BD}(\mu)\big] \qquad (3-9)$$

其中，e_p 是在极化方式 p 下的平面发射率，T_s 是表面热力学温度。

然而，在大多数情况下，表面反射不是一个严格的平面发射，而是漫反射，因而有：

$$T_B(\mu,\phi) = T_{BU}(\mu) + \tau(0,\infty)\Big[e_p(\mu,\phi)T_s + \frac{1}{\pi}\iint r_p(\mu,\phi;\mu',\phi')\mu T_{BD}(\mu)\mathrm{d}\mu\mathrm{d}\phi\Big]$$

$$(3-10)$$

式中，$r_p(\mu,\phi;\mu',\phi')$ 是双向反射系数，表示下行 (θ,ϕ) 方向的辐射亮温散射到向上的卫星辐射计方向 (θ',ϕ') 的角度权重函数。其中，$\mu' = \cos\theta'$。漫反射表面发射率 e_p 为：

$$e_p(\mu,\phi) = 1 - \frac{1}{\pi}\iint r_p(\mu,\phi;\mu',\phi')\mu\mathrm{d}\mu\mathrm{d}\phi \qquad (3-11)$$

总之，从空间观测到的亮温仅依赖于大气的温度廓线 $T(h)$，吸收系数廓线 $\alpha(h)$，表

面温度 T_s 和双向反射系数 r_p $(\mu, \phi; \mu', \phi')$。其中，$\alpha(h)$ 依赖于观测频率，r_p 还依赖于极化方式和海面状况。

3.3 海面成分的贡献

对于卫星微波辐射计的常用频率的定标来说，大气是相当透明的，这样一来，海面的微波辐射和散射变成空间遥感海洋的重要工作。

3.3.1 海面的发射和反射

海面可以近似看作空气和海水两种介质的作用面。所以确定入射辐射被海面的反射问题就变成了以一定的入射角和极化方式入射的平面电磁波与边界面的作用问题。

反射率 R 是入射角 θ 和极化方式的函数，同时也是空气的复介电常数 ε 和海水的复介电常数 ε'_λ 的函数。因为 $\varepsilon = 1$，所以，由 Fresnel 给出的水平和垂直极化反射系数 R_H 和 R_V 为：

$$R_H(\theta) = \left| \frac{\varepsilon'_\lambda \cos\theta - \sqrt{\varepsilon'_\lambda - \sin^2\theta}}{\varepsilon'_\lambda \cos\theta + \sqrt{\varepsilon'_\lambda - \sin^2\theta}} \right|^2 \tag{3-12}$$

$$R_V(\theta) = \left| \frac{\cos\theta - \sqrt{\varepsilon'_\lambda - \sin^2\theta}}{\cos\theta + \sqrt{\varepsilon'_\lambda - \sin^2\theta}} \right|^2 \tag{3-13}$$

式中，θ 是入射角，ε'_λ 是海水的复介电常数。这里给出使用很广的 Klein 和 Swift（1977）的半实验公式：

$$\varepsilon'_\lambda = \varepsilon_\infty + \frac{\varepsilon_s - \varepsilon_\infty}{1 + (i\omega\tau)^{1-\alpha}} - i\frac{\sigma}{\omega\varepsilon_0} \tag{3-14}$$

式中，$\omega = 2\pi f$，$\varepsilon_0 = 8.854 \times 10^{-12}$ F/m，σ 的单位为 Ω/m。$\alpha = 0$，f 的单位为 Hz，τ 的单位为 s。$i = \sqrt{-1}$，$\varepsilon_\infty = 4.9$（误差 20%）。其他的参数表达式如下：

$$\sigma(T,S) = \sigma(25,S)\exp(-\Delta\beta), \Delta = 25 - T$$

$$\beta = 2.033 \times 10^{-2} + 1.266 \times 10^{-4}\Delta + 2.464 \times 10^{-6}\Delta^2 - $$
$$S(1.849 \times 10^{-5} - 2.551 \times 10^{-7}\Delta + 2.551 \times 10^{-8}\Delta^2)$$

$$\sigma(25,S) = S(0.182\,521 - 1.461\,92 \times 10^{-3}S + 2.093\,24 \times 10^{-5}S^2 - 1.282\,05 \times 10^{-7}S^3)$$

$$\varepsilon_s(T,S) = \varepsilon_s(T)a(S,T)$$

$$\varepsilon_s(T) = 87.134 - 1.949 \times 10^{-1}T - 1.276 \times 10^{-2}T^2 + 2.491 \times 10^{-4}T^3$$

$$a(S,T) = 1.000 + 1.613 \times 10^{-5}ST - 3.656 \times 10^{-3}S + 3.210 \times 10^{-5}S^2 - 4.232 \times 10^{-7}S^3$$

$$\tau(T,S) = \tau(T,0)b(S,T)$$

$$\tau(T,0) = 1.768 \times 10^{-11} - 6.086 \times 10^{-13}T + 1.104 \times 10^{-14}T^2 - 8.111 \times 10^{-17}T^3$$

$$b(S,T) = 1.000 + 2.282 \times 10^{-5}ST - 7.638 \times 10^{-4}S - 7.760 \times 10^{-6}S^2 + 1.105 \times 10^{-8}S^3$$

这里 T 为温度（℃），S 为盐度。海水盐度 S 是一个变化量，它随地理位置而异，并且有年变化、季节变化及日变化。其中以纬向变化最为显著，大致有 10% 的相对误差，即大洋中的盐度变化为 4。而时间的变化相对较小。据计，10% 的相对盐度变化引起的 S 波段（波长为 10 cm）辐射计的亮温变化约 3 K。实际的海水不仅含有氯化钠成分，也含有其他成分，但实测的结果表明，其影响不大。

对于与海面作用的大气下行辐射来说，它或者被海水吸收，或者被海面反射（散射）。微波在海水中的穿透深度约为 1 mm，与海水的深度相比可以忽略不计，因此透过率为零，吸收率为 $a = 1 - R$。由 Kirchhoff 定律，发射率 e 等于吸收率 a，因此，表面温度为 T_s、极化方式为 p 的海水发射的亮温 T_B 为：

$$T_B = eT_s = (1 - R_p) \tag{3-15}$$

3.3.2　海面风的影响

实验观测和理论研究均表明，风对海面的作用形成对微波亮温有显著的影响。海水的发射率与把海水看作有介电常数的平面发射率有所不同。这个不同主要是风引起的表面粗糙度和泡沫覆盖（白沫）产生的。这使得用微波辐射计遥感近海面风速成为可能。严格来讲，微波亮温是唯一能被看成风速的间接迹象（Huang et al.，1986），它是风压或摩擦速度的直接反映。摩擦速度不但依赖风速，而且依赖于表面层大气机械混合的稳定程度，此外，还依赖与海面流的速度。辐射计所直接反映的粗造度和泡沫覆盖率也可能是随风压之外其他变量的函数，诸如风区、风时、涌浪、海水黏度（其依赖温度）和表面张力等。这样，就要弄清楚微波观测结果与海面风速的定量关系。

至今关于风速和各种频率下的表示发射率关系的工作，无论在理论上和实践中都已经作了相当多（如 Stogryn，1967；Hollinger，1971；Nordberg et al.，1971；Wu Fung，1972；Webster 等，1976；Wilheit，1979a；Wilheit，1979b；Wentz，1983；Guissard & Sobieski，1987；Sasaki et al.，1987；Sasaki et al.，1988；Smith et al.，1988；Guissard et al.，1990；Guissard et al.，1994；Lojou et al.，1994）。到目前为止，尚没有一个能直接适合辐射传输计算的风引起的粗糙度和泡沫的辐射影响的精确模式。Sasaki 等总结了截止 1987 年以前关于 $1.4 \sim 37$ GHz 之间的测量结果总结出关于风引起的发射率对入射角相对不敏感，并且总是正的，在 $55° \sim 60°$ 之间达到 0（依赖于频率），在近于掠射角处为负值。在 $50°$ 的入射角时，水平发射率随风速的变化率随频率的增大而增大，垂直发射率的影响也随频率的增大而增大，只是在各个频率均较小。

但是以上这些工作大多数没有考虑下行辐射的漫反射的贡献。而考虑漫反射贡献（Stogryn，1967；Hollinger，1971；Wentz，1983；Guissard et al.，1987，Guissard，1990，1994a，1994b 等）的结果表明，反射的非平面成分在卫星测得的亮温中是一个重要的量。Guissard 等使用波扰动的方法得出结论：散射贡献是风的摩擦速度的非线性函数，同时也是大气不透明度的函数，下面将讨论这一模式。

（1）粗糙表面的发射率

Stogryn（1967）的粗糙海面的微波发射和散射的理论计算方法是这一领域广泛使用的方法。他根据 Cox 和 Munk（1954）的表面坡度高斯分布，使用 Kirchhoff 粗糙表面散射近似，推导出海面的双向反射的表达式。Stogryn 作了两个与几何光学近似一致的假设，即平均波高和海面曲率半径，然后，他把结果作立体角积分，得出 19.4 和 35.0 GHz 粗糙表面的热发射。Wilheit（1979）也为 SMMR 的 $6.6 \sim 37.0$ GHz 范围辐射计的应用提出了一个算法，他也利用了几何光学近似，但他指出，当计算表面发射率时，对于双向反射没有必要对表达式进行推导和立体角积分，取而代之利用"一个在表面坡度分布内 Fresnel 关系的简单平均，同时仔细处理极化和在观测方向的平面投影"。

为了使他的几何光学模式和当时已存的测量结果相吻合，Wilheit 作了两个改进：第一是作出泡沫对表面发射率贡献的明确结论；第二，指出 Cox 和 Munk（1954）通过使用可见光观测海面太阳闪烁模式获得的坡度方差，在微波的较低频率，有些过高估计了有效的坡度方差。因为真正的坡度分布的有意义部分是由于短波长、小振幅的海面光谱成分，而这些高度光谱成分在较长的微波波长对表面的辐射特性的影响可能很小。由于 Wilheit 既没有提供他的几何光学模式可供计算的详细资料，也没有提供进行辐射传输计算的定量结果，同时，他也没有利用自己的模式估计海面对天空辐射的漫反射贡献，Petty（1990）推导了一个几何光学模式，并用此模式对粗糙海面的发射率的变化和漫反射变化进行参数化，所使用的参数为：有效的坡度方差，观测角和海面温度。下面介绍这一模式。

（2）粗糙表面的发射和散射

前面已经讨论了粗糙度对海面发射率的影响，这里将讨论粗糙度对下行天空辐射亮温的影响。如果再忽略方位角方向的各向异性，这个散射贡献可以表示为：

$$T_{BS}(\mu) = \frac{1}{\pi} \int_0^{2\pi} \int_0^1 r_p(\mu, 0; \mu', \phi') \mu T_{BD}(\mu) \mathrm{d}\mu \mathrm{d}\phi \qquad (3-16)$$

则卫星观测到的亮温可以表示为：

$$T_B(\mu) = T_{BU}(\mu) + \tau(0, \infty)[e_p(\mu) T_s + T_{BS}(\mu)] \qquad (3-17)$$

在微波亮温模式中，关于漫反射的影响，很多人作过这部分工作。Wentz（1983）假设下行辐射与观测方向成平面反射的方向反射，然后用一个修正的平面反射系数 $r_p = (1 + \omega_p u)(1 - \varepsilon_p)$。这样，有效的粗糙表面的反射就可以看作一个平面反射加上一个校正项，此项与风速 u 成正比（Wentz 使用摩擦速度）。而常数 ω 可以在一个广泛的海气条件下用最小二乘法拟合计算出（对每一个 SMMR 通道）。Wentz 第一次提出了一个定量化的非平面反射参数，但是他忽略了 ω 对大气透过率的依赖关系（Guissard & Sobieski, 1987）。

3.3.3 泡沫的影响

许多实际观测和理论研究（Droppleman, 1970；Williams, 1971；Rosenkranz et al., 1972；Stogryn, 1972；Wilheit, 1978；Smith et al., 1988）的结果表明，泡沫表面比无泡沫表面具有更高的微波发射率，并且泡沫覆盖率随风速的增加而增大，因而亮温随之升高，并且泡沫的影响至少与粗糙表面的影响量级相同。

泡沫亮温的最简单模式是假设泡沫是随机分布的，设其发射率为 e_f，泡沫的覆盖率为 F（Wilheit 1979），则表面的发射率 e 可以简单地由粗糙表面和泡沫表面发射率的加权平均表示：

$$e = (1 - F)e_r + Fe_r \qquad (3-18)$$

这样假设后，就必须建立 e_f、F 与风速 u 的关系式。由于 F 的定义是很随意的，故此，更为方便的做法是令 $e_f = 1$，然后集中讨论 $F(u)$（可能依赖频率）。$F(u)$ 的考虑办法是：当 $u < 7$ m/s 时，认为海面无泡沫，$F(u) = 0$。当 $u > 7$ m/s 时，$F(u)$ 随风速线性增大。然后讨论近表面风速与泡沫覆盖率的关系，研究（Ross et al., 1974；Wu et al., 1979；Monahan et al., 1980, 等等）得出泡沫覆盖率 ω 和风速 u 的关系为 $\omega \propto u^\alpha$，其中实验室得出的指数 α 在 3.0 到 4.0 之间。值得注意的是，所有证明这种关系的实验均依赖光学技术。这种测量得出的泡沫覆盖率与辐射计测量的表面泡沫覆盖率的直接关系尚未完全确定，同时，α 的值是当风速低于 20 m/s 时得出的。白水沫区的微波辐射机理及其理论模型尚待完善。

3.4　海洋参数反演算法

利用准确可信的辐射传输模型，就可以实现海洋参数的反演。通过辐射传输模型有两种算法来反演海面参数，多元线性回归算法和非线性迭代算法。

3.4.1　多元线性回归算法

考虑一个列向量 X 作为输入，变换到一个列向量 Y 作为输出的线性过程，这个过程将 X 与 Y 通过矩阵 A 联系

$$Y = AX \qquad (3-19)$$

Y 的测量值通常包含噪声 ε，表示为

$$\tilde{Y} = Y + \varepsilon = AX + \varepsilon \qquad (3-20)$$

反演问题就是用给定的 $\tilde{Y}$ 来估计 X，估算 X 最常用的方法就是找到一个 X 使得 Y 和 $\tilde{Y}$ 之间的方差最小，通常使用的是最小二乘法

$$\hat{X} = (A^{\mathrm{T}} \Xi^{-1} A)^{-1} A^{\mathrm{T}} \Xi^{-1} \tilde{Y} \qquad (3-21)$$

这里 Ξ 是误差向量 ε 的相关矩阵，如果误差不相关，则 Ξ 是对角矩阵。

对于我们的应用，系统输入矢量 X 是一系列的地物参数 P，输出矢量 $\tilde{Y}$ 是一系列亮温（T_B）观测值。注意 X，Y 可以是 P 和 T_B 的非线性函数，不违反 X 和 Y 之间的线性度的关系。例如 T_B 和大气参数 V 和 L 的关系可以近似为：

$$T_B \approx T_E \{ 1 - R \exp[-2\sec \theta_i (A_O + a_V V + a_L L)] \} \qquad (3-22)$$

T_E 是海洋 – 大气系统的有效温度，是一个相对常量。这样

$$\ln(T_E - T_B) = \ln(RT_E) - 2\sec \theta_i (A_O + a_V V + a_L L) \qquad (3-23)$$

这样我们可以看到 T_B 和 V，L 之间的关系可以通过由 $Y = T_B$ 变化到 $Y = \ln(T_E - T_B)$ 实现线性化。总的线性统计回归算法表示为：

$$P_j = \Re \left[c_{0j} + \sum_{i=1}^{l} c_{ij} \Im (T_{Bi}) \right] \qquad (3-24)$$

式中，$\Im$ 和 $\Re$ 是线性函数，下标 i 代表辐射计通道，下标 j 代表要反演的参数（T，W，V，L）。

对于 6.9 GHz 和 10.7 GHz

$$\Im(T_B) = T_B \qquad (3-25)$$

对于 18.7 GHz，23.8 GHz，37.0 GHz

$$\Im(T_B) = -\ln(290 - T_B) \qquad (3-26)$$

另外假设

$$\Re(X) - X \qquad (3-27)$$

这样利用 T_B 就可以表示出海面温度（T），风速（W），水汽含量（V）和液态水（L）的反演算法如下：

$$P_j = \mathrm{const} + aT_{B6v} + bT_{B6h} + cT_{B10v} + dT_{B10h} - e\log_{10}(290 - T_{B18v}) - f\log_{10}(290 - T_{B18h}) - g\log_{10}(290 - T_{B23v}) - h\log_{10}(290 - T_{B23h}) - m\log_{10}(290 - T_{B37v}) - n\log_{10}(290 - T_{B37h})$$

$$(3-28)$$

通过线性回归算法，分别对 j 为 T，W，V，L 计算出相应的系数。

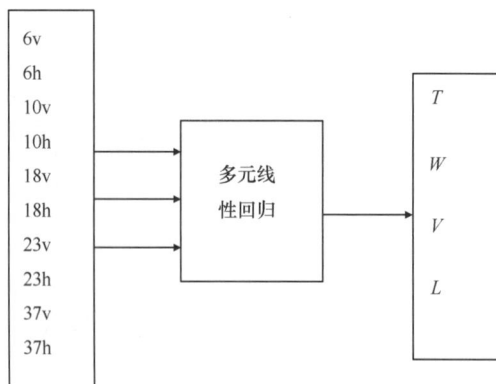

图 3 - 1 微波辐射计的反演示意

从原理上讲，如果给出矩阵 A 和误差相关矩阵，系数 c_{ij} 就能通过前面得出。然而，使用线性化的函数后，Y 和 X 之间还不是严格的线性关系，矩阵 A 的元素还不是常数，而是随 P 变化。当然我们可以导出一个 Y 与 X 的近似线性关系式，然后再导出 c_{ij} 系数。但，正如 Wilheit 和 Chang（1980）建议的那样，最好使用直接的方法，先计算各种环境下的亮温，然后用多元线性回归导出系数 c_{ij}。

3.4.2 非线性迭代算法

多元线性回归算法的主要缺点是 T_B 和 P 之间的非线性关系用一种特定的形式处理，线性函数仅仅是一种近似，只包括二次项，如 T_B^2 和 $T_{B37V}T_{B23H}$，并不能真正描述 T_B 和 P 之间的互逆关系。非线性问题的一种严格的处理方式是用一个非线性模式函数 $F(P)$ 表达 T_B 和 P 之间的关系：

$$T_{Bi} = F_i(P) + \varepsilon_i \qquad (3-29)$$

式中，i 表示观测次数，ε_i 表示测量噪声。观测次数必须等于或者大于未知数的数目（P 中元素的个数）。对每一套辐射计的观测，反演方程都可以产生 P，这种数值计算方法比线性回归算法繁重，因为线性回归算法中 T_B 和 P 之间有固定的关系，但就今天的计算机的速度不成问题。

首先我们简单地认为亮温是海面温度 T_S，风速 W，风向 ϕ，水汽含量 V 和液态水含量 L 的函数，那么我们可以把一个通道的亮温表示为：

$$T_{Bi} = F_i(T_S, W, V, L) + \varepsilon_i \qquad (3-30)$$

这里 i 表示通道，对任一通道我们用牛顿迭代法展开：

$$T_{Bi} = F_i(\overline{P}) + \sum_{j=1}^{4}(P_j - \overline{P}_j)\frac{\partial F_i}{\partial P_j}\bigg|_{\overline{P}} + O^2 + \varepsilon_i \qquad (3-31)$$

这里 $P_0(T_{s0}, W_0, \phi_0, V_0, L_0)$ 是初始估计值。O^2 表示高阶小量。我们设

$$A_{ij} = \frac{\partial F_i}{\partial P_j}\bigg|_P \qquad (3-32)$$

$$\Delta T_{Bi} = T_{Bi} - F_i(\overline{P}) \qquad (3-33)$$

$$\Delta P_j = P_j - \overline{P}_j \qquad (3-34)$$

则上面写成矩阵的形式：

$$\Delta T_B = A\Delta P + O^2 + \varepsilon \tag{3-35}$$

忽略高阶项（$O^2 = 0$），则方程的解为：

$$P = \overline{P} + (A^{\mathrm{T}} \Xi^{-1} A)^{-1} A^{\mathrm{T}} \Xi^{-1} \Delta T_B \tag{3-36}$$

Ξ 是误差相关矩阵，通过调整初始值使计算值无限接近测量真值，用 P 代替 $\overline{P}$ 不断重复，对于无噪声的情况，方程可以得到确切的解，对于有噪声的情况，当 ΔT_B 达到最小的时候，得到方程的解。获得最终的参数值。初值的选取非常的重要，但是它并不影响最终的结果，对于风速，水汽含量，液水含量可以使用统计反演的结果。

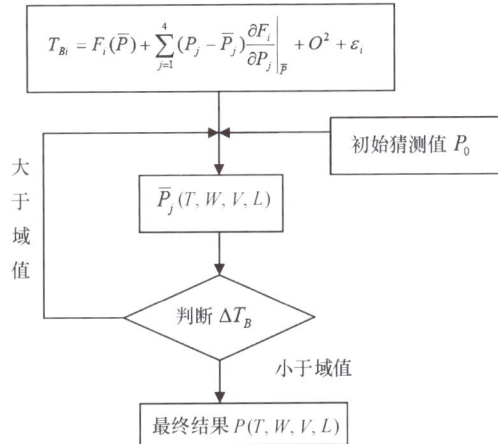

图 3-2　非线性迭代算法流程

3.5　国外同类微波辐射计

3.5.1　DMSP 卫星辐射计

20 世纪 60 年代中期，美国国防部开始实施国防气象卫星计划（DMSP）。1966 年 9 月 15 日，美国发射了第一颗实用型 DMSP 卫星。1976 年 9 月 11 日，美国发射了第一颗更先进的 5D 型 DMSP 卫星。DMSP 星座由两颗低地轨道卫星组成，其任务是收集高分辨率的全球气象信息（可见光和红外云图），并直接发送给作战部队和政府机构。每颗 DMSP 卫星的覆盖宽度为 2 900 km。卫星上的扫描辐射计述为国防部陆、海、空以及外层空间活动收集其他特殊数据，如大气温度和湿度、冰雪覆盖情况、降水强度和面积以及海洋学和太阳－地球物理信息。美国空军最后一次发射这种卫星是在 1997 年 4 月 4 日。其后继系统称为国家极轨业务环境卫星系统（NPOESS），卫星将由军方和海洋与大气局联合采购。该系统由 3 颗卫星组成星座，为美国及其盟国提供更多、覆盖面更广的数据。

DMSP 计划为美国军方提供天气状况监测。来自卫星的信息用做一般性天气预报和灾害性天气警报。同时这些信息也与美国的 NOAA 共享，提供给民用机构使用。从 1965 年到现在，有超过 51 颗 DMSP 卫星被发射上天。卫星平台和有效载荷也不断地得到改进，以提高观测精度。这些卫星成对地运行，以便每天完成对整个地球的覆盖，对于高纬度地区，每天可以接收两次覆盖。

DMSP 5D-2 是第六代军用气象卫星。每两颗卫星组成一个星座提供全球范围的大气、海洋等物理参数的测量。可见光和红外传感器在白天和黑夜收集全球大气云分布图像，微波成像仪和探测器只有可见光和红外传感器覆盖的一半。卫星有效载荷质量近 110 kg，包括业务化的线性扫描系统——可见光/红外传成像仪，SSM/T 大气探测仪——生成云温度剖面，SSM/I 微波成像仪——用于测量冰覆盖、降水区域和强度、云水量、海面风速，SSB/X2 伽玛射线和 X 射线分光计，SSJ/4——用于测量质子和电子的密度，以及 SSM 磁力计。

在 DMSP F - 8 卫星上的 SSM/I 是 7 通道的微波成像仪，用来探测地气系统的热辐射。它是全功率型的辐射计，天线系统由一个 61 cm × 66 cm 的偏置抛物面反射器和 7 个馈源喇叭组成。天线、接收机一起饶垂直于卫星的轴（Z 轴）作圆锥扫描，扫描周期 1.9 s，波束中心与轴的夹角是 44.8°，每个扫描像元都有相同的卫星高度角，约 53°。有效辐射只取下午升轨卫星的前向（上午升轨卫星的后向）102.4（- 51.2° ~ + 51.2°）弧段，其扫描宽度为 1 394 km。对于 85 GHz（通道）采样 128 次，采用间隔 12.5 km，积分时间 3.8 ms，对于其他 5 个通道，采样 64 次，采样间隔 25 km，积分时间 7.95 ms。数据量化等级 12 bit。一起由热黑体、冷空间作定标源。仪器指标如表 3 - 1 所示。

表 3 - 1　DMSP 卫星微波辐射计的技术性能

中心频率/GHz	19.35	22.235	37.0	85.5
极化（V，H）	V，H	V	V，H	V，H
带宽/MHz	10 ~ 250	10 ~ 250	100 ~ 1 000	100 ~ 1 500
系统噪声 $\triangle T$/K	0.4	0.8	0.4	0.7
动态温度范围/K	375	375	375	375
有效视场（3 dB 波束宽，km）	74 × 45	60 × 40	38 × 30	16 × 14
积分时间/ms	7.95	7.95	7.95	3.89

3.5.2　EOS 卫星辐射计

地球观测系统（EOS）是美国航宇局（NASA）制定的一项大型地球观测计划，时间跨度为 20 年，直至 2015 年。该系统由卫星发射任务、数据与信息系统和科学研究计划 3 部分构成。

EOS 的目的是：建立一个持续运行的、综合性的、全球规模的地球观测系统；开展有重点的、探索性研究，提高对影响全球气候变化的物理、化学、生物及社会等诸因素的认识；建立地球（陆、海、空）大系统动力学模型，综合分析并预测全球气候的变化；区分与评估自然事件和人类活动对地球气候的影响。

NASA 的 EOS 卫星计划主要有 5 个系列：即 EOS - AM（后改名为 Terra）系列、EOS - PM（后改名为 Aqua）系列、EOS - ALT 系列、EOS - CHEM（后改名为 Auva）系列和 NPOESS 系列。其中，EOS - AM 和 EOS - PM 是多功能综合卫星系列，EOS - ALT 是高度计卫星系列，EOS - CHEM 是大气化学卫星系列，NPOESS 是极轨气象卫星系列。此外，ESA 极轨卫星计划中有 2 个系列，即"环境卫星"（Envisat）系列和"高度计卫星"（Jason）系列也纳入 EOS 卫星发射计划，并将 Jason 系列纳入 EOS - ALT 系列中。还有"日本地球观测系统"（JEOS）中的 1 个卫星系列：即 ADEOS 系列也纳入到 EOS 卫星发射计划中，ADEOS 是多功能综合卫星，但 ADEOS 第一颗卫星 ADEOS - 1 早在 1996 年 8 月发射（于 1997 年失效），不算作 EOS 卫星。EOS

系列卫星的主要参数见表3-2。

除了上述 NASA 的 5 个卫星系列、ESA 的 2 个卫星系列和 NASDA 的 1 个卫星系列以外，NASA 正在实施的地球观测卫星计划，如"海星"（SeaStar，即 Orbview-2）海洋水色卫星、TRMM 热带降雨观测卫星和 Landsat-7 陆地资源卫星也纳入到 EOS 卫星计划中。

EOS 的任务是观测以下 7 个对全球气候变化影响最大的基本因素。

（1）温室效应。研究分析其起源、对全球气候变暖的影响以及减少和消除温室效应的途径。

（2）云和地球辐射平衡。这个因素对气候变化的影响很大。

（3）海洋。它是影响全球气候与时间关系的主要因素，因此要研究海洋生产率、海洋环流和海洋与大气之间的交换。

（4）陆地表面水文学。该因素对区域气候和可用的水资源有重大影响。

（5）极区冰层。该因素影响海平面高度的升降。

（6）生态动力学。它包括植物类别、生物多样性和碳循环，这些因素既受气候的影响，同时又影响气候的变化。

（7）火山。火山的爆发会引起大气内悬浮微粒的增加和短期气候变化。

总之，美国航宇局（NASA）的 EOS 计划旨在对陆地、海洋和大气进行综合的、全方位的、长时期的观测研究。

EOS-AM（Terra）卫星上载有下列 5 种对地观测仪器。

（1）先进的空间热辐射反射辐射计。

（2）云和地球辐射能量系统（CERES）。

（3）多角度成像光谱辐射计（MISR）。

（4）中分辨率成像光谱仪（MODIS）。

（5）对流层污染探测装置。

表 3-2　EOS 卫星参数

卫星		EOS-AM	EOS-PM	EOS-COLOR	EOS-AERO	EOS-ALT	EOS-CHEM
用途		测量地表、云、气溶胶和辐射收支特性	测量云、降水和辐射收支、地面雪和海冰、海面温度和海洋生产率	研究海洋生物量和生产率	观测大气和气溶胶	测量海平面高度、洋流和冰层质量	测量大气化学成分及其传输过程、海洋现象
有效载荷		ASTER，CERES，MODIS，MOPITT	AIRS AMSU/MHS，MODIS，CERES，MIMR	SeaWiFS-N	SAGE-3	ALT，GLRS-A，GGI	STIKSCAT，TES，SAGE-3，HIRDLS
净质量/kg		4 636	4 700		240	2 270	4 727
平均功率/W		3 000	1 000/1 200		140	1 700	1 000/1 200
数据传输速率 /Mbit·s^{-1}	平均	10	8.2		19	472	3.3
	峰值	107	13		101	492	19.6

AMSR - E（Advanced Microwave Scanning Radiometer - Earht Observing System）微波辐射计是美国 NASA 于 2002 年发射的对地观测卫星 Aqua 上搭载的被动观测微波遥感仪器。它由日本太空发展署研制，是日本对地观测卫星 ADEOS - Ⅱ 上搭载的 AMSR 微波辐射计的改进型。Aqua 是 NASA "地球观测系统" 计划中 3 颗卫星中的第二颗卫星，主要用于观测地球的海洋、冰和云，以便研究这些因素对气候的影响。它是 A - Train 编队的第一颗星，后续一共还有 5 颗星组成 A - Train。Aqua 是太阳同步极轨卫星，轨道倾角 98.2°，轨道高度 705 km，上面搭载了包括 AMSR - E 在内共 6 种仪器，除了南北两极内的圆形区域，平均 2 天就能覆盖全球一次。AMSR - E 是圆锥扫描的全电源的辐射计，每分钟绕垂直飞行器的轴旋转 40 转，包括 12 个通道 6 个频率的双极化观测。每个辐射计同时测量来地面和大气的微波发射。

3.5.3　ERS 卫星辐射计

欧空局（ESA）分别于 1991 年 7 月和 1995 年 4 月发射了 ERS - 1 和 ERS - 2 欧洲遥感卫星，确切地说是海洋动力环境卫星，这是继美国 1978 年 6 月发射的 Seasat - A 之后，世界上第二次发射此类卫星，卫星探测器的配置见表 3 - 3。其发射目的如下。

（1）对气候模式中海气交互作用模式进行改进。

（2）着重了解洋流和能量传递过程。

（3）使两极冰盖体积平衡估计更可信。

（4）改善海岸动力过程和污染的监测。

（5）改进土地利用变化的测量和管理。

卫星探测参数包括海面/冰面/地面雷达图、海洋浪场、风场、海面高度、冰面拓扑、海面温度、云顶温度、水气含量等。

表 3 - 3　卫星上探测器的配置

ERS - 1	ERS - 2
主动微波仪器（AMI）	主动微波仪器（AMI）
沿迹扫描辐射计（ATSR）	改进型 ATSR - 2
雷达高度计（RA）	雷达高度计（RA）
微波辐射计（MWR）	微波辐射计（MWR）
	全球臭氧监测仪（GOME）

此外，还有以下两套定轨设备。

（1）精密测距及速率仪（PRARE）。

（2）激光反射镜阵列（LRR）。

ERS - 1 和 ERS - 2 卫星的主要任务是完成对地球上海洋、冰盖和海岸带区域的遥感探测。卫星将提供系统的、重复的对全球风速、风向、波高、表面温度、表面高度、云覆盖和大气中水蒸气含量的测量数据。

ERS 卫星平台采用三轴稳定，俯仰/滚动精度可控制在 0.11° 内，偏航精度可达 0.21°。单个太阳板面阵尺寸 11.7 m×2.4 m，支持最大 2 600 W 的有效载荷功率。电池存储容量为 2 650 W·h。SAR 天线尺寸为 10 m×1 m。S 波段上传速率为 2 kbit/s。X 波段下传速率分别提供 105 Mbit/s 和 15 Mbit/s。星上记录器存储容量为 6.5 Gbit/s。

ERS-1 和 ERS-2 均携带了微波辐射计（MWR），它与沿迹扫描辐射计（ATRS）一起工作，对卫星轨道下面地球表面大气水汽含量进行垂直探测，星上雷达高度计等主动微波仪器进行水汽订正。

ERS-1/2 上搭载的辐射计包括：红外辐射计和微波辐射计。

红外辐射计为一台成像式辐射计，具有 3 个波长为 3.7 μm，11 μm 和 12 μm 的互相配准的通道，由波束分离器和多层干涉滤波器构成。地面的天底点瞬时视场（IFOV）为 1 km×1 km。瞬时由一旋转平面镜按下列方式扫描地面：瞬时视场给出地球两次观测（相当于天底点 0° 和 57°），每次扫描地球观测点之间还要对星上黑体进行扫描。其中一次黑体观测被定期用空间观测来取代。最终数据产品为 50 km×50 km 区域的平均海面温度，多数情况下绝对误差优于 0.5 K，在 500 km 宽刈副内每个产品包含 2 500 个像元。

微波辐射计的两个通道分别为 23.8 GHz 和 36.5 GHz。由于仪器安装原因，卡塞伦天线尺寸限于 50 cm，波束宽度为 3 dB，覆盖范围约 22 km。

ATSR/M 主要技术指标如表 3-4 所示。

表 3-4　ATSR/M 主要技术指标

	通道	3.7 μm，11 μm 和 12 μm
红外辐射计	空间分辨率	1 km
	辐射分辨率	0.1 K
	绝对精度	80% 云盖条件下，在 50 km×50 km 区域范围内 0.5K
	刈幅宽度	500 km
	扫描方式	圆锥扫描
	冷却方式	主动式冷却（Sterling 循环）
微波探测器	通道	23.8 GHz 和 36.5 GHz
	瞬时视场	22 km

3.5.4　ENVISAT 卫星辐射计

ENVISAT 卫星微波辐射计（MWR）是天底观测、双通道、被动微波辐射计，工作频率是 23.8 GHz 和 36.5 GHz，足印 20 km。主要用于探测水汽含量，为高度信号的校正提供依据。其观测几何如图 3-3 所示。

MWR 的作用有两个：一是为高度计提供校正数据，二是根据其亮温进行极地海冰和陆地表面特性观测。

MWR 与 ERS 上的微波辐射计相比，有以下特点。

（1）重新设计的结构，以满足 EnviSat-1 的需要，优化了强度、稳定性、减少了质量。

（2）仪器热控制包括一个主动的热控制机构，以减少射频（RF）部分的温度飘移。

（3）天线反射器的支撑部分是重新设计的，且是固定的天线，不需要展开，减少了升空后再展开和指向偏差的危险。

MWR 的主要技术参数如表 3-5 所示。

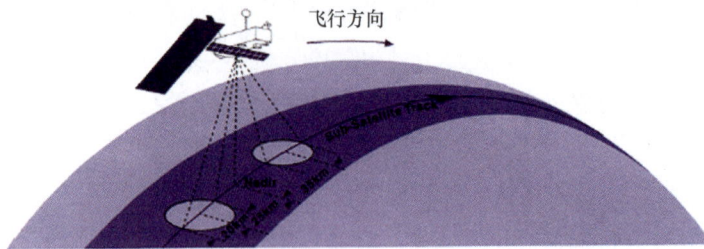

图 3 – 3　ENVISAT – 1 双通道微波辐射计观测几何示意
（两个通道一前一后，与星下点分别距离 35 km 和 25 km，足印 20 km）

表 3 – 5　ENVISAT – 1 微波辐射计技术参数

性能	参数
辐射灵敏度	0.4 K
辐射稳定度	0.4 K
动态范围	3 ~ 335 K
非线性度	0.35 K
辐射准确度	1 K，天线温度 $T_{ant} = 300$ K 时；小于 3 K，$T_{ant} = 85 ~ 330$ K 时
星上可调内定标周期	38.4 s，76.8 s，153.7 s，307.4 s
噪声特性	4.8 dB incl. Antenna
工作频率准确度（36.5 GHz 和 23.8 GHz）	< ±3.0 MHz
天线辐射效率（Radiation Efficiency）	97%
天线主瓣效率（Main Beam Efficiency）	95.26% 最坏情况（23.8 GHz）
天线旁瓣信号水平（Side Lobes Level）（在 3°半角时）	24 dB，31 dB
天线半功率点波束宽度（3 dB）	1.5°
质量	24 kg
功耗	18 W

第 4 章　精密定轨基本原理

4.1　卫星运动状态方程

在惯性坐标系中，应用牛顿第二定律可得到卫星运动方程如下：

$$\ddot{\vec{R}} = \sum_i \vec{f}_i \tag{4-1}$$

式中，$\vec{R}$ 为卫星在惯性坐标系下的位置矢量，等式右侧是卫星受到的各种摄动力之和。

如果知道卫星在某一时刻 t_0 的运动状态 $\vec{R}_0$（位置）和 $\dot{\vec{R}}_0$（速度），就可以获得式（4-1）的解析解，也就是可以获得任意时刻 $t \geq t_0$ 时刻卫星的运动状态 $\vec{R}$ 和 $\dot{\vec{R}}$。但是上述卫星受到的摄动力是十分复杂的，要想获得严格的解析解几乎是不可能的，对于轨道计算精度要求不高的情况下，在某些假设近似的情况下可以获得式（4-1）的一阶近似解。对于轨道精度要求较高的卫星，就不能通过求解析解来近似了，需要通过数值积分方法求得上式的数值解。

上式是个二阶常微分方程，根据二阶常微分求解方法，可以将二阶变成两个一阶常微分方程：

$$\dot{\vec{R}}(t) = \vec{V}(t)$$
$$\dot{\vec{V}}(t) = \vec{\Pi}(t) \tag{4-2}$$

式中，$\vec{R}$ 和 $\vec{V}$（$\dot{\vec{R}}$）分别为卫星位置和速度的三维向量，$\vec{\Pi}$ 是三维加速度，它是卫星位置、速度以及摄动力模型中使用的所有参数的函数。

如果知道边界条件：

$$\vec{R}(t_0) = \vec{R}_0$$
$$\vec{V}(t_0) = \vec{V}_0 \tag{4-3}$$

t_0 是起始历元时刻，只要知道摄动力模型，利用初始条件，直接积分式（4-1）或式（4-2）就可以得到任意时刻 $t \geq t_0$ 时刻卫星的运动状态 $\vec{R}$ 和 $\dot{\vec{R}}$。从初始时间到被选定的时间称为弧段长度，弧段长度可以是几小时、几天、1 个月或更长，在高度计卫星中，有时选择重复的地面轨迹作为弧段长度。

然而，一般情况下卫星初始状态 $\vec{R}_0$ 和 $\vec{V}_0$ 是无法预先知道的，只能得到它的参考值 $\vec{R}_0^*$ 和 $\vec{V}_0^*$，需要通过对卫星不断的观测来精化 $\vec{R}_0^*$ 和 $\vec{V}_0^*$，以获得高精度的卫星初始运动状态 $\vec{R}_0$ 和 $\vec{V}_0$，这就是精密定轨目的任务。同时由于摄动力模型中有很多参数是无法预先精确知道的，并且观测站坐标误差、测量设备系统误差等等也影响轨道计算的精度，所有这些参量都需要不断的精化。实际上卫星轨道动力学的方法正是取得上述各产量高精度的重要手段之一。所以在轨道确定中，需要求解的量往往不限于 $\vec{R}_0$ 和 $\vec{V}_0$。

设 $\vec{D}(t)$ 为其他需要求解的参数，它将在轨道确定过程中和卫星位置速度一起同时被估计，设

$$\dot{X}^{\mathrm{T}} = \begin{bmatrix} \vec{R}^{\mathrm{T}} \vdots \vec{V}^{\mathrm{T}} \vdots \vec{D}^{\mathrm{T}} \end{bmatrix} \tag{4-4}$$

状态向量应该是一个 $n \times 1$ 的矩阵，那么完整的状态微分方程能表示成矩阵形式为：

$$\dot{X}(t) = F(X, t), \quad X(t_0) = X_0 \tag{4-5}$$

式中，F 是 $n \times 1$ 矩阵，它用来表示一阶形式的状态微分方程，t_0 是初始时刻。式（4-5）代表了一个由 n 个非线性一阶常微分方程组成的系统。

4.2　量测方程

上节中的状态向量 $X(t)$，不能直接地被观测，但是作为状态的非线性函数，在不同时间间隔的观测是可行的。这就需要知道观测量与状态向量的关系，下面给出状态 – 观测的关系式：

$$Y_k = G(X_k, t_k) + \varepsilon_k \tag{4-6}$$

式中，X_k 是 t_k 时刻的状态向量，Y_k 是在 t_k 时刻的一组 P 维观测向量，维数 P 是在时刻 t_k 被处理的观测数，$G(X_k, t_k)$ 是 t_k 时刻观测量的模型计算值，它是状态向量 X_k 和时刻 t_k 的非线性函数，ε_k 是观测量和模型观测量计算值之差，通常认为是随机分布的噪声，称观测量与计算量（$O - C$）为观测残差，为：

$$y_k = Y_k - G(X_k, t_k) \tag{4-7}$$

根据跟踪系统的不同，观测量有所不同，通常为距离、距离变化率、方位和仰角。

4.3　卫星轨道估值方法

在前面已经提到，摄动力模型中虽然是尽可能精确，但有些参数不可能获得真值，只能采取近似值；另外虽然现在观测技术很高，但观测量仍然有不可避免的随机误差和系统误差，因此轨道确定问题就是对一个其微分方程并不精确知道的动力学过程，使用带有随机误差的观测数据，以及不够精确的初始状态求解在某种意义之下卫星运动状态的"最佳"估值。只要观测数据的随机误差不为零，就一定存在某个最佳估值。实际应用中，广泛采用的一个判据为：是观测数据误差的平方和为最小。

具体过程就必须把获得的对卫星位置和速度的观测值综合到定轨系统中，估计对初始条件的改正值和采用的力模型及观测模型参数的改正数。首先，估计卫星的初始位置和初始速度，然后通过轨道积分在观测的时间内进行轨道预测；对跟踪站位置、地球自转参数、大气折射影响和测量的偏差进行检验估计后，使用模型可以计算距离或距离变率的计算值 C，与观测的距离或距离变率值 O 进行比较。得到的残差 $O - C$ 就表示通过数学模型计算的轨道和真实轨道的差别。图 4-1 概略性地给出了这种定轨方法。使用一个较好的估计方法，通过对残余进行拟合可以提高卫星初始状态向量的估计精度，并同时估计各种力模型中和测量模型中的参数。

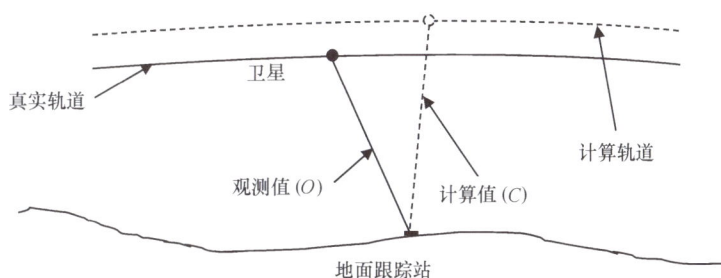

图 4 - 1　定轨方法原理示意

说明：图 4 - 1 对定轨问题给出简要说明。卫星进行观测获得距离或距离变率值（O），通过数值积分的方法，由卫星的位置和速度可以计算距离或距离变率值（C），将两者进行比较，就可以计算观测值的残差（$O - C$）；如果有大量这样的观测值，通过迭代方法，可以对卫星的初始状态向量 r_0、v_0 动力模型参数和测量模型参数进行平差，使估计的轨道与真实的轨道在最小二乘残差平方和最小的意义上最接近。显然，获得的观测值越多，精度越高，则定轨的结果越好。

上述问题是一个非线性的估计问题，在数值实现时，经常要进行线性化，然后再通过迭代的方法进行求解。可以通过分批处理的方法，将一个弧段内的测量值综合起来估计卫星的初始状态，力模型和测量模型中的参数。随着新弧段观测数据的加入，可以随时更新轨道和模型参数。动力模型和测量模型的可靠性，跟踪数据的精度，定轨方法的有效性一起决定了最后定轨的精度。

4.4　精密定轨质量评估

估计的卫星轨道和真实卫星轨道间径向分量差值的均方根即我们所说的径向轨道精度。对测高仪整个误差分配而言，这种精度估计是非常重要的。卫星轨道在沿轨方向和法向上的误差一般比径向方向的误差大 3 ~ 5 倍。大部分的轨道误差能量集中在每圈 1 次这个频率附近，在更高和更低的频率上，能量迅速降低。轨道的误差是无法直接观测到的，因此，利用协方差分析方法和模拟模型误差的影响，就像间接测量了轨道误差一样，可以估计轨道误差的幅度。在当前几个厘米精度的定轨水平上，很难找到一种单一的测试方法来可靠地量化剩余的误差。因此，必须利用许多独立的试验，收集关于轨道误差各个方面的信息来对轨道误差作出评估。本节将介绍几种轨道质量评估方法。

4.4.1　轨道质量内部检验

对轨道质量一个很明显、很重要的检核就是看它与跟踪数据符合得怎么样。全部残差的均方根不仅显示了模型的精度，也显示了跟踪数据的质量。如果相对于理论上预估的噪声而言有较大的残差，就表明我们所采用的模型存在缺陷，也可能是跟踪数据中存在系统误差。采用最新的模型计算的长度为 10 天的 T/P 卫星轨道弧段与 SLR 数据的拟合精度约为 2 cm，与 DORIS 数据的拟合程度在 0.5 mm/s 水平上。鉴于 DORIS 数据的拟合程度已经接近其观测的噪声水平了，因此，那些测量精度在厘米级水平的 SLR 数据没有参与轨道拟合，对这种检验进行解释时必须注意，如果在轨道解中引入了足够多的经验加速度参数，残差 RMS 可以被减少到测量噪声的水平。

对拟合后 SLR 数据残差进行分析，可以对每一次卫星通过进行定时偏差和测距偏差进行标定，从而有效消除残差中的轨道误差信息。假设我们可以对 SLR 数据的时间进行精确标定（一般优于 1 μs），同时还可以获得跟踪站的精确坐标，那么，确定的定时偏差就可以用来评估沿轨方向的轨道误差水平。测距偏差则显示的是在距测站最近的点上，径向和法向轨道误差综合后的误差水平。对以很大的高度角通过测站的轨道弧，法向轨道误差对距离偏差的贡献很小，在这种情况下，尽管由于地理和时间覆盖上所受的限制，测距偏差仍然提供了径向轨道误差高精度的测量值。对 T/P 卫星而言，以大高度角通过的卫星轨道距离偏差的 RMS 值在 2 cm 的水平上，即使将这些弧段从轨道解中排除，也可以达到这一水平。使用 PRARE 跟踪数据和 TEG－3P 重力场模型，不采用 SLR 数据时，ERS－2 卫星的轨道精度可以达到 4 cm 的水平。这种检验方法在表达径向轨道精度方面是最有效、最可靠的方法之一；当 SLR 数据不参与拟合时，就更加能显示出 SLR 数据对卫星测高不可替代的作用。

在缺少可靠的外部检核的情况下，对临近弧段端点的匹配性进行分析也是一种有效的内部检核手段。由于对每个弧段的初始条件都进行平差，因此，上一个弧段的最后一个点一般不会与它下一个弧段的第一个点精确重合，即使这样，两个点都表示在某个时刻，该点上卫星的位置。假设对重复弧段而言，都具有的公共误差相对其他的误差而言并不大，那么，对这些重复弧段上的点进行分析，其 RMS 值在表示轨道精度方面被证实是非常有效的一种方法。与上面描述的其他的内部检验方法一道，这种检验方法在轨道误差评估方面增加了额外的可信度。有时，两个轨道弧的重复部分可能为几个小时或几天，这样，有些跟踪数据在两个轨道弧的计算中都得到了应用，这样就有可能两者有更多相同模式的轨道误差，通过这里的重复轨道检验就难以探测出来。不管如何，对轨道重叠部分进行分析在检验轨道的一致性方面仍然是一种很有用的方法，它能帮助我们找出那些难以仅仅根据跟踪数据发现的问题。

4.4.2 轨道质量外部检验

通过对由不同的跟踪系统，不同的定轨策略独立确定的轨道进行比较、分析，能够对轨道质量进行独特而有效的检验。就 T/P 卫星而言，利用 GPS 跟踪数据，由简化动力学方法独立计算的轨道可以与基于动力学方法确定的最终轨道产品进行比较。考虑不同的模型，跟踪数据，估计方法进行定轨，所给出的定轨结果间的一致性程度就对这两种轨道的综合精度给出了很好的说明。几种本质上互补的跟踪系统和定轨方法（DORIS/SLR，动力学方法定轨；GPS，简化的动力学方法定轨）在其他方面也得到成功的应用。在 DORIS/SLR 数据求出的轨道中，通过与其他方法进行比较，可以直接观测到重力场引起的轨道误差在空间上的分布和量级，也确认了 JGM－2 重力场模型协方差阵的预测效果，这就非常有助于明确重力场协方差校准程序的可靠性。GPS 数据也对重力场模型的进一步改进提供了机会，其结果就是 JGM－3 重力场模型。

在早期，根据 GPS 数据，按简化的动力学方法确定的轨道解中，有将近 6 cm 的轨道误差。尽管直到现在为止，我们仍然不清楚这种偏差的真正起因，但是，通过与基于 SLR/DORIS 数据确定的轨道相比，可以确认在 T/P 卫星的 GPS 观测模型中存在异常情况，其起因到现在还没有找到。另外一个例子就是在仅用无线电测距技术确定 T/P 卫星的轨道时，有一个 1~2 cm 的轨道偏移问题，这种问题是由于在定轨时地球定向参数引起的，由于 SLR 数据当前可以提供比单独用无线电技术精度更高的距离观测值，从而建立与地球质心更准确的联系，因此，SLR 数据就非常适合于检验这种类型的误差。这些还只是众多轨道质量外部检验方法中的一部分，但在探测那些难以由内部检验揭示的异常方面已经足以说明外部质量检验的价值了。

4.4.3　卫星轨道误差分配

本文以 T/P 卫星为例来讨论卫星轨道误差的分配。T/P 卫星上搭载有多种跟踪系统，它们可以提供前所未有的机会来检验各种定轨方案，评估轨道的误差水平。就 T/P 卫星而言，前述的检验方法表明，其轨道精度达到了 2 cm。

在表 4-1 中，T/P 卫星的轨道误差分配方案表明，超出了原任务计划要求的主要进展是在重力场模型上取得的。表面力模型的影响已经降低到了一个比较低的水平，而且，由于在定轨中采用引入经验加速度参数的方法，定轨模型的改进促成了海潮模型精度的提高。上面这个表中最后一列表明，对轨道精度而言，经过进一步改进，已经可以达到 1 cm 的水平。需要指出的是，在这种精度上定轨，需要考虑由于大气层、海洋和固体地球间季节性的质量迁移所引起的地球重力场的时间变化带来的影响。

表 4-1　T/P 卫星径向轨道误差分配　　单位：mm

误差源	任务要求	JGM-2	JGM-3	目标
静态重力场	100	22	9	4
地球固体潮和海潮	30	13	7	4
时变重力场	未考虑	8	8	4
表面力	70	15~25	10~15	5
数据误差	10	5~10	5~10	4
测站位置误差	20	10	5	4
RMS	130	35~40	20~25	~10

1 cm 精度的定轨与 2 cm 精度的定轨，相对于测高观测值几个厘米的测量噪声来说，其差别看起来似乎并不重要。但是，轨道误差的特性需要我们尽可能地来减少定轨误差。当定轨精度为 1~2 cm 时，在沿卫星的地面轨迹上，径向轨道误差是时间的函数，根据前面的讨论，卫星的二体运动中，其每个摄动都有部分能量集中在 1 cpr 附近；各种参数化方法在消除大部分这种性质的误差方面效果明显，但是，在移去了这些误差后，残余误差还是显示出其长波的 1 cpr 特性。在大部分卫星测高数据的应用中，所分析的都是在时间和空间上经过平滑了的海面高，这些平滑数据中的随机误差也可能降低到了 1 cm 以下，为了不影响研究大尺度范围内的海洋信号，任何微小误差都是要加以谨慎处理的，要尽可能地消除。

第 2 篇　HY - 2A 卫星工程概述

第 5 章　HY－2A 卫星系统概况

5.1　卫星组成

HY－2A 卫星由有效载荷和服务系统构成，如图 5－1 所示。其中：

（1）有效载荷包括：雷达高度计、微波散射计、微波辐射计、校正辐射计、数传、激光通信等 6 个分系统。

（2）服务系统包括：结构与机构、热控、姿态与轨道控制、供配电、测控、数据管理 6 个分系统。其中，测控分系统除了包括常规的 USB 子系统外，还包括为精密定轨服务的双频 GPS 子系统、DORIS 子系统和激光测距子系统。

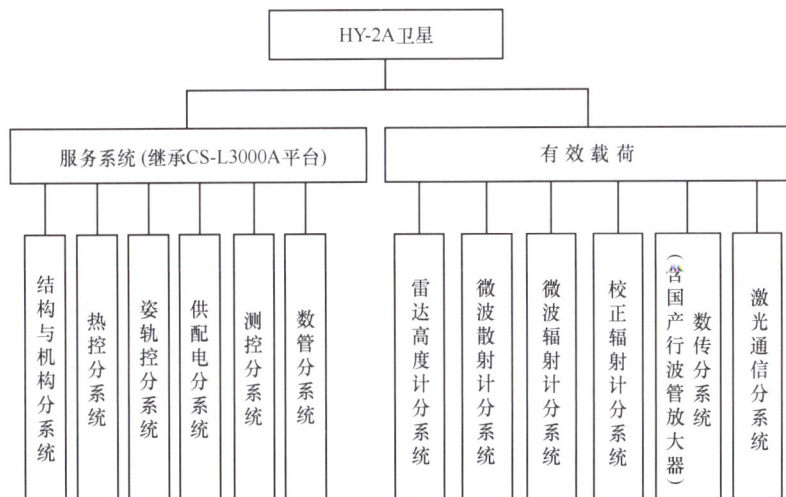

图 5－1　HY－2A 卫星组成框

HY－2A 卫星有效载荷由雷达高度计、微波散射计、微波辐射计、校正辐射计、数据传输、激光通信分系统组成，除数传分系统外均为新研载荷。其中，雷达高度计用来测量海面高度、有效波高及风速等海洋基本要素，微波散射计主要完成获取海面风场的测量任务，微波辐射计主要完成获取海洋表面和冰层数据、测量大气水蒸气含量、云中含水量和降雨量等功能，校正辐射计主要完成通过上层大气的液态水和水汽含量的测量向雷达高度计提供大气校正数据，激光通信主要用于完成星地激光通信链路试验，数传分系统主要完成有效载荷和卫星平台星历等所有数据的传输任务，同时承担国产行波管的在轨飞行寿命试验任务。

HY－2A 卫星服务系统充分继承 CS－L3000A 平台的成熟产品和成熟技术，各服务分系统在继承 CS－L3000A 平台设计的基础上进行了设计，主要变化是：

（1）根据 HY－2A 卫星晨昏轨道、全新载荷等特点，卫星构形布局进行了全新设计，除服务舱的结构布局继承 CS - L3000A 平台的设计外，卫星构形、载荷舱结构布局和设备布置均为全新设计，整星的热控也根据轨道和载荷的变化进行了全新设计。

（2）根据 HY - 2A 卫星精密定轨、微波辐射计和微波散射计在轨转动及 3 年寿命要求，控制分系统相对 CS - L3000A 平台增加了动量轮和陀螺的配置。

（3）测控分系统增加了精密定轨功能，相应配置了 DORIS、双频 GPS、激光角反射器等设备。

（4）供配电分系统采用三结砷化镓电池片、固定太阳翼及全调节母线。

（5）整星数据系统采用 CCSDS AOS 体制，对整星科学数据、遥测数据和精密定轨数据进行统一管理。

HY - 2A 卫星在发射状态，太阳翼压紧在卫星的 - Y 面。卫星入轨后，太阳翼向 - X 方向展开并固定，各载荷天线解锁，进入工作状态。卫星在轨飞行如图 5 - 2 所示。

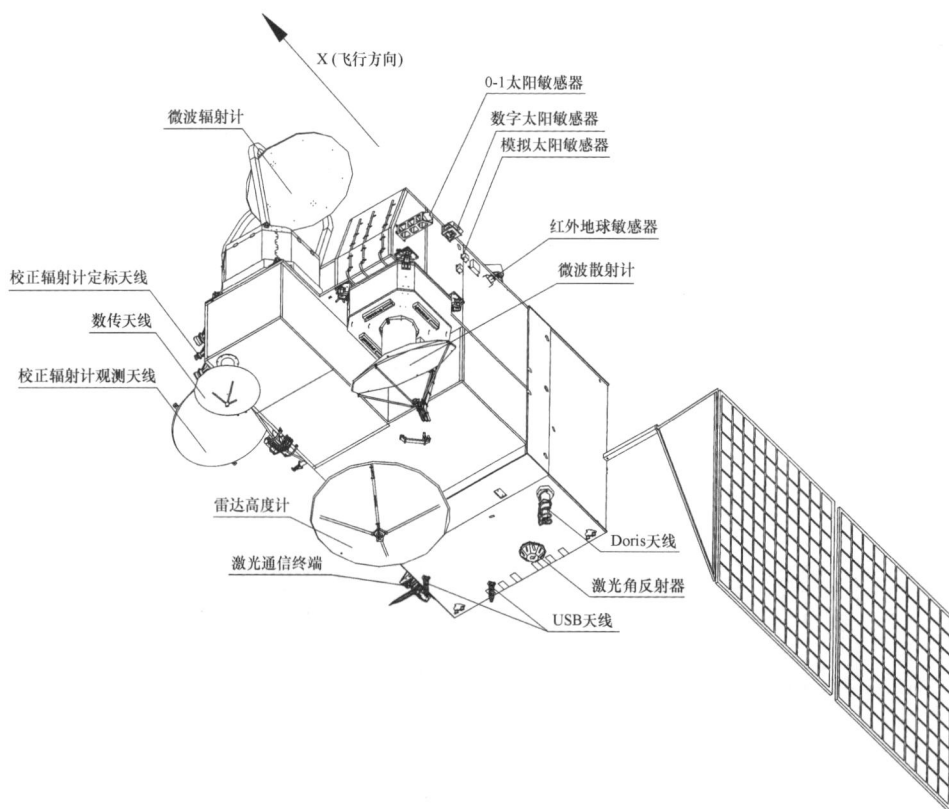

图 5 - 2　卫星飞行状态示意

5.2　工作原理

HY - 2A 卫星通过其服务系统来保障卫星在轨工作时的轨道、姿态、能源供给、温度环境，提供星地间的测控链路，获取精密定轨的相关参数，并对整星的遥感数据、精密定轨数据、测控数据及星历等数据进行管理。通过卫星各遥感载荷来获取海洋动力环境的遥感信息，通过数传系统建立下行链路将遥感、精密定轨等数据下传至地面接收站。通过激光通信星上数据终端与地面终端一起来完成星地激光通信链路试验。

各载荷的工作原理如下。

（1）雷达高度计通过向海面垂直发射双频脉冲信号，分析回波特征得到海面高度和有效波高等信息。接收功率斜坡引导沿的半功率点对应于平均海平面，测得它与发射脉冲的延时，可得到平台至平均海平面的高度，再利用精密定轨获得卫星轨道详细参数，即可通过计算获得全球海面高度数据，进而获得海面动态地形；回波引导沿的斜率反比于海面有效波高，通过对斜率的测量可直接反演海面有效波高；依靠回波的功率大小估计后向散射系数的大小，可获得海冰含量、湍流边界、海洋风速等信息。雷达高度计可同时兼顾海冰和陆地的测量。

（2）校正辐射计通过对上层大气液态水和水汽含量的测量向雷达高度计提供同程大气校正数据，其探测频率选择包含大气水汽吸收谱线和大气窗通道的微波频段。大气水汽吸收谱线选择中心频率是 23.8 GHz，窗通道选择一个低于水气通道频率、对云的敏感度低的 18.7 GHz，另一个选择高于水汽通道频率、对海面敏感度与低频一致、但对云液态水敏感度高的 37 GHz。通过同程观测，提供大气校正数据实现提高雷达高度计观测精度的目的。

（3）微波散射计采用圆锥扫描方式向海面发射脉冲信号，通过测量海面各向异性的微波散射特性，利用海面风场对微波散射的各向异性的特征，通过已知的数学模型反演得到海面风速、风向信息。

（4）微波辐射计采用圆锥扫描方式，选用 5 个频段、两种极化共 9 个通道被动测量海洋表面的微波辐射强度，即海洋表面亮温度，经过反演得到海面温度场。同时，微波辐射计还测量与大的风暴或飓风有关的泡沫亮度温度，从而反演出最高达 50 m/s 的风速信息。

（5）数据传输分系统将来自数据复接器的数据（主要含 4 台微波遥感器的遥感数据，双频 GPS、DORIS、延时遥测、卫星星历等平台数据）经过调制、放大后发射到地面接收站进行接收。

（6）激光通信星上终端首先在不确定范围内进行大范围捕获。在收到地面发射的信标光并锁定后，进入跟踪状态。跟踪稳定后，进行双向通信：向地面站发射通信信号，同时接收地面站的通信信号。激光通信终端具有独立的数据源，通过调制设备加载到激光光束中。对于接收到的地面光信号，经光电转换后进行误码分析。分析的结果通过 1553 B 总线传送到卫星平台，通过数传分系统送达地面。

各服务系统的工作原理如下。

（1）结构与机构分系统为星上设备提供安装面和安装空间，并实现星上设备的安装和定位。卫星结构应保证卫星在地面、发射和在轨工作期间卫星构形的完整性，在卫星组装、停放、起吊、翻转、运输、试验、发射和在轨工作时承受卫星的载荷。HY-2A 卫星的结构与机构分系统还包含一套力学环境测量系统，用于测量和存储卫星发射段、在轨解锁和在轨运行时卫星的力学环境。

（2）热控分系统通过控制航天器内外、热交换过程，为星上仪器设备提供合适的热环境，确保仪器、设备和部件的温度在卫星运行的各个阶段都处在规定的范围内。HY-2A 卫星以被动式热控为主，辅助主动控制方式来完成卫星的热控。

（3）姿态与轨道控制分系统为整星提供对地定向三轴稳定姿态控制功能，通过姿态敏感器敏感整星惯性空间姿态，通过控制器计算整星姿态控制律和轨道控制律，通过执行机构确保整星对地三轴稳定和轨道维持。

（4）供配电分系统负责在卫星各个飞行阶段，包括主动段，及晨昏轨道工作寿命期间给卫星的有效载荷及服务舱各分系统提供和分配电能。供配电分系统利用太阳电池阵作为主电源，镍镉蓄电池组作为贮能装置，由电源控制设备对供电母线和功率实行调节和控制，提供单一电源母线；二次电源子系统（DC/DC 模块/变换器）将一次电源变换为各设备使用的二次电源，最后由配电器完成对一次/二次用电设备、加热器的配电；火工品控制器用于整星所有火工品（太阳帆板和天线压紧点切割器等）的起爆控制及火工品起爆情况测量。电缆网提供整星低频功率、信号连接，并按要求实施接地、屏蔽等 EMC 措施。

（5）测控分系统由 4 个子系统（USB，双频 GPS，DORIS，SLR）组成。USB 子系统为卫星和地面测控站之间提供 S 波段射频通信信道，完成卫星与地面站间发送遥控指令、接收遥测参数和测距等任务，并为整星提供统一的时间基准；DORIS、GPS 和 SLR 三个子系统为完成精密定轨任务提供测量数据。

（6）数管分系统将卫星控制数据（包括上行的遥控指令、注入数据、工作模式设置和星上自主生成指令数据）、星务数据（包括遥测数据、GPS 定位数据、DORIS 定轨数据、星上时间码以及姿态数据、星历数据和星敏感器数据）、有效载荷业务数据（包括 4 个微波遥感器产生的数据和激光通信终端产生的跟描数据）综合在以计算机为主所构成的系统中，用以实现卫星遥控及上注数据管理分发、卫星数据调度管理及存储（包括星务数据、业务数据和激光通信试验数据）、程控、星上自主闭环控制与整星管理，提供星上时间基准以及时间校正等功能。

5.3　运行轨道

根据运载火箭 CZ‒4B 的运载能力及 HY‒2A 卫星重量，CZ‒4B 无法将 HY‒2A 卫星直接送入预定轨道，只能将卫星送入最高为 910 km 的轨道。

发射轨道参数（平根）为：

（1）半长轴　　　　　　7 281 km
（2）倾角　　　　　　　99.340 15°
（3）偏心率　　　　　　0
（4）近地点幅角　　　　不作要求
（5）降交点地方时　　　6：00

HY‒2A 卫星在轨工作的前期和后期分别运行在回归周期不同的两条轨道上，其轨道参数为：

（1）　轨道形式　　　　太阳同步回归冻结轨道
（2）　轨道半长轴　　　7 341.732 km（寿命前期），7 343.836 km（寿命后期）
（3）　轨道倾角　　　　99.34°
（4）　偏心率　　　　　1.17×10^{-3}
（5）　降交点地方时　　6:00 a.m.
（6）　近地点幅角　　　90°
（7）　轨道周期　　　　104.46 min，104.50 min
（8）　回归周期　　　　14 天，168 天
（9）　每天运行　　　　（13 +11/14）圈，（13 +131/168）圈

（10）　相邻轨迹间距　　　　207.64 km，17.31 km（赤道）

（11）　地面轨迹保持范围　　±1 km

5.4　系统指标

5.4.1　星地一体化指标

（1）观测区域

① 具有全球连续观测能力，实时观测区域（5°S 至 50°N，100°—150°E）。

② 西北太平洋（渤海、黄海、南海及日本海域），地面接收站可见区域。

③ 观测回放区域，即实时观测以外可观测的其他区域（星上记录）。

（2）覆盖特性指标

海洋动力环境卫星的轨道高度具体需求条件为：

① 散射计作为海洋动力环境的主要载荷 1~2 天在全球海域的覆盖率不小于 90%。

② 前期采用回归周期为 14 天的轨道，后期按用户要求变轨至回归周期为 168 天的轨道。

（3）观测要素及精度要求

① 主要观测要素：海面风场、有效波高、海面高度、海面温度、大气水汽含量、云中液态水含量和海洋重力场。

② 兼顾观测要素：海冰和降雨。

表 5−1　海洋动力环境参数产品精度指标

参量	测量精度	测量范围
风　速	2 m/s 或 10%，取大者	2~24 m/s
风　向	20°	0°~360°
海面高度	10 cm	
有效波高	10% 或 0.5m，取大者	0.5~20 m
海面温度	1.0 K	100~300 K
重力场异常	5′×5′网格 10 mGal；15′×15′网格 5 mGal；30′×30′网格 4 mGal；1°×1°网格 3 mGal	
水汽含量	10%	
降水强度	15%	
云中液态水	10%	

5.4.2　卫星系统主要指标

（1）轨道参数

轨道形式　　　　　　　　太阳同步回归冻结轨道

轨道半长轴　　　　　　　7 341.732 km（寿命前期），7 343.836 km（寿命后期）

轨道倾角　　　　　　　　99.34°

偏心率 1.17×10^{-3}

降交点地方时   6：00 a. m.

近地点幅角   90°

轨道周期   104. 46 min，104. 50 min

回归周期   14 天，168 天

每天运行   （13 + 11/14）圈，（13 + 131/168）圈

相邻轨迹间距   207. 64 km，17. 31 km（赤道）

地面轨迹保持范围   ± 1 km

（2）卫星尺寸

发射状态包络尺寸为   Φ3. 35 m × 4. 38 m

飞行状态包络尺寸为   8. 50 m（X）× 3. 59 m（Y）× 3. 25 m（Z）

（3）卫星质量

发射质量   1 575 kg

（4）卫星寿命

卫星在轨工作寿命   3 年

（5）卫星可靠性

卫星在 3 年工作寿命期间，其可靠性大于 0. 60

（6）姿态和轨道控制

三轴姿态稳定控制系统主要技术指标为：

三轴指向精度   < 0. 1°（3σ）

三轴姿态稳定度   < 0. 003°/s（3σ）

三轴姿态测量精度   < 0. 03°（3σ）

（7）轨道调整精度：

半长轴偏差 $|\Delta a|$ < 1 m

偏心率偏差 $|\Delta e|$ < 7×10^{-5}

倾角偏差 $|\Delta I|$ < 0. 007°

近地点幅角偏差 $|\Delta \omega|$ < 3. 5°

（8）供配电

太阳电池阵   输出功率（寿命末期）大于 1 550 W

Ni – Cd 蓄电池   容量 50 Ah × 2（组）

最大放电深度   20%

（9）GPS 子系统

双频伪距相位接收机   12 个双频通道

采样频率   1 Hz

工作频率   1 227. 6 MHz，1 575. 4 MHz

相位中心稳定度   ≤2 mm

L1、L2 伪距和载波相位：

① 高度角30°时，优于40 cm，40 cm，3 mm，8 mm，（1σ）

② 高度角25°时，优于45 cm，45 cm，3 mm，12 mm，（1σ）

无周跳时间　　　　　　　　≥15 min

数据完整性　　　　　　　　＞85％

实时定位精度　　　　　　　优于 10 m（X、Y、Z 轴，1σ）

实时测速精度　　　　　　　优于 0.2 m/s（X、Y、Z 轴，1σ）

（10）DORIS 子系统

频率　　　　　　　　　　　401.25 MHz，2 036.25 MHz

测速精度　　　　　　　　　优于 0.3 mm/s（事后）

信标捕获能力　　　　　　　7 路（7 路双频通道）

（11）激光测距子系统

测距精度　　　　　　　　　优于 2 cm

仰角　　　　　　　　　　　±15°跟踪，±30°精度满足要求

激光测距波长　　　　　　　532 nm

（12）雷达高度计

工作频率　　　　　　　　　13.58 MHz，5.25 GHz

脉冲有限足迹　　　　　　　优于 2 km

σ^0 测量精度　　　　　　　0.5 dB

σ^0 测量范围　　　　　　　－10 ～ ＋45 dB

测高精度　　　　　　　　　＜4 cm（海洋星下点）

具有海陆观测功能

（13）微波散射计

工作频率　　　　　　　　　13.256 GHz

发射峰值功率　　　　　　　120 W

地面足迹　　　　　　　　　优于 50 km

刈幅　　　　　　　　　　　H 极化优于 1 350 km，V 极化优于 1 700 km

σ^0 测量精度　　　　　　　0.5 dB

σ^0 测量范围　　　　　　　－40 ～ ＋20 dB

（14）微波辐射计

工作频率　　　　　　　　　6.6 GHz，10.7 GHz，18.7 GHz，23.8 GHz，37.0 GHz

极化方式　　　　　　　　　VH，VH，VH，V，VH

辐射灵敏度　　　　　　　　0.5 K，0.5 K，0.5 K，0.5 K，0.8 K

地面足迹（km）　　　　　　100，70，40，35，25

定标精度　　　　　　　　　小于 1 K（180～320 K）

扫描刈幅　　　　　　　　　优于 1 600 km

（15）校正辐射计

工作频率　　　　　　　　　18.7 GHz，23.8 GHz，37.0 GHz

辐射灵敏度　　　　　　　　0.4 K，0.4 K，0.4 K

第6章 HY-2A卫星地面应用系统概况

HY-2A卫星地面应用系统是卫星工程五大系统之一，需要具备卫星数据的接收、处理、定标和验证，以及数据应用等功能。为此，卫星地面应用系统在北京、三亚和牡丹江站建立了稳定可靠运行的卫星接收系统，接收南海、东海、黄海、渤海及东北亚周边海域的实时数据；在北京建设包括多星运行计划管理、接收预处理、精密定轨、运控通信、数据处理、产品存档及分发服务和业务应用在内的HY-2A卫星数据处理中心，每天处理海洋动力环境产品并向全国提供数据分发及应用服务。

6.1 系统组成

根据HY-2A地面应用系统的建设目标，地面应用系统由接收预处理、精密定轨、运控通信、资料处理、辐射校正与真实性检验、业务应用、产品存档与分发7个分系统组成。系统总体组成如图6-1。

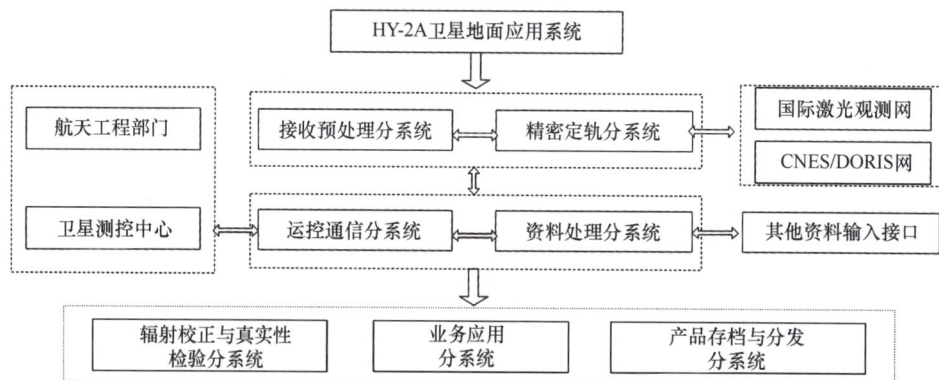

图6-1 HY-2A地面系统组成框

6.2 主要任务

HY-2A地面应用系统中的7个分系统按照功能划分，具有7项主要任务。具体如下所述。

（1）接收预处理分系统：在北京、三亚、牡丹江站分别进行征地和业务楼建设，完成基本设施建设；在三地分别建立卫星地面接收站，接收HY-2A卫星下行数据，并进行预处理生成0级和1级产品。

（2）精密定轨分系统：建立与法国空间研究中心（CNES）、全球激光站协调单位上海天文台的网络联结，实现 HY－2A 卫星精密定轨的数据获取，同时利用星上的 DORIS 测速数据、双频 GPS 测量数据和地面获取的全球激光站的测距数据，完成 HY－2A 卫星的轨道精密定轨和预测预报工作。

（3）资料处理分系统：负责对卫星下行数据进行处理，在 0 级和 1 级产品基础上制作定量化的标准 2 级海洋动力环境要素产品，面向相关用户制作并提供逐日、周、月、季、年的 3 级产品及相应的专题产品。

（4）产品存档与分发分系统：负责存档各级遥感产品，通过数据库查询、检索和管理系统，向用户提供服务。

（5）业务应用分系统：负责开展 HY－2A 星载遥感器遥感数据在海洋监测预报上的应用技术研究。全面开展 HY－2A 卫星数据应用工作，为海洋管理、海洋研究以及其他涉海业务部门提供海洋动力环境信息服务。

（6）辐射校正与真实性检验分系统：在中国遥感卫星辐射校正场陆地场和海上试验场进行卫星遥感器的在轨外定标，并利用其他自然目标和多种辐射校正技术实现遥感器的长时间序列的跟踪定标，及时更新定标系数；卫星资料的真实性检验则在黄海、东海、南海海区进行，建立和检验区域海洋动力模式，精确测量海洋要素和海陆交汇区域特征值，然后与卫星遥感数据做分析比较，达到数据检验目的。

（7）运控通信分系统：负责实现资料处理中心与 3 个地面接收站、西安测控中心、CNES、上海天文台、极地站以及航天部门等单位之间的通信联系，建立数据传输、信息交换和业务联系网络管理系统，为全系统正常运行提供可靠的通信手段。负责地面应用系统的时间统一、作业运行和指挥调度和业务测控，统计分析系统运行的质量状况，遇有异常或突发事件及时组织排障，保持全系统正常运行，同时具备仿真能力。

6.3　主要功能

通过 HY－2A 卫星地面地面应用系统的建设，可长期连续稳定地获取我国管辖海域、周边海域、极地及热点海域的全天时、全天候动态的全球海洋动力环境信息，为海洋灾害与环境动态监测、资源开发与保护、海洋权益维护、国民经济与国防安全和可持续协调发展提供服务。为了更好地满足海洋各领域的需求，HY－2A 卫星地面应用系统应具备下述功能。

（1）按预定时间完成卫星轨道预报，制定 HY－2A 等卫星探测计划，生成并传输卫星遥控指令。

（2）实时接收 HY－2A 卫星动力环境、监视监测遥感载荷探测的下行遥感数据，并对接收资料的质量具有动态监视能力。同时具备 HY－1B 卫星水色环境和有效载荷在轨运行状态下行数据的备份能力。

（3）具有厘米量级的精密定轨数据处理能力。

（4）建立与 CNES 下属 DORIS 数据处理中心的互联网链接，实现 DORIS 系统的数据传输和精密定轨结果的实时传输。

（5）具有获取国际激光观测网数据的能力。

（6）具有与长春激光人卫站的数据交换能力。

（7）由卫星资料预处理生成经过地理定位、辐射校正的一级产品。

（8）基于国内外已有算法及算法研发成果，由卫星资料处理生成定量化的海洋动力环境及监测要素的二级和三级产品，并制作各类图像、图形等专题产品。

（9）对星上各类遥感载荷进行辐射校正，对遥感反演结果进行真实性检验。

（10）实现接收站、测控站之间通信联系，并建立全系统运行的网络管理系统。

（11）负责系统的时间统一、作业运行和指挥调度，统计分析系统运行的质量状况，遇有异常或突发事件，及时组织排障，保持全系统正常运行。

（12）基于数据库管理系统和文件管理系统，建立系列卫星产品存档与分发系统，实现产品信息的远程查询和检索，对用户提供数据分发服务。

（13）建立业务应用分系统，为全国海洋用户服务。

（14）获取国内外其他可用于海洋监测的遥感卫星数据。

6.4 系统指标

地面应用系统是卫星工程中的五大系统之一。在其他系统的支持、支撑下，将肩负完成卫星发射后效益最终体现与发挥作用的重任，也是最具显示度的系统之一。为实现地面应用系统的功能，HY - 2A 卫星的地面应用系统工程研制建设中应实现下述技术指标。

（1）具有稳定可靠运行的北京、三亚、牡丹江地面接收系统。

（2）建立一个包括卫星载荷探测计划控制、多星运行管理、数据实时通信传输、数据预处理、多种产品制作、大容量存档、快速网络分发等功能完善、性能稳定、连续高效的数据处理中心，提高服务能力与业务水平。

（3）实现我国海上微波遥感定标试验/检验，满足卫星在轨数据定标和数据真实性检验的需要，提高产品定量化精度。

（4）建成海洋动力环境信息提取、应用与监测业务化应用系统和综合服务系统。

（5）全系统要达到全年每天 24 h 连续业务化运行，系统可靠性要求达到 99.6%。

（6）整个系统要求实用、稳定、可靠、先进高效，满足业务化自动运行。

第 3 篇　HY - 2A 卫星
工程实施方案

第7章　卫星总体设计

7.1　卫星平台

HY－2A 卫星平台包括：结构与机构、热控、姿态与轨道控制、供配电、测控、数据管理 6 个分系统。

7.1.1　结构与机构

7.1.1.1　主要任务

HY－2A 卫星结构与机构分系统为星上设备提供安装面和安装空间，并实现星上设备的安装和定位。卫星结构应保证卫星在地面、发射和在轨工作期间卫星构形的完整性，在卫星组装、停放、起吊、翻转、运输、试验、发射和在轨工作时承受卫星的载荷。结构与机构分系统还包含一套力学环境测量系统，用于测量和存储卫星发射段、在轨解锁和在轨运行时卫星的力学环境。

7.1.1.2　功能和工作模式

结构与机构分系统基本功能如下。

（1）为整星各分系统的仪器设备提供机械安装及支承。

（2）避免运载火箭及卫星间的动力耦合。

（3）便于各分系统设备及组件的总装。

（4）保持设备安装面的动力响应在允许的范围之内。

（5）在地面、发射及在轨运行各阶段，保证仪器设备的配准精度符合要求。

（6）为星上设备提供辐射防护。

（7）为星上设备提供接地点。

（8）在装配、整星总装及试验阶段便于操作及运输。

（9）提供卫星与火箭之间的连接并在发射阶段承受发射载荷。

（10）在卫星入轨时将卫星与运载火箭分离。

（11）满足太阳翼的安装与机动要求。

（12）测量发射过程的振动环境。

（13）测量太阳翼、天线等部件解锁、展开、起旋到稳定过程中的星体振动情况。

（14）测量在轨运行时由于动量轮、天线等活动部件因素引起的星体微振动。

（15）对测量的振动数据进行编码、存储等处理。

7.1.1.3 组成和工作原理

HY-2A 卫星结构与机构分系统包括卫星主结构、对接段、星箭解锁装置、太阳翼机械部分以及力学环境测量系统，其中卫星主结构包括服务舱结构和载荷舱结构，各部分的组成如下。

1）服务舱结构
（1）服务舱主构架（含中心承力筒）。
（2）肼瓶支架。
（3）动量轮支架。
（4）发动机支架。
（5）服务舱外壁板。
（6）中壁板。
2）载荷舱结构
（1）载荷舱主构架。
（2）载荷舱外壁板。
3）对接段
4）太阳翼机械部分
（1）结构部件，含支撑臂、基板、连接架等。
（2）机构部件，含压紧释放装置、展开锁定机构、联动装置。
5）星箭解锁装置
含 3 根包带、3 套连接杆、6 个限位弹簧、3 个爆炸螺栓、3 套解锁遥测元件、33 个"V"型夹块、21 个拉簧。
6）力学环境参数测量系统
力学环境参数测量子系统主要由以下 2 个部分组成。
（1）传感器：包括低频振动、高频振动、冲击和微振动传感器。
（2）采编存储器单元。

7.1.1.4 主要指标要求

1）振动频率要求
卫星整星振动频率要求满足与运载的接口要求，发射状态要求为：
（1）横向一阶：≥12 Hz。
（2）纵向一阶：≥45 Hz。
（3）扭转一阶：≥25 Hz。
2）太阳翼指标要求
（1）太阳翼展开时间：15～25 s。
（2）太阳翼机械部分总质量：≤25 kg。
（3）太阳翼频率（刚度）指标：
① 收拢状态 X 向和 Z 向一阶固有频率：≥75 Hz。
② 收拢状态 Y 向一阶固有频率：≥35 Hz。
③ 展开状态最小固有频率：≥0.35 Hz。

3）力学环境测量系统技术指标

对不同种类振动参数测量的技术指标如表 7 - 1。

表 7 - 1　测量技术指标

序号	测量类型	量程	测量精度	频率范围	通道数量
1	低频振动	0.2 ~ 10 g	±10%	5 ~ 200 Hz	7×3
2	高频振动	1 ~ 20 g	±10%	20 ~ 2 000 Hz	10×3
3	冲击	1 ~ 200 g	±15%	100 ~ 5 000 Hz	2×1
4	微振动	0.001 ~ 0.1 g	±20%	5 ~ 150 Hz	3×3

4）寿命

（1）地面总装测试：1.5 年。

（2）储存：1 年。

（3）发射：760 s。

（4）在轨工作：3 年。

5）可靠性

在寿命期间，结构与机构分系统可靠性：0.999，其中：

（1）结构：1。

（2）星箭解锁装置：0.999 7。

（3）太阳电池翼压紧机构：0.999 7。

（4）太阳电池翼展开机构：0.999 7。

7.1.2　热控

7.1.2.1　主要任务

热控分系统的任务是在卫星发射和整个在轨工作寿命期间，为星上仪器设备提供一个良好的热环境，以保证仪器设备的可靠性能。一般星上设备的温度要求为 - 10 ~ + 45℃，个别设备有特殊或精度较高的温度指标要求，如蓄电池、部分有效载荷等，需进行专门的热设计，必要时采用主动控温措施。星外设备和星内个别短期大热耗设备，温度要求较宽松。总之，热控分系统需综合考虑卫星的轨道条件和构型布局，结合各设备的热耗、热容、温度要求等参数，对整星的热设计方案做出统一布局。

7.1.2.2　功能和工作模式

热控分系统功能：HY - 2A 卫星热控分系统通过控制航天器内、外的热交换过程，为星上仪器设备提供合适的热环境，确保仪器、设备和部件的温度在卫星运行的各个阶段都处在规定的范围内。

热控分系统采用连续工作的模式，即在主动段（包括发射阶段、入轨阶段）和卫星飞行过程（状态建立阶段和正常飞行）中热控分系统均工作，将星上仪器设备、星体本身构件的温度水平和温度分布保持在要求的范围内。

7.1.2.3　组成和工作原理

热控分系统的原理如图 7 - 1 所示。该方块图定义了卫星热控基本功能的流程图，并带有热控元器件特性。

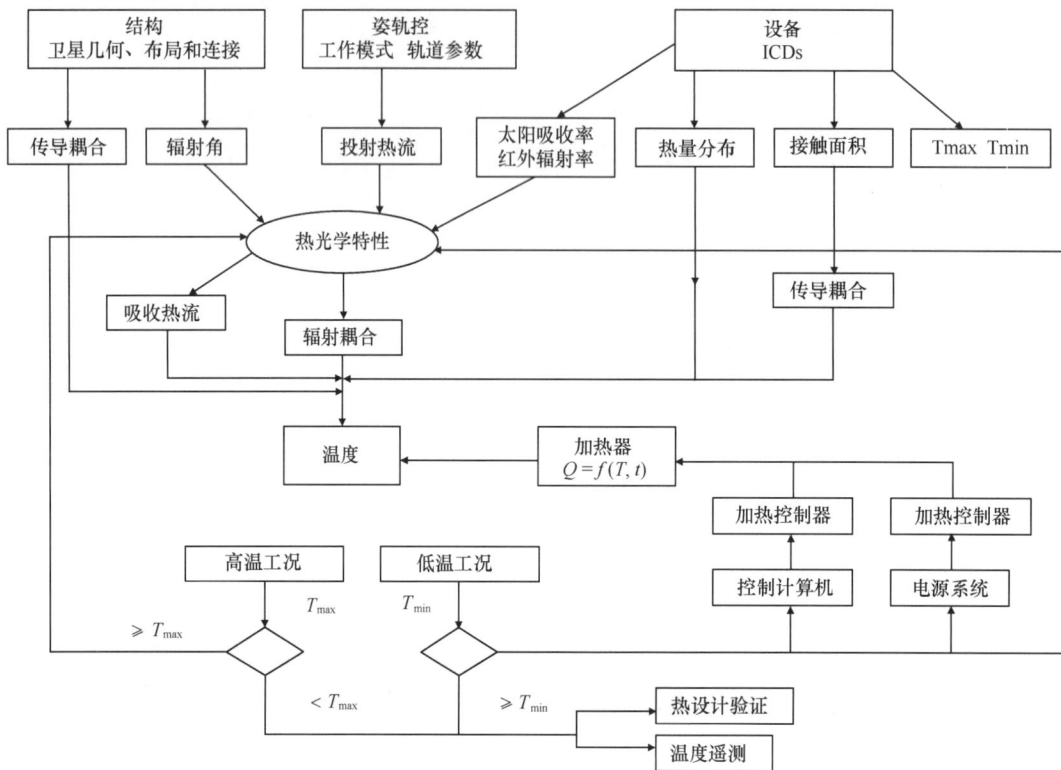

图 7 - 1　热控分系统组成及工作原理

HY - 2A 卫星以被动式热控为主，辅助主动控制方式来完成卫星的热控制。

被动式热控元件包括：

（1）多层隔热材料。

（2）热控涂层（涂漆、表面处理或温控带）。

（3）热界面材料。

（4）隔热垫圈。

（5）热管。

主动控制元件包括：

（1）电加热器。

（2）整星加热控制器。

（3）热敏电阻。

7.1.2.4　主要指标

1）主要温度指标

（1）一般电子设备温度：-10~45℃。

（2）蓄电池温度：-5～+15℃。

（3）肼管路及储箱：+5～+60℃。

2）重量指标

热控质量：小于 50 kg。

3）功率需求

长期功耗不大于 195 W，载荷不工作时短期补偿加热功耗不大于 350 W。

4）寿命指标

热控分系统的寿命设计应满足：

（1）地面总装测试：1.5 年。

（2）储存：1 年。

（3）发射：约 13 分钟。

（4）在轨工作：3 年。

5）可靠性

热控分系统在轨运行 3 年寿命末期，其可靠度应不低于 0.987。

7.1.3　姿态与轨道控制

7.1.3.1　主要任务

姿轨控分系统的任务是为整星提供正常在轨环境下的对地定向三轴稳定姿态控制功能和故障环境下的太阳翼对日定向等功能，并控制卫星完成初始轨道捕获、高精度轨道维持、轨道机动和高精度稳定度的姿态保持。

7.1.3.2　功能和工作模式

分系统的主要功能如下。

（1）卫星入轨后的初始姿态捕获，消除星箭分离和太阳电池翼展开产生的扰动。

（2）建立对地定向三轴稳定的正常运行姿态。

（3）可消除载荷起旋对星体姿态的影响。

（4）具有向有效载荷提供姿态信息、星敏感器信息和星历数据等辅助数据的能力。

（5）卫星姿态失稳情况下的全向姿态捕获。

（6）入轨初期，通过轨道机动完成对目标运行轨道的捕获（半长轴和倾角）。

（7）正常运行阶段高精度轨道维持。

（8）具有一定自主故障检测、主备份设备切换和系统重组能力。

（9）故障情况下能够自动进入应急安全模式。

（10）姿态失稳后，可通过全姿态捕获重新建立对地定向运行姿态。

（11）控制计算机软件可在轨维护。

姿轨控分系统控制分为 13 个不同的工作模式，见表 7-2 所示。工作模式的转换可分为以下几种情况。

（1）按时间顺序转换。

（2）按应用软件用户需求给定的条件判别，由软件自主控制转换。

（3）由地面注入上行参数中的模式控制命令强行执行。

其中地面注入命令优先。

表 7 - 2　姿轨控分系统工作模式

% 工作模式编号	工作模式描述
0	主动段
1	入轨消初偏（含太阳帆板展开）
2	对地粗定向模式（含红外、数字太阳、星敏感器定姿的喷气控制模式）
3	动量轮启动模式
4	正常轨道运行模式（含红外、数字太阳、星敏感器定姿的轮控模式）
5	轨控模式 1（不需要进行姿态机动）
6	由正常姿态进行姿态机动模式
7	轨控模式 2（需要进行姿态机动）
8	由轨控姿态机动回正常轨道运行模式
9	全姿态捕获模式
10	应急安全模式
11	停控模式
12	帆板未展开模式
13	偏置动量控制模式

7.1.3.3　组成和工作原理

姿态与轨道控制分系统完成卫星的姿态与轨道控制功能，实现卫星对地定向、整星零动量三轴稳定控制。分系统包括测量部件、控制器和执行机构三大部分。原理框图见图 7 - 2。

测量部件主要完成卫星姿态测量；控制器主要完成星历计算、姿态确定、控制律选择及分系统加/断电控制等工作；执行机构主要提供卫星姿态控制力矩、动量轮卸载力矩、轨道维持和变轨的推力。另外，执行机构中的推进部分作为一个较为独立的分系统，实现了星箭分离后的速率阻尼、应急控制和卫星变轨的主要功能，以及在必要时的动量轮储存动量卸载和轨道维持等工作。

7.1.3.4　主要指标

1）姿态控制

姿态角测量误差：小于 0.03°（3σ）

三轴姿态指向精度：小于 0.1°（3σ）

三轴姿态稳定度：小于 0.003°/s（3σ）

2）应急安全模式

卫星在阳照区，控制星体 -Y 轴对日定向，和太阳矢量间的夹角不大于 6°。

卫星在阴影区，应急安全模式可稳定卫星，使其角速度漂移不超过 8°/h，其角度漂移不超过 10°。

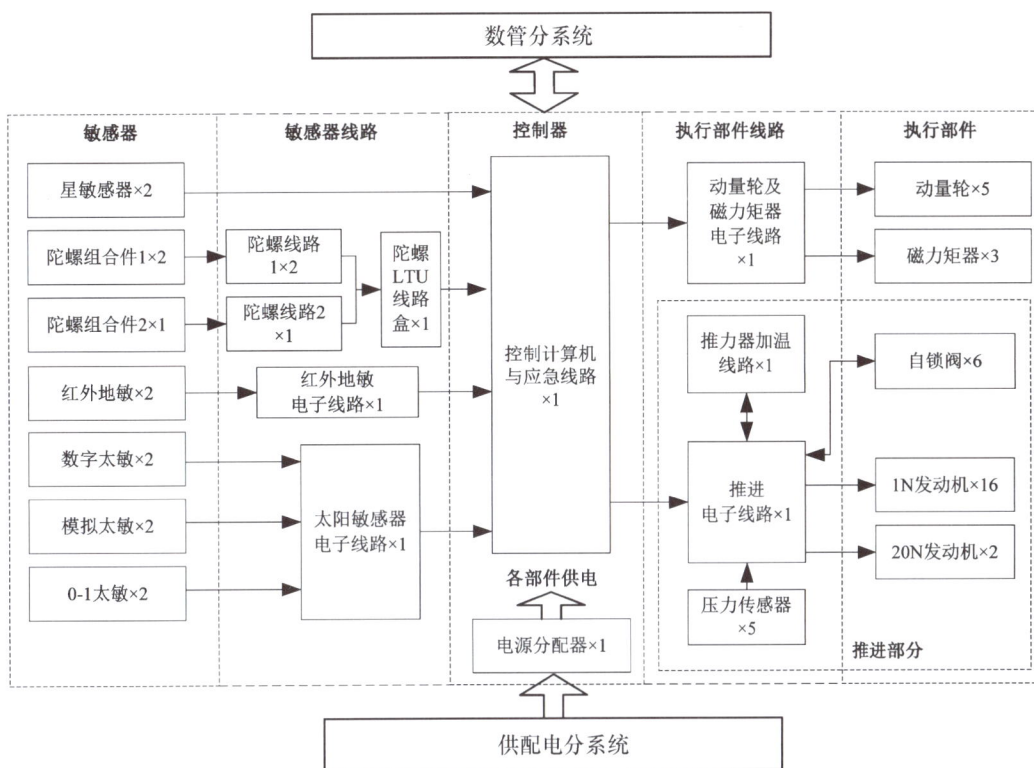

图7-2　姿轨控分系统原理框架

3）轨道修正

（1）轨道修正精度要求

在制定轨道修正控制策略时，应满足星下点轨迹漂移小于 ±1 km 的要求。在轨道修正过程中，AOCS 要保证下列精度要求（3σ）。

① 轨道半长轴误差小于 1 m。

② 轨道倾角误差小于 0.007°。

③ 偏心率不大于 0.000 07。

④ 近地点幅角误差小于 3.5°。

上述各误差值被定义为实际控制值和设计控制值间的绝对误差。

（2）轨道机动时的姿态控制

轨道机动过程中，星体姿态角要小于 3°，姿态角速度要小于 0.3°/s。

（3）可靠度

可靠度不小于 0.910。

（4）重量

分系统总重量不超过 184 kg（含管路连接件），不包括推进剂。推进剂质量为 86 kg。

（5）功耗

稳态功耗的要求：

一次电源：≤135 W；二次电源：≤70 W。

（6）剩磁要求

可适应整星剩磁小于 15 Am^2 的情况。

7.1.4　供配电

7.1.4.1　主要任务

供配电分系统承担着整星有效载荷和平台负载的供电、电压变换、配电、火工品控制等任务。按照功能划分,供配电分系统可分为电能产生及存储部分、电能控制部分、电能变换部分及电能分配部分。其中,电能产生及存储部分包括太阳电池电路及镉镍蓄电池组;电能控制部分包括电源控制器、火工品控制器;电能变换部分包括平台用直流/直流变换器;电能分配部分包括主配电器、主适配器及星上低频电缆网。太阳电池电路、镉镍蓄电池组、电源控制器组成一次电源子系统,直流/直流变换器组成二次电源子系统,主配电器、主适配器、火工品控制器及星上低频电缆网组成总体电路子系统。

7.1.4.2　功能和工作模式

1）主要功能

供配电分系统有发电、储能、电能控制、电能变换和电能分配等功能。

（1）发电:利用太阳电池,将太阳能转变成电能。

（2）储能:在卫星进入光照期时,将一部分能量通过蓄电池存储起来,以备卫星进入阴影期或在峰值负载时补充供电。

（3）电能控制:实施对一次电源的管理和控制,包括对一次电源母线的控制,通过硬件 T–V 或数管电量计对蓄电池充/放电的控制,以及本系统所需的遥测、遥控提供变换和接口;为火工品提供电气接口和激励电路。

（4）电能变换:将卫星的一次母线电压变换成星上服务分系统所需的电压,供星上负载使用。

（5）电能分配:对卫星所有分系统实行一次电源的分配和控制,对数据管理分系统进行二次电源的分配和信号转接及提供分系统单点接地,为测控分系统进行二次电源分配和信号转接,实现卫星各分系统和设备间相互的电连接。

2）工作模式

供配电分系统工作模式是根据整星任务要求和轨道情况而确定的,其基本工作模式有:

（1）主动段:力学环境监测子系统工作。

（2）长期负载:应答机对地测控,有效载荷不工作。

（3）数据记录:有效载荷工作并由星载存储器记录存储。

（4）对地传输:卫星过境时,数传分系统将应用数据传输给地面台站。

（5）激光通信:卫星过境时,星上激光通信终端与地面站进行通信试验。

（6）联合传输:卫星过境时,数传分系统将应用数据传输给地面台站,同时星上激光通信终端与地面站进行通信试验。

7.1.4.3　组成和工作原理

供配电分系统是负责在卫星各个飞行阶段,给卫星的有效载荷及服务各分系统提供和分配电能,包括一次电源子系统、二次电源子系统和总体电路子系统。供配电分系统的组成原理框图见图 7 - 3 所示。

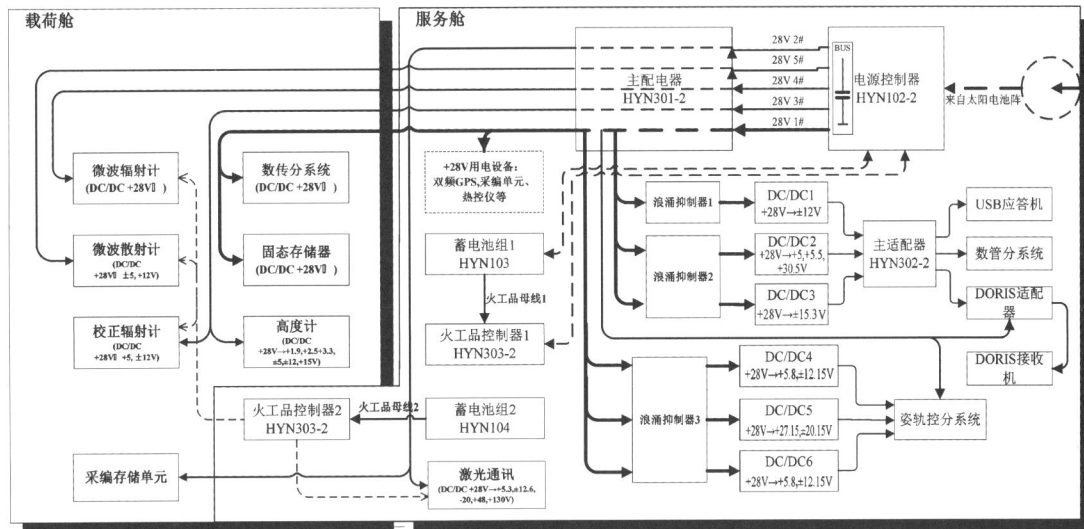

图 7 - 3　整星供配电连接示意

太阳电池采用合阵设计，太阳阵统一布片（每个太阳电池阵分阵电池片串联片数相同），形成统一的输出，分别送到卫星的母线和蓄电池组。太阳电池阵的输出功率优先满足负载的需求，多余的功率部分为蓄电池进行限流充电，只有当蓄电池充满或超出蓄电池充电限流值时，才对太阳电池阵输出多余的部分进行分流。

当卫星进入阴影期或卫星的短期功率超过太阳电池阵的输出功率时，蓄电池组通过升压型放电调节器为整星供电，放电调节器可以起到稳定母线电压的作用。当卫星进入光照期时，太阳分阵为蓄电池限流充电；当蓄电池达到其充电终止电压时，限流充电转为涓流充电，串联顺序开关分流调节器负责将太阳电池阵发出的多余能量分流掉，以保持母线电压的稳定。

供配电分系统通过主配电器和主适配器完成星上各分系统设备配电，火工品控制器设独立的火工母线。二次电源子系统由星载直流/直流变换器和浪涌抑制器构成，平台采用集中供电，载荷采用分散供电集中管理的原则，并通过分系统 SDC 给分系统内部设备供电。

7.1.4.4　主要指标

（1）寿命要求：在轨工作寿命 3 年。

（2）太阳电池阵输出功率：

寿命初期（夏至点）输出功率为 1 780 W；

寿命末期（夏至点）输出功率为 1 550 W。

（3）蓄电池组输出功率：

两组镉镍蓄电池组 EOL（1 节电池开路失效）平均输出功率不小于 1 060 W，最恶劣情况下蓄电池组放电深度不超过 30%。

7.1.5 测控

7.1.5.1 主要任务

测控分系统由 4 个子系统（USB，双频 GPS，DORIS，SLR）组成。USB 子系统为卫星和地面测控站之间提供 S 波段射频通信信道，完成卫星与地面站间发送遥控指令、接收遥测参数和测距等任务，并为整星提供统一的时间基准；DORIS、GPS 和 SLR 三个子系统为完成精密定轨任务提供测量数据，其中，DORIS + SLR 系统和 GPS 子系统互为备份。

7.1.5.2 功能和工作模式

1）主要功能

（1）USB 子系统功能。

① 为地面测控站发射 S 波段下行载波，下行载波分别由数据管理分系统提供的组合遥测视频信号对其作相位调制。

② 根据需要，可同时或单独转发接收到的相应 S 频点上行信号中的基带测距信号，此测距信号调制在 S 波段下行载波上。

③ 接收来自地面测控站的 S 波段上行信号，并完成对上行调相射频信号的射频解调；为数据管理分系统提供遥控视频信号；向相应 S 频点应答机发射机提供基带视频测距信号。

④ 为数据管理分系统提供高稳定度时钟信号。

（2）双频 GPS 子系统功能。

① 对卫星数据管理分系统进行校时，为卫星提供精确的时间基准。

② GPS 接收机测得的时间、位置和测速数据通过 1553 B 总线，传送给 OBDH 分系统。

③ GPS 接收机测得的时间、原始伪距和载波相位等数据通过数传信道下传，提供给地面精密定轨系统使用。

（3）DORIS 子系统功能。

星载 DORIS 接收机测量卫星与地面信标之间的相对运动产生多普勒频移，通过多普勒频移测出卫星的速度。这些数据在精密定轨模型中加以应用，可以得到约 5 cm 量级的定轨精度。

（4）激光测距子系统功能。

利用激光跟踪仪器记录从参考点到卫星反射器来回的激光脉冲时间，并由此计算出从参考点到卫星反射器的单程距离，来获得卫星精密位置的测距方法。

2）主要工作模式

（1）USB 子系统工作模式。

USB 应答机上下行工作模式如表 7 - 3。

表 7 - 3 USB 应答机上下行工作模式

模　式	上　行	下　行
1	—	TM
2	R	TM + R
3	TC	TM
4	R + TC	R + TM

其中：TC——遥控；TM——遥测；R——测距。

工作模式第2、3和4传输状态中，上、下行载频的相位关系可划分为相位相干模式和相位非相干模式，其上下行载频的工作模式的选择由遥控指令进行控制。

（2）双频GPS、DORIS子系统和激光测距子系统工作模式。

双频GPS接收机和DORIS入轨后开机到卫星寿命结束始终处于工作状态，为卫星提供精密定轨和授时服务。激光角反射器为无源器件，仅起到反射地面激光信号的作用。

7.1.5.3 组成和工作原理

HY-2A卫星测控分系统组成框图如图7-4。

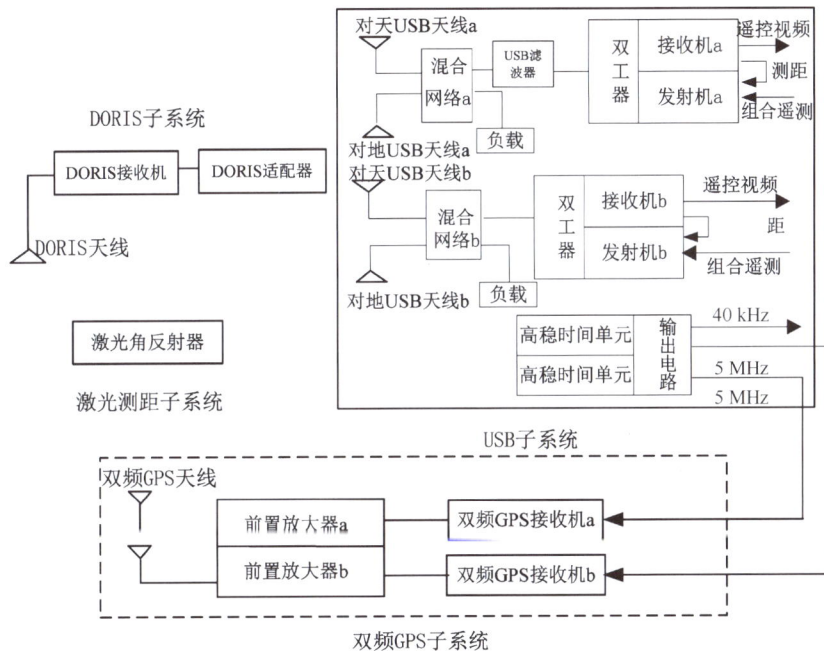

图7-4 测控分系统组成框架

1）USB子系统

USB子系统包括两台USB应答机，一台高稳定时间单元，一台USB应答机滤波器，两套混合网络、四副USB天线，以及对应的射频连接电缆。

两台USB应答机中接收机为热备份，发射机互为冷备份，从卫星发射起，S波段测控部分一直处于工作中。

2）双频GPS子系统

GPS子系统包括：两台双频接收机，两副双频接收天线、一台前置放大器和相应连接电缆等组成。

两台接收机采用冷备份工作模式。开机工作后接收GPS卫星发送的L1和L2波段的信号，锁定后处理导航电文并测量载波和伪距信息，完成定轨任务和授时工作，最后将各种信息分别发送不同的星上用户或通过遥测通道发送地面。

3）DORIS 子系统

星上 DORIS 设备包括 DORIS 接收处理单元（BDR）、天线和 DORIS 适配器，其中 BDR 由 1 个射频前置单元（DRF）和 2 路冷备份通道构成。

BDR 的通道开机后，测量卫星与地面信标之间的相对运动产生多普勒频移，通过多普勒频移测出卫星的速度。

4）激光测距子系统

SLR 子系统星载激光角反射器阵列由多个角反射棱镜组成。利用地面激光跟踪仪器记录从地面参考点到卫星反射器来回的激光脉冲时间，并由此计算出从参考点到卫星反射器的单程距离，来获得卫星精密位置。

7.1.6 数据管理

7.1.6.1 主要任务

数管分系统是卫星的服务分系统，它将卫星控制数据、星务数据及业务数据综合在以计算机为主所构成的系统中，用以实现卫星遥控及上注数据的管理分发、卫星数据调度管理及存储、程控、星上自主闭环控制与整星管理，提供星上时间基准以及时间校正等功能。

7.1.6.2 功能和工作模式

1）主要功能

（1）接收来自地球站的上行遥控注入信息，经视频解调、译码等信息处理，将指令或数据分配到卫星的各分系统执行；应处理 3 种类型的遥控信息，即直接开/关指令、间接遥控指令以及数据注入。

（2）采集卫星遥测数据、定位数据和星历数据，采用 CCSDS 701.0 - B - 3 蓝皮书 Advanced Orbiting Systems（AOS）所规定的体制，SLS 三级业务，形成统一的数据流通过 USB 测控信道下发。

（3）调度卫星星务数据和各有效载荷业务数据，对全星数据进行统一管理，采用 CCSDS 701.0 - B - 3 蓝皮书 Advanced Orbiting Systems 所规定的体制，SLS 三级业务，形成统一的数据流。

（4）在应用地面站可视弧段外进行存储。

（5）在应用地面站可视弧段内，将实时数据与存储的延时数据通过数传物理信道下发。

（6）在激光通信试验期间，调度实时卫星星务数据和存储的卫星数据，与终端数据源输出的试验数据复接后传送给激光通信分系统。

（7）生成卫星基准时间并分配给用户，提供依据地面时钟集中校时和均匀校时，以及具有 GPS 校时的手段，确保星载时的精度。

（8）具有执行程控指令、星载指令、指令组和延时遥控指令的功能。

（9）软件在轨维护功能。

（10）数管分系统与卫星其他分系统重要数据的保存与恢复。

（11）内务管理。

（12）串行数据总线通信和总线远程终端管理。

（13）具备闭环自主控制能力，包括自主温控、蓄电池充电控制和对用户数据处理与分配等整星管理功能。

2）工作模式

数管分系统具有 9 种工作模式。根据卫星工作模式和有效载荷的需求，CTU 对卫星各分系统的工作状态实施控制和切换，对卫星信息流向加以控制和调度，对卫星遥测数据加以调整和重组。

（1）发射模式。

此模式下，遥测数据主要包括平台数据及解锁状态。星箭分离前，遥控单元、中央单元、远置单元工作；星箭分离后，遥控单元、中央单元、远置单元、数据复接器、固态存储器开机工作。

（2）正常观测模式 1（红外/太敏定姿）。

此模式下，卫星处于应用地面站可视弧段外，数管调度卫星下行数据进行存储；卫星处于应用地面站可视弧段内，数管调度实时卫星下行数据与存储卫星下行数据形成统一数据流后传送给数传分系统，除高速复接器外数管分系统设备均工作。

（3）正常观测模式 2（星敏感器定姿）。

此模式下，卫星处于应用地面站可视弧段外，数管调度卫星下行数据进行存储；卫星处于应用地面站可视弧段内，数管调度实时卫星下行数据与存储卫星下行数据形成统一数据流后传送给数传分系统，除高速复接器外数管分系统设备均工作。与正常观测模式 1 相比，姿轨控分系统遥测数据不同。

（4）变轨模式。

此模式下，主要对控制分系统和电源分系统的遥测数据进行组织下传。

（5）应急模式。

此模式下，所有有效载荷不工作，数管分系统删除全部延时指令（组），并发出安全关机指令组。

（6）停控模式。

此模式下，控制卫星进入最小工作模式，所有有效载荷、DORIS、双频 GPS、星敏感器、动量轮（X、Y、Z、OII、OIV）、磁力矩器（X、Y、Z）、散射计/辐射计伺服控制器以及数据复接器和固态存储器不工作。数管删除全部延时指令（组），并发出停控指令组。

（7）全姿态模式。

此模式下，主要对控制分系统和电源分系统的遥测数据进行组织下传；数管删除全部延时指令（组），发出短期安全关机指令组。

（8）激光通信模式。

此模式下，高速复接器工作，组织激光通信试验数据后传送给激光通信高速通信单元，完成试验后，读取激光跟描数据通过数传信道下传。

（9）内存读出模式。

此模式下，遥测下传内存读出数据。

7.1.6.3 组成和工作原理

1）分系统组成

数管分系统是以容错计算机为核心的网络系统，采用二级分布式总线拓扑结构，由 1 台中央单元（CTU）、6 台远置单元（RTU）、1 台遥控单元（TCU）、1 台数据复接器（DMU）、1 台高速复接器（HMU）、1 台固态存储器（DDR）、一套双冗余的串行数据总线（SDB）以及装载在不同智能单元的软件组成。数管分系统的结构如图 7-5 所示。

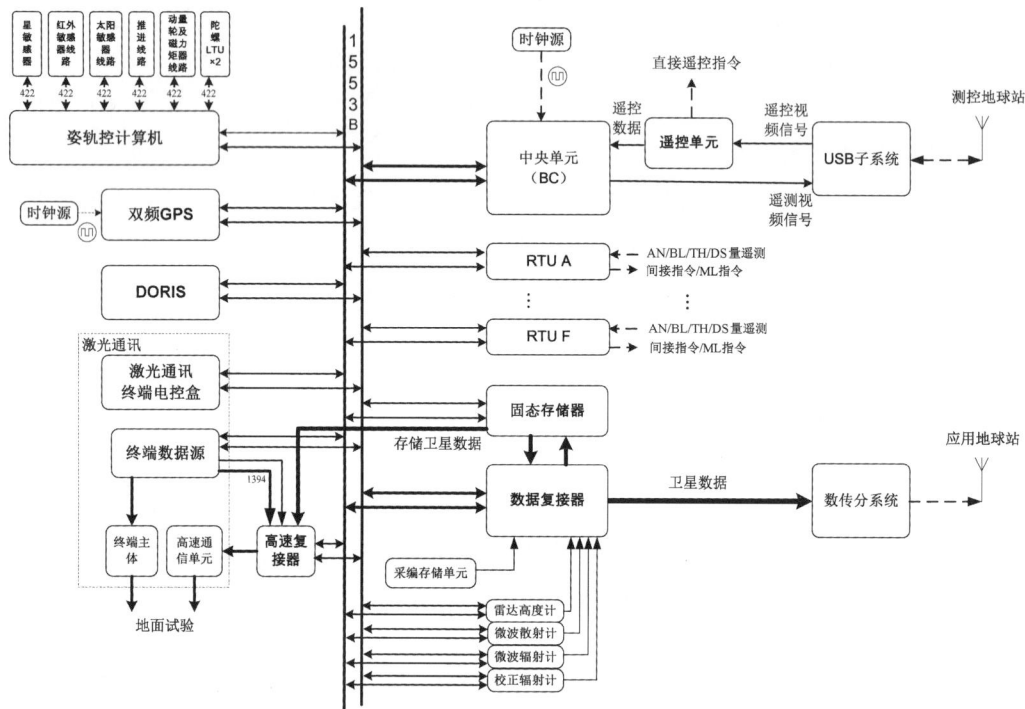

图 7-5 数管分系统结构

2）分系统工作原理

HY-2A 卫星数管分系统采用 PCM 遥控体制，采用 CCSDS 701.0-B-3 蓝皮书 Advanced Orbiting Systems 标准对卫星下行数据流进行管理，利用外部高稳定时钟单元生成的 40 kHz 时钟信号生成卫星时间基准，通过 1553B 总线、LVDS 和 1394 高速接口进行卫星数据交换，通过各智能单元的软件对卫星进行程控和闭环自主控制。

数管分系统根据卫星的工作模式和有效载荷的需求具备不同工作模式的切换能力，中央单元根据不同的工作模式对卫星各分系统的工作状态实施控制和切换，对卫星信息流向加以控制和调度，对卫星遥测格式加以调整和重组。

（1）遥控。

卫星的上行遥控数据包括直接开关指令、间接开关指令和注入数据，遥控单元接收测控分系统传送的上行遥控数据，对直接指令进行译码、校验正确后发送给相应的分系统设备；间接指令传送给中央单元，经串行数据总线传送给远置单元发送给相应的分系统设备执行；注入数据传送给中央单元，经串行总线传输给各智能终端，对不具备串行总线接口的分系统，由远置单元通过存储器加载指令通道传送。

（2）遥测。

卫星的遥测数据包括远置单元采集的遥测参数和分系统自主生成的遥测数据，中央单元通过串行数据总线汇集卫星的遥测数据，生成遥测视频信号通过测控信道下传。同时，作为备份措施，在测控地面站可视弧段外将全部遥测数据传送给固态存储器进行存储，在地面应用站可视弧段内经数传通道下传。

（3）卫星应用数据管理。

数据复接器通过串行数据总线接收卫星的星务数据，通过LVDS接口接收遥感器遥感数据，将卫星星务数据和业务数据格式化，在应用地球站可见弧段外，通过LVDS接口送至固态存储器存储；在应用地球站可见弧段内，通过LVDS接口接收固态存储器存储的延时遥感数据，与实时数据进行复接，添加数据校验、伪随机化后送数传信道下传。

（4）激光通信试验数据管理。

在激光通信试验期间，高速复接器接收固态存储器存储的卫星数据、实时传输的卫星遥测和精密定轨数据以及激光通信终端数据源传送的试验数据，经过复接、信道编码及伪随机化后传送给激光通信高速通信单元。

（5）卫星时间。

中央单元生成卫星时间，并通过串行数据总线向卫星各分系统发布卫星时间。

（6）总线管理。

中央单元作为BC对卫星串行数据总线进行管理，包括间接指令和注入数据的传送、星务数据的交换、辅助数据（包括卫星时间、控制分系统生成的卫星姿态数据及双频GPS卫星产生的定位数据）的分发，中央单元与卫星其他分系统重要数据的相互备份，分系统的内存下卸数据的接收等。

（7）程控和自主控制。

卫星的程控由地面上注，中央单元进行调用，蓄电池充电和自主温控由中央单元根据RTU采集或分系统传送的遥测数据进行计算和判断，发送指令或控制数据进行自主控制。

7.1.6.4　主要指标

1）遥控

（1）遥控视频信号。

（2）调制/码型：PSK/NRZ‒L。

（3）副载波频率：$f = 8\,000\,(1 \pm 0.02\%)$　Hz。

（4）码速率：2 000 bit/s。

（5）输入信号幅度：Vrms = 700 ~ 1 200　mV（rms）。

（6）源阻抗：$\leqslant 300\,\Omega$，接收端输入阻抗：$\geqslant 20\,k\Omega$。

（7）捕获及码同步建立时间：小于传输128 bit数据所用时间。

（8）误码率：$Pe \leqslant 10^{-5}$（$E_b/N_0 \geqslant 16$ dB）。

（9）直接指令：

直接指令输出条数：　　　　　　　144。

漏指令概率：　　　　　　　　　　$\leqslant 10^{-6}$。

虚指令概率：　　　　　　　　　　$\leqslant 1 \times 10^{-8}$（$T = 3$ 年）。

误指令概率： $\leqslant 10^{-8}$ 。

工作状态吸收电流能力： $\geqslant 200$ mA。

指令驱动电流持续时间： 80 ms ± 10 ms。

开/关指令供电电压： 30（1 ± 1%） V。

（10）间接指令/注入数据。

遥控数据帧具有 CRC 检错的能力。

间接开/关指令输出条数： 240。

存储器加载指令输出条数： 12。

存储器加载指令时钟频率： 40 kHz。

2）遥测

（1）遥测视频信号。

① 码速率 4 096 bit/s。

② 副载波频率 65 536 Hz。

③ PCM 调制 DPSK。

④ PCM 码型 NRZ – L（零差分）。

⑤ 副载波形 Sine。

⑥ 副载波幅度 3 V。

⑦ 源阻抗 $\leqslant 300$ Ω。

⑧ 副载波频率稳定度 $\pm 1 \times 10^{-4}$ a^{-1}， $\pm 5 \times 10^{-5}$ d^{-1}。

⑨ 换相点要求　副载波的相位跳变应在未调副载波过零点 10° 以内开始，且换相的过渡过程应在 1/4 副载波周期内结束。

⑩ PCM 输出波形中高电平和低电平符号间的宽度比应在 0.998 ~ 1.002 之间。

（2）遥测通道。

① 模拟/双电平数字（AN/BL）通道：744。

② 热敏电阻（TH）通道：240 路。

③ 串行数字（DS）通道：12 路。

④ 串行数字（DS）通道采样时钟频率：40 kHz。

⑤ 模拟通道和测温通道的采集精度：AN 量采集精度 ± 20 mV,普通 TH 量采集精度 ± 20 mV,特殊 TH 量采集精度 ± 5 mV。

3）数据管理

（1）卫星应用数据调度。

① 误码率：优于 1×10^{-6} 。

② 数据接口：LVDS、1553B。

③ 纠错方式：导头差错控制、CRC 校验。

④ LVDS 接口峰值输入数据速率：固态存储器不大于 20 Mbit/s。

⑤ 输出数据速率：$\leqslant 20$ Mbit/s。

（2）激光通信试验数据调度。

① 数据接口：LVDS、1553 B、1394。

② 纠错方式：RS 编码（交织深度 4）、导头差错控制、CRC 校验。

③ LVDS 接口峰值输入数据速率：固态存储器不大于 20 Mbit/s。

- 252 Mbit/s 试验模式。

终端数据源：168 Mbit/s。

1394 接口：100 Mbit/s。

- 504 Mbit/s 试验模式：

终端数据源：336 Mbit/s。

1394 接口：200 Mbit/s。

④ 输出数据速率：252 Mbit/s、504 Mbit/s。

4）数据存储

（1）记录与回放速率：20 Mbit/s。

（2）接口形式：三线制 LVDS 接口。

（3）容量：≥120 Gbit（满足存储 24 h 卫星数据要求）。

（4）录放方式：顺序记录、边擦边记、边记边放、顺序回放、按时间段回放、双回放。

（5）擦除方式：全部擦除、边擦边记。

（6）误码率：1×10^{-9}。

7.2　有效载荷技术

HY－2A 卫星共 4 个有效载荷，分别为雷达高度计、微波散射计、扫描微波辐射计和校正辐射计。

7.2.1　雷达高度计

7.2.1.1　功能和工作模式

1）雷达高度计功能

（1）雷达高度计通过向海（地）面发射雷达脉冲信号并测量海面回波，提供可用来反演海面高度、有效波高和海面星下点风速的遥感数据。

（2）采用双频体制，校准电离层延迟的影响。

（3）具有上注调整系统参数功能，使分系统工作在适合的状态。

（4）具有内定标功能，修正仪器的漂移。

2）基本工作模式

（1）测量模式。

雷达高度计在轨期间处于持续工作状态，同时进行周期内定标，修正仪器的漂移，并把所获取的遥感数据和定标数据组包后下传。

（2）在轨测试模式。

雷达高度计首次开机或工作异常时，有可能跟踪失败，此时通过上注数据控制分系统进入全程搜索状态，即将原始数据下传，供地面进行数据分析。

（3）应急工作模式。

雷达高度计出现故障或整星需要时，关闭部分或全部设备。分系统应避免自身设备和软件受到破坏，同时应避免影响其他分系统的正常工作。

7.2.1.2　组成和工作原理

雷达高度计天线单元完成 Ku 波段和 C 波段两路信号的发射和回波接收任务，采用脉冲有限工作方式。

微波前端包括 Ku 波段前端和 C 波段前端，它们分别包括环形器、微波开关，固定衰减器、定向耦合器等电路。整个前端网络由指令控制，实现发射、接收和内校准开关控制。

功放单元包括 Ku 波段功率放大器和 C 波段功率放大器两部分，两个功放为脉冲固态功放。

频综单元提供仪器各部分所需的工作频率。

发射单元包括 DDS 组件、本振变频组件、发射变频组件。在控制信号的触发下，由 DDS 生成的 Chirp 信号经过倍频和上变频等处理，生成 Ku 波段和 C 波段两组发射信号提供到功放的输入。该单元同时生成 Ku 波段和 C 波段两组去斜本振信号。

接收单元包括低噪声放大器、去斜坡混频器、中频接收和相位检波器等组件，最终生成正交的 I/Q 信号。

数控单元包括高度计跟踪器和总线通信两部分。其中高度计跟踪器完成对正交 I/Q 通道的采集、FFT 变换、跟踪处理、时序控制等功能，跟踪算法采用 OCOG 算法和 SMLE 算法并行的工作方式，实时输出跟踪高度和回波采样数据。总线通信部分完成与卫星数管分系统的通信，即通过 1 553 B 总线接收星务数据、接收上行注入指令数据、发送总线遥测参数和进行重要数据备份，同时通过高速串行通道输出高度计产生的遥感数据。

供配电单元将卫星提供的母线电源变换成设备所需要的各种电源。

雷达高度计的原理框图如图 7 - 6 所示。

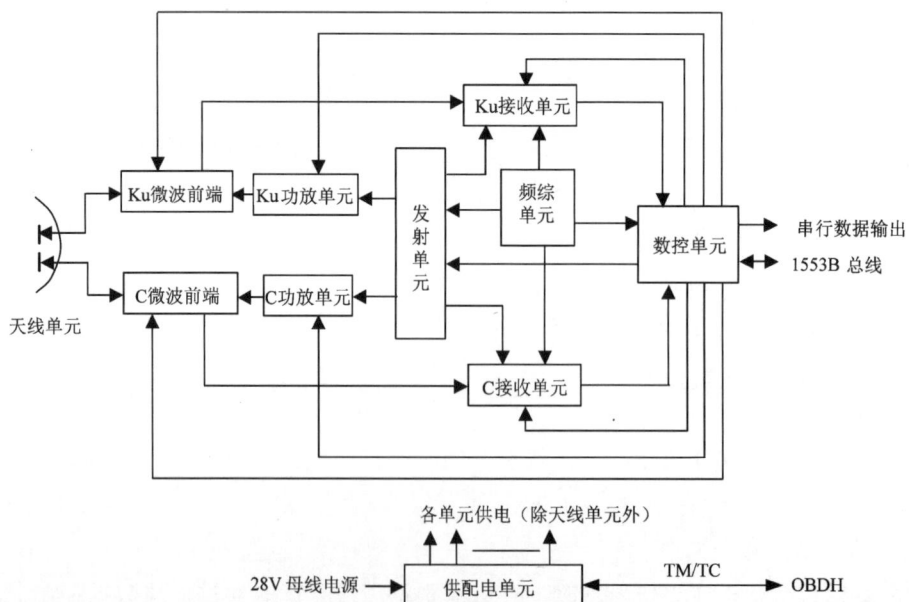

图 7 - 6　雷达高度计原理框图

7.2.1.3 主要技术指标

雷达高度计的主要技术指标如表7-4所示。

表7-4 雷达高度计主要技术指标

项目	性能要求
高度计仪器测距精度	不大于4 cm（海面星下点）
工作中心频率	13.58 GHz 和 5.25 GHz
发射脉冲宽度	102.4 μs
线性调频信号带宽	320 MHz/80 MHz/20 MHz（Ku）在轨实时自适应 160 MHz/40 MHz/10 MHz（C）在轨实时自适应
发射机峰值功率	≥10 W（Ku），≥20 W（C）
脉冲重复频率	脉冲期 Ku 波段 2.30 kHz，C 波段 0.76 kHz
地面足迹	不大于2 km（平静海面）
有效波高测量范围	0.5~20 m
有效波高测量精度	10% 或 0.5 m
距离跟踪门量化比特数	32 bit
天线口径	1 323 mm
极化方式	线性极化
天线增益	大于42.5 dBi（Ku），大于32.5 dBi（C）
σ^0 测量精度	优于0.3 dB
接收灵敏度	≤-120 dBm
σ^0 测量范围	-10~+45 dB
AGC 动态范围	≥55 dB
数据率	平均码速率测量模式下不大于560 kbit/s，测试模式下不大于900 kbit/s，峰值码速率不大于3 Mbit/s
扫描方式	沿轨迹推扫

7.2.2 微波散射计

7.2.2.1 功能和工作模式

1）微波散射计的功能

（1）通过对同一雷达分辨单元多个方位角的散射系数 σ^0 的测量，提供可用来反演海面风场矢量的遥感数据。

（2）采用圆锥扫描方式，双波束体制工作。

（3）具有内定标功能，修正仪器的漂移。

（4）具备转速调整功能，能通过注入指令切换探测头部的两档转速。

（5）可通过定点工作指令使探测头部减速之至停止转动，并可通过遥测得到停止位置的角度读数。

2）基本工作模式

（1）风测量模式。

微波散射计在轨期间处于持续工作状态，观测天线进行圆锥扫描，同时在扫描 1 周时间内进行两次内定标测试，将所获取的遥感数据和定标数据组包后下传。

（2）原始数据下传模式。

微波散射计原始数据下传模式时，接收海面回波信号后不进行数据处理，对回波信号进行采样直接通过数传分系统下传，用于检验微波散射计信号处理器功能或得到原始数据用于其他应用。

（3）在轨外定标模式。

微波散射计在轨外定标模式，接收地面有源定标器发送的定标信号，同时其发射信号由地面有源定标器接收，通过对微波散射计发射、接收信号强度的处理，判断微波散射计在轨运行实际发射功率和接收增益。

（4）在轨内定标模式。

微波散射计在轨内定标模式时，连续进行定标，用于消除系统中特别是接收机在不同增益下的测量误差，将所获取的定标数据通过数传分系统传送至地面站。

（5）应急工作模式。

微波散射计出现故障或整星需要时，关闭部分或全部设备。分系统应避免自身设备和软件受到破坏，同时应避免影响其他分系统的正常工作。

7.2.2.2　组成和工作原理

微波散射计包括天线及馈电部分、收发通道、内校准单元、信号处理器、本振与频率综合器、TWTA 单元、电源部分和锁紧装置。微波发射机通过微波前端与天线接通，向海面发射射频脉冲，脉冲信号经目标散射，散射回波信号被天线接收后，经微波前端送到接收机，再经接收处理恢复为视频信号送至信号处理器。微波前端将发射机的部分功率耦合到接收机中形成闭环，从而实现内部校准，消除收发系统的任何变化所引起的测量误差。信号处理器对回波信号、内定标信号及无回波的纯噪声信号进行处理，获得海面的归一化雷达后向散射系数 σ°。锁紧装置在卫星发射阶段固定微波散射计的探测头部；在卫星入轨后，微波散射计工作前完成解锁。

系统控制器是整个系统的控制中心，完成微波散射计工作状态的控制和对外进行遥感、遥测、遥控等信息的交换。

伺服控制器驱动天线进行扫描观测。

微波散射计工作原理连接框图见图 7-7 所示。

7.2.2.3　主要技术指标

微波散射计的主要技术指标见表 7-5 所示。

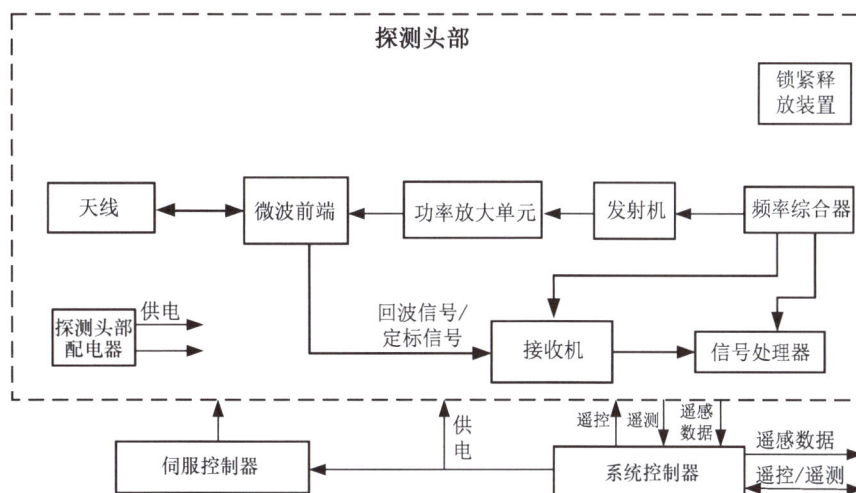

图 7 − 7　微波散射计组成框架

表 7 − 5　微波散射计主要技术指标

项目	性能要求
发射频率	13. 256 GHz
工作带宽（1 dB）	5 MHz
TWTA 峰值发射功率（天线输入口）	≥19. 5 dBW
极化方式	HH，VV
天线净增益（双程）	≥77. 6 dBi
扫描方式	圆锥扫描
天顶入射角	内波束：38°；外波束：42°
σ^0 测量精度	优于 0. 5 dB
σ^0 测量范围	−40 ～20 dB
接收灵敏度	优于 −135 dBm
AGC 调整范围	70 dB
采样/量化	对每个散射单元的散射系数测试值分成 4 个小块进行处理，每个小块采用 10 bit 量化
数据率	平均不大于 65 kbit/s，峰值不大于 1 Mbit/s

7.2.3　扫描微波辐射计

7.2.3.1　功能和工作模式

1）扫描微波辐射计的功能

（1）测量海面的微波辐射，得到海面的辐射亮温和与大的风暴或飓风有关的泡沫辐射亮温，提供可用来反演海面温度和海面大风速的遥感数据。

（2）采用圆锥扫描方式工作。

（3）具有两点定标功能，修正仪器的漂移。

（4）具有增益和补偿调节功能，使分系统工作在最适合状态。

（5）具有上注增益控制和自动增益控制两种模式，并能控制两种模式切换。

（6）具备转速调整功能，能通过注入指令切换探测头部的两档转速。

（7）可通过定点工作指令使探测头部减速之至停止转动，并可通过遥测得到停止位置的角度读数。

2）分系统基本工作模式

（1）正常工作模式。

扫描微波辐射计在轨期间处于持续工作状态，观测天线进行圆锥扫描，同时在扫描一周时间内观测冷空和热定标源各一次，将所获取的遥感数据和定标数据组包后下传。

（2）应急工作模式。

扫描微波辐射计出现故障或整星需要时，关闭部分或全部设备。分系统应避免自身设备和软件受到破坏，同时应避免影响其他分系统的正常工作。

7.2.3.2 组成和工作原理

扫描微波辐射计包括天线、接收机、热定标源源体、信息采集器和探测头部配电器。辐射计有5个工作频点，按极化分开共9个接收通道。天线接收的信号按频率和极化分开，送入接收机中进行放大、平方律检波和低频放大，最后送到信息采集器进行数据采集和处理。接收机具有增益调整功能，包括在轨自适应调整和上行注入数据调整；星载热定标源提供两点定标时高温定标所需的信号，冷空反射器采集低温定标所需的信号。锁紧装置的作用是在卫星发射阶段固定扫描微波辐射计的探测头部；在卫星入轨后，扫描微波辐射计工作前完成解锁。

综合处理器是整个系统的控制中心，完成扫描微波辐射计工作状态的控制和对外进行遥感、遥测、遥控等信息的交换。

伺服控制器驱动天线进行扫描观测。

定标源控制器完成定标源数据的采集、控制和处理功能。

工作原理连接框图如7-8所示。

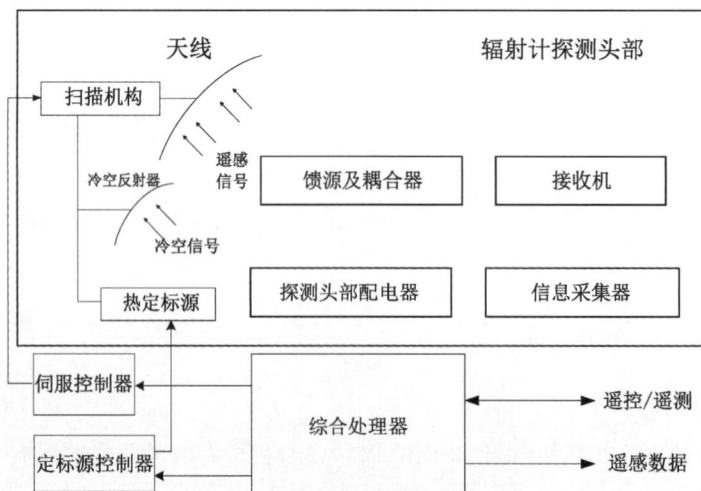

图7-8 扫描微波辐射计原理框架

7.2.3.3　主要技术指标

微波辐射计的主要技术指标如表 7-6 所示。

表 7-6　扫描微波辐射计主要技术指标

项目	性能指标要求				
中心频率	6.6 GHz	10.7 GHz	18.7 GHz	23.8 GHz	37 GHz
射频带宽	(350±35) MHz	(250±25) MHz	(250±25) MHz	(400±40) MHz	(1000±100) MHz
极化方式	VH	VH	VH	V	VH
辐射灵敏度	优于 0.5 K	优于 0.5 K	优于 0.5 K	优于 0.5 K	优于 0.8 K
定标精度	优于 1 K (180~320 K)				
天顶入射角	40°				
地面测绘带宽	大于 1 600 km				
空间分辨率	97 km	69 km	35 km	32 km	22 km
动态范围	3~350 K				
量化比特数	16 bit				
线性度	优于 0.999				
天线口径	1 100 mm				
天线主波束效率	不小于 90%				
数据率	平均码速率不大于 11 kbit/s，峰值码速率不大于 100 bit/s				
扫描形式	圆锥扫描				

7.2.4　校正辐射计

7.2.4.1　功能和工作模式

1）校正辐射计的功能

(1) 通过大气的液态水和水汽含量的测量向雷达高度计提供大气校正数据。

(2) 具有增益和补偿调节功能，使分系统工作在适合的状态。

(3) 具有上注增益控制和自动增益控制两种模式，并能控制两种模式切换。

(4) 具有在轨定标功能，修正仪器的漂移。

2）分系统基本工作模式

(1) 正常工作模式。

校正辐射计在轨期间，处于持续工作状态。在一个工作周期中，采集定标数据、温度监测数据和对地观测数据，将所获取的遥感数据组包后下传。

(2) 应急工作模式。

校正辐射计出现故障或整星需要时，关闭部分或全部设备。分系统应避免自身设备和软件受到破坏，同时应避免影响其他分系统的正常工作。

7.2.4.2　组成和工作原理

校正辐射计观测天线（含锁紧装置）是一个偏置抛物面天线，接收大气和海洋的微波辐射。观测天线在发射阶段为压紧状态，入轨后展开工作，锁紧装置在卫星发射阶段固定校正辐射计的观测天线，在卫星入轨后、校正辐射计工作前完成观测天线的解锁展开程序。3 个通道各有相互正交的两个极化通道互为备份，37.0 GHz 通道天线电轴指向星下点，与高度计同程观测；18.7 GHz、23.8 GHz 通道天线电轴与对地指向分别有一定夹角，通过数据处理实现与高度计的同程观测。

校正辐射计定标天线由 3 个波纹喇叭天线组成，对应 3 个通道，接收来自宇宙背景的微波辐射，用于辐射计冷空定标。

接收单元包括 18.7 GHz、23.8 GHz 和 37.0 GHz 3 个通道的接收机，每个通道都有冷备份。接收单元负责对接收信号进行下变频、放大、滤波、检波并放大到可供数字电路采集的电平幅度。接收单元还包括为系统定标的匹配负载、测温电路和高频微波开关。

数控单元主要由两部分构成：一部分负责接收数据的采集和系统控制，包括系统工作过程控制和通道参数控制；另一部分负责与卫星系统的数据传输和通信，包括下传遥感数据和工程参数，接收卫星星务数据，接收通过总线传输的数据注入等。

工作原理连接框图如图 7-9 所示。

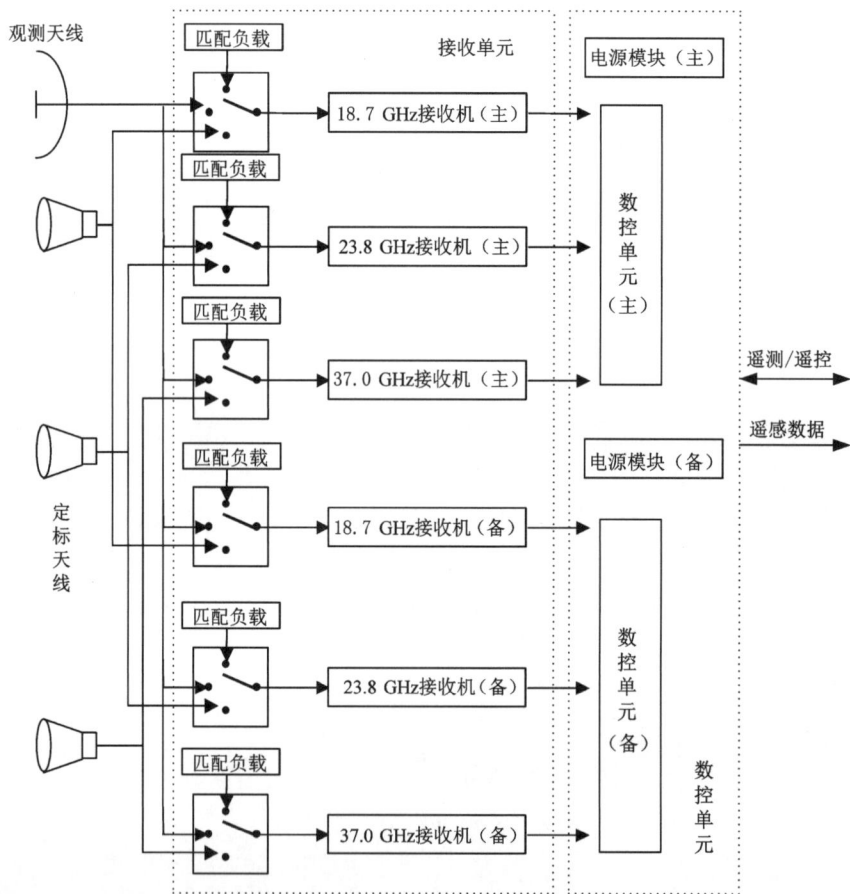

图 7-9 校正辐射计工作原理框架

7.2.4.3　主要技术指标

校正辐射计的主要技术指标如表 7 - 7 所示。

表 7 - 7　校正辐射计主要技术指标

项目	性能指标要求		
观测天线指向	与高度计同程		
中心频率	18.7 GHz	23.8 GHz	37 GHz
极化方式	线极化		
天线口径	920 mm		
灵敏度	优于 0.4 K	优于 0.4 K	优于 0.4 K
动态范围	3～350 K		
线性度	大于 0.999		
天线主波束效率	不小于 90%		
数据率	平均码速率不大于 5 kbit/s，峰值码速率不大于 1 Mbit/s		
量化比特数	16 bit		

7.2.5　数传

7.2.5.1　功能和工作模式

数传主要完成有效载荷和卫星平台星历等所有数据的传输任务。数传具有如下基本工作模式。

1）等待工作模式

卫星在国内地面站作用范围外，数传 TWTA 灯丝预热、晶振预热。

2）传输工作模式

卫星在国内地面站作用范围内，数传所有设备处于工作状态，将数据下传到地面接收站。

7.2.5.2　组成和工作原理

HY - 2A 卫星数据传输分系统由 9 台设备和波导组件、高频电缆组成。

来自复接器的数据（主要含 4 台微波遥感器的遥感数据、GPS、DORIS、延时遥测、卫星星历等平台数据）经过调制、放大后由天线发射到地面接收站进行接收。

数据传输分系统组成框图见图 7 - 10 所示。

7.2.5.3　主要技术指标

数据传输分系统主要技术指标如下。

（1）发射频率：8.256 GHz。

（2）调制方式：QPSK。

（3）码速率：20 Mbit/s。

（4）行波管放大器发射功率：16 dBW（40 W）。

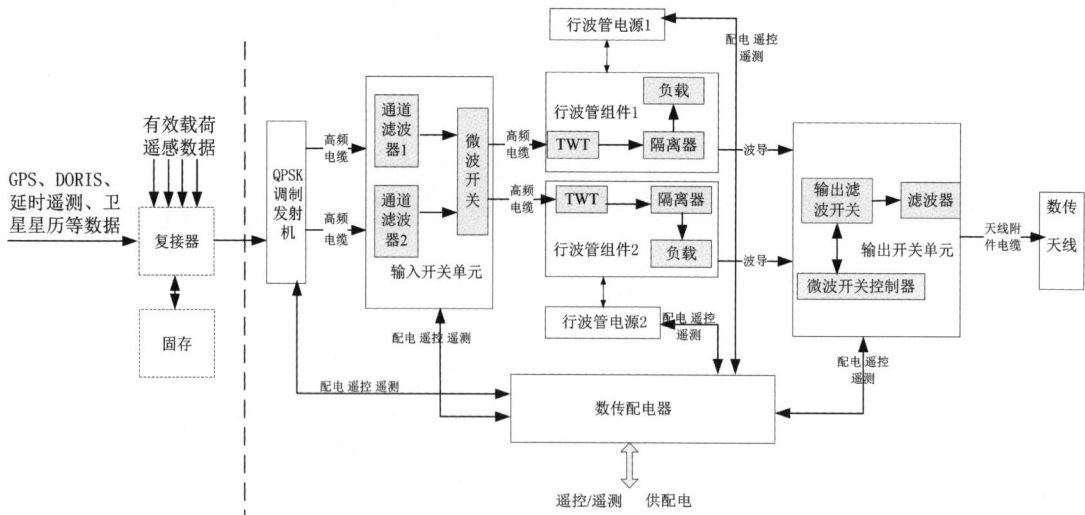

图 7 - 10　数据传输分系统原理框架

（5）误码率：1×10^{-6}（$C/N0 = 90$ dBHz）。

（6）编码格式：符合 CCSDS 标准。

（7）天线净增益：在 ±60.5°时不小于 +4.5 dBi。

在 0°时不小于 −6.5 dBi。

在 0°至 ±60.5°范围内满足地球匹配波束要求。

（8）极化形式：右旋圆极化。

（9）行波管放大器的输出功率：大于 40 W。

行波管放大器的行波管效率：大于 50%。

第8章　地面应用系统方案

HY－2A地面应用系统由接收预处理、精密定轨、运控通信、资料处理、辐射校正和真实性检验、业务应用和产品存档与分发7个分系统组成。下面分别介绍各分系统的组成、任务和功能及工作流程。

8.1　接收预处理分系统

8.1.1　分系统组成

HY－2A卫星接收预处理分系统由3个卫星地面接收站（北京站、三亚站、牡丹江站）和一个卫星数据预处理子系统构成。各地面站承担HY－2A卫星下传实时数据和延时数据的接收。预处理子系统负责各地面站接收的HY－2A卫星数据的预处理，并生成0级和1级产品。异地站接收的数据，通过运控通信分系统传到位于北京的预处理子系统处理。

HY－2A卫星地面应用系统新建北京地面接收站主站，为兼顾未来卫星的发展，地面接收站的天线直径设计7.5 m。三亚地面站新建HY－2A卫星地面接收系统2套，其中1套天线直径12 m、1套天线直径7.5 m。牡丹江站新建HY－2A卫星地面接收系统1套，天线直径12 m。改造北京、三亚、牡丹江站现有接收系统，具备HY－2A卫星信号的跟踪、接收、解调和采集能力。

接收预处理分系统总体布局如图8－1所示。

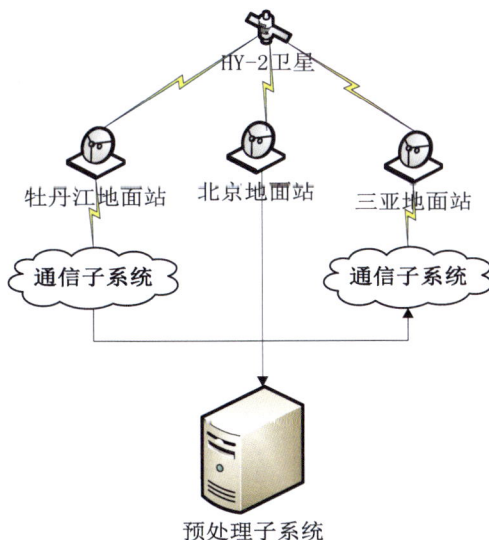

图8－1　接收预处理分系统总体结构

8.1.2 主要任务和功能

接收预处理分系统的主要任务是负责 HY－2A 卫星数据的接收和预处理，生成 0 级和 1 级数据产品。

接收预处理分系统的主要功能为：

（1）接收 HY－2A 卫星 X 频段下传的海洋扫描微波辐射计、微波散射计、雷达高度计、校正微波辐射计、星载 GPS 数据和其他辅助数据。

（2）兼容接收部分国内外海洋气象卫星数据，并作实时显示。

（3）对接收的多种卫星原始数据进行预处理，生成 0 级和 1 级产品，同时要对传感器覆盖范围生成投影图。

（4）对 HY－2A 卫星数传下行的卫星状态信息进行分析处理，对星载传感器状态信息进行分析处理，自动生成传感器和卫星状态报告。

（5）自动生成系统运行报告。

（6）能够进行历史数据重处理，原始数据查询管理，短期数据在线存储等。

8.1.3 主要技术指标

8.1.3.1 地面站技术指标

地面站包括天线（北京 1 套 7.5 m、牡丹江 1 套 12 m、三亚 1 套 12 m，1 套 7.5 m）、天线罩、功率放大器、变频器、解调器（接收机）、记录设备、采集处理工作站、标校和天线跟踪数据采集软件，完成 HY－2A 卫星数据的接收并对原始数据的存储。接收系统需配备矢量信号发生器和频谱仪等测试设备；除天线以外的关键设备需要备份。单套接收系统基本配置如图 8－2 所示。

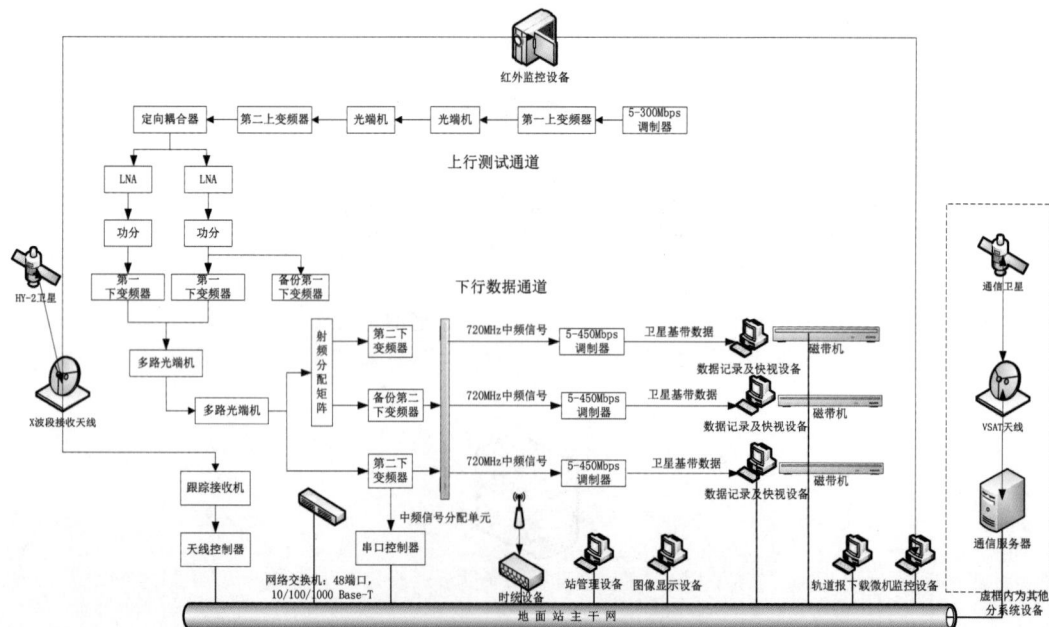

图 8－2　接收系统基本配置

1）接收系统星地链路计算

HY-2A 卫星星地链路估算主要用于确定接收天线的设计指标，具体估算值如表 8-1 所示。

表 8-1　HY-2A 卫星遥感接收系统星地链路计算

参数	7.3 m 天线	12 m 天线
卫星高度/km	963	963
数传载频/GHz	8.256	8.256
EIRP/dBW	16.02	16.02
空间损耗/dB	-180.66	-180.66
降雨损耗/dB	-1.6	-1.6
大气吸收/dB	-0.5	-0.5
极化损失/dB	-0.5	-0.5
接收跟踪损失/dB	-0.5	-0.5
天线（G/T）/dB	31.0	36.77
解调损耗/dB	-2.0	-2.0
解调后（E_b/N_0）/dB	16.85	22.62
满足 10^{-7} 的（E_b/N_0）/dB	11.3	11.3
余量/dB	5.55	11.32

利用 7.3 m 大线接收系统和 12 m 大线接收系统接收 HY-2A 卫星 X 频段数传信号的余量分别为 5.55 dB 和 11.32 dB。

2）天线分系统

（1）12 m 天线。

① 质量不大于 35 t；天线口径 12 m；$G/T_s \geqslant 35$ dB/K（晴空，5°仰角）。

② 工作频段：X 频段，8 000~8 400 MHz。

③ 系统品质因素（加天线罩，晴天、微风条件下，天线仰角大于 5°时）：$G/T = 35.0 + 20$（lg f）/8.0 dB/K（X 频段）。

④ 极化方式：左旋圆极化和右旋圆极化，可遥控切换，变换时间不大于 5 s，具有双极化接收能力。

⑤ 天线效率不小于 55%（8.0~8.4 GHz）。

⑥ 具有座架加电警告、紧急制动装置，有照明灯。

⑦ 具有易于打开的窗口，以便于对内部部件进行检查和维护。

⑧ 具有防尘、防水及防腐蚀等措施。

⑨ 天线旁瓣不大于 -15 dB（X 频段）。

（2）7.5 m 天线。

① 质量不大于 12 t；天线口径 7.5 m；$G/T_s \geqslant 31$ dB/K（晴空，5°仰角）。

② 工作频段：X 频段：8 000~8 400 MHz。

③ 系统品质因素（加天线罩，晴天、微风条件下，天线仰角大于5°时）：$G/T = 31.0 + 20 \ (\lg f) \ /8.0 \ \text{dB/K}$（X频段）。

④ 极化方式：左旋圆极化和右旋圆极化，可遥控切换，变换时间不大于5 s。

⑤ 天线效率不小于55%（8.0~8.4 GHz）。

⑥ 系统具有座架加电警告、紧急制动装置，有照明灯。

⑦ 座架具有易于打开的窗口，以便于对内部部件进行检查和维护。

⑧ 具有防尘、防水及防腐蚀等措施。

⑨ 天线旁瓣不大于 -15 dB（X频段）。

（3）伺服控制。

① 伺服控制主要工作方式：数字引导、程序跟踪、扫描、数字预置、收藏、记忆跟踪、自跟踪。

② 具有限位、安全保护装置、收藏锁定保护装置。

③ 天线驱动能力

工作范围：X轴 ±90°，Y轴 ±90°。

角速度：X轴 0.01~5.0（°）/s，Y轴 0.01~5.0（°）/s。

角加速度：X轴 0.01~5.0（°）/s^2，Y轴 0.01~5.0（°）/s^2。

④ 跟踪精度：0.1 倍天线半功率波束宽度（仰角5°~80°）。

⑤ 测角精度：0.1°（仰角5°~80°）。

⑥ 牡丹江站天线驱动装置润滑适应严寒天气状态。

⑦ 三亚站天线驱动装置适应海边高温高湿盐雾气候。

（4）馈源。

① X频段：8 000~8 400 MHz。

② 极化方式：左右旋圆极化，可控制选择。

③ 正交极化隔离：≥30 dB。

④ 轴比：≤1 dB。

⑤ 驻波比：1.5:1。

⑥ 馈线损耗：≤0.7 dB。

⑦ 双极化工作隔离：≥25 dB。

（5）天线罩。

① 天线罩对 G/T 值造成的损失不大于0.8 dB。

② 牡丹江站天线罩要求罩内配备加温装置和天线罩除雪装置。

③ 天线罩开门。

④ 天线罩外绘制国家海洋局徽标。

⑤ 耐腐：防腐、防蛀。

⑥ 除尘：易清洗。

⑦ 使用寿命15年。

（6）跟踪方式及跟踪精度。

① 正常工作时天线跟踪损失 $L_t \leqslant 0.5$ dB。

② 3°仰角起接收，5°以上仰角信号不丢失。

③ 接收系统程序跟踪和自跟踪。

④ 天线控制单元（ACU）可以人工干预（自动跟踪前和跟踪过程中，可人工设置天线方位俯仰角的偏置量，以便寻找信号最大值）。偏置方式：A—E，X—Y。

⑤ ACU操作可视化、简便，界面上能够显示天线各种重要的参数（时间、对应天线方位俯仰角（计算值）、天线方位俯仰角（实际值）、信号大小、星下点经纬度位置、偏置量等），若为X—Y装架结构，需要显示相关参数。

⑥ 操作界面上应有时间补偿、天线方位俯仰角的偏置补偿按钮。

⑦ 输出天线跟踪数据文件（时间、对应天线方位俯仰角（计算值）、天线方位俯仰角（实际值）、信号大小、星下点经纬度位置等数据）。

⑧ AZ/EL交叉耦合优于 -30 dB。

⑨ 信道与伺服的电磁屏蔽（天线转动时）优于 -70 dB。

⑩ 差通道移相器采用6 bit数字移相器，并能被站控计算机遥控对各频点进行相位补偿设定、依需要自动调用。

3）信号解调分系统

（1）LNA。

① LNA增益及噪声温度：

　X频段：增益 40~50 dB。

　噪声温度：$\leqslant$70 K（环境温度23℃条件下）。

② 1 dB压缩点：+5 dBm。

③ 三阶交调：$\leqslant$ -40 dBc。

④ 工作环境温度：-55 ~ +60℃。

（2）下变频器。

① 输入信号频率：8 000 ~ 8 400 MHz。

② 输入信号电平：-80 ~ -30 dBm。

③ 输出中频频率：720 MHz。

④ 信号带宽：140 MHz。

⑤ 输出信号电平：（-35 ±5）dBm。

⑥ 频率稳定度：1×10^{-6} d^{-1}，1×10^{-6}（0~45℃）。

⑦ 噪声系数：$\leqslant$13 dB。

⑧ 相位噪声：

　频偏：100 Hz，1 k Hz，10 k Hz，100 k Hz。

　SSB相位噪声：-60 dBc/Hz，-70 dBc/Hz，-80 dBc/Hz，-90 dBc/Hz。

⑨ 中频抑制：$\geqslant$60 dB。

⑩ 镜像抑制：$\geqslant$60 dB。

⑪ 射频有频谱监视端口，能够外接频谱仪等测试设备。

（3）跟踪接收机。

① AGC 范围：0～50 dB。

② 留有相关检测端口。

③ 数据通道，跟踪通道的变频器是各自独立的。

（4）X/S 频段上变频器。

① 用于上行通道测试，指标与下行系统匹配。

② 720 MHz/（2.1～2.5 GHz）上变频器。

③ （2.1～2.5 GHz）/（8.0～8.4 GHz）上变频器。

（5）解调器。

① 中频：720 MHz。

② 解调方式：BPSK、QPSK、SQPSK、UQPSK、AQPSK、8PSK 等。

③ 信息码速率

BPSK：10～225 Mbit/s 可调。

QPSK、OQPSK：5～450 Mbit/s 可调。

8PSK：30～450 Mbit/s 可调。

④ 输入电平动态范围：-20～-50 dBm。

⑤ 入锁门限：BPSK $E_b/N_o = 0$ dB，QPSK $E_b/N_o \leqslant 6$ dB。

⑥ 动态范围：≥50 dB。

⑦ 输出：I 通道数据和时钟（ECL 或 TTL 电平）。

Q 通道数据和时钟（ECL 或 TTL 电平）。

I+Q 通道数据和时钟（ECL 或 TTL 电平）。

⑧ 面板显示：信号有无、解调入锁、译码、帧同步、信号电平、频率偏移量、时钟偏移量、E_b/N_0。

⑨ 解码：差分译码、维特比译码和 RS 译码等。

⑩ 数据格式：CCSDS。

⑪ 解调误码性能：解调误码率不大于 10^{-7}。

⑫ 监控监测要求：

具有本地和远程监控能力。监控内容：调制方式、编码方式、数据速率、载波锁定、位同步指示等。中频有信号监视端口，能够外接频谱仪。

4）数据记录快视分系统

（1）数据采集和帧同步。

对 HY-2A、HY-1B、TREEA、AQUA 卫星码率可现场编程并提供驱动软件模块化接口，能够对 5～450 Mbit/s 码率的卫星信号进行采集和帧同步提取。

（2）数据快视。

① 记录数据率：0.1～450 Mbit/s。

② 数据重放速率：0.1～450 Mbit/s。

③ 记录数据误码率：$\leqslant 1 \times 10^{-10}$。

④ 记录容量：≥1 Tbyte。

⑤ 具备远程数据传输功能，能将快视遥感图像缩略图和原始卫星遥感数据传送至通信服

务器和存档设备。

⑥ 具有图像实时快视显示功能。

⑦ 文件管理：采用数据库，对文件记录时间、数据量、文件路径和文件名和磁盘空间进行管理，具有查询和报表输出功能。

（3）数据记录存储和管理。

① 能够对 HY-2A、HY-1B、TERRA、AQUA 原始格式数据进行解扰、解帧；对 HY-2A 卫星原始数据进行解帧，按照载荷分别制作单站 0 级产品。

② 原始数据以 ORG 格式、L0 产品以 L0A 格式自动存储在硬盘上；配备 2 Tbyte 以上磁带阵，自动记录原始数据。

③ 可对存储的数据按配置参数自动管理；对采集和记录的 ORG、L0 等数据文件进行分类、统计、查询、添加、自动删除、统计报表输出等管理功能；采用数据库方式管理数据文件和信息。

④ 数据记录容量：≥2 Tbyte。

5）站管理分系统

（1）轨道预报。

① 从运控自动获取轨道报。

② 根据轨道报（TLE 两行报、26 基地两行轨道报）自动生成接收时间表，也可通过运控获取时间表，自动安排接收任务。

③ 轨道预报的精度应基本满足程序跟踪的要求，卫星轨道预报能力大于 3 天。

④ 提供二维世界地图、三维地球动画方式模拟卫星的实际运行情况。

⑤ 三亚、牡丹江站能够对两套接收系统进行轨道预报。

（2）任务计划和设备管理。

① 根据所接收的卫星下行工作频率、信号极化形式、信号带宽、数据速率、信号调制类型进行系统设备组配和设备参数设定。目标一旦消失后（任务结束），分系统即自动产生任务运行报告。

② 具有安排/修改接收计划、解决冲突的能力，并能按计划自动激活相关分系统捕获、跟踪卫星。

③ 24 h 对天线、变频器、解调器、时统、快视记录设备状态进行监控，设备故障、非法操作 5 s 内发出警告；各分系统工作状态及时刷新，刷新时间不超过 3 s。

④ 对生成的接收计划、各分系统参数配置文件、轨道根数、卫星轨道预报结果等进行修改、浏览、存储、检索、显示、打印。

⑤ 自动生成工作日志文件，包括天线位置、解调器锁定状态、变频器频率、中频信号大小、设备监控信息等；工作日志用数据库记录存储，能够进行查询检索和报表输出；

⑥ 操作员能够对任务计划进行人工干预。

⑦ 每站能够对两套接收系统安排接收时间表，并考虑多星轨道冲突时两套系统接收计划的安排。

6）计算机设备

接收系统计算机配置：

① CPU 主频率：≥3 GHz。

② 内存容量：≥2 Gbyte。

③ 内置硬盘：≥1 TGbyte。

④ 100/1 000 Mbit/s 以太网接口卡 2 个。

⑤ 19″液晶显示器。

⑥ 显示卡：3D 图形加速卡（512 Mbyte 显存）。

⑦ 内置 DVD – RW。

7）辅助设备

（1）网络。

① 千兆网络。

② 交换机指标：

　　交换容量：≥120 G。

　　包转发率：线性转发，所有端口线速转发。

　　100/1 000 Mbit/s 端口不小于 24 个。

　　具有第三层交换功能、虚网划分功能和路由功能。

　　电源冗余。

　　支持 IPv6。

（2）时统。

整个接收系统的业务运行则是在统一时统的基础上进行的，时统设备采用 GPS 解调器或网络统一时统。新建接收系统时统设备包括 GPS 天线、解调器、铷钟和时统服务器等，利用时统服务器输出的信号获取标准时间。

① GPS、铷钟主要技术特性：

　　输出时码信号：IRIG – B（AC），50 Ω BNC 座。

　　时间精度：≤200 ns。

　　频率精度：24 小时后优于 2×10^{-10}（高稳晶振）。

　　高稳晶振频率稳定度：$\leq 1 \times 10^{-7} \mathrm{d}^{-1}$。

　　铷钟频率稳定度：$\leq 5 \times 10^{-11}$ 月 $^{-1}$。

　　捕获时间：<2 min。

　　标准频率：10 MHz。

② 网络时间服务器技术特性：网络定时精度为 1～10 ms。

③ 支持 TCP/IP、NTPv2&NTPv3、Time Protocol（RFC868）。

（3）标校设备。

配备标校设备，用于 X 频段信号测试用。

① 标校天线

　　工作频率：8.0～8.4 GHz（X 频段）。

　　极化方式：左右旋圆极化可选。

　　天线增益：≥10 dBi（X 波段）。

② 信标

　　输出频率：8.0～8.4 GHz（X 频段）。

　　输出功率：≥10 dBm（功率可调）。

杂波抑制：≤50 dBc。

频率稳定度：长稳优于 $1 \times 10^{-6} \mathrm{a}^{-1}$，短稳优于 $1 \times 10^{-9} \mathrm{s}^{-1}$。

（4）红外监视。

① 天线罩内安装监视设备，用于监视天线工作状态。

② 红外/可见光摄像头。

③ 网络端口，可以在机房远程监视。

（5）线缆、机柜和控制台。

① 机柜采用标准机柜，配备散热风扇、接线板和地线，滑轮需配备锁定装置。

② 天线和机房距离超过 200 m，配备光端机传输 X/S 频段数据信号，以降低信号损耗，避免色散效应。

③ 控制台设计需遵循人体工程学，方便操作，按照国际电工标准安装。

④ 机柜、控制台与原有设备颜色接近。

⑤ 射频电缆需采用低损耗电缆，以降低传输损耗。

（6）电缆、供电、地线。

① X 频段天线平台的基础水平误差不能超过 1°。

② 地线与大楼的地线相连。

③ 供电电源

电压：220（1±10%）V（AC） 380（1±10%）V（AC）。

频率：50（1±5%）Hz。

8）环境适应性、可靠性、维修性、电磁兼容性

（1）环境适应性。

环境适应性要求主要包括系统工作时的温湿度、抗风等特性，主要是保证系统在恶劣环境的适应能力，具体要求如表 8－2。

表 8－2 环境适应性要求

参　数	室　内	室　外
温度/℃	10 ~40	-45 ~ +45（牡丹江） -10 ~ +55（三亚） -30 ~ +50（北京）
湿度/%	30 ~80	0 ~100
降雨/mm·h⁻¹		50
天线抗风能力	无	稳态风 20 m/s，瞬时风 27 m/s，保精度工作；稳态风 27 m/s，瞬时风 33 m/s，降级工作；55 m/s 风保全加罩后，台风过境和大雪时能够工作
防太阳辐射、霉菌、盐雾等级	无	符合 GJB 367.2 规定的严酷等级

（2）可靠性。

系统可靠性要求应符合相关标准规定，单套系统可用度大于 98.5%，即每年故障时间不超过 5.5 天。

（3）维修性。

各种设备、线缆按技术分类排布，减少交叉，并做设备各端口、线缆的两端做好标识，方便操作人员的维护。

系统维修性要求应符合相关标准规定，按分系统考虑，平均修复时间（MTTR）不大于6 h。

（4）电磁兼容性。

按 GJB 151A.1、GJB 151A.4 规定执行。

9）部件备份和寿命

（1）备份和切换。

① 三站 X 频段接收系统的变频器、解调器、记录设备均有热备份，可以通过射频、中频数据交换矩阵方式配备两套接收系统的热备份设备。

② 主备变频器、主备解调器间的切换方便。

（2）关键部件寿命。

天线大于 10 年，其他设备大于 8 年。

10）软件设计

① 参照软件工程有关规定进行，功能模块化、接口标准化。软件设计具有良好的容错性，所有通讯数据要进行合法性检验。

② 软件界面设计人性化，操作简便。

11）自动运行

接收系统自动运行，可无人值守。

12）系统准备和设计制造

（1）系统准备。

各站新建接收系统需要研制厂商以书面方式提供对基建施工的有关技术指标和要求，包括：天线基座（负荷、抗震、谐振频率、地基沉降变形等）、室外电缆铺设、机房建筑设计和室内装修设计、网络布线、供电、供暖、空调、接地避雷、通信等，并提供相应的计算依据。

（2）设计制造。

标准化设计：在系统设计中，应按 GB 4457 ~ 60/80，GB 4728.1 ~ 13/85，GB 6988.1 ~ 6/86，GB 7356/87，GB 1526/89，GB 5489 等相关标准规定执行。

结构设计：在满足技术性能的前提下，便于操作、调整和维护，天线座应有密封和排水措施。

制造工艺：在设备制造加工过程中，严格按照规定工艺流程执行。

（3）整机结构。

实用，方便，美观，结实，满足人机学要求。

（4）表面状况及外观质量。

按 GJB 74.5 -98 第 4.10 条规定执行。

（5）质量保证。

参照可靠性、维修性、标准化大纲。

（6）检验的类别。

① 分机验收检验：对各主要分机设备的验收检验，主要技术性能的验收及环境适应性及可靠性要求的验收由研制单位具体负责实施，主任设计师监督。

② 所内联试验收：在所有分机设备验收合格后，进行所内的分系统联试验收、出所验收由研制单位负责组织，用户参加。

③ 现场交付验收：全套设备在现场安装调试完毕之后，交付验收由用户负责组织，以确保全套设备正常交付使用。

（7）检验方法。

① 常规检验。齐套性：按照设备清单对分机、分系统、系统的验收，确认设备的齐套性（含软件）。按照文档清单对技术使用说明书、图册等进行验收

外观及接口：按技术条件相应条款进行。

② 环境适应性试验方法。系统的环境适应性检验按 GJB 369-87 第1.7款 GJB 766-85 第4、第7、第8、第9、第10、第14、第16条规定执行。

③ 电磁兼容性检验。按 GJB 152A-97 规定执行。

④ 可靠性试验。试验条件：系统、分系统（分机）在完成联试，常温指标测试，功能检验，环境试验和加电老练后进行。

⑤ 维修性试验。按 GJB 3685-87 有关规定进行。

⑥ 安全性试验。按国家相关规定进行检验。

8.1.3.2 预处理子系统技术指标

1）硬件环境

预处理软件运行于4台高性能 PC 工作站，操作系统是 Windows XP/Windows 7，64位四核 CPU（≥3.0 GHz），内存：≥4 Gbyte，硬盘：≥2 Tbyte。4台工作站通过 1 000 Mbit/s 以太网分别连接到主交换机上。所有工作站都安装全部模块，互为备份，运行时由运控调度命令启动0、1级产品生成、转换、传送；一台监控 PC 或笔记本用于远程监控预处理作业的运行状态和工作日志的检查。硬件拓扑图如图 8-3 所示。

2）软件环境

C 语言编译环境：Visual C++ 或 ANSI C。

3）接口关系

预处理软件的接口主要表现为文件接口，如图 8-4 所示。

4）接口文件

（1）单站 L0A 数据文件。

单站 L0A 数据是遥感卫星地面接收站接收的原始数据经分路、解传输帧后形成的 L0A 级数据，北京站、牡丹江站和三亚站的 L0A 数据分别保存于地面处理系统的接收工作站和通信服务器。

（2）L0A、L0B 级产品文件。

按照数据的不同用途，HY-2A 卫星0级产品可划分为 L0A 和 L0B 级产品，其中 L0B 级产品只针对微波散射计数据。

L0A 数据定义：经过分路、解传输帧处理并打上时标的原始数据，按照数据类型分为

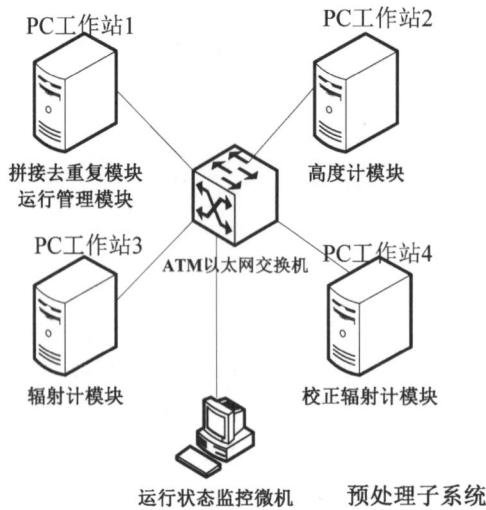

图 8 - 3 预处理子系统硬件设备拓扑

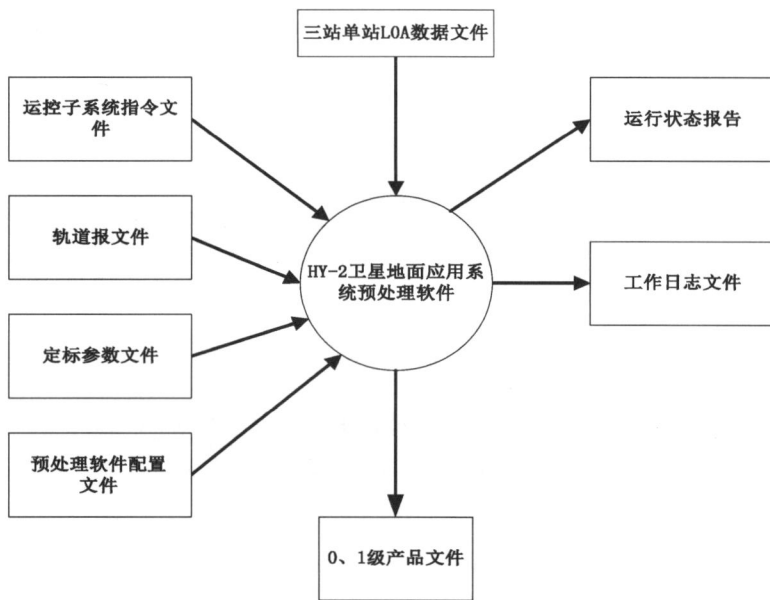

图 8 - 4 预处理软件的接口关系

9 种。

（3）1 级产品文件。

预处理软件处理一级产品处理对象包括扫描微波辐射计、校正微波辐射计和高度计数据。

（4）轨道报文件。

轨道报文件是对数据进行地理定位处理时需要的轨道参数，保存于运控服务器，由运控指令负责每天定时获取，保存于固定目录下。轨道报文件有两种格式：TBUS 报和两行轨道报。

（5）定标参数文件。

定标参数文件是对数据进行辐射定标时需要的处理参数，保存于预处理工作站固定目录，由辐射校正与真实性检验分系统不定期手动更新。定标参数文件按照传感器类型分为不同文件。

（6）运控命令文件。

运控命令文件是运控通信分系统对预处理业务执行的控制命令，包括命令名、执行时间、输入文件名、输出文件名、预处理工作站名等。

（7）预处理参数文件。

预处理参数文件是进行预处理业务时使用的功能参数，包括缺省输入文件路径、缺省输出文件路径、缺省定标参数文件名（含路径）、是否生成运控状态报告、是否生成日志文件等。预处理参数文件保存于预处理工作站固定目录，不定期用人机交互方式手动更新。预处理参数文件按照传感器类型分为不同文件。

（8）工作日志文件。

工作日志文件是预处理业务工作完成情况的记录，保存于预处理工作站的固定目录，每一行内容描述了一项预处理工作的开始或结束时间、工作内容（如格式转换）、相关文件名、相关状态（开始、正常结束、非正常结束）、预处理工作站名、备注说明（对非正常状态而言）等。日志文件以添加方式写入，文件名按照日期不同分别命名，一般操作员没有修改权限。

（9）运行状态报告。

运行状态报告是向上级报告预处理自动业务工作的完成情况，在预处理工作结束后生成，通过消息方式发送至运控工作站。运行状态报告包括任务完成时间、正常工作状态、异常工作状态、预处理工作站名、产品文件名和存储路径等。

5）预处理软件的逻辑结构

预处理软件主要与运控、存档、接收和通信4个子系统存在逻辑关系，见图8-5所示。

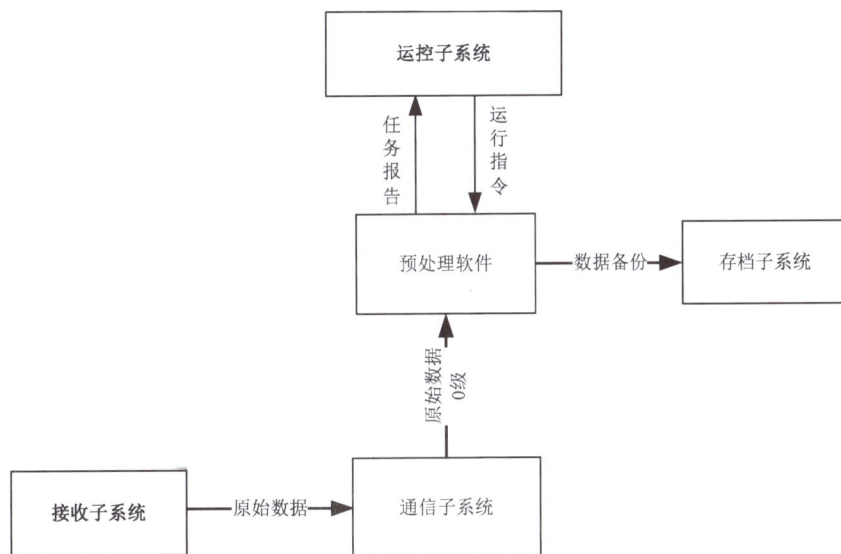

图8-5　预处理软件系统逻辑结构

6）软件模块结构

预处理软件主要包括各载荷的 0 级和 1 级产品生成模块和部分辅助模块，主要接口见图 8-6 所示。

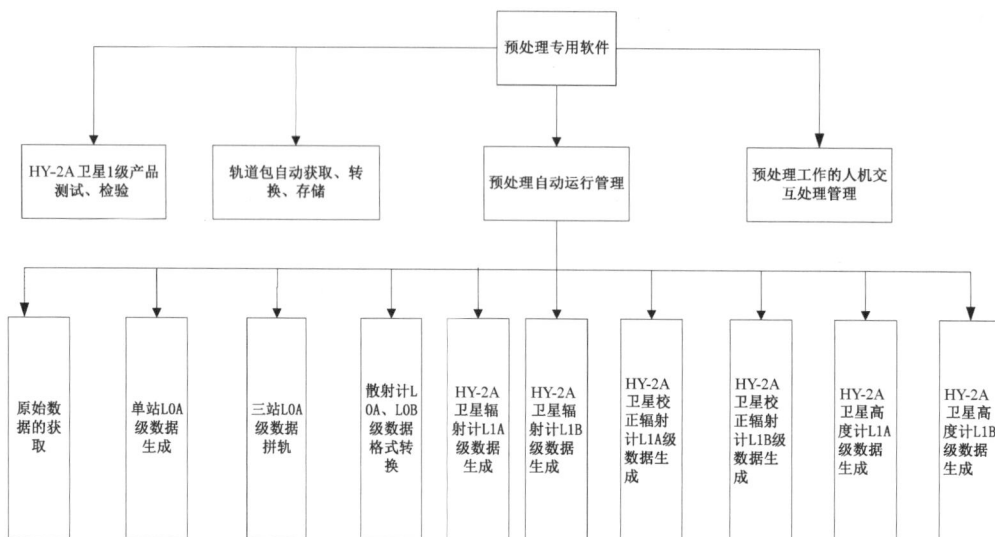

图 8-6　软件功能模块结构

7）软件功能模块

（1）L0A 级数据的获取。

从通信服务器通过获取北京站、牡丹江站和三亚站接收的 L0A 级数据，文件名和存储路径由运控通信分系统的运控指令指定。

执行方式：执行程序名

（2）L0A 级数据拼接。

将 3 个站单站 L0A 级数据进行拼接和去重复处理，生成拼轨后的 L0A 级数据。

执行方式：执行程序名 + 命令行参数 ［（北京站 L0A 级数据），（牡丹江站 L0A 级数据），（三亚站 L0A 级数据）］。

（3）散射计轨道分割及 L0B 级产品生成。

将 3 个站拼轨处理后的 L0A 级散射计数据按照轨道号进行轨道分割，分割规则见《HY-2A卫星产品命名规范》。

执行方式：执行程序名 + 命令行参数（散射计 L0A 级文件名）。

（4）HY-2A 卫星辐射计 L1A 级数据生成。

HY-2A 卫星辐射计 1A 级产品为 HY-2A 辐射计 0A 级数据经过计算得到，包括地理定位，天线温度转换系数，天线温度定标系数，亮温转换系数，并且记录对地观测值，黑体观测值，观测角度，辅助信息和质量控制信息。

执行方式：执行程序名 + 命令行参数（辐射计 L0A 级文件名）。

（5）HY - 2A 卫星辐射计 L1B 级数据生成。

HY - 2A 卫星辐射计 L1B 级产品为辐射计 0A 级数据经过亮温转换系数，获取的传感器观测亮温，并且地理信息包括了观测地表的地理坐标，太阳角度，平台的方向矢量等等。

执行方式：执行程序名 + 命令行参数（辐射计 L1A 级文件名）。

（6）HY - 2A 卫星校正微波辐射计 L1A 级数据生成。

HY - 2A 卫星校正微波辐射计 L1A 级产品为校正微波辐射计 L0A 级数据经过地理校正，获取校正微波辐射计观测值和其他辅助信息。

执行方式：执行程序名 + 命令行参数（校正微波辐射计 L0A 级文件名）。

（7）HY - 2A 卫星校正微波辐射计 L1B 级数据生成。

HY - 2A 卫星校正微波辐射计 L1B 级产品为校正微波辐射计 L1A 级数据经过天线温度计算并转化为亮度温度。

执行方式：执行程序名 + 命令行参数（校正微波辐射计 L1A 级文件名）。

（8）HY - 2A 雷达高度计 L1A 级数据生成。

HY - 2A 雷达高度计 L1A 级产品为高度计 L0A 级数据经过时间标识和地理定位后的数据。

执行方式：执行程序名 + 命令行参数（高度计 L0A 级文件名）。

（9）HY - 2A 雷达高度计 L1B 级数据生成。

HY - 2A 雷达高度计 L1B 级产品为高度计 L1A 级数据经过轨道分割，FFT 格式转换、高度跟踪值和斜率值格式转换，以及带有定位信息及描述信息的数据。

执行方式：执行程序名 + 命令行参数（高度计 L1A 级文件名）。

（10）预处理工作的自动运行管理。

按照运控通信分系统的指令启动、停止 HY - 2A 卫星各载荷的 0 级和 1 级产品（不包括散射计）生成作业；自动获取预处理所需的轨道报、定标参数等；监视预处理工作状态，显示部分状态参数，自动生成工作记录；每条轨道的预处理工作完成后，自动向运控系统发送工作报告。

运行方式：自动运行。

（11）预处理工作的人机交互处理管理。

在 Window 界面下工作，用对话框和菜单方式管理各项功能。用人机交互方式启动、停止 HY - 2A 卫星各载荷的 0 级和 1 级产品（散射计一级产品由数据处理分系统完成）生成作业；手动获取预处理所需的原始文件、轨道报、定标参数等；对预处理各项功能的参数显示相应参数文件并能进行编辑修改，设置后生成处理参数文件。工作环境参数显示、编辑修改；可以选择显示产品信息；显示和打印运行状态报告、工作日志。

运行方式：人机交互。

（12）HY - 2A 卫星 1 级产品测试、检验。

对 HY - 2A 卫星 L1A 和 L1B 数据产品质量进行测试、检验，具体方法见辐射校正与真实性检验分系统。

运行方式：人机交互。

（13）运行状态监控。

运行于远程终端，Window 界面下工作，远程监控预处理软件各模块的运行状态和浏览工作日志，可自行设定所要监控浏览的项目。

（14）L1B级产品快视图生成。

根据载荷的不同特点，选取不同的显示方式生成L1B级产品的快视图。

8）软件算法模块

（1）HY-2A卫星数据预处理地理定位算法模块（轨道模型）。

根据轨道模型、载荷扫描的几何关系和轨道报数据建立地理定位算法模型，计算星下点和各扫描点的经纬度数值。

（2）HY-2A卫星数据预处理地理定位算法模块（GPS数据）。

根据轨道模型、载荷扫描的几何关系和卫星下传数据中的GPS数据和轨道姿态数据建立地理定位算法模型，计算星下点和各扫描点的经纬度数值。

（3）HY-2A卫星辐射计定标算法模块。

见辐射校正与真实性检验分系统。

（4）HY-2A卫星校正微波辐射计定标算法模块。

见辐射校正与真实性检验分系统。

（5）HY-2A雷达高度计定标算法模块。

见辐射校正与真实性检验分系统。

9）数据及相关功能

（1）数据描述。

① L0A、L0B级数据集（见附录2《HY-2A卫星有效载荷各级数据格式》）。

② L1A数据（见附录2《HY-2A卫星有效载荷各级数据格式》）。

③ L1B数据（见附录2《HY-2A卫星有效载荷各级数据格式》）。

④ 轨道预报数据：轨道报文件是对数据进行地理定位处理时需要的轨道参数包括两行报和TBUS报。

⑤ 定标数据（见辐射校正与真实性检验分系统相关技术文档）。

（2）数据采集。

① 单站L0A数据获取

单站L0A数据是遥感卫星地面接收站接收的原始数据经分路、解传输帧后形成的L0A级数据，北京站、牡丹江站和三亚站的L0A数据分别保存于地面处理系统的接收工作站和通信服务器，以文件方式存储于指定路径下，文件名由运控指令给出。预处理作业启动时通过运行系统指令获取L0A级数据。

② 轨道报数据获取

轨道报数据存放于运控分系统的服务器中，以文件方式存储于指定路径下，文件名包括日期等时间信息，每日可以通过局域网自动获取。

③ 定标数据获取

定标数据存放于辐射校正与真实性检验分系统的工作站中，以文件方式存储于指定路径下，需要更新时，可以通过局域网获取。

8.1.4 分系统工作流程

1）地面站工作流程

三个地面站遵循相同的工作流程，主要是根据运控通信分系统生成的任务计划，完成卫星数据的接收和数据的记录、快视任务，具体流程如图 8-7 所示。

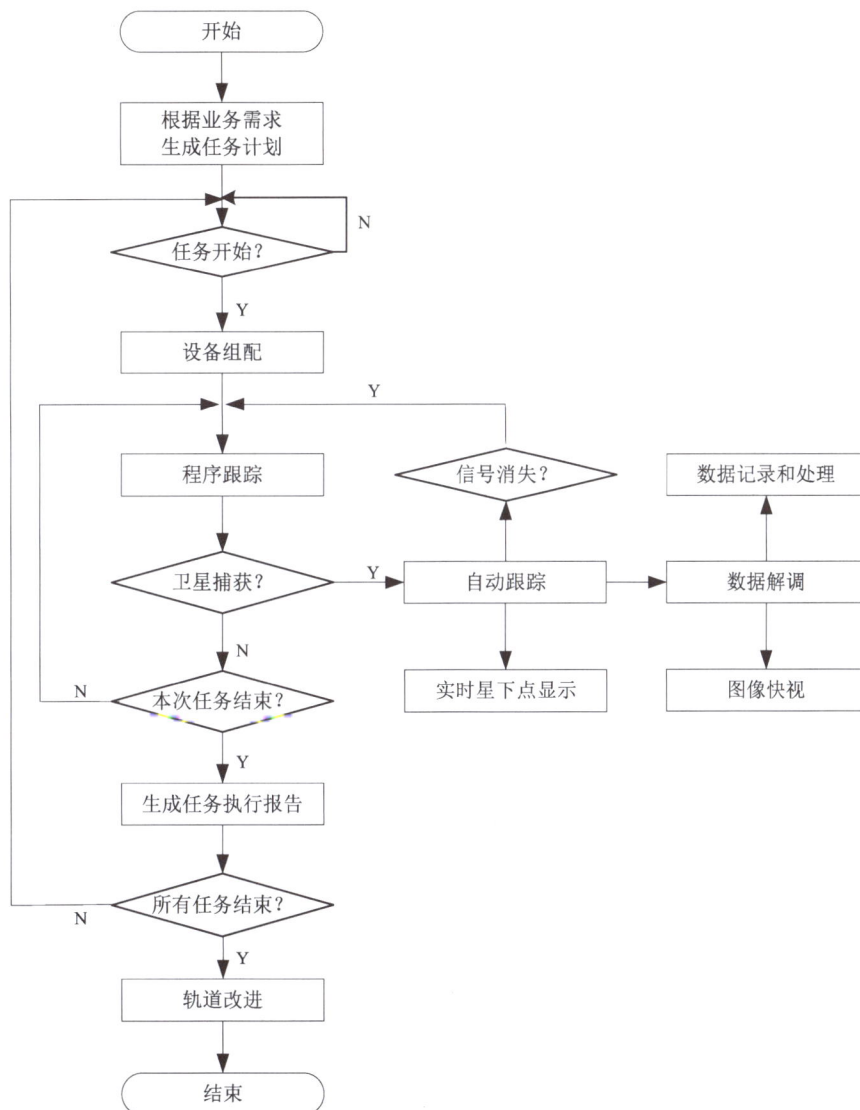

图 8-7 地面站工作流程

2）预处理子系统工作流程

预处理子系统主要是根据运控通信分系统的调度指令，完成 0 级和 1 级产品的生成，主要包括产品的定标、定位以及运行报告的生成，具体流程见图 8-8 所示。

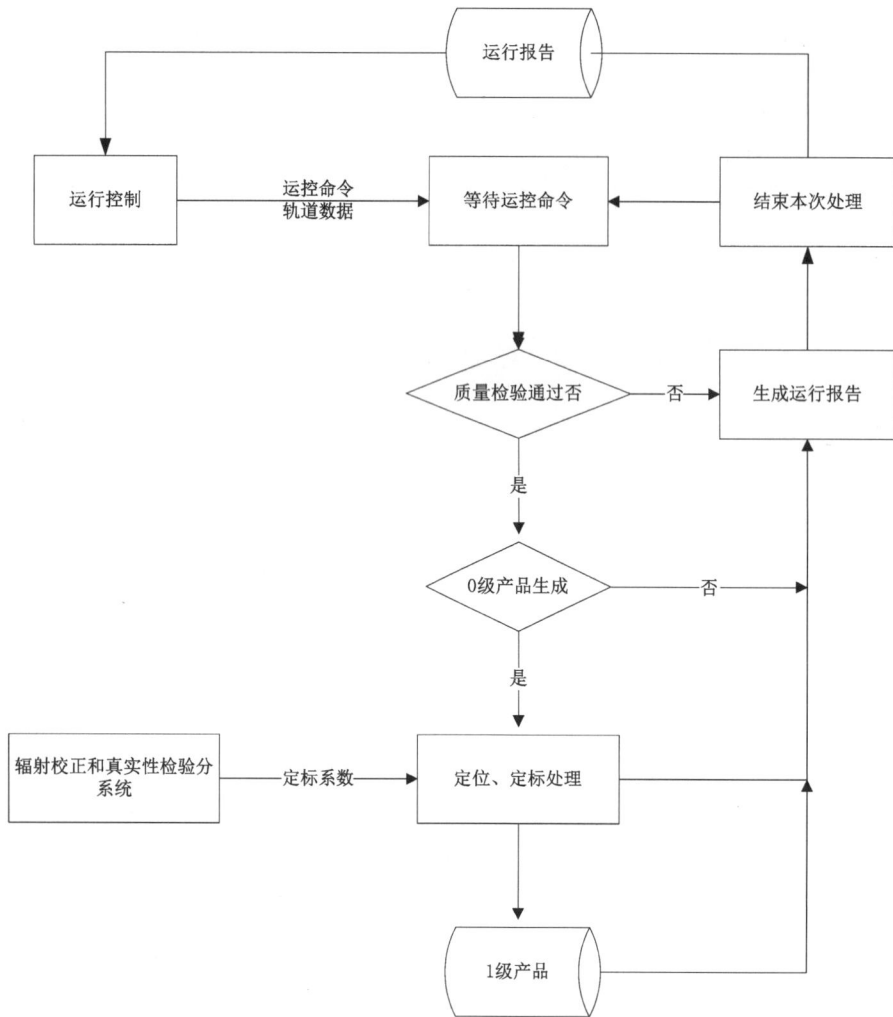

图 8 - 8　预处理子系统工作流程

8.2　精密定轨分系统

8.2.1　分系统组成

HY - 2A 卫星作为我国海洋监测网的重要组成部分，载有雷达高度计、雷达散射计和扫描微波辐射计以及国产双频 GPS 接收机、DORIS 接收机、激光反射棱镜等设备，精密轨道计算结果直接影响雷达高度计的海面高度计算精度，HY - 2A 卫星地面应用系统中的精密定轨分系统主要使用星上双频 GPS 数据，星上 DORIS 数据及全球激光观测数据进行卫星轨道确定。精密定轨分系统的总体架构图见图 8 - 9 所示，整个系统包含 5 个子系统：GPS 观测资料支撑子系统；激光观测资料支撑子系统；DORIS 观测资料支撑子系统；数据传输交换子系统；精密轨道计算子系统。

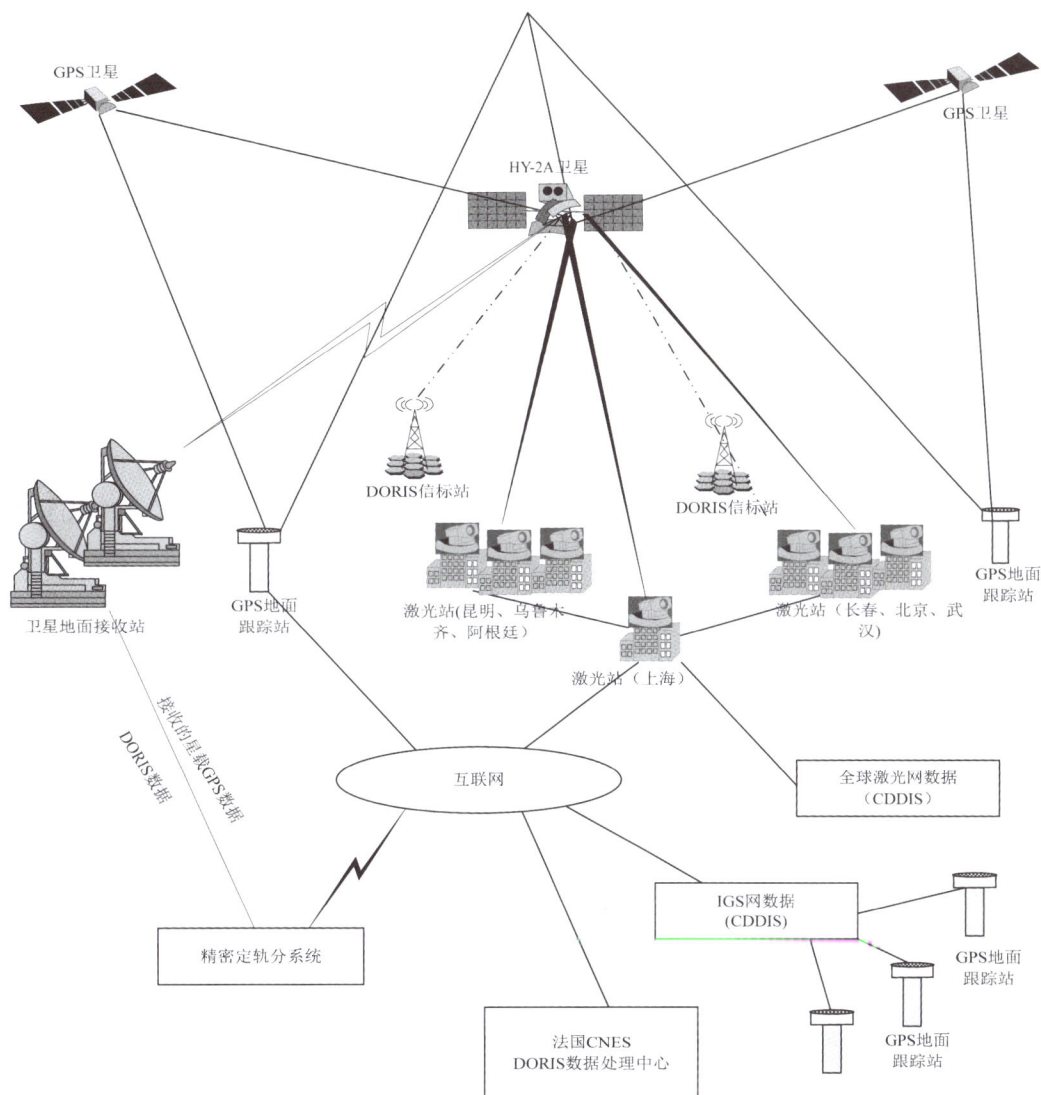

图 8-9　精密定轨分系统总体架构

1) 各子系统概述

(1) GPS 观测资料支撑子系统。

GPS 观测资料支撑子系统主要用于将星上双频 GPS RAW 数据转为 RINEX 格式。

(2) 激光观测资料支撑子系统。

激光观测资料支撑子系统是 HY-2A 卫星精密定轨分系统中负责组织国内激光观测站对 HY-2A 卫星的跟踪观测，对国内激光观测站的数据观测质量进行评估，为国内各激光观测站的高质量跟踪观测提供技术保障，协调国际激光服务组织对 HY-2A 卫星的全球激光观测跟踪，激光观测数据被送到精密轨道确定子系统中用于精密定轨。

(3) DORIS 观测资料支撑子系统。

DORIS 观测资料支撑子系统主要针对所获取的星上 DORIS 观测数据进行数据的解包处理，生成满足法国 CNES 要求的 DORIS 数据文件，同时生成 HY-2A 卫星的姿态数据文件及卫星轨道机动状况文件，CNES 根据上述数据将 DORIS 数据处理为 DORIS RINEX 格式，供 HY－2A 卫星精密轨道计算。

（4）数据传输交换子系统。

数据传输子系统是 HY－2A 精密定轨系统与外界机构/组织间的接口连接点，这个系统用于与法国 CNES 进行 DORIS 原始数据、卫星姿态、卫星轨道机动、DORIS RINEX 数据、中等精度轨道星历和精密轨道星历的数据传输交换；收集太阳电磁场数据、极移数据等用于轨道计算的相关辅助数据；获取全球各 GPS 观测站所接收的 GPS 数据，收集 IGS 提供的 GPS 卫星精密星历，并将每天所有数据传送至数据存储部分（精密轨道计算子系统的一部分）；从地壳动力学数据信息系统（CDDIS）数据服务器及国内激光观测站收集激光观测数据。

（5）精密轨道计算子系统。

精密轨道计算子系统可分为两个部分：一部分为轨道确定计算部分；另一部分为数据存储部分。轨道确定计算部分是精密定轨分系统的核心。这部分主要利用 GPS、DORIS 和激光观测数据来完成精密轨道确定，并评估轨道精度。数据存储部分用于累积和管理所有用于轨道计算的数据。数据存储部分主要收集下列数据。

① 星上双频 GPS 数据。

② 卫星在轨的状态数据（卫星在轨姿态、卫星轨道机动控制、质量变化等）。

③ 各地面站 GPS 和 SLR 观测数据及 GPS 卫星精密星历数据（GPS 和 SLR 数据从 IGS 和 CDDIS 获取）。

④ 天文数据（地球旋转参数，太阳电磁指数等）。

精密定轨分系统的组成结构如图 8－10 所示。

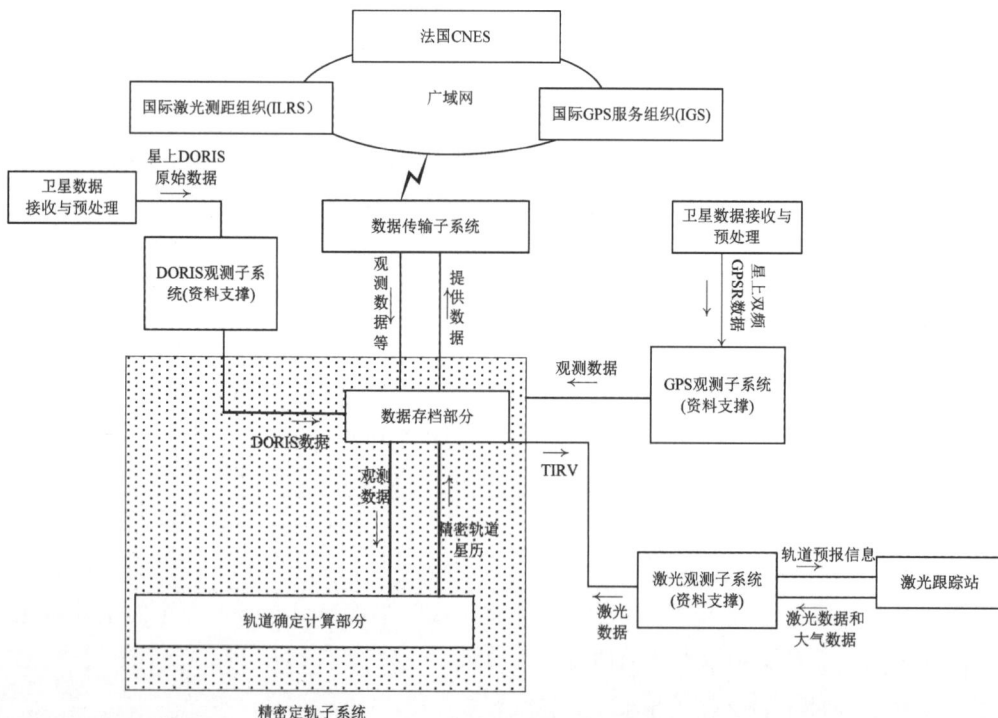

图 8－10　精密定轨分系统组成结构框

2）硬件组成

精密定轨分系统的硬件组成在网络上划分为业务内网和外部互联网两部分；两部分采用物理网闸方式进行数据交换。精密定轨分系统内网拓扑结构和外网拓扑结构，分别如图8－11和图8－12所示。

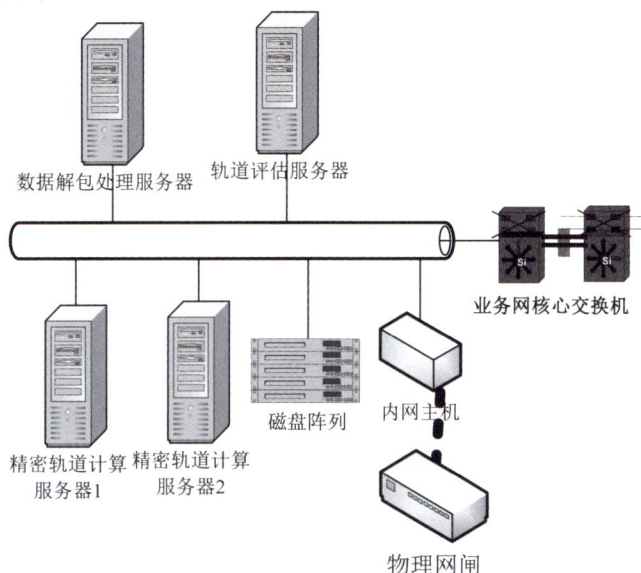

图8－11　精密定轨分系统内网拓扑结构

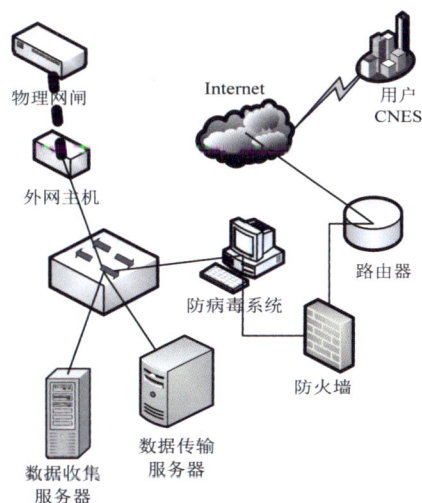

图8－12　精密定轨分系统外网拓扑结构

3）软件组成

精密定轨分系统的软件主要由精密轨道计算软件、数据解包预处理软件和数据传输交换软件系统组成。

（1）精密轨道计算软件。

HY－2A卫星精密定轨使用了SLR、DORIS、GPS 3种跟踪系统，保证了整个卫星跟踪系统的可靠性，同时，轨道跟踪系统各有长短，使用多种跟踪系统可以充分发挥它们的特点，获得高精度的定轨结果。针对GPS、SLR和DORIS跟踪技术的精度及覆盖密集程度，HY－2A卫星精密定轨采用两种定轨方案，一是利用GPS和SLR精密定轨技术综合定轨，以GPS

111

技术为主要定轨技术，以 SLR 作为检验标准；另一个是利用 DORIS 和 SLR 定轨技术综合定轨，以 DORIS 技术为主要定轨技术，SLR 技术为检验标准。精密定轨计算软件主要采用经典动力学卫星轨道计算及简化动力学卫星轨道计算算法，主要由 DORIS 结合激光精密定轨软件、GPS 结合激光精密定轨软件以及综合精密定轨软件组成。

（2）数据解包预处理软件。

该软件主要实现 DORIS L0A 级数据解包功能，卫星星历和姿态 L0A 级数据解包功能，卫星遥测 L0A 级数据解包功能和双频 GPS 一级产品 RINEX2.2 格式数据生成。

（3）数据传输交换软件。

该软件是实现精密定轨分系统与外界结构数据传输交换的接口，其主要功能如下。

① 文件传输完整性约束功能。文件在传输过程中（双方）以临时文件名命名，当成功传输后，重命名为最终版名字（用 FTP 命令 rename）。

② 历史文件删除和清理功能。对于 NSOAS 传输给 CNES，CNES 客户成功获取数据文件后删除 NSOAS 数据服务器上数据文件。对于 CNES 传输给 NSOAS，成功传输后 NSOAS 删除文件。另外，每天 NSOAS 数据服务器删除所有配置时间以前的文件（常规 5 天）。

③ 文件实时监控功能。监控到有新文件，将新文件取走，传输到约定目录下。

④ 传输异常警示功能。当文件传输过程中出现如下情况：数据传输失败、服务器出现故障以及出现异常数据类型等，自动提出警告或提示。

8.2.2　主要任务和功能

精密定轨分系统主要完成对 HY－2A 卫星轨道的高精度确定工作，它承担着对 HY－2A 卫星精密轨道计算、轨道预报，轨道产品数据的用户分发等职能，其基本任务为：

（1）实现与法国 CLS 的 DORIS 数据处理中心网络链接和数据传输交换。

（2）实现对 HY－2A 卫星的高精度精密轨道确定。

（3）具备为西安卫星测控中心提供当日中等精度轨道（MOE）服务的能力。

（4）具备接收和预处理 DORIS 观测数据和双频 GPS 观测数据的能力。

HY－2A 卫星地面应用系统精密定轨分系统主要功能如下。

（1）与精密定轨相关的 0A 级数据解包预处理功能。

（2）双频 GPS 一级产品 RINEX 2.2 格式数据生成功能。

（3）卫星地面系统数据传输交换功能。

（4）精密轨道计算所需各种数据文件的收集准备和数据管理功能。

（5）卫星轨道计算功能。

（6）高度计交叉点数据处理功能。

（7）轨道精度内、外部验证功能。

（8）轨道数据插值和坐标转换功能。

（9）与运控分系统的消息传递功能。

8.2.3　主要技术指标

（1）精密定轨软件的计算性能指标。

软件的计算速度对于 MOE，轨道积分步长为 10 s 时，计算时间每次计算不超过 15 min；

POE 轨道积分步长为 10 s 时，计算时间不超过 2 h。

（2）精密定轨软件的计算精度指标。

POE 径向精度优于 10 cm。

8.2.4　精密定轨流程

本节简要介绍精密定轨流程。从 HY-2A 共享盘阵获取 HY-2A 卫星原始数据，对原始数据进行解包，完成后向运控分系统上报消息，同时将解包后的卫星姿态数据、DORIS 遥测数据存储在精密定轨盘阵；从 HY-2A 共享盘阵获取的高度计和校正微波辐射计产品存储在精密定轨盘阵；解包后的卫星姿态数据、DORIS 遥测数据通过物理网闸实现内网和外网交互后，通过数据交换服务器传给法国 CNES。法国将生成的 DORIS RINEX3.0 格式的产品以及 MOE 和 POE 产品通过数据交换服务器再传送给 NSOAS。精密定轨需要输入的 GPS 数据、激光数据以及其他需要更新的辅助输入数据通过外网下载更新后，通过数据收集服务器传送到精密定轨内网盘阵。国内激光站的数据修正以及轨道预报由上海天文台通过数据交换服务器传送到 NSOAS 精密定轨盘阵，卫星轨道机动文件通过数据交换服务器传给上海天文台，由上海天文台传送到国际激光网以及国内激光站。精密定轨计算软件通过轮询获取需要的输入数据进行精密定轨计算，同时将输出产品存储于精密定轨盘阵。精密定轨基本流程如图 8-13 所示。

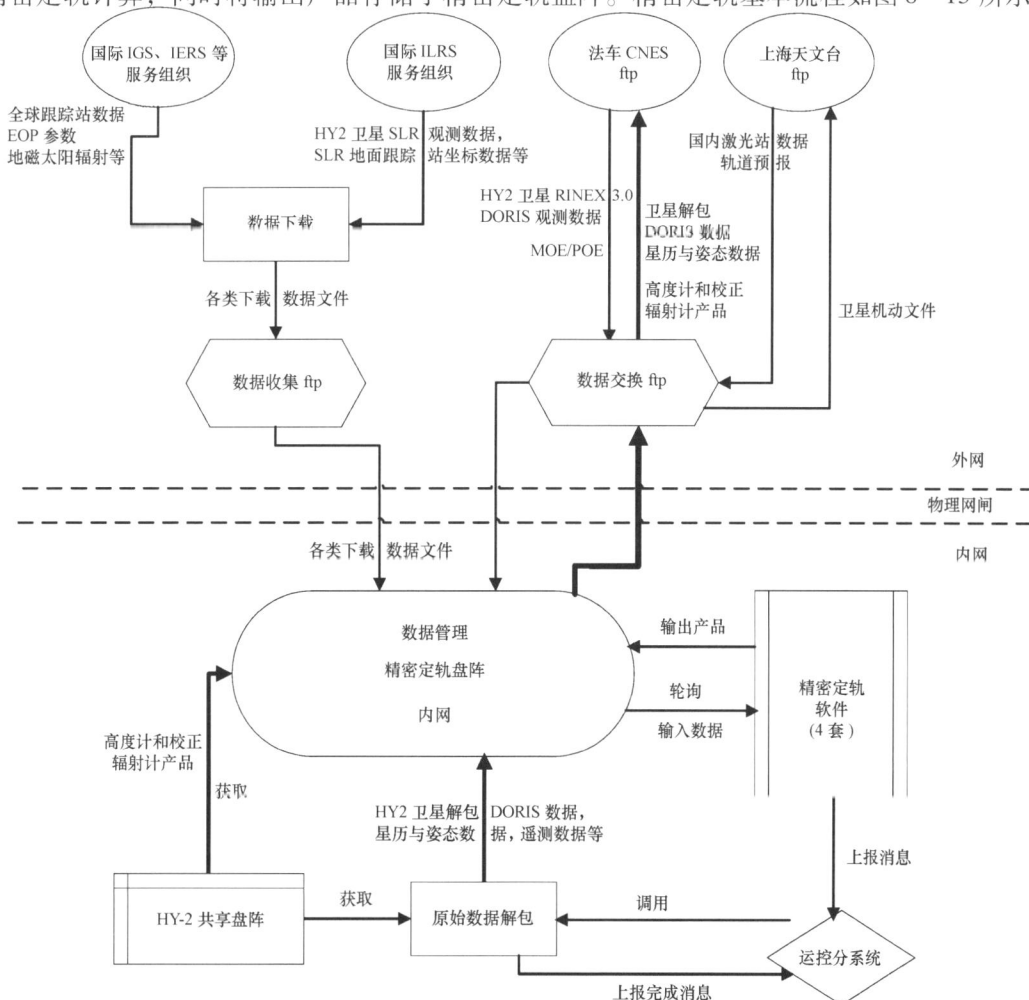

图 8-13　精密定轨基本流程

8.3 运控通信分系统

8.3.1 分系统组成

运控通信分系统作为海洋卫星地面应用系统的一个分系统，承担 HY - 2A 卫星业务测控、运行控制、系统仿真、软件工程化、系统集成与调试等任务。实现卫星载荷工作控制、地面站接收计划调度、数据处理和存档任务调度、精密定轨系统任务控制、业务应用任务计划调度等功能。运控通信分系统由运行控制子系统、测控子系统、通信子系统组成。

运控通信分系统组成如图 8 - 14 所示。

图 8 - 14 运控通信分系统组成框架

8.3.2 主要任务和功能

8.3.2.1 主要任务

通过建设运控通信分系统，对全系统业务流程组织调度与运行控制，实现各分系统间的协调运行，监视各分系统的运行和状态，统计分发应用系统的业务运行信息；负责遥感数据的远程传输，监视维持通信链路；S 频段遥测数据接收、处理、统计分析、异常告警，X 频段遥测数据的处理、转发、统计分析；制定异常处置预案，组织安排故障排查。

运控通信分系统主要有以下任务。

（1）轨道预报任务。

（2）卫星工作计划制定。

（3）制定地面系统业务计划与运行调度。

（4）业务数据管理和业务信息分发任务。

（5）系统运行状态监视和报警任务。

（6）业务流程和接口仿真任务。

（7）遥感数据远程传输。

（8）通信链路和通信设备状态监视。

（9）数据重传。

（10）S 频段遥测数据接收、处理、统计分析。

（11）X 频段遥测数据处理、转发、统计分析。

（12）卫星工作计划制定。

（13）组织制定卫星异常处置预案。

8.3.2.2　主要功能

运控通信分系统由运行控制子系统、测控子系统和通信子系统 3 个子系统组成，下面按 3 个子系统来来说明运控通信分系统的主要功能。

1）运行控制子系统

运行控制子系统（下称 OCS）是 HY－2A 卫星应用系统的业务运行控制中心，它负责应用系统的业务运行控制、任务调度管理、卫星有效载荷的业务运行管理，它提供整个应用系统集中统一的人机监控界面，实现对业务流程、系统设备及其运行状态的监视与管理。

运控子系统业务软件由 6 大软件功能模块组成，它们是：轨道预报功能模块、工作计划制定功能模块、业务计划与调度功能模块、运行数据管理与信息分发功能模块、系统运行状态监视和报警功能模块、数据处理流程和系统接口仿真功能模块。

（1）轨道预报功能模块。

卫星的轨道预报是应用系统业务运行的根本基础，轨道预报的精确与否将大大影响应用系统接收卫星资料的精度和处理卫星资料的质量。轨道预报主要任务是利用测控子系统提供的 HY－2A 卫星精轨根数和从外网获取的其他卫星精轨根数，进行多星经过各个地面站的轨道过境时间计算和预报以及卫星全球星下点与载荷刈幅覆盖区位置预报。轨道预报功能模块需要提供以下功能。

① 轨道参数配置和轨道预报生成功能

轨道参数配置和轨道预报生成功能对轨道预报任务各种参数进行配置，根据 HY－2A 卫星的瞬时根数生成标准的两行报和 Tbus 报，并进行分发。主要由轨道预报参数配置子功能、轨道根数获取与质量检验子功能、HY－2A 卫星 Tbus 报和两行报计算子功能组成。

轨道预报参数配置子功能的主要任务是完成轨道预报功能所需要的各种参数的配置工作，这些参数包括：预报卫星、接收优先级、两行报文件名、站点坐标、接收俯仰角参数，能够从两行报文件中灵活添加要预报的卫星。

卫星轨道参数获取与检验子功能是根据客户端配置的下载网址，定时从数据库提取 HY－2A 卫星轨道根数和从 INTENET 网站下载其他卫星（MODIS 及 NOAA 等）两行报；通过预报精度准确性对根数合理性进行检验；将满足质量要求的轨道参数按照业务系统要求的格式生成轨道数据文件，发送到客户端配置指定的服务器端；同时提供手动下载、卫星轨道参数处理和发送等功能。

HY－2A 卫星两行报与 TBUS 报计算子功能根据 HY－2A 卫星轨道参数，按国际通用标准，制作 HY－2A 卫星轨道两行报与 TBUS 报文件，发送到指定的服务器端，由服务器端进行分发。

② 轨道预报功能

轨道预报主要任务是利用测控子系统提供的 HY－2A 卫星精轨根数和从外网获取的国外卫星精轨根数，进行多星经过各个地面站的轨道过境时间计算和预报以及卫星全球星下点位置预报。生成卫星过境时间表、星下点轨迹、卫星观测覆盖区、太阳高度角等文件。根据地面接收站的经纬度计算出各接收站的接收大圆。轨道预报功能由多星、三站轨道过境时间计算子功能和多星全球星下点位置计算子功能组成。

多星、三站轨道过境时间计算子功能主要目的是按照多星多站接收和处理卫星资料要求，做出多星多站卫星轨道过境预报和地面站接收时间预报，生成多星多站卫星轨道过境时间表文件和地面站接收圈定位文件。完成的主要任务是：根据所要接收的卫星轨道根数和测站坐标，预报 3～7 天的多卫星轨道在空间运行经过三站入出境时的方位角、时间和接收时段；计算三站接力轨道重叠区的起点和末点的时间，同时给出接力轨道标识、轨道号和升降轨标识；计算各站接收圈大圆数据并生成接收圈大圆文件。

多星全球星下点计算子功能是根据卫星轨道根数、卫星运行控制参数和卫星有效载荷观测方式等参数，计算所接收卫星的全球星下点轨迹和星载观测仪器的载荷刈幅覆盖区，以秒为单位分别生成 3～7 天的卫星轨道星下点、载荷刈幅覆盖区与太阳星下点预报文件。完成的主要任务是根据所要接收的卫星轨道根数和星标，预报 3～7 天的多卫星轨道星下点经度、纬度、高度和太阳高度角；依据卫星有效载荷观测方式等参数，计算卫星观测载荷刈幅覆盖区（两个端点）的经度和纬度，并按照预报时间计算太阳星下点的经度和纬度。

（2）卫星工作计划制定及飞行模拟功能模块。

卫星工作计划制定主要是根据配置和卫星工作模式自动半自动生成工作计划。卫星飞行模拟演示功能主要根据卫星工作计划，以实时、超实时方式模拟演示卫星工作情况，包括卫星行下点轨迹、载荷刈幅覆盖区、卫星位置等信息。为完成这些任务，运控子系统需提供的软件功能是：

① 卫星工作计划制定功能

根据配置和卫星工作模式自动半自动生成 3～7 天数传工作计划，并把计划保存在数据库表中。根据应急需要，手动生成载荷应急工作计划，并把计划保存在数据库表中。

② 卫星飞行模拟演示功能

根据轨道预报结果和工作计划模拟演示卫星飞行轨迹和载荷刈幅覆盖区。模拟演示有两种方式：一种是自动飞行模拟演示，另外一种是手动飞行模拟演示。

根据卫星轨道预报实时或超实时二维动态显示卫星运行轨迹和载荷刈幅覆盖区；能够全屏显示整个二维世界地图，并清楚分辨出阳照区和阴照区；显示卫星的载荷刈幅覆盖区域，明显标识卫星所在位置、所处的时间。

（3）计划与调度软件功能模块。

运控子系统是一个 7×24 h 自动连续运行的实时业务系统，计划与调度软件实现运控子系统的软件运行环境管理、业务计划生成和业务调度等功能为运控子系统各软件功能搭建一个稳定可靠的、连续运行的业务平台。运控子系统的业务调度以自动调度为主，命令调度为辅的原则进行，计划与调度软件根据业务运行时间表和业务运行状态自动完成业务运行的调度，或根据操作员的命令实现业务运行的人工管理。该任务的软件功能如下。

① 计划生成功能

根据卫星轨道预报结果和调度规则，生成地面应用系统的业务运行时间表，并生成业务调度计划。计划生成功能可细分为自动计划生成子功能和手工计划生成子功能。

自动计划生成子功能以卫星轨道预报文件、卫星工作计划和相关配置参数为依据，为地面应用系统自动生成业务运行调度计划。要求时间表计算的天数和相关参数可配置。调度计划要求保存在数据库中。

正常情况下，时间表和调度计划都是由业务调度功能自动调度计划生成子功能生成的；

但在特殊情况下，如卫星轨道参数变化等问题，要求提供人工干预手动生成时间表和调度计划的手段。要求提供计划浏览、修改人工交互界面。

② 业务调度功能

业务调度功能可再细分为系统运行管理子功能、自动调度子功能、命令调度子功能和非实时业务调度子功能。

系统运行管理子功能实现运控子系统的系统运行管理，负责主系统的初始化启动、系统环境监控和系统运行守护。

自动调度子功能主要实现地面应用系统的业务流程调度与跟踪。根据计划生成子功能生成的业务运行调度计划，自动完成应用系统的日常业务调度任务。

命令调度是业务任务自动调度的一种补充调度方式。命令调度子功能通过接收和响应操作人员发出的业务管理命令来实现对业务任务的运行管理和控制。

非实时业务调度子功能主要实现数据重处理和统计产品生成调度任务。根据定标分系统提出历史数据批量重处理的要求，半自动生成重处理调度计划，并按照该计划实现数据重处理的调度。

在进行数据重处理时，能根据保存在数据库中历史调度计划，半自动生成重处理计划表，实现对数据重处理的调度功能。

③ 远程调度代理功能

远程调度代理功能实现两个子功能：一是通过接收、转发和确认调度命令实现对其他分系统的控制；二是通过发送调度命令和接收运行状态信息跟踪和控制各分系统的业务运行的状况。因此远程调度代理功能可细分为远程控制子功能、资料处理流程监控子功能。

调度命令是运控子系统对其他各分系统业务运行控制的一种手段。远程控制子功能是实现这一手段的主要软件单元。该子功能接收调度命令，经过确认和分解，转发给本地的被调度分系统，并实时监控和上报命令的执行情况。

该子功能实现卫星遥感数据处理流程的监视，它由业务调度软件启动，以一条以卫星轨道任务作为最小的流程监控单位，自动跟踪资料处理流程的各类状态信息，并根据运行状态发出相应的调度命令。

④ 业务运行人工管理功能

业务运行人工管理功能为操作人员提供人工干预系统业务运行的能力，如系统调度命令的生成与发送、系统运行参数配置、时间表等文件的编辑，实现应用系统业务运行的人工调度。业务运行控制分系统管理的对象不仅仅是运控子系统自己的业务任务，还包括应用系统中其他分系统的业务任务。由于该分系统对整个应用系统具有控制能力，因此对安全性控制和权限认证机制具有较高的要求。为完成这些功能，运控子系统需提供的软件子功能如下。

主控台是运控子系统乃至应用系统业务运行控制平台，除自动流程外，所有业务运行的人工干预均在主控台上实现。主控台在发送各类命令的同时，还将采集显示与命令相关的信息。为了在主控台提供友好的人机界面，子功能必须提供命令分类显示、编辑和发送的能力；提供便捷右键菜单；提供命令编辑模版，命令模板是指在命令编辑过程中将经常发送命令行的全部或部分内容保存到数据库中，在后续的业务运行过程中，直接调出数据库中的部分命令行，修改相应的参数后直接发送的工作方式；主控台能够根据命令的类型和控制业务运行的内容不同，同时显示与命令相关各类信息，包括：业务运行状态、设备运行状态、卫星遥测信息、日志信息等；提供命令履历，记录操作人员在主控台发送命令的全部过程，提示操作人员系统的控制命令发送的进展，同时提供对已经发送的命令重新发送的功能。

参数配置子功能为技术人员提供添加、修改和删除系统运行参数的手段，在配置过程中检验参数的合法性，同时提供操作的向导。在配置完成前，提示用户确认更改的信息，确认无误后更新相应的配置信息和配置文件。参数的配置与修改采用 B/S 方式。要求配置界面具有人性化，操作灵活方便，并提供必要的提示信息。要求使用配置参数的应用软件对参数切换响应要及时，且运行可靠。提供测控参数配置、系统环境参数配置、计划调度参数配置和数据管理参数配置。

测控参数配置为技术人员提供编辑和修改测控参数的手段，从而在不修改业务测控自系统相关应用软件的情况下达到卫星遥测数据处理方法、卫星有效载荷工作状态描述等方面的变化。为技术人员提供卫星遥测处理参数配置、业务测控参数配置的能力。

系统环境配置参数将根据实际情况描述的计算机网络结构、地面站设备布局和业务运行过程中各系统间建立的逻辑链路，便于运控子系统系统的监视与控制。可配置的参数包括：服务器平台的配置参数、客户平台的配置参数、系统资源配置参数、网络逻辑链路配置参数等。

计划调度参数配置为技术人员提供配置以下参数的能力：系统永久进程配置参数、计划调度配置参数、主控台命令配置参数等。

数据管理参数配置子功能为技术人员提供配置以下参数的能力：用户信息配置参数、数据管理配置参数、客户服务配置参数、客户端访问策略配置参数等。

文件编辑功能为操作人员提供了手工编辑修改这些文件的能力。进入文件编辑环境需要登录运控子系统系统的用户信息，包括用户的名称、口令、级别等，文件编辑子功能检验用户信息，确认其权限是否可以进行文件编辑环境。进入文件编辑环境后，文件编辑子功能提供各类可编辑文件的清单或下拉菜单供操作人员选择需要编辑的文件。编辑完成后，操作人员需要保存编辑后的文件，可以保存在文件中，也可以在保存文件的同时，保存在数据库中。要编辑的文件有计划文件、运行报告等。

计划文件编辑功能能为操作人员提供一个操作灵活、使用方便、界面显示层次清晰的操作平台用于编辑各种计划文件：业务测控计划、业务运行时间表。

运行报告编辑要实现两方面的功能：一是提供业务运行报告的编辑环境，业务运行报告包括日报、周报和月报；二是提供业务运行故障报告的编辑环境。前者要求以表格化的操作界面为操作人员提供直观方便的编辑手段；后者要求以故障数据库的方式存储和管理包括卫星研制单位和应用系统各承制单位提供的故障预案，以及卫星和应用系统在实际的运行过程中出现的故障描述。为操作人员提供灵活方便的编辑、查询、检索手段。

（4）数据管理任务功能模块。

数据是运控子系统监视卫星工况、控制与监视地面应用系统业务运行的依据。数据以文件、数据库和通信消息等方式存在，并通过 Socket/TCP、FTP、数据消息和内存共享段等通信协议或机制实现系统之间或进程之间的数据交换。数据管理子系统以数据为管理对象，以实时或非实时方式实现运控子系统与其他分系统间的数据交换，服务器与客户端之间的数据交换以及静态数据，即数据文件和数据库数据的管理。正常情况下数据的管理功能都是自动完成的，但也提供人工管理的能力，以保证在系统出现故障时能及时进行人工干预。为完成这些任务，运控子系统需提供的软件功能如下。

① 数据通信功能

数据通信功能实现运控子系统所有外部接口的数据交换，包括测控子系统、地面站、预处理子系统、处理分系统、存档分系统以及WEB服务器。交换数据的方式有实时网络通信方式和网络文件传输方式，因此可将数据通信功能再细分为文件传输子功能、实时数据通信子功能和与测控中心的通信子功能。

文件传输是非实时网络数据传输的一种主要方法。运控子系统与相关系统之间的文件传输以文件产生者发送原则进行，即要求文件的产生系统负责将文件发送给目的地系统，并保证文件传送的完整性。运控子系统向其他系统发送的文件主要是轨道参数文件、时间表文件以及需要存档和上网的文件。

文件的传输方式有两种，即SAN文件共享方式和FTP文件传输方式。为了提高软件的通用性，解决在UNIX系统环境下文件传输的不可控性和不可靠性，需要设计开发一组用于文件传输和共享的公共服务软件，即文件传输软件。该软件的主要功能是可靠地完成文件传输功能，同时将文件传输状态及时、真实地返回给调用者，如文件传输是否成功、文件传输失败的原因等。文件传输软件的基本设计思路是将FTP文件传输功能与UNIX系统提供的文件拷贝命令功能进行合理的组合与封装，在文件传输完成后，通过比较源目两地文件的大小确定文件是否传输成功并将状态返回给应用程序。当网络出现问题而无法完成文件传输时，通过超时报警机制通知应用程序文件传输失败。

运控子系统分别与3个地面站、各分系统建立双向通信链路实时交换信息。使用TCP/Socket协议建立逻辑通信链路，运控子系统做服务器端，其他系统做客户端，即由其他系统主动呼叫运控子系统建立逻辑链路。运控子系统的实时数据通信子功能要实时监视通信链路的状态，当链路中断时要报警，并自动等待其他系统通信软件的连接请求。

运控子系统实时数据通信子功能作为永久运行的软件运行于整个运控子系统的生命周期内。它实时接收其他各系统发送给运控子系统的各种状态信息，并转发给运控子系统内相关的软件进行处理、判断和现实；同时它还接收运控子系统内部发出的调度命令信息，并转发给相关的系统。

② 数据管理和发布功能

在业务运行过程中，运控子系统接收、产生的大量数据文件，或自己使用或需要转发给其他分系统，但长期的业务运行会使系统磁盘资源枯竭，影响系统的运行，因此运控子系统都需要定期对这些文件进行管理，或转储保存或整理清除，以保证系统存储资源的可使用性。根据功能要求，运控子系统需要将大部分测控数据和应用系统的状态数据导入到数据库中以便事后的检索查询、故障定位和各类状态信息统计分析。根据上述功能分析，可将数据管理功能再细分为4个子功能，即数据文件管理子功能、数据库设计子功能、数据库管理子功能、业务运行数据发布子功能和统计与故障对策子功能。

数据文件管理子功能的作用包括3个方面：一是实现部分外部文件的接收与存储；二是定时清理超期的数据文件和中间结果文件，保证磁盘资源的可用性；三是定期向存档分系统和网站转发需要存档和上网的数据文件。

根据数据库存储的要求，设计数据库子功能，对每一类数据要根据其自身特点，以方便检索、提高检索效率为原则设计相应的数据库表，并根据数据存储量的大小优化数据库配置，最大限度的提高数据库性能，使数据库能为业务系统提供更好的后台服务。

在数据库的设计中要按照用户及角色，从数据库的安全保密方面考虑分配获取系统资源和访问数据库的权限，以达到资源和权限的有效和有限的使用。

在数据库的设计中，还要充分考虑运控子系统业务系统对软件功能、时间效益、安全可靠、软件平台和软件维护的要求，尽可能使用面向对象技术，使数据库及相关软件易于使用、便于扩展和维护。

数据库管理子功能类似于数据文件管理子功能，只是它要完成对数据库数据的入库、删除和迁移等工作。为了方便事后客户端的检索、统计和显示，运控子系统日常运行产生和接收到的大部分数据（列在数据库设计子功能一节中）都要存入数据库中。但数据库的存储空间有限，因此需要在日常的业务运行过程中自动实现对数据库数据的管理，如定期删除过时的数据库数据，迁移需要在 WEB 网站显示的数据库数据。

业务运行数据发布子功能着眼于提高服务水平，对业务运行数据进行收集并通过多种形式发布，提供给相关业务运行部门和决策部门。数据发布方式有 3 种：FTP 文件传输、WEB 浏览和下载与手机短信。要发布的数据主要有：卫星工作计划、轨道根数报文件、业务运行报表、卫星工作计划执行情况，遥测参数文件、业务运行状态。

由于应用系统的各种状态数据均汇集到运控子系统，因此在日常的业务运行过程中，各种业务指标的日、周、月统计，业务运行报表的生成是运控子系统的一项日常任务。运控子系统的另一个日常任务是监视卫星和应用系统的运行状况，当发现故障时提出故障对策。统计与故障对策子功能实现 3 方面的功能：一是各类状态信息和质量信息的统计；二是生成各种业务运行报表；三是生成故障对策库。

③ 数据库检索和信息服务功能

数据库检索统计和信息服务软件提供基于 B/S 架构的人机交互平台，采用大家熟知的、灵活方便的浏览器人机交互方式，设置了信息发布、运行数据检索、统计功能和应用系统手册下载等功能，实现运控子系统中各类数据库数据的检索和显示功能。

运行数据检索功能为需要查看历史运行数据的操作人员提供了检索数据库中历史数据的界面。运行数据主要是各地面系统在运行过程中所产生的各种状态数据，其中包括：卫星地面站的运行数据信息、资料处理中心所接收处理的数据、日常系统运行所生成的各种运行数据等。

运行辅助功能为操作员在运行维护时提供使用系统和查找问题的帮助，包括用户手册下载子功能、在线帮助子功能、故障预案子功能等。

当进行在线手册下载操作时，需要验证请求合理性，确认后从服务器上获取手册提供给用户下载保存。

在线帮助子功能是为了方便操作人员学习而提供的信息查询和信息录入手段，主要以人机交互方式接收用户输入的检索关键字，根据关键字从数据库中检索出帮助信息显示给用户，供用户学习使用。提供常见的问题关键字给用户选择，方便用户查找使用。在线帮助提供的帮助内容包括：系统介绍、分系统介绍、子功能介绍、子功能使用步骤、疑难问题处理简介等信息。

④ 客户服务功能

运控子系统是一个运行在分布式的计算机网络系统上的业务系统，并以 C/S 架构使运控子系统的应用软件运行在不同的计算机系统上。在运控子系统上，主要的软件运行在服务器上，如通信软件、数据库软件、业务调度和系统运行管理软件等，而监视和显示软件则运行在客户端上，这就需要一个中间件来沟通服务器与客户端之间的数据通道，而客户服务功能就是为监视显示客户和运行管理客户提供实时数据服务的软件中间件。运控子系统的主要任务之一是监视显示卫星和应用系统的运行状况，控制应用系统的业务运行，客户服务功能则在服务器（数据的所在地）和客户端（数据的显示段）架起了一条数据桥梁，使各类监视显示和控制数据以透明的方式在服务器与客户端之间交换。客户服务功能可再细分为 3 个子功能，即监视显示客户服务子功能、管理客户服务子功能和数据采集发送子功能。

监视显示客户服务子功能是一个在服务器端长期运行的守护功能。它根据事先确定的客户服务协议为运控子系统实时显示客户提供透明的接入与数据服务。在分布式 C/S 的环境中，监视显示客户服务子功能长期处于网络端口的监听状态，它监听并捕获监视显示客户的连接与服务申请，确认客户平台的权限、审核客户的服务申请并启动相关的数据采集发送子功能为客户采集发送所需的数据。在处理完一个客户的申请后，监视显示客户服务子功能再回到监听状态。

管理客户服务子功能为运控子系统运行管理客户提供集中式的透明服务。所谓运行管理客户就是人工干预系统业务运行的操作平台，亦称为主控台。操作人员通过主控台向运控子系统发出各种命令，其中系统命令控制运控子系统的业务运行，调度命令控制应用系统中其他系统的运行，而这些命令的发出都离不开管理客户服务子功能。管理客户服务子功能在系统的生命周期内长期处于网络端口的监听状态，等待运行管理客户的连接请求，发现连接申请后，进行必要的平台确认和操作人员的身份确认。一旦确认申请成功，管理客户服务子功能接收、处理和转发运行管理客户发出的命令信息，并利用相关的数据采集发送功能向运行管理客户返回所需的状态数据。对客户服务的管理应充分考虑安全性并防止冲突和误操作。

数据采集发送子功能完成客户服务的最后一个环节，即根据监视显示客户服务子功能提供的服务类型，采集该服务类型需要的所有数据并转发给监视显示客户。当监视显示客户退出运行时，数据采集发送子功能则自动中断数据采集与转发使命。运控子系统的监视显示客户往往需要在较长一段时间内连续运行以显示所需的数据信息，如卫星遥测数据，在卫星过境（3 个地面站）期间连续向地面发送，因此运控子系统就必须连续接收、处理和显示。数据采集发送子功能就是要根据客户的要求，长期采集所需的数据并转发给客户显示。

在运控了系统中，凡是需要客户平台实时显示的数据都要通过数据采集发送子功能采集和转发。由于运控子系统要提供应用系统的运行状态监视，因此数据采集发送子功能也将面向应用系统的运行状态信息的采集与转发。需要采集的数据、信息类型包括：卫星遥测数据、图像及图像质量信息、业务运行状态日志信息、设备运行状态信息、逻辑链路与通信状态信息等。

（5）业务运行监视功能模块。

业务运行监视子系统采用字符、表格、图形和三维动画等多种形式相结合的方式显示卫星及应用系统的运行状态；对于异常或异常的趋势进行告警显示、日志记录。

① 卫星运行状态监视功能

运控子系统通过卫星遥测数据实现对卫星工作状况的监视，通过遥感数据实现对卫星有效载荷工作状态的监视，通过卫星精确轨道根数（以下简称"精轨根数"）、卫星运行轨迹和卫星载荷刈幅覆盖区域监视了解卫星对地观测的情况。卫星运行状态监视功能再细分为卫星工况监视子功能、卫星遥感仪器工作状态监视子功能、精确卫星轨道根数显示子功能、卫星运行轨迹监视子功能等。

卫星工况监视子功能通过卫星遥测参数获取卫星运行的数据。卫星的遥测参数的按照传输方式不同分为实时遥测和延时遥测，在监视过程中明确区别实时和延时遥测对应的不同卫星工况。监视的内容包括实时监视软件要求显示卫星总体结构组成和状态，对于各分系统详细的显示各种性能指标。针对不同的显示内容可以采用各种形象直观的方式显示，例如数值、曲线、结构图等方式实现。

监视卫星工况的遥测参数可以设置正常的值域和报警门限。遥测参数正常的值域可以是特定的值，也可以是封闭的值域或开放的值域。遥测参数报警门限设定的内容包括数值范围、状态量跳变等。各分系统监视的遥测参数可以指定报警的级别。监视卫星工况的遥测参数可以设置报警的方式，报警的方式可以选择闪烁、声音等方式等。

卫星工况监视提供历史数据的回放功能，通过人机交互提供回放的起始时间和结束时间，回放的速度可以调整。对于卫星工况历史数据可以进行曲线显示。

卫星过境时，运控子系统实时接收卫星实时遥测数据，判断是否需要对有效载荷的工作方式、观测区域和开关机时间进行调整。运控子系统可以从事后数据中获取延时遥测数据，通过分析可以在卫星再次过境时发送遥控命令，更改有效载荷延时观测的相关参数。

卫星遥控过程监视子功能从服务器获取业务测控计划表、业务测控执行过程和遥测波道值、用户有效载荷注入数据文件和遥控指令执行结果报告等数据，以各种直观的形式显示。

遥感仪器工作状态监视子功能通过监视卫星遥感数据中包含的遥感仪器工作状态信息，为专家人工分析卫星有效载荷的工作情况、调整有效载荷的运行参数提供依据。通过历史数据比对调整前后的遥感数据，检查对于有效载荷的调整是否达到预期的目的，利于继续调整至最佳状态。

卫星遥感仪器工作状态监视子功能从服务器和数据库获取在产品质量检验系统对遥感仪器的工作状态所作的测试和分析报告，获取相应的卫星遥感数据和遥测数据，从中提取遥感仪器工作状态信息。显示的内容包括卫星遥感数据和遥感仪器工作状态信息。

卫星精确轨道根数显示子功能从服务器获取轨道预报文件，以各轨道参数与时间的二维曲线表示轨道的变化趋势。通过人机交互的方式，技术人员可以获取曲线上任意点的时间、轨道参数值等信息。

卫星运行轨迹监视子功能从服务器获取卫星轨道预报文件，显示卫星运行轨迹。根据业务的实际情况可以获取多颗卫星的轨道预报文件并同时显示多颗卫星的运行轨迹。卫星运行轨迹监视子功能以三维的方式显示卫星、地球、太阳的位置关系（以下简称"星地日关系"）；显示太阳入射角（平面）和卫星轨道平面的相对位置关系和信息；显示卫星和地面接收站相对位置关系；显示卫星的运行轨迹；显示卫星的观测区域和星下点位置等，软件具有显示多颗业务卫星运行轨迹的能力。

卫星载荷刈幅覆盖区域监视实现卫星在等经纬度投影全球图上显示卫星的载荷刈幅覆盖区域的功能。卫星覆盖区域监视子功能从服务器获取卫星轨道预报文件，并保存在本地文件系统，子功能调用本地的预报文件显示卫星的扫描范围。软件将不同的业务卫星轨道数据存储在不同的路径下，按照本地轨道预报文件管理策略定期自动或手动清除过期的本地文件。

卫星轨道根数和轨道预报精度检验显示子功能从服务器获取轨道预报文件，GPS 轨道数据和地面站数据，以二维曲线的方式显示各参数随时间的变化趋势。同时显示各参数预报值和实测值差的二维曲线。该子功能在显示卫星轨道根数和轨道预报精度的同时，具有显示其他卫星轨道根数和轨道精度的能力。通过人机交互的方式，技术人员可以获取曲线上任意点的时间、轨道参数值等信息。

② 卫星图像和产品监视功能

卫星图像和产品是地面应用系统服务的核心，卫星图像的准时接收、及时准确的处理是生成高质量产品的前提和保障。卫星产品生成、存储和分发结果的监控是高质量产品服务的有力保障。

图像监视子功能显示的内容包括数据实时接收情况、接收质量和异常情况记录、历史数据回放和分析、地面站和中心服务器数据获取和比对、接收质量信息统计分析等。

卫星产品监视子功能通过系统的实时链路或数据库获取卫星产品生成情况的信息，程序自动获取产品快视图文件，产品文件根据人机交互的需要从服务器获取。接收到的数据文件保存到本地文件系统，软件监控本地磁盘的使用情况，自动清理本地的产品数据文件。卫星产品监视子功能显示的内容包括卫星产品分类列表显示、产品快视图和基本信息显示、图像产品显示和分析、数值产品显示和分析、产品质量信息人机交互采集、软件运行参数设置等。

③ 应用系统设备状态监视功能

根据功能要求，应用系统设备状态监视功能可再细分为中心计算机和网络资源监视子功能、地面站设备状态监视子功能，能够定义不同告警级别。

中心计算机与网络资源监视子功能实现应用系统计算机设备的硬件运行状况和网络的连通状况监视，同时实现计算机及网络设备异常状态报警。中心计算机与网络资源监视子功能从服务器获取计算机和网络的状态信息。显示的内容包括计算机网络结构显示、计算机和网络资源信息显示、异常状态报警等。能够从网管和通信监控微机获取各种设备状态信息。

地面站设备状态监视子功能从服务器获取地面站设备状态的状态信息。显示的内容包括地面站关键设备信息、分系统组成、分系统设备运行状态信息、异常状态报警等。

④ 应用系统业务运行状态监视功能

应用系统作业状态监视功能包括对运控子系统系统永久进程、业务运行状态、系统通信逻辑链路、资料处理流程、卫星数据接收和传输质量、数据存档和分发状态、预处理产品质量监视、系统日志监视等。

永久进程的运行情况是系统运行状态的重要参数指标，永久进程的异常将直接影响各业务系统的正常运行。系统永久进程监视子功能从服务器获取各业务系统上报的运行状态信息，实时监视各业务系统运行状态，以图形的方式显示地面应用系统的组织结构。

点击框图显示该系统永久进程运行状态的详细信息列表；对于运行状态异常，提供报警功能，报警的方式包括声音和对应图形闪烁等方式；对于发生的故障，自动检索相关的故障预案并显示。

根据业务运行计划和业务管理任务运行状态信息，实时监视业务流程状态，显示业务管理任务过程各步骤的执行情况，以图形的方式显示流程所处的状态；通过选择业务管理任务列表，显示最近的业务管理任务流程的执行情况。

对于正在进行的业务流程提供报警功能，采用声音和对应图形闪烁等方式实现报警功能。

根据各系统上报的运行状态信息，实时监视各系统逻辑链路状态，以图形的方式显示系统的逻辑链路拓扑结构图，以不同颜色和线形表示逻辑链路正常和异常，点击链路显示详细状态信息。

对于逻辑链路异常，提供报警功能，报警的方式包括声音和对应图形闪烁等方式；对于发生的故障，自动检索相关的故障预案并显示。

资料处理调度软件负责组织卫星资料接收、传输、预处理、处理、存档作业的运行、并将每一步的作业状态上报运控子系统，运控子系统对整个流程进行实时跟踪和控制。资料处理流程跟踪监视子功能为操作人员和技术人员提供产品处理过程中各流程的节点信息监控。该子功能针对不同的处理流程，进行节点的输入、输出数据监控，对于图像产品处理成功后，显示产品的缩略图信息。监视的内容主要包括产品处理流程状态、各节点输入输出数据监控信息、流程中断信息处理与告警信息、流程自动恢复信息和产品处理结果等内容。

系统日志是最全面反映系统运行状态的数据。对应系统日志的监视对应有效的控制系统运行，对系统历史运行状态分析起着重要的作用。系统日志监视子功能从服务器获取日志信息。采用图表的形式实时显示系统的日志信息，对于故障和报警的日志信息采用警示的背景颜色或闪烁文字显示；分类监视日志信息，可以选择监视系统、报警、故障或设备状态日志信息；显示的日志信息包括日期、时间、系统名称、类别和日志内容等。对应显示的日志信息提供打印功能。

（6）数据处理流程和系统接口仿真功能模块。

该任务主要对各分系统接口功能进行半实物仿真，以及数据处理流程进行仿真。同时生成系统联调测试用例，用于系统联调测试。

① 数据处理流程和系统接口仿真功能模块

该任务主要对各分系统接口功能进行半实物仿真，以及数据处理流程进行仿真。

② 分系统接口功能仿真功能

对地面站、通信、预处理、处理、存档等系统进行半实物仿真，模拟其控制流和状态流信息，以便在系统测试或联调中，能够替代真正的系统。

2）测控子系统

测控子系统（下称 MCS）承担 HY-2A 卫星业务测控任务。测控子系统主要负责遥测数据、轨道报、遥控指令等测控信息的处理工作；遥控指令的生成；轨道根数据的接收、轨道报生成和发布；轨道预报，星下点轨迹文件的生成；遥测数据的实时监视、回放和结果数据的检索等任务。本系统不但要保证在正常系统环境中能够正确实现所指定的功能，同时将在各种复杂环境下长期运行。此外，为兼容 HY-1B，此版软件要具备处理来自同一传输信道 HY-2A 和 HY-1B 的测控数据的能力。系统根据功能主要划分为数据处理、轨道计算、综合信息监视、遥控指令生成、数据管理 5 个模块。

（1）数据处理模块。

数据处理主要完成接收、存储和处理等几项功能，包括通信链路状态的实时检测及切换、各类测控数据信息格式加工及存储入库、下载用户请求数据和遥测数据处理等几个部分。具体包含：

① 通信链路状态的实时检测和切换。

② 对外数据交换（包括数据格式的加工和转换）。

③ 卫星中心向西安中心每天定时传送 HY－2A 卫星精密定轨数据。

④ 实时遥测数据的加工处理。

⑤ 参数状态及超限判断。

⑥ 载荷及卫星工况参数的综合处理。

⑦ 系统信息交换状态的监视。

⑧ 软件运行状态的监视。

⑨ 数据信息提交数据库存储。

（2）轨道计算模块。

卫星轨道计算主要功能是利用收到的轨道根数报生成两行报和 Tbus 报，进行轨道预报生成星下点轨迹文件和过境时间表文件。具体功能包括：

① 接收西安中心和应用中心各自计算的精密轨道根数。

② 提供图形化轨道根数比对及修改界面。

③ 对轨道根数每个参数的格式和数据范围进行检查。

④ 将生成两行报保存到数据库中。

⑤ 提供配置站点位置和俯仰角的图形界面。

⑥ 图形化显示 3 站的过境时间和出境时间，精确到秒级。

（3）综合信息监视模块。

综合信息监视功能完成全系统的各类信息的显示，主要包括实时系统内外数据发送、遥测数据处理结果、系统日志、软件日志、指令编码发送情况和历史数据回放检索等。具体功能包括：

① 数据源码显示（字符或数字）。

② 数据加工处理结果显示（字符或数字）。

③ 数据图形化显示。

④ 数据分类显示（包括用户自定义）。

⑤ 消息、日志显示。

⑥ 接收回放数据文件并显示。

⑦ 页面打印功能。

⑧ 数据、图形页面记录文件的功能。

（4）遥控指令生成模块。

遥控指令生成主要完成遥控指令的生成、检查、比对和发送工作，具体功能包括：

① 对开关机时间文件的格式进行合法性检查。

② 对开关机时间进行合法性检查。

③ 生成遥控指令文件。

④ 发送遥控指令文件到数据处理功能模块。

⑤ 保存生成遥控指令到数据库。

⑥ 提供遥控指令图形化的比对界面。

⑦ 记录用户每个操作步骤（遥控指令生成、比对、复核和发送）并记录到数据库。

⑧ 打印生成遥控指令，包括关键的字段（开关机时间）和遥控指令原码。

⑨ 提供用户分级管理，分为管理员和一般用户。

⑩ 每个用户进行操作时要求有用户名和密码。

（5）数据管理模块。

数据管理功能完成全系统的数据、日志、消息的存储、归档、导入的任务，同时提供数据检索功能。具体功能包括：

① 接收系统日志、程序日志、系统消息、操作信息并保存。

② 接收计算结果并保存。

③ 接收实时遥测并提交数据库保存。

④ 提供数据检索的接口。

⑤ 用户权限管理。

3）通信子系统

通信子系统（下称 DCS）主要承担北京接收站、三亚接收站、牡丹江接收站之间HY－2A卫星遥感数据、精密定轨数据、验潮站和激光反射站数据、卫星测控和轨道预报数据、指挥调度信息的远程传输任务。通过规划、设计和建设远程综合数据传输网络，研制数据传输和网络管理软件，实现各类数据可靠、安全、保密传输。通信子系统由 3 个软件模块构成：卫星数据文件传输模块、系统状态监控模块、人机交互模块。

（1）卫星数据文件传输模块。

该模块分别运行于中心通信服务器、北京、三亚和牡丹江 3 站的通信服务器之上。负责将 3 个地面站接收到的遥感、遥测数据形成的卫星数据文件高效、准确地传输到北京中心通信服务器。通信子系统数据传输模块的逻辑结构如图 8－15 所示。

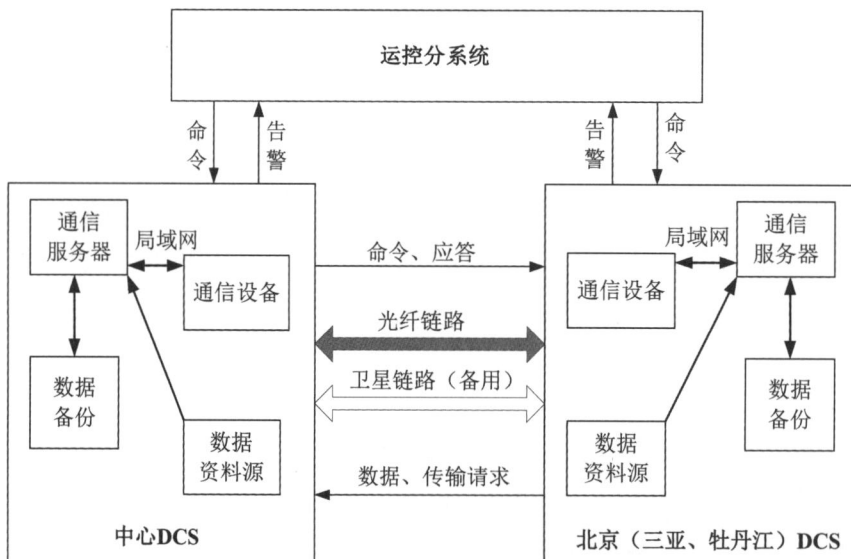

图 8－15　通信子系统数据文件传输模块结构

该模块一方面负责接收并存储本地地面站发送的卫星数据文件，另一方面还要把接收到的文件转发至位于北京的中心通信服务器，再由中心通信服务器转存至通信盘阵存档。北京站与中心通信服务器之间采用光纤链路连接；三亚、牡丹江和中心服务器之间的连接除光纤链路外还有卫星链路，其中以光纤链路为主，卫星链路为辅。该模块能够根据数据优先级动态分配链路带宽。当光纤链路出现故障时，能够实现主、备信道的自动切换。除卫星数据文件传输外，需要传输的还有通信过程中的请求、应答、命令等信息。具体功能如下：

① 卫星数据文件传输。

② 数据压缩和解压缩。

③ 数据静态存储。

④ 通信传输链路自动配置。

⑤ 通信传输链路自动切换。

⑥ 带宽动态分配与流量控制。

⑦ 传输任务调度。

⑧ 工作日志记录。

⑨ 兼容性功能。

（2）系统监控模块。

系统监控模块运行于北京、三亚和牡丹江3站的监控PC上，主要负责系统运行过程中的软、硬件的监视和控制。比如，数据传输过程中，该模块能够将传输状态、告警信息等传递给运控系统并加以显示，同时把这些信息保存到日志文件以便查询；完成对卫星通信地球站通信设备及其辅助设备、地面网络通信设备的监视、轮询、控制和管理任务，同时将设备状态信息与传输状态信息传递给运控分系统，并接收运控分系统的监控。设备监控任务分别运行在三亚、牡丹江和北京的监控PC设备上。具体功能要求包括：

① 数据传输状态的监视和报告。

② 设备和通信链路监控错误告警和上报。

③ 设备监视参数和控制参数实时控制。

④ 监控软件状态监控。

⑤ 工作日志记录。

（3）人机交互模块。

通过人机界面，运用交互式、图形化的方式帮助管理员配置各种信息，如配置通信设备参数，设置默认通信主、辅链路，配置数据传输优先级，按数据优先级配置数据传输带宽，配置软件运行环境和参数等。能够通过人机界面人工下达数据重传令和传输中止令。具体功能包括：

① 数据传输状态信息显示。

② 软件参数配置和运行状况显示。

③ 硬件设备参数配置和参数显示。

④ 数据重传、传输中止操作。

⑤ 日志查询。

⑥ 用户管理，包括增删用户和用户权限设置。

8.3.3　主要技术指标

8.3.3.1　运行控制子系统

运行控制子系统的技术指标从硬件指标和软件指标两方面来说明。

1）硬件技术指标

支撑运控子系统的计算机系统由一套双机高可用计算机系统组成，包括两台 UNIX 服务器作为数据处理和控制主机，若干工作站和 Windows 微机作为系统控制与监视工作站，以及一些辅助的通信即专用外设。图 8-16 是运控子系统软件运行部署环境。构成系统平台的计算机、网络和主要的外围设备包括：

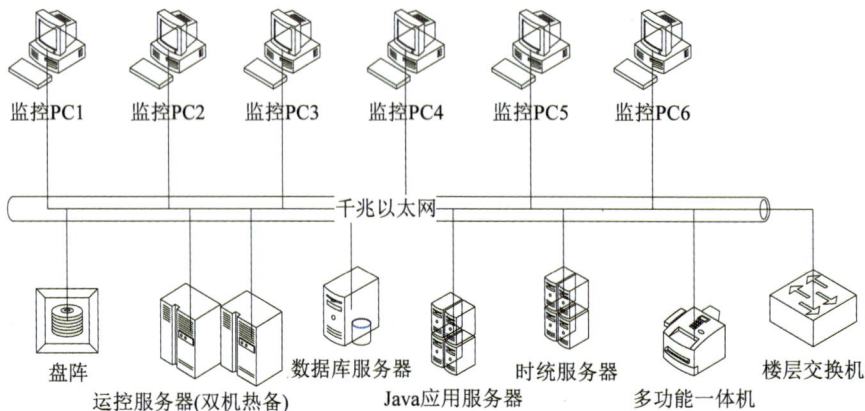

图 8-16　运控子系统硬件拓扑

主服务器：配置两台中高档 UNIX 服务器，采用主动/被动方式构成双机集群，主用机异常时自动切换到备用机接替运行。

客户终端：显示或手工控制地面应用系统的业务运行，需配置多台 Windows 微机。而对三维显示微机，则要求配置较高的显卡设备。

内部各种计算机设备用千兆局域网相连，外部则通过千兆网局域网或远程网与其他分系统相连。

运行控制子系统主要设备技术规格如表 8-3。

表 8-3　运行控制子系统主要设备技术规格

名称	用途	数量	规格
运控双机热备服务器	运行调度软件 运行数据库软件 运行应用软件	2	UNIX 操作系统 CPU >2 bytes，主频 >3.0 Gbytes 内存 >8 Gbytes 硬盘 >1 T 共享 SATA 盘阵可用容量 >4 Tbytes
监控 PC	用于安装客户端软件和系统监控	6	处理器双核以上，主频 >3.0 Gbytes 内存 >3 Gbytes win7/win2008 Server 操作系统 硬盘 >1 Tbytes
时间服务器	用于时间统一	1	根据 GPS 自动进行校时 支持 NTP 协议 时间精度 <10 ms

2）软件技术指标

运控子系统采用 GB/T 16260.1 - 2006（ISO/IEC TR 9126 - 1：2001）所建议的软件质量模型作为确定软件质量需求和评价软件能力的统一框架。该模型分为两部分，其中，模型的第一部分为软件的内部质量和外部质量规定了 6 个质量特性和 27 个子特性，为软件人员和用户从内部和外部两种视角来规定和评价软件质量提供了可能；模型的第二部分为软件规定了 4 个使用质量特性。该模型没有在低于特性层次上详细说明质量模型，而是将其视为面向用户的 6 个内部和外部质量特性的组合效用，为用户提供了一种直观的、可测量质量并可由专业人员映射到 6 个质量特性的模型。以下即为需方按照该模型从使用角度对运控子系统产品所提出的质量要求。

（1）运行控制有效性。

相关的软件功能必须达到的运行控制功效如下：

① 卫星工作计划制定有效率优于 99.9%。

② 业务运行控制的成功率优于 99.7%。

③ 集中调度成功率优于 99.7%。

④ 用户出错概率小于 0.3%。

⑤ 地面应用系统中心计算机系统的时间统一精度优于 100 ms。

⑥ 卫星位置预报精度，外推 3 天优于 1 km。

软件在运行期间，针对任何一个重要操作，都必须具有判断错误的能力，必要时可以进行恢复性操作，否则要发出报警消息，以便于人工干预。

运控子系统不间断的实时任务周期为 24 h。因此，无论是计算机硬件系统还是软件系统都必须具有较高的可靠性和故障后快速（不超过 20 min）恢复的能力。

一轨数据处理流程运行控制任务的完成时间不超过卫星出境后 180 min。

（2）人机交互有效性。

在日常的业务运行中，运控子系统每天 24 h 不间断地自动运行，除每日少量的配置参数需要修改之外，所有功能软件无需人工干预。运行操作人员仅在系统报警提示的情况下，进行必要的人工干预和故障维修。所有的故障状态和信息都应自动记录和存储，便于事后的故障对策分析。为便于操作人员的人工干预，系统中有关系统参数配置、运行参数修改等，应提供直观、方便的操作界面。包括：

业务运行过程中相关信息应自动统计和管理，用户可方便地对输出方式、存档时间等进行修改和调整，系统按照配置的参数自动运行，以降低操作人员的劳动强度。

易用性包括易操作性（正常情况下，完全自动化运行；特殊情况下的人工干预，应操作简单、提示直观）、易理解性、易学性和方便灵活性。

（3）系统安全有效性。

运控子系统是 HY - 2A 卫星地面应用系统的控制与操作平台，因此应具备必要的安全运行措施。为此，运控子系统应提供基于角色（例如，系统管理员、操作员、高级用户、一般用户等）的安全控制策略亦确保系统的信息安全性。

此外，人机界面设计符合人体工学，即使长期使用（连续工作时间按 4 h 计算）亦不易引起人员的疲劳和不适（用户健康度量大于 0.9）；软件失效不应引起人身伤害和系统其他部分的直接经济损失（人身安全度量和经济损失度量等于 1）。

（4）软件维护有效性。

全球海洋探测与环境监视，是一项长期的任务，因此运控子系统应具有较好的可扩展性，为进一步扩充和改造提供方便。除了要求运控子系统软件本身具有良好的维护性外，还应当拥有离线的维护环境，以便在不影响正常业务的情况下进行软件的维护工作。对软件设计的要求应包括软件的易分析性、稳定性和易测试性。

运控子系统软件的设计应采用标准的通信、网络等协议，严格遵循《总装备部软件工程技术规范》的要求。

8.3.3.2 测控子系统

1）硬件技术指标

测控子系统硬件配置如图8-17，硬件设备技术规格如表8-4。

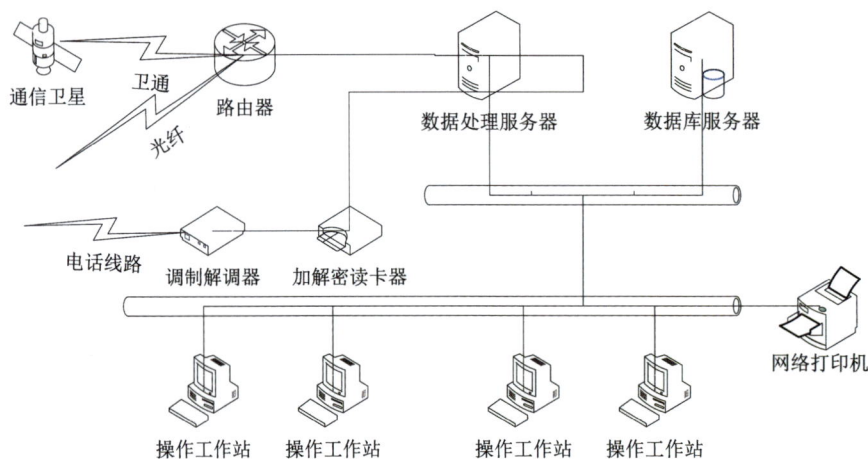

图8-17 测控子系统硬件环境拓扑

表8-4 测控子系统硬件规格

名称	用途	数量	规格
路由器	网络接入	1	1个10/100BASE-TX WAN 口 2个10/100BASE-TX LAN 口
数据处理服务器	遥测数据处理	1	处理器：Intel x86/3.0 GHz 内　存：2 Gbytes OS　：Windows XP
数据库服务器	与运控子系统合用	1	处理器：Power PC 双核2.0 GHz 内　存：2 Gbytes 硬　盘：500 Gbytes OS：AIX
操作工作站	操作监视	若干	处理器：Intel x86/3.0 GHz 内　存：3 Gbytes OS：Windows XP
调制解调器	电话接入航天数据网	1	
数据加解密终端	航天用户数据网加解密		

2）各软件模块技术指标

（1）数据处理模块品质要求。

效率：① 数据处理软件对两条链路的自动切换时间不得多于 10 s；② 数据处理软件对数据格式的加工处理，每秒钟不得少于 500 包数据；③ 数据处理软件对用户下载数据文件的请求，响应时间不得超过 30 s；④ 数据处理软件中实时遥测处理，每帧数据从接收到处理出结果并发送显示间隔不得超过 500 ms。

（2）系统监视模块品质要求。

可用性：① 人机交互界面集成度要高且美观、方便、易学，每个可操作项均应提供联机提示和联机帮助；② 人机交互界面错误检查能力强并能及时报错、提示错误恢复的方法。

可靠性：① 采用 OOP 方法编写，力求系统的可靠性；② 各模块对输入的所有数据均要进行合理性检查，模块处理过程中对边界条件进行检查和判断，避免软件产生异常错误导致程序退出。

效率：① 信息接收、转换、传送的处理过程应满足实时性要求。时间符合的精度不大于 0.01 s；② CPU 使用率应小于 10%。

可维护性：① 软件应有日志记录保存功能，源程序的注释行不少于源程序语句行的 10%；② 在软件编程中尽量减少数字量常数的使用，而采用预定义的常数参数。

（3）综合信息监视模块品质要求。

效率：① 综合信息监视软件的显示功能为非实时软件，可以实时的显示遥测的数据或曲线。软件从接收数据到上屏显示的时间间隔不得超过 500 ms；② 综合信息监视软件的回放功能需要从数据库上下载原始文件，下载时间与原始文件的大小相关，一天原始数据或处理结果文件下载到本地机的时间不得超过 3 min。

可用性：软件应尽量减少不必要或易引起歧义的输入方式，采用简洁、一目了然的人机界面进行操作。

（4）遥控指令生成模块品质要求。

可靠性：① 所设计的软件应做到，每一方法的执行语句行一般在 100 行之内，最大不超过 200 行，不允许使用 goto 语句；② 软件在人机界面的设计上应考虑对输入数据的正确性检查；在内部信息交换时，对输入的数据也应进行合理性检查；③ 软件重新启动或恢复时间应小于 1 min。

可用性：① 软件文档、产品遵从相关技术规范；② 软件设计应采用规范的命名、编程技巧，保证设计文档和软件产品的一致性；③ 软件应尽量减少不必要或易引起歧义的输入方式，采用简洁、一目了然的人机界面进行操作。

效率：CPU 开销应小于 70%，内存使用少于 30 Mbytes。

（5）数据管理模块品质要求。

效率：提取数据库中的少量数据时间不大于 30 s；发现用户将要下载的数据量过大时，有提示功能。

可靠性：① 所设计的数据库选用商业 Oracle 企业版作为 RDBMS，技术成熟，系统可靠；② 软件采用面向对象方法编写，各模块对输入的所有数据均要进行正确性检查，模块处理过程中对边界条件进行检查和判断，避免软件产生异常错误导致死机；③ DMS 在标准硬件配置下因故障重新启动或恢复时间应小于 1 min（受计算机硬件配置约束）。

可维护性：① 软件应使用规范的编程语言、清晰的编程思路、良好的编程风格编写，尽可能增加注释语句，增强易理解性；② 在设计中，通过视图隔离用户，使应用与数据物理存储方式分离，便于对数据库的物理调整；③ 使用异常处理技术，系统出现非关键错误时应能继续正常运行。

8.3.3.3 通信子系统

数据处理中心设备构成如图 8-18 所示，北京、三亚、牡丹江站设备构成如图 8-19 所示，西安卫星测控中心设备构成见图 8-20 所示。

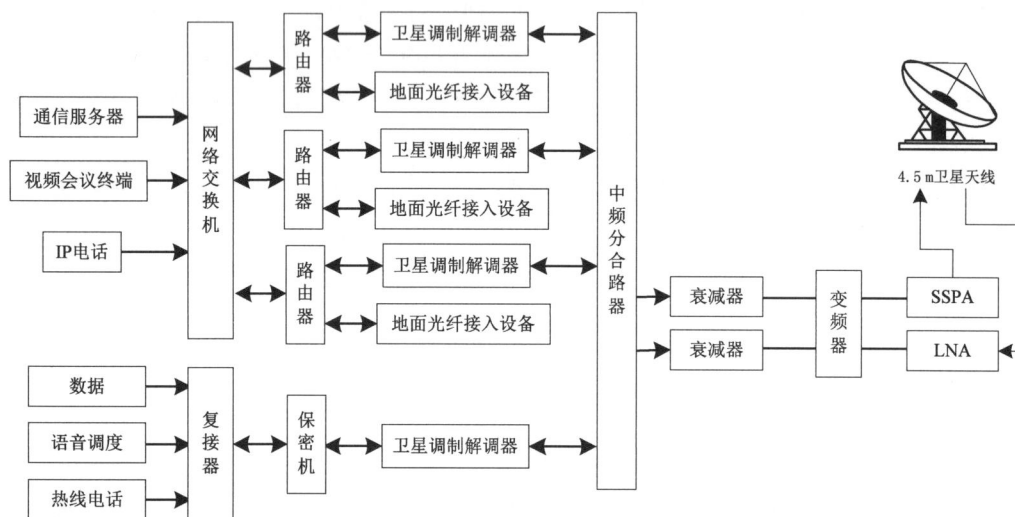

图 8-18　数据处理中心设备构成

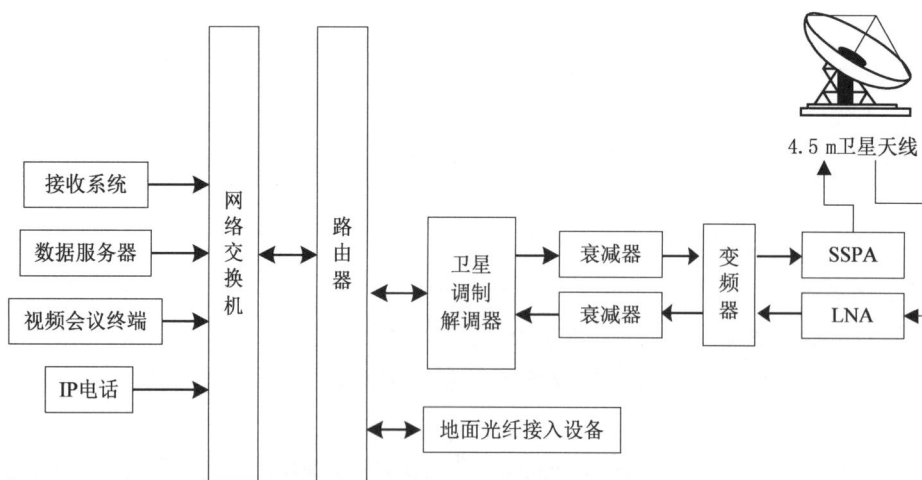

图 8-19　北京、三亚、牡丹江站设备构成

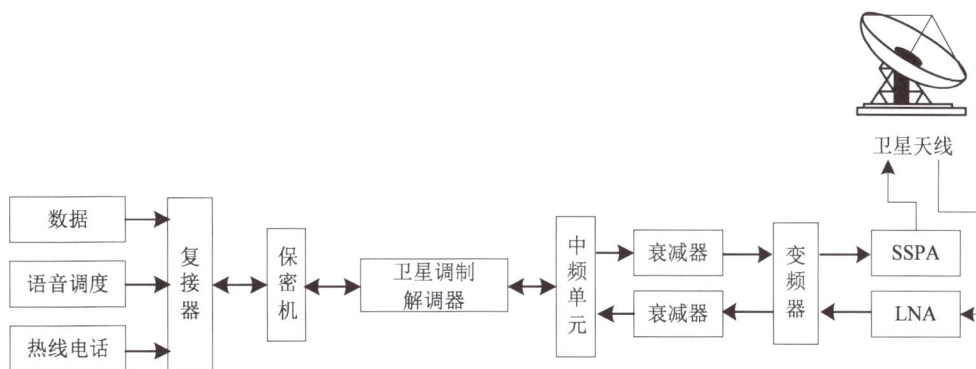

图 8-20　西安卫星测控中心设备构成

（1）北京与 3 个地面站、西安卫星测控中心之间的远程数据通信网络，由光纤通信网、VSAT 通信网组成，构建核心通信网络。光纤通信网采用点对点星形网络结构、网络带宽为36 Mbit/s，VSAT 采用点对点星形网络结构、SCPC 通信体制，共享 8 Mbit/s 通信带宽。在每个通信网络节点配置计算机服务器、交换机、路由器、防火墙、保密机等设备，以及数据通信软件、网络监控软件，形成安全、保密的数据传输系统。

（2）采用 DVB/TDMA 的卫星通信技术，以及光纤通信技术，组成业务应用系统、法国CNES 精密定轨系统、验潮站、激光反射站与北京之间的通信系统，在每个通信网络节点配置计算机服务器、交换机、路由器、防火墙、数据压缩解压缩设备、保密机等设备，以及数据通信软件、网络监控软件。

（3）通信子系统通过本地局域网络与处理中心、运控分系统连接、集成。

1）硬件技术指标

卫星转发器：亚太 Ⅵ。

工作频率：C 频段。

系统可用度：≥99.7%。

信道比特误码率（BER）：≤10^{-7}。

接口：100/10 Base-TX 自适应。

通信传输及接口协议：TCP/IP、PPP、OSPF、RIP2、V.35、IEEE802.3、RFC1661、RFC1662 等。

2）各软件模块技术指标

（1）卫星数据文件传输模块质量要求。

通信子系统软件系统应采用成熟、可靠的技术进行开发，以保证软件系统具有一定的容错性、可恢复性。软件开发注重高效性，以满足数据传输的实时性需求。具体质量要求如下。

① 系统能够高稳定、高可靠地运行，系统可靠度达到 99.9%。系统能自动检测并重置僵死进程，保证系统的稳定和健壮。

② 当采用卫星信道传输方式时，为了充分利用卫星信道带宽，要求 3 个地面站至北京的文件传输软件能够适当提高等效传输带宽，信道利用率达到 85% 以上。

③ 当采用光纤信道传输方式时，要求达到 85% 以上的信道利用率。

④ 数据传输时，提供 QOS 服务，保证数据不因链路不稳定而丢失或出错。

⑤ 系统能够兼容 HY - 1B 卫星数据文件传输功能。

（2）系统监控模块质量要求。

设备监控软件采用开机后自动启动并处于常驻运行工作模式，因此要求系统工作稳定。具体质量要求如下。

① 为保证监控软件的不间断运行，应采用软件看门狗定时器监视监控软件各进程的运行状态，监控 PC 机具有定时重新启动功能，每周或每月自行恢复初始状态运行。

② 可用性：全系统的可用性达到 99.99%。

③ 安全性：软件设计安全可靠、应用软件运行安全。

④ 适应性：能适应并处理卫星通信地球站各种设备的接口。

⑤ 扩充性：方便增加软硬件，使新增设备能在系统改动较小的情况下顺利接入，并留有扩展接口。

⑥ 通用性：核心软件采用模块化设计，可以方便地修改或替代。

（3）人机交互模块质量要求。

① 人机界面友好，人机界面设计符合人体工学，即使长期使用（连续工作时间按 4 h 计算）亦不易引起人员的疲劳和不适。

② 以图形方式显示设备拓扑连接图，功能按钮、菜单设置简洁、实用。

③ 画面平均刷新时间小于 5 s，执行一个控制指令 + 执行结果的平均显示时间小于 2 s；人机交互界面响应时间不超过 3 s。

8.3.4 分系统工作流程

运控通信分系统工作流程见图 8 - 21 所示。

运控通信分系统工作流程描述：

（1）接收西安卫星测控中心的遥测数据，处理并入库。

（2）接收西安卫星测控中心的轨道根数，处理成标准轨道报，入库保存、分发。

（3）利用轨道报进行轨道预报，生成制定卫星工作计划，入库保存。

（4）根据卫星工作计划生成遥控指令，发送西安卫星测控中心，并上行注入卫星。

（5）根据卫星工作计划、地面站接收约束条件生成 3 站接收时间表，入库保存、分发。

（6）根据三站接收时间表生成运行调度计划。

（7）根据运行调度计划和时间约束条件启动作业对作业进行调度。

（8）当地面接收完成后，生成 0 级文件，把数据转发到通信服务器，向运控通信分系统上报完成消息。

（9）运控通信分系统把数据传输到中心盘阵。

（10）运控通信分系统向预处理子系统发出调度令，进行数据预处理。

（11）预处理处理完成后向运控上报完成消息。

（12）运控发出调度指令进行数据处理和精密定轨数据的处理。

（13）处理处理分系统上报完成消息。

（14）精密定轨分系统上报数据处理完成消息。

（15）运控发出调度指令给存档分系统，存档分系统根据调度指令完成数据存档工作。

（16）每天业务运行完成后，运控分系统根据业务完成情况，生成业务运行日报表。

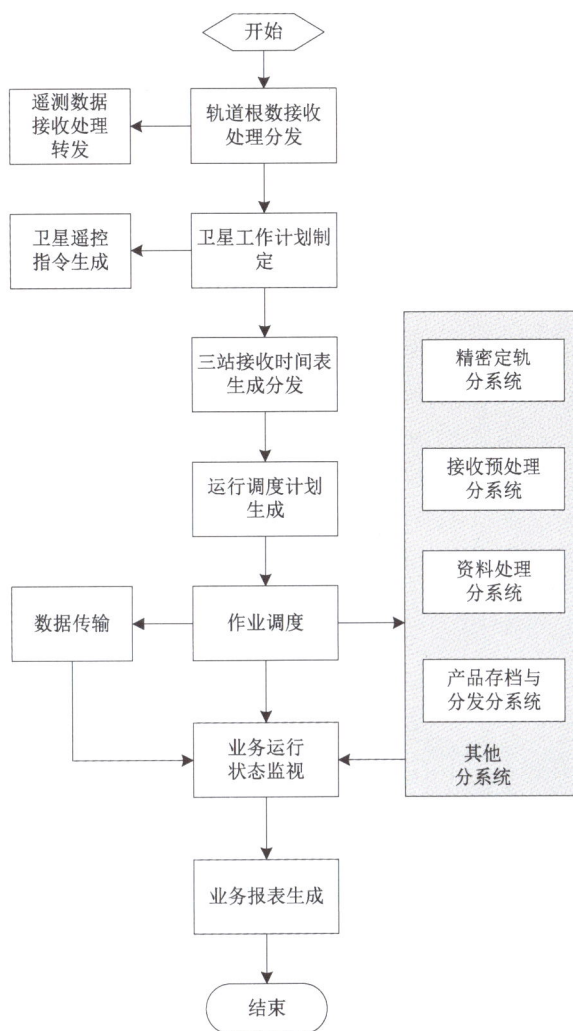

图8-21　运控通信分系统工作流程

8.4　资料处理分系统

8.4.1　分系统组成

HY-2A卫星资料处理分系统主要由硬件系统和软件系统两部分构成。其硬件和软件系统组成情况如下。

8.4.1.1　硬件系统组成

为了完成上述任务，DPS-SM的运行环境从其软件支撑平台和硬件支撑平台两方面说明。为满足HY-2A卫星地面应用系统应急运行的需求，目前暂时采用现有的软硬件设备，系统为IBM P570 UNIX（AIX5.3）和NAS盘阵；待HY-2A地面应用系统建设完毕后，转为正常运行方式，正常运行下系统采用Windows集群。下面就应急方式和正常方式运行的硬件系统组成情况分别进行说明。

1）应急方式下硬件系统组成

应急方式下系统的硬件系统建立在网络环境之上，与其他分系统的数据接口用服务器的网络功能完成。配置的 2 台 UINX 服务器和共享的磁盘阵列构成 Cluster 结构作为资料处理分系统产品制作的计算服务器端，通过千兆端口与网络主交换机连接。

配置 3 台 UNIX 工作站作为计算的客户端，其中 2 台为计算工作站用于专用软件客户端计算，1 台为 GIS 图像处理工作站作为地理定位数据的处理和专题图制作的客户端，它们通过千兆端口与网络主交换机连接。

配置 2 台 UNIX 工作站作为网管平台，安装网络管理软件，通过千兆端口与网络主交换机连接。

配置 1 台 NT 工作站和 2 台 PC，通过千兆端口与网络主交换机或者分支交换机连接。

配置 1 台激光打印机，通过千兆端口与网络主交换机或者分支交换机连接。

配置扫描仪、数字化仪、彩色绘图仪连接 NT 工作站/PC 上。资料处理分系统的硬件配置及组成如图 8-22 所示。

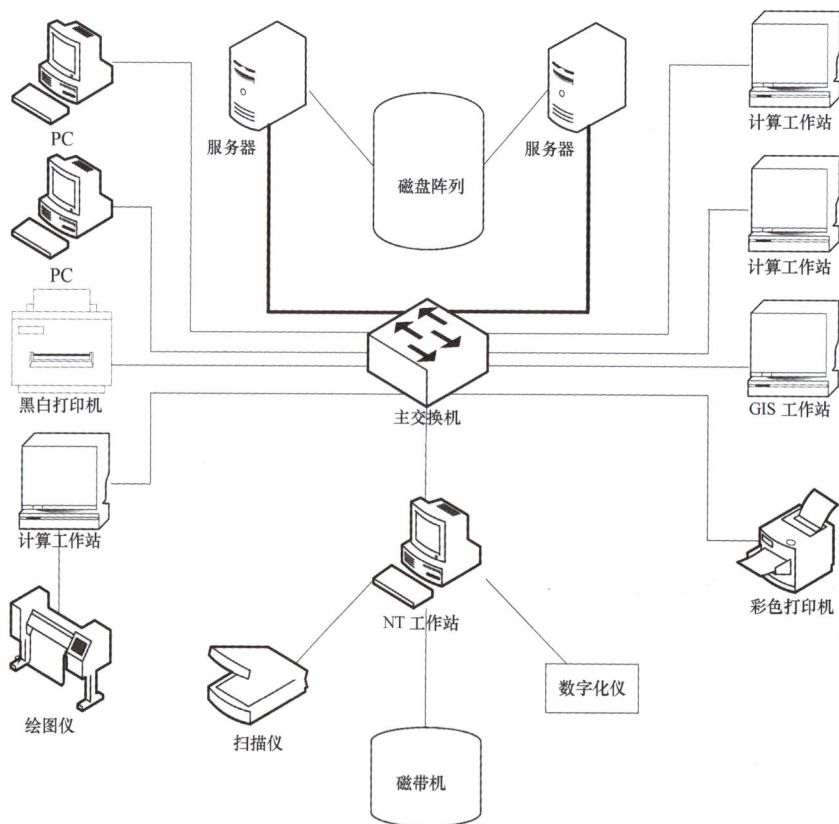

图 8-22　资料处理分系统硬件配置及组成

2）正常方式下硬件系统组成

正常运行方式下系统的硬件环境建立在网络环境之上，与其他分系统的数据接口用服务器的网络功能完成。配置的多台 Windows NT 服务器和共享的磁盘阵列构成集群结构作为资料处理分系统产品制作的计算服务器端，通过千兆端口与网络主交换机连接。

8.4.1.2　软件系统组成

　　资料处理分系统的软件部分是实现系统基本任务的关键。资料处理软件系统由系统软件（操作系统、编译软件等）、应用软件和资料处理专用软件组成。在应急方式下，资料处理平台的操作系统为 UNIX（AIX5.3），程序编译软件为 C/C++；转为正常运行方式后，操作系统为 Windows Server 2008，编译软件为 Visual C++ 2005 及以上版本。

　　资料处理分系统软件系统建设的核心内容是资料处理专用软件的开发。HY-2A 卫星资料处理专用软件按载荷可以划分为 4 个主要功能模块或子系统，即雷达高度计数据处理子系统、校正微波辐射计数据处理子系统、扫描微波辐射计数据处理子系统和微波散射计数据处理子系统，每个子系统分别负责处理其对应的有效载荷获取的遥感数据，并生成相应的 2 级和 3 级数据产品。资料处理专用软件的组成如图 8-23 所示。

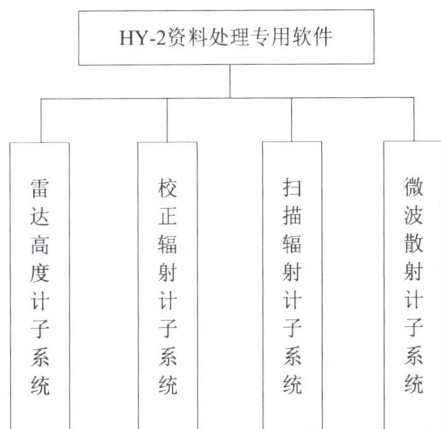

图 8-23　资料处理专用软件系统组成

8.4.2　主要任务和功能

8.4.2.1　主要任务

　　资料处理分系统是 HY-2A 卫星地面应用系统的重要组成部分，主要任务是为我国 HY-2A 及其后续卫星建立稳定、可靠的资料处理业务化运行系统，并负责对地面处理系统的业务网络进行监控和管理。从数据处理的角度看，HY-2A 卫星地面应用系统业务流程可分为 3 个部分，即数据接收与预处理、资料处理和产品存档与分发。接收预处理分系统接收卫星下传的遥感与遥测原始数据，并经过辐射定标和地理定位等处理生成 0 级、1 级数据产品；资料处理分系统在 1 级产品基础上，利用各载荷的反演算法生成 2 级、3 级产品；产品存档与分发分系统对各级产品进行存档，并通过网络系统向用户提供信息查询、订单处理和数据下载等分发服务。资料处理分系统与接收预处理和产品存档与分发分系统之间的业务流程关系见图 8-24 所示。

　　资料处理分系统基于国内外已有算法及算法研发成果，生成定量化的海洋动力环境监测要素的 2 级、3 级产品，并制作各类图像、图形等专题产品。其主要业务流程是以接收预处理、精密定轨等分系统提供的 1 级产品作为输入，并配合其他的输入辅助数据，通过海面高度、有效波高、海面风速、大气水汽含量、云中液态水、海冰、海面风矢量和海面温度等参

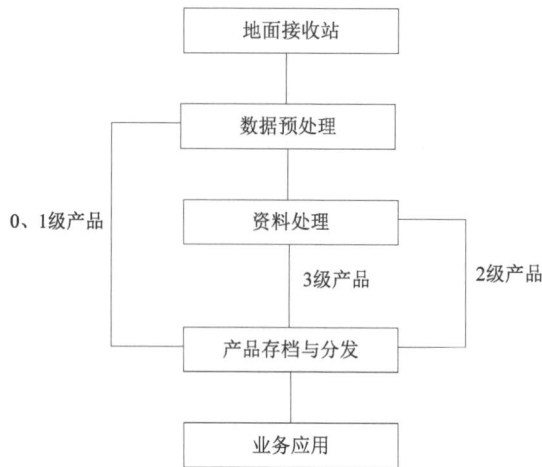

图 8 - 24　资料处理分系统与其他分系统间的业务流程关系

数反演算法，生产 HY - 2A 的 2 级、3 级资料产品，并供产品存档与分发分系统调用。

具体任务如下。

（1）研制海洋动力卫星反演软件。

（2）研制我国及全球海域的海洋动力环境要素统计产品制作软件。

（3）开发海洋动力环境要素提取的可视化专题制作平台。

（4）建设高可靠性全自动的实时处理系统。

（5）负责对业务网络的监控和管理。

8.4.2.2　主要功能

HY - 2A 卫星资料处理处理分系统具有 5 项主要功能，具体功能如下。

（1）接收运控子系统发来的调度指令，执行相应的操作处理，并返回处理情况信息和文件列表。

（2）获取我国 HY - 2A 卫星接收预处理分系统生成的辐射定标和地理定位后的 1B 级数据产品。

（3）接收来自精密定轨分系统的 MOE 和 POE 数据，并向其输入高度计 L2 级产品。

（4）获取资料处理过程中所需要的外部辅助数据。

（5）利用 4 个有效载荷资料处理算法和辅助数据，分别生成相应的 2 级、3 级数据产品，供产品存档与分发分系统调用。

在资料处理专用软件系统中，各子系统相对独立，其处理流程和具体功能如下。

1）雷达高度计子系统

雷达高度计数据处理子系统针对 HY - 2A 卫星的观测区域和观测要素进行高度计数据处理，开发相应的算法软件，建立我国 HY - 2A 雷达高度计的资料处理业务化运行系统。基本任务是改进和完善高度计数据反演算法，在输入接收与预处理分系统提供的 L1B 产品的基础上，配合输入的气象和地球物理等辅助数据，通过以有效波高、海面风速和海面高度等要素反演算法为基础而形成的处理流程，制作高度计 2 级资料产品并供产品存档与分发分系统调用；在高度计 2 级产品的基础上，制作我国及全球海域的海洋动力环境要素 3 级产品供产品存档与分发分系统调用；建立可供其他分系统调用的高可靠性的全自动的实时处理系统。

（1）处理流程。

雷达高度计子系统的主要流程是接收预处理分系统提供的 1B 产品；处理生成 2 级和 3 级产品；将 2 级和 3 级产品输出给存档分系统。整个业务工作流程由运控分系统统一调度执行。雷达高度计子系统的总体处理流程如图 8-25 所示。

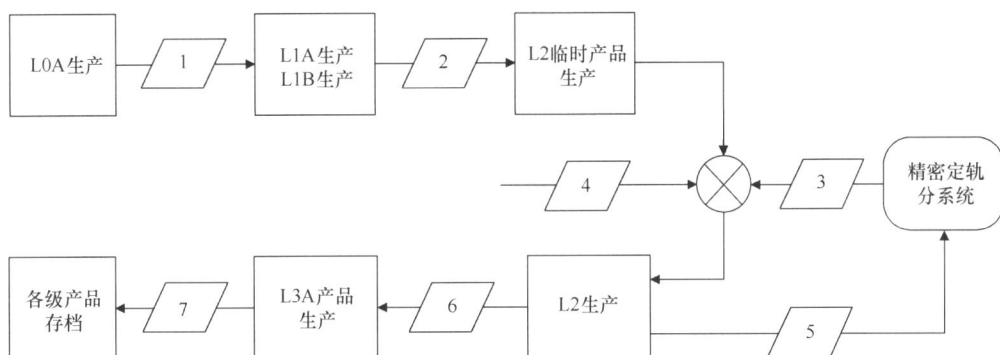

图 8-25　雷达高度计子系统数据处理总体流程

1. 高度计 L0A 级数据（多站拼接后数据）；2. 高度计 L1B 级数据（分 Pass 后的数据）；3. MOE/POE 数据；4. 校正微波辐射计 L2 级数据（来自校正微波辐射计处理子流程）；5. 高度计 L2 级数据；6. 高度计 L2 级数据；7. 各级存档数据

图 8-25 中流程描述：

① 运行控制子系统收到多站 L0 数据已经全部传送到中心盘阵消息。

② 运行控制子系统发出调度令启动数据预处理，生成 L0A 后，预处理上报 L0A 产品生成情况消息和列表文件。

③ 预处理继续进行 L1A/L1B 产品生产，生成 L1B 后，预处理上报 L1B 产品生成情况消息和列表文件。

④ 运行控制子系统收到预处理上 L1B 生成消息，发出调度令启动高度计 L2 级临时产品生产。

⑤ 运行控制子系统收到校正微波辐射计 L2 级产品生成消息（此消息根据配置可选）／MOE，生成消息（此消息根据配置可选）后，发出调度令启动高度计 L2 级 IGDR 产品生产，同时给运控上报 L2 产品生成消息。

⑥ 运行控制子系统收到校正微波辐射计 L2 级产品生成消息（此消息根据配置可选）／POE 到达消息（此消息根据配置可选）后，发出调度令启动高度计 L2 级 GDR 产品生产，同时给运控上报 L2 产品生成消息。

⑦ 每月初安排高度计上月 L3 级产品生产，每季初安排上一季度 L3 产品生产，每年初安排高度计上一年度 L3 产品生产。

⑧ 运行控制子系统发出存档令，对各级产品进行存档。

（2）具体功能。

通过上述处理过程，雷达高度计子系统完成的具体功能如下。

① 有效波高反演。

② 海面高度反演。

③ 海面风速反演。

④ 有效波高、海面风速和海面高度异常时空统计产品制作。

2）校正微波辐射计子系统

（1）处理流程。

校正微波辐射计子系统负责将数据预处理子系统生成的 L1B 数据处理到 L2A 和 L2B 级数据产品。校正微波辐射计子系统的总体处理流程如图 8-26 所示。

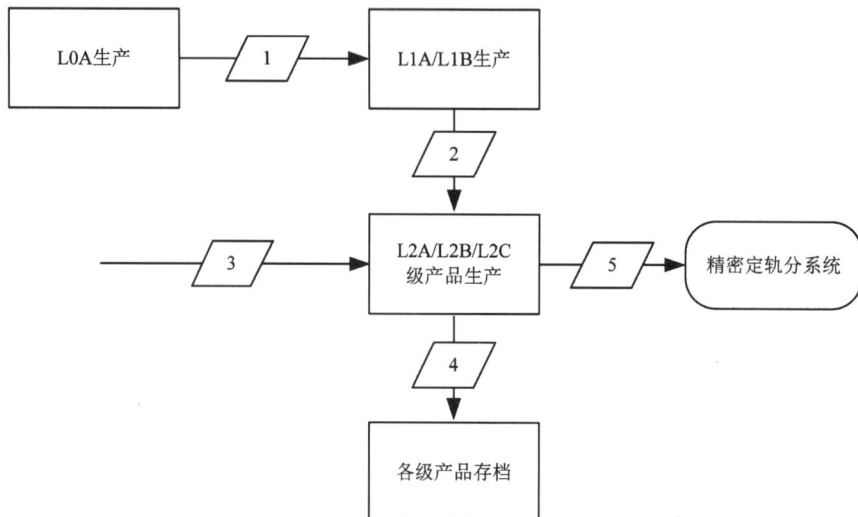

图 8-26　校正微波辐射计子系统数据处理总体流程

1. 校正微波辐射计 L0A 级产品；2. 校正微波辐射计 L1B 级产品；3. 高度计 L1B 产品；

4. 各级存档产品；5. L2C 级产品

图 8-26 中流程描述：

① 预处理子系统进行校正微波辐射计 L1A/L1B 产品生产，校正微波辐射计 L1B 产品生成后，预处理子系统上报完成消息和产品列表文件。

② 运行控制子系统收到预处理分系统上报校正微波辐射计 L1B 产品生成消息/高度计 L1B 生成消息（此消息根据配置可选），校正微波辐射计处理子系统启动 L2A/L2B 产品生产，校正微波辐射计 L2B 产品生成后，子系统上报完成消息和产品列表文件。

③ 校正微波辐射计子系统继续对 L2B 产品进行处理，生成 L2C 产品。

④ 运行控制子系统发出存档令，对各级产品进行存档。

（2）具体功能。

校正微波辐射计子系统需要完成的主要功能如下。

① L2A 数据的处理功能

L2A 数据处理包含的具体功能如下。

（a）数据重采样功能

校正微波辐射计子系统需要使用数据预处理得到的校正微波辐射计和雷达高度计 L1B 的数据，根据雷达高度计的观测时间和采样间隔，对校正微波辐射计的 L1B 数据进行重采样，得到和雷达高度计 L1B 数据相同观测时间和采样间隔下的校正微波辐射计 L2A 数据。

（b）观测分辨率归一化功能

校正微波辐射计子系统需要对从采样后的数据进行观测分辨率归一化处理，根据 18.7 GHz、23.8 GHz、37 GHz 观测数据进数据处理，得到归一化后的 Res18 和 Res23 数据。

② L2B 数据的处理功能

L2B 数据处理包含的具体功能如下。

反演海面风速功能：校正微波辐射计子系统根据其 L2A 的亮温数据，进行海面风速的反演。

反演海上水汽含量功能：校正微波辐射计子系统根据其 L2A 的亮温数据，进行海上水汽含量的反演。

反演海上液水含量功能：校正微波辐射计子系统根据其 L2A 的亮温数据，进行海上液水含量的反演。

反演降水率功能：校正微波辐射计子系统根据其 L2A 的亮温数据，进行海上降水率的反演。

反演海冰含量功能：校正微波辐射计子系统根据其 L2A 的亮温数据，进行海冰含量的反演。

③ 数据处理状态监视功能

数据处理状态监视功能如下。

数据处理过程监视功能：校正微波辐射计子系统在数据处理过程中实时监控数据获取是否成功、数据处理是否完成，是否产生故障。

数据处理结果报告功能：校正微波辐射计子系统在数据处理后，生成数据处理结果报告，包括数据处理完成情况和故障产生的原因，并上传给运控通信分系统。

3）扫描微波辐射计子系统

（1）处理流程。

扫描微波辐射计子系统负责将数据预处理子系统生成的 L1B 级数据，作进一步处理生成 L2 级、L3 级数据产品。该子系统的总体处理流程如图 8－27 所示。

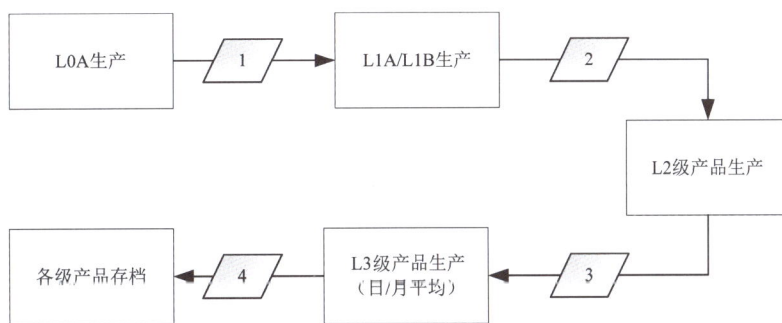

图 8－27　扫描微波辐射计子系统数据处理总体流程

1. 辐射计 L0A 级产品；2. 辐射计 L1B 级产品；3. L2 级产品；4. 各级存档产品

流程描述：

① 预处理子系统进行 L1A/L1B 产品生产，L1B 产品生成后，预处理子系统上报完成消息和产品列表文件。

② 运行控制子系统收到预处理子系统上报 L1B 产品生成消息，向微波辐射计子系统发出指令启动 L2 产品生产，L2 产品生成后，上报完成消息和产品列表文件。

③ 每日定时（当天所有作业都完成后）启动辐射计 L3A 产品生产，L3A 产品生成后，处理分系统上报 L3A 产品生成情况消息和列表文件。

④ 每月初启动上个月辐射计 L3A 产品生产。

⑤ 运行控制子系统发出存档令，存档分系统对各级产品进行存档。

（2）具体功能。

扫描微波辐射计子系统需要完成如下主要功能。

① L2 数据的处理功能

L2 数据处理包含的具体功能如下。

a）反演海面温度。扫描微波辐射计子系统根据数据预处理得到的 L1B 重采样亮温数据 Res6，进行海面温度的反演。

b）反演海面风速。扫描微波辐射计子系统根据数据预处理得到的 L1B 重采样亮温数据 Res6、Res10、Res18，分别进行海面风速的反演。

c）反演海上水汽含量。扫描微波辐射计子系统根据数据预处理得到的 L1B 重采样亮温数据 Res18，进行海上水汽含量的反演。

d）反演海上液水含量。扫描微波辐射计子系统根据数据预处理得到的 L1B 重采样亮温数据 Res18，进行海上液水含量的反演。

e）反演降水率。扫描微波辐射计子系统根据数据预处理得到的 L1B 重采样亮温数据 Res18，进行海上降水率的反演。

f）反演海冰含量。扫描微波辐射计子系统根据数据预处理得到的 L1B 重采样亮温数据 Res18，进行海冰含量的反演。

② L3 数据的处理功能

L3 数据处理包含的具体功能如下。

a）生成全球亮温日平均数据功能。扫描微波辐射计子系统根据 L1B 亮温数据，生成网格化的全球亮温日平均数据。

b）生成全球亮温月平均数据功能。扫描微波辐射计子系统根据 L1B 亮温数据，生成网格化的全球亮温月平均数据。

c）生成全球物理产品日平均数据功能。扫描微波辐射计子系统根据 L2A 中的物理产品数据，生成网格化的全球物理产品日平均数据。

d）生成全球物理产品月平均数据功能。扫描微波辐射计子系统根据 L1B 中的物理产品数据，生成网格化的全球物理产品月平均数据。

e）生成南北极亮温日平均数据功能。扫描微波辐射计子系统根据 L1B 亮温数据，生成网格化的南北极亮温日平均数据。

f）生成南北极亮温月平均数据功能。扫描微波辐射计子系统根据 L1B 亮温数据，生成网格化的南北极亮温月平均数据。

g）生成南北极物理产品日平均数据功能。扫描微波辐射计子系统根据 L2A 中的物理产品数据，生成网格化的南北极物理产品日平均数据。

h）生成南北极物理产品月平均数据功能。扫描微波辐射计子系统根据 L2A 中的物理产品数据，生成网格化的南北极物理产品月平均数据。

③ 数据处理状态监视功能

数据处理状态监视功能如下。

a）数据处理过程监视功能。扫描微波辐射计子系统在数据处理过程中实时监控数据获取是否成功、数据处理是否完成，是否产生故障。

b）数据处理结果报告功能。扫描微波辐射计子系统在数据处理后，生成数据处理结果报告，包括数据处理完成情况和故障产生的原因，并上传给运控子系统。

4）微波散射计子系统

（1）处理流程。

微波散射计子系统数据处理的主要业务流程是接收运控子系统的指令和经过预处理后的散射计1B产品，经过一定的处理生成L2A、L2B和L3级数据产品，并将L2B和L3级产品输出给存档与分发分系统进行存档处理。根据处理过程中是否等待辐射计L2级产品进行降雨标识，业务工作流程可以分为一般数据处理流程和快速数据处理流程两种情况，如图8－28所示。其中，一般数据处理流程是指散射计子系统只有当辐射计L2级产品生成以后才启动L2A级产品的制作，而快速数据处理流程则是为了保证处理的实效性，先将L1B级产品经过L2A级产品处理成一个临时L2B级产品（未作降雨标识或采用其他方法进行了降雨标识），然后再输入辐射计L2B级产品，生成最终的散射计L2B级产品。

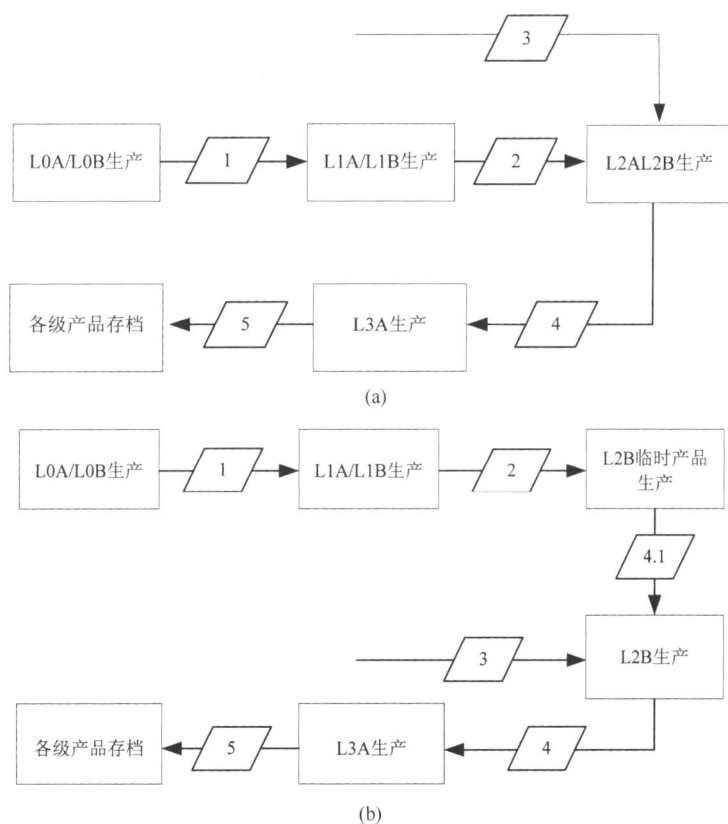

（a）一般数据处理流程　（b）快速数据处理流程

图8－28　微波散射计子系统数据处理总体流程

1. 散射计L0B数据；2. 散射计L1B产品；3. 扫描微波辐射计L2级产品；4. 散射计L2B产品，4.1 L2B临时产品；5. 各级产品

流程描述（步骤1和2二选一，如果选1为快速处理流程，选2为一般处理流程）：

①运行控制子系统收到预处理生成L1B级产品消息后，向散射计子系统发送指令启动

L2B 产品临时产品生产，L2B 临时产品生成后，上报 L2B 临时产品生成消息和产品列表文件，运控子系统收到 L2B 临时产品生成消息和辐射计 L2 产品生成的消息后，启动散射计 L2B 产品生产，L2B 产品生成后，散射计子系统上报 L2B 产品生成消息和产品列表文件（散射计快速处理流程执行该步骤）。

② 运行控制子系统收到预处理子系统上报 L1B 产品生成消息和辐射计 L2 级产品生成消息（此消息根据配置可选）后，启动散射计 L2A/L2B 产品生产，L2B 产品生成后，处理分系统上报 L2B 产品生成消息和产品列表文件。

③ 运行控制子系统每天定时（当天任务完成后）启动散射计 L3A 产品生产，L3A 产品生成后，处理分系统上报完成消息和产品列表文件。

④ 运行控制子系统发出存档令，存档分系统对各级产品进行存档。

（2）具体功能。

通过上述处理过程，微波散射计子系统需要完成如下具体功能。

① 散射计 L2A 级产品制作

微波散射计子系统接收运控子系统的指令，输入 L1B 级产品，并配合所需的大气校正数据、海陆分布图、海冰分布图等辅助数据，进行面元配准，海陆与冰海标识，大气衰减量校正等处理生成 L2A 级产品。

② 散射计 L2B 级产品制作

在 L2A 级产品的基础上，配合所需的数值预报模式风场和辐射计 L2 级降雨率等辅助数据（可配置），进行风矢量反演，模糊解消除，降雨标识等处理，生成 L2B 级产品。

③ 散射计 L3 级产品制作

在 L2B 级产品的基础上，通过对 L2B 级产品所包含的海面风场进行网格化和升降轨分离等处理，生成 L3 级产品。

8.4.3 主要技术指标

8.4.3.1 产品种类及参数

在 HY-2A 卫星资料产品序列中，分系统负责制作 2 级、3 级产品。2 级、3 级产品的基本定义是：2 级产品定义为由 1 级产品中的观测数据经过逐点反演而获得的地球物理参数，3 级产品定义为由 2 级产品的逐点地球物理参数经过网格化与地理投影变换以及在一定时间周期内进行统计平均后得到的产品。根据传感器的不同类型，2 级、3 级产品分为高度计产品、散射计产品和辐射计产品。

制作的产品参数为：2 级产品中高度计的产品参数为 3 个，散射计的产品参数为 2 个，辐射计的产品参数为 4 个。3 级产品中高度计的统计项为 3 个，统计周期为月平均、季平均和年平均；散射计的统计项为 2 个，统计周期为周平均、月平均、季平均和年平均；辐射计的统计项为 4 个，统计周期为日平均、周平均、月平均、季平均和年平均。

关于快视图产品：所有 2 级、3 级产品的产品参数在产品处理过程中全部要形成快视图产品，供产品质量检验和监控，并提交存档系统存档。

专题图产品：所有的 3 级产品的参数全部形成专题图产品，并同步提交给存档系统存档，以简化分发检索过程并方便用户使用。

产品参数如表8-5所示。

表8-5　HY-2A卫星资料产品参数

遥感器	2级产品	3级产品						
		格点化	日平均	周平均	旬平均	月平均	季平均	年平均
雷达高度计	有效波高	√						
	海面风速	√						
	海面高度	√						
微波散射计	海面风速	√				√	√	√
	海面风向	√				√	√	√
扫描微波辐射计	SST	√	√	√		√	√	√
	海面风速	√	√	√		√	√	√
	大气水汽含量	√	√	√		√	√	√
	海冰密集度	√	√	√		√	√	√
	降水率	√	√	√		√	√	√
	云中液态水	√	√	√		√	√	√

注：√表示有该项，空白表示没有该项。

各载荷2级、3级产品中包含如下主要数据元素。

1）雷达高度计2级、3级产品数据元素

雷达高度计2级、3级产品包含的主要数据元素如表8-6所示。

表8-6　雷达高度计2级、3级产品主要数据元素

产品		要素名称	产品形式			分辨率	单位	备注
			数据	缩略图	专题图			
HY-2-RA	2级IGDR & GDR	时标	√				d. s. μs	
		地理位置	√				10^{-4} (°)	
		地面类型	√					
		数据质量	√					
		传感器状态	√					
		轨道高度	√				10^{-4} m	
		观测高度	√				10^{-4} m	
		观测高度校正量	√				10^{-4} m	
		有效波高	√				10^{-3} m	
		有效波高校正量	√				10^{-3} m	
		后向散射系数	√				10^{-2} dB	
		后向散射系数校正量	√				10^{-2} dB	
		天线姿态	√				10^{-4} (°)	
		亮度温度	√				10^{-2} K	
		环境参数	√				风速：cm/s；水汽：10^{-2} g/cm²；液态水：10^{-2} kg/cm²	
		波形	√				10^{-4}	
		标记位	√					

产品		要素名称	产品形式			分辨率	单位	备注
			数据	缩略图	专题图			
HY – 2 – RA	3 级	时空统计						
		网格点经度	√	√	√	(1/3)° × (1/3)°	(°)	
		网格点纬度	√	√	√	(1/3)° × (1/3)°	(°)	
		SSHA	√	√	√	(1/3)° × (1/3)°		海面高度异常
		SWH_ Ku	√	√	√	(1/3)° × (1/3)°		Ku 频段有效波高

2）微波散射计 2 级、3 级产品数据元素

微波散射计 2 级、3 级产品包含的主要数据元素如表 8 – 7 所示。

表 8 – 7　微波散射计 2 级、3 级产品主要数据元素

产品		产品名称	产品形式			分辨率	单位	备注
			数据	缩略图	专题图			
HY – 2 – SCAT	2A 级	Sigma0	√				dB	
		方位角	√				(°)	
		入射角	√				(°)	
		Kp	√				dB	
		Kp_ alpha	√					
		Kp_ beta	√					
		Kp_ gamma	√					
		海陆标识	√					
		冰海标识	√					
	2B 级	风速	√			25 km×25 km	m/s	
		风向	√			25 km×25 km		
		风速误差	√			25 km×25 km	m/s	
		风向误差	√			25 km×25 km	m/s	
		质量标识	√			25 km×25 km		
	3 级	时空统计 单天全球升轨	√	√	√	0.25° × 0.25°		
		单天全球降轨	√	√	√	0.25° × 0.25°		
		3 天平均	√	√	√	0.25° × 0.25°		
		7 天平均	√	√	√	0.25° × 0.25°		
		月平均	√	√	√	0.25° × 0.25°		
		季平均	√	√	√	0.25° × 0.25°		
		年平均	√	√	√	0.25° × 0.25°		

3）扫描微波辐射计 2 级、3 级产品数据元素

扫描微波辐射计 2 级、3 级产品包含的主要数据元素见表 8 – 8 所示。

表8-8　扫描微波辐射计2级、3级产品主要数据元素

产品		要素名称	产品形式			分辨率	单位	备注
			数据	缩略图	专题图			
HY-2 -RM	2A级	时标	√				s	扫描时间
		地理位置	√				(°)	扫描点经纬度
		地面类型	√					
		数据质量	√					
		传感器状态	√					
		亮温	√				K	
		陆海标记	√					
	3级	时空统计 全球日平均亮温	√	√	√	0.25°×0.25°	K	
		全球月平均亮温	√	√	√	0.25°×0.25°	K	
		两极日平均亮温	√	√	√	0.25°×0.25°	K	
		两极月平均亮温	√	√	√	0.25°×0.25°	K	
		全球日平均反演产品	√	√	√	0.25°×0.25°	K	
		全球月平均反演产品	√	√	√	0.25°×0.25°	K	
		两极日平均反演产品	√	√	√	0.25°×0.25°	K	
		两极月平均反演产品	√	√	√	0.25°×0.25°	K	

8.4.3.2　产品数据量

资料处理分系统各载荷数据量估算如表8-9所示。

表8-9　资料处理分系统数据量估算

载荷名称	2级产品数据量/Gbyte	3级产品数据量/Gbyte
雷达高度计	1 954	0.76
微波散射计	270	43
扫描微波辐射计	3 527	60
小计	5 751	103.76
合计	5 855	
设计值	7 300	

8.4.3.3　产品精度

HY-2A卫星数据产品中各参数的反演精度要求如表8-10所示。

表8-10　HY-2A卫星各载荷产品精度要求

传感器	参量	测量精度	测量范围
微波散射计	海面风速	2 m/s 或10%（取大值）	2~24 m/s
	海面风向	20°	0°~360°
雷达高度计	海面高度	5~8 cm	
	有效波高	0.5 m 或10%（取大值）	0.5~20 m
	海面风速	2 m/s	2~20 m/s

传感器	参量	测量精度	测量范围
扫描微波辐射计	海面风速	2 m/s 或 10%（取大值）	7 ~ 50 m/s
	SST	1.0 K	100 ~ 300 K
	海冰密集度	15%	
	大气水汽含量	10%	
	降水率	30%	
	云中液态水	30%	

雷达高度计处理子系统除可以生成海面高度、有效波高和海面风速 3 个主要参数以外，还可以通过大气传输路径延迟、地球物理环境因素和仪器误差校正，得到海面高度的各项校正参数。这些校正参数包括：电离层、干对流层、湿对流层、电磁偏差、大气逆压校正、海洋潮汐校正、负荷潮校正、固体潮校正、极潮校正等。此外，还可以通过一定处理间接得到平均海平面、大地水准面、水深/地形 3 项地球物理参数。各校正参数和地球物理参数的处理精度如表 8 – 11 所示。

表 8 – 11　雷达高度计校正参数及地球物理参数处理精度要求

参数	精度	测量范围/mm	备注
电离层校正	0.5 cm	– 400 ~ 40	采用双频电离层校正法和 BENT 模型计算
干对流层校正	0.7	– 2 500 ~ – 1 900	利用 ECMWF 全球气象数据计算
湿对流层校正	1.2	– 500 ~ – 1	利用校正微波辐射计亮温数据计算
电磁偏差校正		– 500 ~ – 1	采用多参数法
海洋潮汐校正	3.48 cm，空间分辨率 0.5° × 0.5°	– 5 000 ~ 5 000	包括负荷潮校正。采用 CSR3.0
负荷潮		– 500 ~ 500	
大气逆压校正			利用全球气象数据计算
固体潮校正		– 1 000 ~ 1 000	采用 Cartwright & Tayler 模式计算
极潮校正		– 150 ~ 150	采用 Wahr 模式计算
平均海平面	2′ × 2′	– 200 000 ~ 200 000	采用 OSUMSS95 模式计算
大地水准面	0.25° × 0.25°		采用 EGM96 计算
水深/海底地形	2′ × 2′		采用 DTM2000.1 模式计算

8.4.3.4　性能要求

各载荷数据处理的性能要求如下。

1）雷达高度计子系统性能要求

（1）在指定的时间内完成每天卫星数据的 2 级、3 级产品的制作，时限为 2 级产品 3 h 内；3 级产品 3 h 以内。

（2）资料处理专用软件可用性 99.9%，可维护性好。

（3）配置的硬件具有故障保护功能，主要设备的平均无故障时间指标 99.9%。

（4）系统正常运行时间与总运行时间之比大于 0.985。

2）微波散射计子系统性能要求

（1）并行操作的用户数为2。

（2）在指定的时间内完成每天卫星数据的2级、3级产品的制作，时限为L2A每轨产品制作时间不超过20 min，L2B每轨产品制作时间不超过15 min，L3级产品制作时间不超过10 min。

（3）资料处理专用软件可用性99.9%，可维护性好。

（4）配置的硬件具有故障保护功能，主要设备的平均无故障时间指标99.9%。

3）扫描微波辐射计子系统性能要求

（1）软件架构设计合理，故障率低。

（2）尽量降低各模块间的耦合性，提高系统容错性，以免单个模块发生故障时会影响到其他模块乃至整个通信系统。

（3）软件能够高稳定、高可靠的运行，系统可靠性达到99.9%。

（4）运行过程中周期性的记录各模块的工作状态，出错时记录出错的模块名称，出错原因，以便用户查询、分析，从而修正错误，恢复软件正常运行。

（5）系统能自动检测并重置僵死进程，保证系统的稳定和健壮。

4）校正微波辐射计子系统性能要求

（1）软件架构设计合理，故障率低。

（2）尽量降低各模块间的耦合性，提高系统容错性，以免单个模块发生故障时会影响到其他模块乃至整个通信系统。

（3）软件能够高稳定、高可靠的运行，系统可靠性达到99.9%。

（4）运行过程中周期性的记录各模块的工作状态，出错时记录出错的模块名称，出错原因，以便用户查询、分析，从而修正错误，恢复软件正常运行。

（5）系统能自动检测并重置僵死进程，保证系统的稳定和健壮。

8.4.4　分系统工作流程

资料处理分系统基于国内外已有算法及算法研发成果，生成定量化的海洋动力环境监测要素的2级、3级产品，并制作各类图像、图形等专题产品。其主要业务流程是以接收预处理、精密定轨等分系统提供的1级产品作为输入，并配合其他的输入辅助数据，通过海面高度、有效波高、海面风速、大气水汽含量、云中液态水、海冰、海面风矢量和海面温度等参数反演算法，生产HY－2A卫星的2级、3级资料产品，其工作流程见图8－29所示。

资料处理分系统在接收到运控子系统发来的产品制作命令后，启动相应载荷和相应等级产品的制作进程，并在产品制作完成后向运控子系统上报产品完成情况和产品文件列表。资料处理分系统包括雷达高度计、微波散射计、扫描微波辐射计和校正微波辐射计四种载荷的数据处理任务。资料处理分系统在产品制作时，除了需要各载荷的L1B级产品作为输入以外，还需要其他辅助数据，或其他载荷生成的2级产品。雷达高度计2级产品制作需要输入的辅助数据包括大气压强数据、地球定向参数、校正微波辐射计2级产品数据和MOE/POE数据；微波散射计2级产品制作需要输入的辅助数据包括数值预报NWP风场数据、全球海陆分布图、全球海冰分布图和扫描微波辐射计2级产品降雨率数据等。

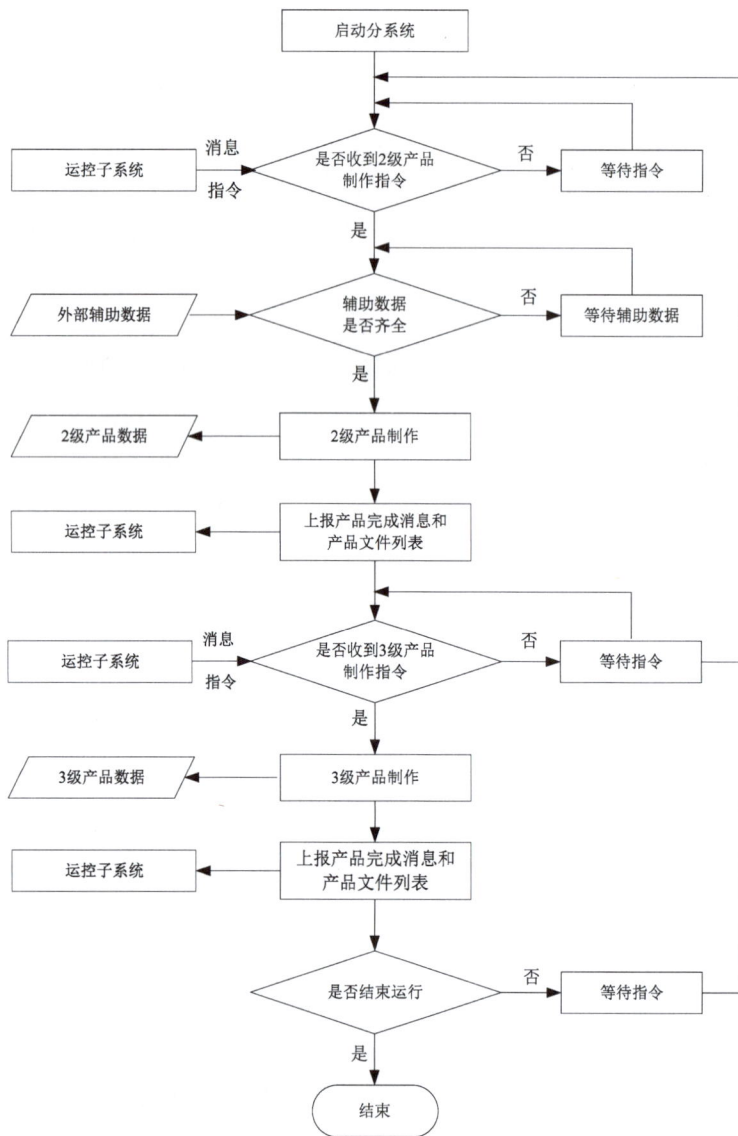

图 8 - 29　资料处理分系统工作流程

8.5　辐射校正与真实性检验分系统

8.5.1　分系统的组成

辐射校正与真实性检验分系统由定标检验任务定制子系统、定标检验数据采集子系统、定标检验数据处理子系统组成，见图 8 - 30 所示。

定标检验任务定制子系统负责定制扫描微波辐射计、微波散射计和雷达高度计的定标检验任务，定标检验数据采集子系统负责采集分系统所需的卫星数据、辅助数据和野外观测数据，定标检验数据处理子系统负责对其他子系统的数据进行处理分析和数据管理。

辐射校正与真实性检验分系统是以定标检验任务定制子系统为核心驱动设计的，定标检

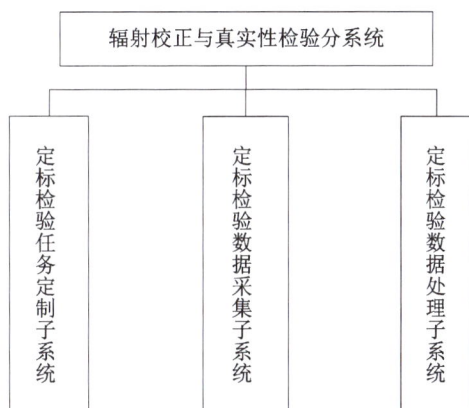

图8-30　辐射校正与真实性检验分系统组成

验任务定制子系统制定任务安排,将数据采集计划报给数据采集子系统,数据采集子系统根据要求安排数据采集任务,采集完成后定标检验任务定制子系统对数据处理子系统发送数据和处理要求,数据处理子系统根据要求处理数据并将处理结果上报。

8.5.2　主要任务和功能

8.5.2.1　主要任务

1）评价遥感器观测性能参数

为了保证HY-2A卫星各载荷达到设计指标,满足地面应用系统使用要求,评价遥感器的观测性能参数是非常重要的;辐射校正与真实性检验分系统需要根据HY-2A卫星各载荷研制指标,与载荷研制单位共同评价遥感器的性能参数,包括观测频率、带宽、波束宽度、接收机和发射机的观测灵敏度、系统观测稳定度、星上定标精度、测温系统精度等,特别是星上定标精度、天线方向图、遥感器观测灵敏度、观测稳定性等关键指标。

2）提供遥感器定标系数

在地面应用系统的业务化流程中,根据内定标系数和外定标系数对遥感器观测量进行精确量化,从而满足高精度反演地球物理产品的需求。因此,辐射校正与真实性检验分系统必须提供高精度的定标系数,卫星载荷上的星上定标系统可以对载荷观测进行精确定标得到内定标系数,而辐射校正与真实性检验分系统通过外定标方法计算得到外定标系数。

3）研究遥感器外定标算法

为了获得外定标系数,辐射校正与真实性检验分系统必须采用不同的外定标方法来计算各载荷的外定标系数,因此,分系统需要根据不同载荷分别研究遥感器外定标算法,其中包括地物替代外定标、星星交叉外定标、模拟器测量外定标、有源定标器外定标等多种方法。分系统根据这些方法的需要,分别研究外定标算法。

4）检验遥感器反演产品精度

检验各遥感器反演产品的精度是否达到反演精度,就需要对各遥感器的反演产品进行真实性检验,必须利用大量现场测量、其他卫星观测等高精度数据源与HY-2A卫星反演产品对比,得到反演产品的精度。

5）开展野外定标检验试验

遥感器的辐射校正和真实性检验需要使用高精度的现场观测数据，因此在卫星过境的时间和区域开展野外定标检验试验是必不可少的。分系统根据各遥感器观测特点选定合适的试验区域，计算卫星过境时间，制定出野外定标试验的观测计划，制定统一的观测技术规范，通过不同观测平台和观测仪器在选定区域和指定时间进行精确测量，得到辐射校正和真实性检验所需要现场观测数据。

6）开发定标检验集合数据处理软件

辐射校正与真实性检验分系统根据各载荷不同定标和检验方法，处理现场观测数据和其他卫星数据；数据处理是最终获得外定标系数、反演产品检验结果的必要工作。为满足地面应用系统的要求，分系统必须根据数据处理的需求，开发定标与真实性检验软件，对海量定标数据进行高精度和高效率处理，并进行统一的存储和管理。

8.5.2.2 主要功能

定标与真实性检验分系统通过开展野外定标检验试验获取卫星同步观测参数，并利用同类卫星的观测数据和其他辅助数据，使用多种定标检验方法计算外定标系数，修正 HY – 2A 卫星各载荷的观测结果，对 HY – 2A 号卫星的反演产品精度进行检验。辐射校正与真实性检验分系统具有以下 5 种功能。

（1）利用其他扫描微波辐射计、微波散射计和雷达高度计的观测数据，计算 HY – 2A 号卫星对应遥感器的外定标系数，实现扫描微波辐射计、微波散射计和雷达高度计星星交叉定标功能。

（2）利用全球海温、风场和大气温湿压廓线等数据，计算 HY – 2A 卫星扫描微波辐射计和微波散射计的外定标系数，实现扫描微波辐射计和微波散射计的地物替代定标功能。

（3）利用现场同步观测 HY – 2A 号卫星各载荷相同频率和观测角度下的微波亮温、后向散射系数，对比遥感器的观测数据得到外定标系数，实现扫描微波辐射计、微波散射计的模拟器外定标功能。

（4）利用有源定标器接收和转发微波散射计和雷达高度计的信号，对其进行标定，实现微波散射计和雷达高度计的有源定标器外定标功能。

（5）利用卫星数据、现场观测数据和海洋大气动力环境数据，对比 HY – 2A 卫星遥感器反演产品，检验产品反演精度。

8.5.3 主要技术指标

分系统定标的定标精度如表 8 – 12 所示。

表 8 – 12 辐射定标技术指标

传感器	产品	比对测量精度	相对定标精度
扫描微波辐射计	亮温	1 K	2 K
微波散射计	后向散射系数	0.2 dB	0.5 dB
雷达高度计	海面高度	<1 cm	5 cm
	后向散射系数	0.2 dB	0.5 dB

分系统的真实性检验精度如表8-13所示。

表8-13　真实性检验技术指标

传感器	产品	产品反演精度	比对测量精度	真实性检验精度
扫描微波辐射计	海表温度	±1℃	0.1℃（-5~35℃）	<1℃
	海面风速	±2 m/s	±1 m/s（<20 m/s） 5%（≥20 m/s）	<2 m/s
	大气水汽含量	10%或3.5 mm取大值	1 mm	<3.5 mm
	云中液水含量	30%或0.05 mm取大值	0.02 mm	<0.05 mm
微波散射计	海面风速	±2 m/s	±1 m/s（<20 m/s） 5%（≥20 m/s）	<2 m/s
	海面风向	±20°	±10°	<20°
雷达高度计	海面风速	±2 m/s	±1 m/s（<20 m/s） 5%（≥20 m/s）	<2 m/s
	有效波高	0.5 m或5%取大值	3%（-20~20 m）	<5%
	海面高度	5~8 cm	5 mm	<5 cm

8.5.4　分系统工作流程

8.5.4.1　扫描微波辐射计辐射校正和真实性检验

1）扫描微波辐射计定标

HY-2A扫描微波辐射计外定标方法采用地物替代法、模拟器实地测量法和星星交义法。

（1）地物替代法外定标。

在卫星过境前后0.5 h内完成现场参数测量，测量海洋环境参数，包括海洋表面温度、10 m风速、海水盐度、波浪周期和波高、表面流的流速流向；大气环境参数测量，包括最低8 km的温度剖面、相对湿度剖面、压力剖面、液水含量剖面。将以上测量的环境参数代入微波辐射传输计算软件，计算得出海面辐射亮温和大气的上、下行辐射亮温以及大气的光学厚度，由此计算出星载扫描微波辐射计接收到的理论亮温，与扫描微波辐射计输出的亮温对比，得到定标系数。其中，微波辐射传输计算包括以下几个部分。

①平静海面发射率计算。

②粗糙海面发射率计算。

③大气吸收系数计算。

地物替代法外定标方法需要进行实地测量海气环境参数，并且必须满足以下条件。

①不能选择阴、雨、雾天气，能见度应在20 km以上，特别是天顶方向观测不能受到厚云的影响。

②一类水体（大洋清洁水体）。

③风速小于7 m/s（或4级海况以下）时，此时海面没有白帽（white-cap or foam），即泡沫信号可以忽略不计的情况下；并且应尽量选择表面粗糙度较小，即低海况下进行观测。

④离岸距离超过150 km，考虑扫描微波辐射计观测面元最大可超过70 km，因此离岸距

离需在 2 个面元以上。

地物替代法外定标流程如图 8 – 31。

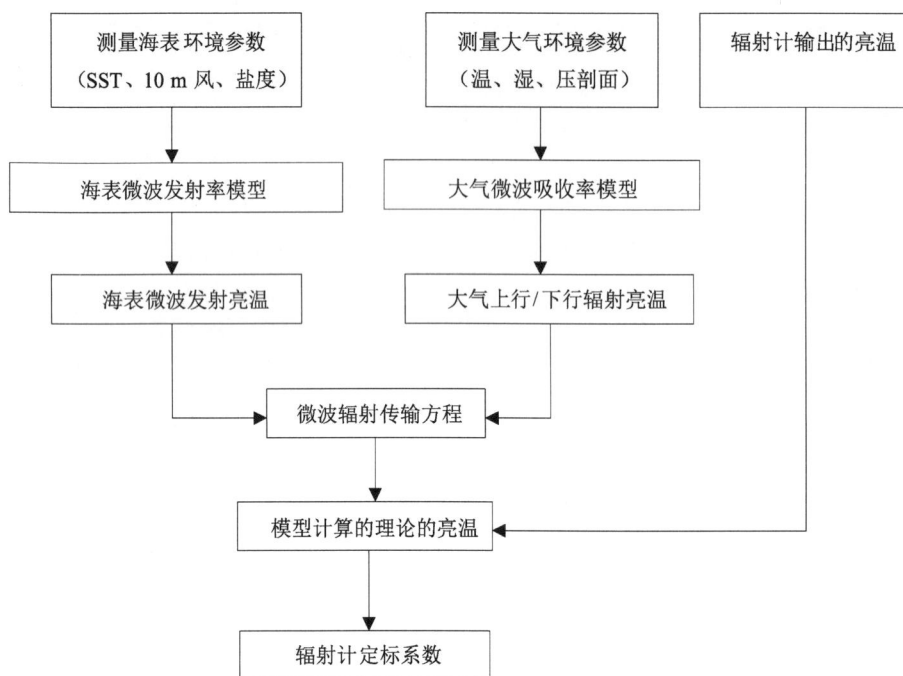

图 8 – 31　扫描微波辐射计地物替代法外定标流程

（2）模拟器实地测量法外定标。

在卫星过境前后 0.5 h 内完成现场海洋大气环境参数的观测。将环境参数代入辐射传输计算软件中，得到大气的上/下行辐射亮温以及大气的光学厚度，并利用现场辐射计的测量结果，拟合得到大气向下/向上辐射亮温的模型修正系数，更精确地计算出星载扫描微波辐射计接收到的理论亮温，从而得到定标系数。扫描微波辐射计观测步骤如下。

① 海面亮温观测。

② 大气亮温观测。

③ 海面发射率计算。

这样就通过测量海温、地基向上和向下的亮温得出了海面微波发射率，然后通过对比模型计算值来校正模型计算精度；然后计算星载辐射计接收的亮温和外定标系数。基于扫描微波辐射计实地测量法外定标方法需要进行实地测量微波辐射亮温和海气环境参数，除了满足在地物替代法中的条件外，还必须满足以下条件。

① 观测平台需足够稳定，由于微波亮温受角度影响较大，在辐射亮温观测时，角度变化不能超过 5°。

② 地基观测时观测面元较小，亮温观测积分时间需足够长至少超过波浪周期。

③ 当白天观测时，避开影像中的太阳耀斑区域；夜晚观测时，避开月亮耀斑区域。因为随机波动较大且不在遥感器正常的工作范围。

模拟器实地测量法外定标流程图见图 8 – 32。

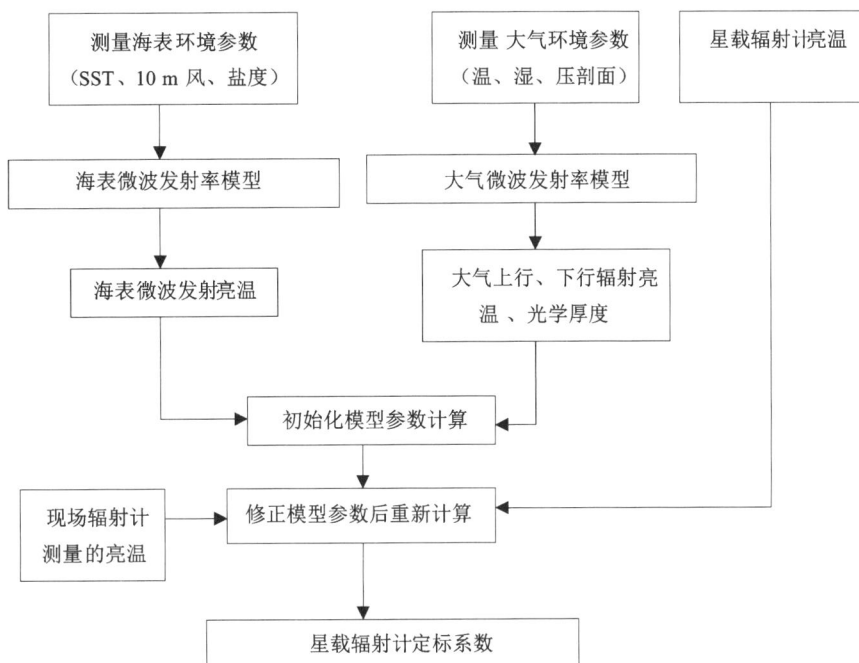

图 8－32　扫描微波辐射计模拟器实地测量法外定标流程

（3）星星交叉法外定标。

精确预测并且匹配 HY－2A 卫星和 AMSR－E 卫星的观测区域和时间，在此时间前后 0.5 h 内完成现场测量，用于模型参数计算和交叉定标结果的评估。将测量的海洋和大气环境参数代入微波辐射传输软件，对地物发射亮温、大气上/下行亮温、大气透过率进行角度和频率的归一化计算，将两颗卫星的测量亮温统一到相同的频率和角度下。对比归一化后的亮温得到星星交叉外定标系数。通过分别计算相同环境下亮温和角度、频率的关系来进行频率和角度的归一化。

星星交叉法外定标流程见图 8－33。

2）扫描微波辐射计反演产品真实性检验

HY－2A 扫描微波辐射计真实性检验是检验 L2 级产品的反演精度，产品包括：海面温度、海面风速、大气水汽含量、云液水含量。通过对比匹配后的 HY－2A 扫描微波辐射计 2 级产品和其他数据源得到的同类产品计算反演误差，得到真实性检验结果。数据源主要为以下 3 种。

（1）现场观测数据。

在 HY－2A 卫星过境的开阔海区和扫描微波辐射计同步观测海面温度、海面风速、大气水汽含量、云液水含量。观测的地理和时间特性如下。

观测区域的地理特性：根据扫描微波辐射计的产品分辨率大小，观测区域距离陆地的距离不能小于一个面元，即应大于 100 km 以上。

观测的时间特性：根据对比产品有效性的原则，观测时间不能距离卫星过境时间太长，观测时效为卫星过境前后 3 h 以内，由于海面风速变化较快的观测时效必须精确到卫星过境前后 1 h 以内。

```
┌─────────────────┐      ┌─────────────────┐      ┌─────────────────┐
│ 两个星载微波辐射 │      │ 测量海表环境参数 │      │ 测量大气环境参数 │
│ 计观测的亮温     │      │（SST、10 m风、盐度）│    │（温、湿、压剖面）│
└─────────────────┘      └─────────────────┘      └─────────────────┘
         │                        │                        │
         │                        ▼                        ▼
         │               ┌─────────────────┐      ┌─────────────────┐
         │               │ 海表发射率模型   │      │ 大气吸收率模型   │
         │               └─────────────────┘      └─────────────────┘
         │                        │                        │
         │                        ▼                        ▼
         │               ┌─────────────────┐      ┌─────────────────┐
         │               │ 海表微波发射亮温 │      │ 大气上行、下行辐 │
         │               │                 │      │ 射亮温、光学厚度 │
         │               └─────────────────┘      └─────────────────┘
         │                        │                        │
         │                        ▼                        ▼
         │               ┌─────────────────────────────────────────┐
         └──────────────▶│ 海表发射亮温、大气上下行亮              │
                         │ 温、光学厚度的归一化计算                │
                         └─────────────────────────────────────────┘
                                          │
                                          ▼
                         ┌─────────────────────────────────────────┐
                         │ 转化成相同频率和角度下的亮温            │
                         └─────────────────────────────────────────┘
                                          │
                                          ▼
                         ┌─────────────────────────────────────────┐
                         │ 交叉外定标系数                          │
                         └─────────────────────────────────────────┘
```

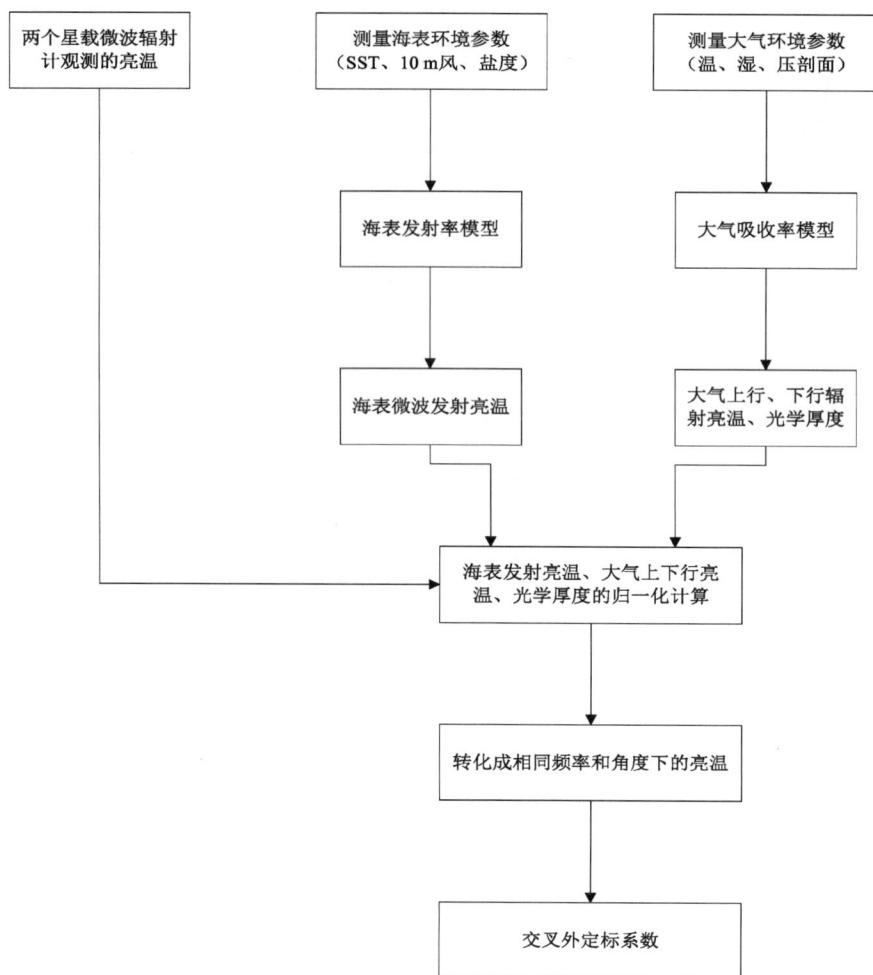

图 8 – 33　扫描微波辐射计星星交叉法外定标流程

（2）其他卫星产品。

利用其他卫星：AMSR – E、SSM/I、ASCAT、TMR、JMR 等反演的数据。对于真实性检验的数据来说，因为这些数据本身是存在误差的，被当做检验数据时，它们被认为是真值，所以需要对检验数据进行质量控制，剔除检验数据中误差较大的数据，经过必要的处理才能应用于真实性检验活动中，对比卫星产品的时间有效性为 3 h 以内。

（3）全球浮标、预报和分析数据。

利用全球 NDBC 浮标、NECP 再分析数据和 ECMWF 数据，使用需要对数据的时效性进行严格控制，根据卫星过境的时间，对比数据观测和预报时间应在 3 h 以内。

8.5.4.2　微波散射计辐射校正和真实性检验

HY – 2A 卫星微波散射计外定标方法采用海洋目标法、模拟器实地测量法和有源定标器法。

1）微波散射计定标

（1）海洋目标法外定标。

HY – 2A 卫星微波散射计测风主要是通过散射计天线发射微波脉冲到海面，并精确测量海面后向散射到天线的能量。在海面上，风场的变化引起了海面粗糙度的变化，也就引起了海面雷达散射系数的变化，进而引起海面后向散射能量大小的变化。通过测量的后向散射能量，根据雷达方程，就可以确定海面的雷达后向散射系数，然后利用雷达后向散射系数与海面风场之间的关系，就可以反演出海面风场。海洋目标法则是一个相反的过程，通过精确测量海面风场，利用卫星高度下观测到的理论后向散射系数于海面风场的关系，即地球物理模式函数，计算出卫星散射计观测到的后向散射系数，通过对比后向散射系数，达到对星载微波散射计定标的目的，分系统采用 NSCAT-2 模式函数。

实现海洋目标法外定标方法满足以下条件。

① 水汽和液水对后向散射系数测量有极大影响，因此不能选择阴、雨、雾天气，能见度应在 20 km 以上，特别是天顶方向观测必须不能受到厚云的影响。

② 风速在 8~12 m/s 之间，卫星观测的后向散射系数较大，系统误差和随机误差的影响较小，且现场风速测量较准确。

③ 离岸距离超过 50 km，考虑微波散射计观测面元为 25 km，因此离岸距离需在 2 个面元以上。

（2）模拟器实地测量法外定标。

在卫星过境前后 0.5 h 内完成现场海洋大气环境参数的观测。将环境参数代入大气系数模型中，得到后向散射系数在大气中的衰减，并利用现场散射计的测量结果，更精确地计算出星载微波散射计接收到的理论后向散射系数，从而得到定标系数。微波散射计模拟器实地测量外定标步骤如下。

① 海面后向散射系数观测。

② 大气衰减计算。

基于微波散射计实地测量法外定标方法需要进行实地测量微波辐射亮温和海气环境参数，除了满足在海洋目标法的条件外，还必须满足以下条件。

① 观测平台需足够稳定，由于微波亮温受角度影响较大，在辐射亮温观测时，角度变化不能超过 5°。

② 地基观测时观测面元较小，亮温观测积分时间需足够长至少超过波浪周期。

③ 当白天观测时，避开影像中的太阳耀斑区域；夜晚观测时，避开月亮耀斑区域，因为随机波动较大且不在遥感器正常的工作范围。

（3）有源定标器法外定标。

有源定标器外定标普遍应用于国外其他微波散射计的外定标，它是一种可以在卫星过境时快速准确接收微波散射计发射的微波散射能量，并且向微波散射计发射微波散射能量的精密仪器，微波散射计可以通过有源定标器实现后向散射系数的外定标。具体方法是在微波散射计过境轨道下的地面定标场上布置多个有源定标器，在卫星过境时，不断接收和发射微波散射能量，通过对比微波散射计自身发射和接收的能量，达到定标微波散射计的目的，并且多个有源定标可以实现不同方位角的测量。

有源定标器外定标法步骤如下。

① 微波散射计的发射能量观测。

② 地物信号剔除。

③ 大气衰减计算。

基于微波散射计有源定标器外定标方法需要进行实地测量微波辐射亮温和大气环境参数，必须满足天气要求，能见度在 20 km 以上。

2）微波散射计反演产品真实性检验

HY - 2A 卫星微波散射计真实性检验是检验 2 级产品的反演精度，产品包括：海面风速、海面风向。通过对比匹配后的 HY - 2A 微波散射计 L2 级产品和其他数据源得到的同类产品计算反演误差，得到真实性检验结果。数据源主要有以下 3 种。

（1）现场观测数据。

在 HY - 2A 卫星过境的开阔海区和微波散射计同步观测海面风速和海面风向。观测的地理和时间特性如下。

观测区域的地理特性：根据微波散射计的产品分辨率大小，观测区域距离陆地的距离不能小于 2 个面元，即应大于 50 km 以上。

观测的时间特性：根据对比产品有效性的原则，观测时间不能距离卫星过境时间太长，观测时效为卫星过境前后 1 h 以内，由于海面风速变化较快的观测时效必须精确到卫星过境前后 0.5 h 以内。

（2）其他卫星产品。

利用其他卫星：Metop - A 的 ASCAT 等反演的风矢量数据。对于真实性检验的数据来说，因为这些数据本身是存在误差的，被当做检验数据时，它们被认为是真值，所以需要对检验数据进行质量控制，剔除检验数据中误差较大的数据，经过必要的处理才能应用于真实性检验活动中，对比卫星产品的时间有效性为 3 h 以内。

（3）全球浮标、预报和分析数据。

利用全球 NDBC 浮标、NECP 再分析数据和 ECMWF 数据，使用需要对数据的时效性进行严格控制，根据卫星过境的时间，对比数据观测和预报时间应在 3 h 以内。

8.5.4.3 雷达高度计辐射校正和真实性检验

1）雷达高度计定标

HY - 2A 卫星雷达高度计外定标方法采用海面高度验潮仪法和后向散射系数有源定标器法。

（1）海面高度验潮仪外定标。

对于海面高度定标，HY - 2A 卫星雷达高度计的定标主要依靠验潮仪观测法进行。海面高度的绝对定标是在雷达高度计过顶时，通过验潮仪进行同步测量，然后根据两者观测的海面高度得到雷达高度计和验潮仪测量海面高度的绝对偏差。

在考虑到雷达高度计测高中的大气和海况这些误差源后，还需要考虑到雷达高度计星下点与平台验潮仪观测点之间的差别，需要计算两点之间大地水准面和海洋潮汐、固体地球潮汐、极潮和大气逆压的差别。雷达高度计海面高度验潮仪外定标的总体技术路线见图 8 - 34 所示。

（2）后向散射系数有源定标器法外定标。

后向散射系数的有源定标器法外定标，具体方法是在雷达高度计过境轨道下的地面定标场上布置多个有源定标器：在卫星过境时，不断接收和发射微波散射能量，通过对比雷达高度计自身发射和接收的能量，达到定标雷达高度计的目的。有源定标器外定标法步骤如下。

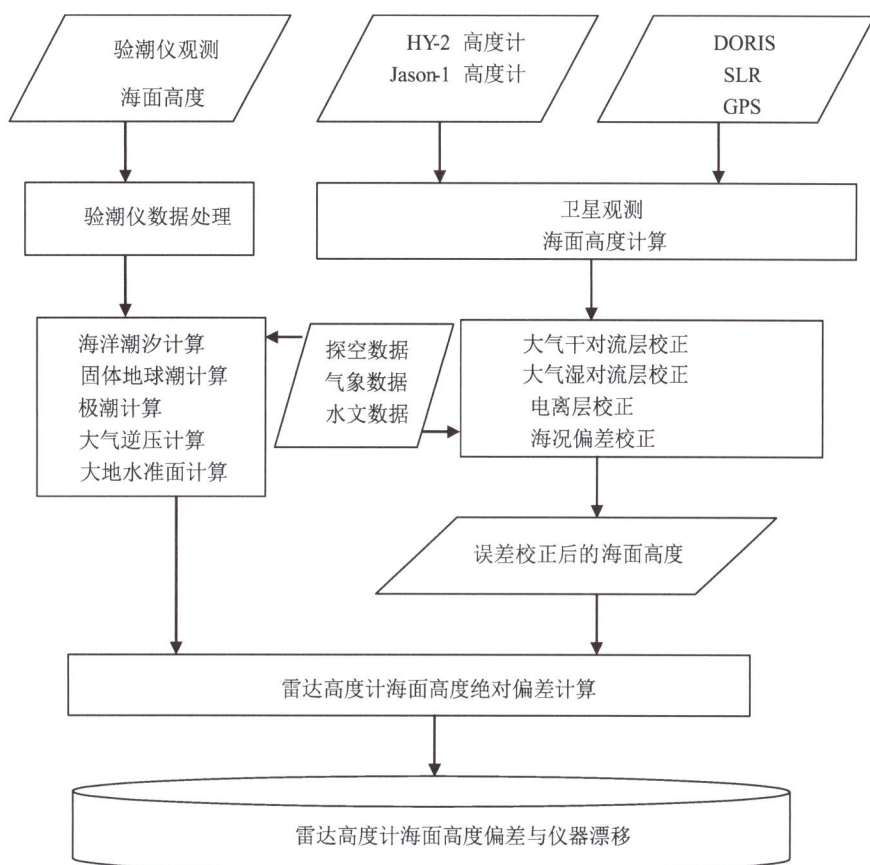

图8-34 雷达高度计验潮仪外定标流程

① 雷达高度计的发射能量观测。

② 地物信号剔除。

③ 大气衰减计算。

基于雷达高度计有源定标器外定标方法需要进行实地测量大气环境参数，必须满足以下条件：水汽和液水对后向散射系数测量有极大影响，不能选择阴、雨、雾天气；能见度应在20 km以上。

2）雷达高度计反演产品真实性检验

HY-2A卫星雷达高度计真实性检验是检验2级产品的反演精度，通过对比匹配后的HY-2A卫星雷达高度计2级产品和其他数据源得到的同类产品计算反演误差，得到真实性检验结果。真实性检验分为基于时延产品的检验和基于针对海平面高度、有效波高、风速产品的真实性检验。

（1）基于时延产品的真实性检验。

雷达高度计时延产品的真实性检验系统激光跟踪点大地水准面高度为基准点建造的。这种情况下有以下两个优点。

① 验潮仪与激光器紧紧相邻，它们的高度彼此都可用常规的测量方法测出，精确度可达到毫米级。

② 当卫星恰好从激光器上方飞过时，激光器测高误差最小，不确定性仅为 7 mm；而当星下点距激光器最近距离为 20 km 时，不确定性为 1 cm，随着近地点的增大，不确定性亦线性增大。

这样的情况，要求激光系统和验潮仪都设在相同的位置上，例如设在海洋中的观测塔上。然而，在实际中，往往利用设在陆地上的现有激光站，这样上述要求不能满足。而且，雷达高度计受到陆地上的回波影响，不可能精确求得通过激光站的直接高度。同时也由于方位和高角转动的限制，不可能跟踪最近点处的卫星。这是因为在最近点附近，高度变化率过大。为解决这一问题，可以利用接近最近点的数据进行估计过顶的卫星轨道高度。

（2）针对海平面高度、有效波高、风速产品的真实性检验。

针对海平面高度和有效波高真实性检验的方法，按数据来源分为以下 2 种。

① 在同步试验区，通过布设各种验潮设备、波浪浮标、风向仪等设备同步测量海平面高度或者有效波高，并经各种模型以及相关环境参数测量，得到与卫星反演产品具可比性的值，并与雷达高度计相应产品进行比对。这种方法的优点是针对性强、同步性好，真实性检验的精度依赖于现场测试仪器的性能及各种获取"真值"模型的性能；缺点是只能在重点试验区进行，缺乏对全球产品及各种环境状况下的真实性检验能力。

② 与在轨的性能稳定的星载高度计（如 ERS – 2、T/P）海平面高度产品进行比对。这种方法的优点是可以进行全球范围遥感产品的真实性检验，能完成对星载高度计在各种环境状况下获取海平面高度产品性能的检验；缺点是两个卫星的时间同步性及遥感目标的可比性差，另外也受到作比对的雷达高度计性能的影响。

8.5.4.4 辐射校正与真实性检验数据处理

辐射校正与真实性检验的数据处理是分系统中一个重要的组成部分，是对各种不同数据的采集、存储、检索、加工、变换和传输的过程。分系统数据处理实现方式主要采用定时处理和批处理的方式。

1）定时处理

不管是采用何种方法，分系统必须根据估计的卫星过境时间来进行数据采集开展数据处理工作，卫星的过境时间必须在进行数据采集之前准确推算。对于极轨卫星来说，其过境时间在发射后便是基本固定的，因此在预定时间可以开展辐射校正与真实性检验的数据采集工作，分系统必须按照预定的数据采集时间设定数据处理的时间，并且按照预先设定的处理要求和流程，进行数据处理工作。

2）批处理

辐射校正与真实性检验需要的数据种类很多，包括 HY – 2A 卫星数据、现场观测数据、其他卫星数据、再分析数据等，不同类型和来源的数据获取的时间不能可能同步，在数据处理前数据搜集工作需要花费的时间很多，并且无法保证实时获取，因此在数据处理过程中需要根据数据备齐情况来判断处理的时间和数量，一般情况下分系统需要对某个时段内的数据进行批处理。

3）满足各载荷不同辐射校正方法和检验产品分类处理的需求

因为各载荷使用的数据处理方法、数据种类、定标校正精度、真实性检验产品不同，数据处理过程中要对每个载荷分别进行的辐射校正和真实性检验的数据处理。

4）实现软件自动处理和人工手动处理两种模式

由于处理数据种类繁多，算法较为复杂，如果完全由人工参与的方式进行处理，容易产生错误，因此数据的采集、存储、检索、加工、变换和传输的整个过程中要实现软件自动处理的方式，并且实现在自动处理产生故障时，人工查找故障并手动处理数据。

5）分系统数据处理的流程

按照数据处理的要求，辐射校正与真实性检验分系统数据处理遵循以下流程。

（1）数据准备。

包括HY－2A卫星数据自动下载、其他卫星数据下载、现场观测数据预处理。

（2）遥感器定标。

包括选择遥感器类型、选择定标方法、时间空间匹配、辐射传输计算、定标系数计算。

（3）反演产品检验。

包括选择遥感器类型、选择检验产品种类、时间空间匹配、计算产品对比误差、生成真实性检验结果。

（4）定标检验结果分析。

包括定标曲线分析、真实性检验结果分析、辐射传输计算中间计算分析。

8.5.4.5　数据处理软件

1）数据处理软件的组成和特点

主要操作人员为科研人员，为了减少日常业务化的机械工作所占用的时间，系统应尽可能的实现自动化。为了方便对算法的研究，对整个流程还应保留手动逐步完成的功能，并选择是否保留中间结果。本系统作为业务化系统的一部分，必须保证即使一些临时的用户也能正常地完成整个业务流程，所以系统必须包含一些简单的对基本过程和功能的提示。定标与真实性检验数据处理软件，是面向流程化的、多种定标检验方法集成的、多源遥感与现场数据一体化管理的定标检验工作。软件的模块功能组成如图8－35所示。

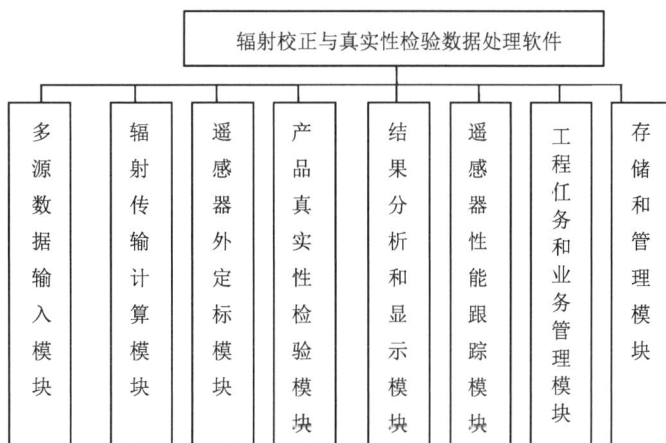

图8－35　定标与真实性检验数据处理软件组成结构

软件各模块功能组成如表 8 - 14 所示。

表 8 - 14   定标与真实性检验数据处理软件各模块组成

模块名称	子模块名称
多源数据输入模块	卫星数据读取子模块
	现场观测数据读取子模块
	辅助数据读取子模块
辐射传输计算模块	微波辐射传输计算子模块
	微波散射系数计算子模块
	海面高度修正计算子模块
遥感器外定标模块	数据匹配和剔除子模块
	扫描微波辐射计外定标子模块
	微波散射计外定标子模块
	雷达高度计外定标子模块
产品真实性检验模块	扫描微波辐射计产品检验子模块
	微波散射计产品检验子模块
	雷达高度计产品检验子模块
结果分析和显示模块	结果数据分析子模块
	图表数据定制显示子模块
遥感器性能跟踪模块	参数自动分析数据子模块
	遥感器参数异常报告子模块
工程任务和业务管理模块	工程流程向导子模块
	日志管理子模块
数据存储和管理模块	数据分类存储子模块
	数据综合检索子模块
	多源数据查看子模块
	数据自动传送子模块
	数据自动下载子模块

2）软件的功能

（1）多源数据输入。

① HDF 格式数据读取

主要为扫描微波辐射计、散射计卫星传感器数据，包括 HY - 2A 卫星扫描微波辐射计、微波散射计、Aqua AMSR - E、DMSP SSM/I、AVHRR、AATSR 等卫星传感器的 L1A 级和 L2 级数据；读取规定位置、时间、角度、频率下的亮温、后向散射系数、海表温度、海面风速、海面风向、大气水汽含量、大气液态水含量、遥感器性能参数等定标检验所用数据。

② NetCDF 格式数据读取

主要为 ASCAT、Jason1/2 卫星传感器数据和 NCEP、ECMWF 数据，包括 ASCAT、Jason - 1/2 高度计的 L1A 级和 L2 级数据，NCEP、ECMWF 全球再分析环境数据：读取规定位置、时间、角度、频率下的亮温、后向散射系数、GDR、海面风速、海面风向、大气水汽含量、大气液态水含量、大气分层序号、有效波高（SWH）、海平面高度（SSH）、遥感器性能参数等定标检验所用数据。

③ 高度计二进制数据格式读取

主要为 T/P、Jason1 卫星传感器数据，包括 T/P、Jason1 高度计的 1 级和 2 级数据；读取规定位置、时间、角度、频率下的亮温、后向散射系数、GDR、海面风速、海面风向、大气水汽含量、大气液态水含量、SSH、SWH、遥感器性能参数等定标检验所用数据。

④ 文本格式数据读取

主要为现场测量数据，包括红外辐射计、温盐压计、风速风向仪、探空仪、波浪浮标、验潮仪等现场环境参数测量仪器数据。读取规定位置、时间的海表温度、海面风速、海水盐度、海面风向、大气水汽含量、大气液态水含量、大气温湿压剖面、SSH、SWH 等定标检验所用数据。

⑤ 定制格式数据读取

主要为现场模拟器测量数据，包括扫描微波辐射计、微波散射计等模拟器数据；读取规定位置、时间、频率、角度的电压值、亮温、后向散射系数、黑体温度等定标检验所用数据。

（2）辐射传输计算。

① 海表微波辐射率计算

主要功能为输入海表环境参数、频率、角度、极化方式，计算出海水介电常数和粗糙海面微波发射率。

② 大气微波吸收率计算

主要功能为输入大气环境参数、频率、角度、计划方式，计算出大气分层的微波吸收率。

③ 微波亮温计算

主要功能为输入海洋大气环境参数、海表微波辐射率和大气微波吸收率，利用辐射传输方程、计算出宇宙背景辐射亮温、大气上下行亮温、海表发射亮温、卫星入瞳处亮温。

④ 微波后向散射系数计算

主要功能为输入海表风场和其他环境参数，利用地球物理模式函数计算微波后向散射系数。

⑤ 大气散射衰减计算

主要功能为输入大气环境参数、后向散射系数，利用大气散射模型计算卫星微波入瞳处微波后向散射系数。

⑥ 卫星海面高度修正

主要功能为输入海表环境参数、频率、角度、极化方式、读取后的雷达高度计数据，通过干湿对流层修正计算、电离层修正计算、海况偏差修正计算、地球物理修正计算，实现卫星海面高度修正。

⑦ 验潮站海面高度修正

主要功能为输入海表环境参数，通过潮汐修正计算、大气逆压修正计算、大地水准面修正计算，实现验潮站海面高度修正。

（3）遥感器外定标。

① 数据剔除和匹配

主要功能为根据数据质量标志、陆海标志、降雨、云识别标志等判别信息，自动或者手动剔除异常数据；根据数据的时、空、频率、角度、极化方式信息和匹配精度，自动或者手动时空匹配辐射传输计算后的数据和读取后的格式定标检验数据。并且将剔除和匹配结果按统一格式保存，随时提供调用。

② 辐射亮温地物替代外定标计算

主要功能为根据剔除和匹配后的辐射传输计算结果亮温和 HY－2A 卫星扫描微波辐射计亮温数据，使用最小二乘法自动计算扫描微波辐射计的外定标系数、数据的相关系数和标准偏差；并且将辐射亮温地物替代外定标计算结果按统一格式保存，随时提供调用。

③ 辐射亮温模拟器测量外定标计算

主要功能为根据剔除和匹配后的模拟器现场观测亮温和 HY－2A 卫星扫描微波辐射计亮温数据，利用现场辐射计模拟器向下、上测量亮温推导地物发射率，并且利用辐射传输计算结果推导卫星入瞳处亮温，自动计算扫描微波辐射计的外定标系数、数据的相关系数和标准偏差；并且将辐射亮温模拟器测量外定标计算结果按统一格式保存，随时提供调用。

④ 辐射亮温星星交叉外定标计算

主要功能为根据剔除和匹配后的 HY－2A 卫星扫描微波辐射计亮温和其他卫星亮温数据，利用其他卫星观测亮温，通过辐射传输计算进行频率、角度归一化计算卫星入瞳处亮温，自动计算扫描微波辐射计的外定标系数、数据的相关系数和标准偏差；并且将辐射亮温星星交叉外定标计算结果按统一格式保存，随时提供调用。

⑤ 后向散射系数海洋目标外定标计算

主要功能为根据剔除和匹配后的辐射传输计算出的微波后向散射系数和 HY－2A 微波散射计/雷达高度计后向散射系数数据，使用最小二乘法自动计算微波散射计/高度计的外定标系数、数据的相关系数和标准偏差；并且将后向散射系数海洋目标外定标计算结果按统一格式保存，随时提供调用。

⑥ 后向散射系数模拟器测量外定标计算

主要功能为根据剔除和匹配后的模拟器现场观测后向散射系数和 HY－2A 卫星后向散射系数数据，利用现场散射计模拟器向下、上测量后向散射系数推导海表后向散射系数，并且利用大气散射计算结果推导 HY－2A 卫星入瞳处后向散射系数，自动计算微波散射计/高度计的外定标系数、数据的相关系数和标准偏差；并且将后向散射系数模拟器测量测量外定标计算结果按统一格式保存，随时提供调用。

⑦ 后向散射系数星星交叉外定标计算

主要功能为根据剔除和匹配后的 HY－2A 卫星后向散射系数和其他卫星后向散射系数数据，利用其他卫星观测的数据，通过辐射传输计算进行频率、角度归一化计算 HY－2A 卫星入瞳处后向散射系数，自动计算微波散射计/雷达高度计的外定标系数、数据的相关系数和标准偏差；并且将后向散射系数星星交叉外定标计算结果按统一格式保存，随时提供调用。

⑧ 海面高度验潮站外定标计算

主要功能为根据剔除和匹配后的 HY－2A 卫星海面高度修正和验潮站海面高度修正数据，自动计算雷达高度计的外定标系数、数据的相关系数和标准偏差；并且将海面高度验潮站外定标计算结果按统一格式保存，随时提供调用。

（4）产品真实性检验。

① 数据剔除和匹配

主要功能为根据数据质量标志、陆海标志、降雨、云识别标志等判别信息，自动或者手动剔除异常数据；根据数据的时、空信息和匹配精度，自动或者手动读取后的统一格式定标检验数据。并且将剔除和匹配结果按统一格式保存，随时提供调用。

② 相关性计算

主要功能为输入经过剔除和匹配后的 HY－2A 卫星产品数据、其他卫星产品数据、现场观测数据和辅助环境参数，利用矢量相关计算得到数据间的相关性。并且将相关性和误差统计计算结果按统一格式保存，随时提供调用。

③ 误差统计

主要功能为输入相关性数据，利用随机误差统计方法计算数据间的相对误差；并且将误差统计计算结果按统一格式保存，随时提供调用。

（5）遥感器性能跟踪。

① 遥感器参数自动分析

主要功能为将数据存储和管理模块自动下载的 HY－2A 卫星数据，利用多源数据输入功能，得到遥感器的性能参数；根据参考阈值或者其他判断条件，对多个载荷的关键参数进行自动分析，并且将参数自动分析结果按统一格式保存，随时提供调用。

② 遥感器参数异常报告

主要功能为根据参数自动分析结果，针对遥感器性能参数超过阈值的情况或其他异常情况，发出异常报告；并且将参数自动分析结果按统一格式保存，随时提供调用。

（6）结果分析和显示。

① 数据统计

主要功能为根据输入数据，分期对各模块处理数据类别、数量、大小等信息按时间、地理位置、传感器进行统计；并且将统计结果按统一格式进行保存。

② 结果分析

主要功能为根据输入数据和统计结果，对各模块计算结果和中间结果进行分析；并且将分析结果按统一格式进行保存。

③ 文本定制显示

主要功能为根据输入数据、统计和分析数据，对数据进行定制格式化文本显示，并将定制文本保存为统一格式。

④ 表格定制显示

主要功能为根据输入数据、统计和分析数据，对数据进行定制格式化表格显示，并将定制表格保存为统一格式。

⑤ 图形定制显示

主要功能为根据输入数据、统计和分析数据，利用直方图、散点图、排列图等图形形式对数据进行定制图形显示，并将定制图形保存为统一格式。

⑥ 数据回放

主要功能为根据卫星观测数据、现场模拟器观测数据、辅助环境数据、遥感器性能数据，按时间和空间的连续性定制回放，并将回放数据生成和保存为统一格式。

（7）工程任务和业务管理。

① 任务流程的工程文件

将新建或者更新后的任务流程工程文件按照统一格式存储，并且供其他模块调用。

② 软件操作信息

将新建、更新后日志文件按照统一格式存储，并且供其他模块调用。

（8）数据存储和管理。

数据存储和管理模块的主要功能需求是构建数据库，将软件所需和产生的数据、文件分类存储于数据库中，并且实现数据的综合检索、查看、自动传输和下载功能。

① 分类存储

主要功能为将以上各模块结果和中间数据分类存储，按照时间、传感器类别、产品级别、定标检验产品类别、各功能输出等不同方式存储。

② 综合检索

主要功能为将以上各模块结果和中间数据综合检索，实现按传感器种类、产品类别、数据格式和时空排列等多种分类方式的数据检索。

③ 数据查看

主要功能为查看输入数据、中间计算数据、结果数据和业务工作数据，实现不同格式的多源数据按照不同数据查看软件根据相应需求快速浏览和查看。

④ 自动下载和上传

主要功能为数据自动下载和上传功能，包括输入数据的自动下载、结果数据的自动上传和其他共享数据的自动上传，实现按时、分类和快速上传数据。

8.5.4.6 野外观测试验

遥感器的辐射校正与真实性检验需要使用高精度的现场观测数据，因此在卫星过境的时间和区域开展野外定标检验试验是必不可少的。分系统根据各遥感器观测特点选定合适的试验区域，计算卫星过境时间，制定出野外定标试验的观测计划，制定统一的观测技术规范，通过不同观测平台和观测仪器在选定区域和指定时间进行精确测量，得到辐射校正与真实性检验所需要现场观测数据。

HY-2A 辐射校正与真实性检验试验场区选择必须根据传感器特性和场区水文气象条件作为考虑的依据，每一种传感器对试验场区都有不同的要求：雷达高度计要求海面波浪越大越好，并且要求波浪有不同分级；微波散射计要求海面风速有从小到大的变化；扫描微波辐射计要求海面至少要有一个平静无浪的条件，而且要距离海岸线至少 150 km。具体要求如下。

1）微波散射计

（1）场区的面积需要足够大，以便星载散射计能够在短时间内进行足够多次测量；根据 HY-2A 卫星散射计的面元大小，区域大小满足 50 km×50 km。

（2）后向散射系数在定标期间内变化较小，场区内风浪场等环境要素较均匀；区域内风速范围是 8~14 m/s。

（3）离岸距离超过 2 个面元，即 50 km。

2）扫描微波辐射计

（1）场区的面积需要足够大，以便星载辐射计能够在短时间内进行足够多次测量；根据 HY-2A 卫星扫描微波辐射计的面元大小，区域大小满足 200 km×200 km；根据 HY-2A 卫星校正微波辐射计的面元大小，区域大小满足 100 km×100 km。

（2）为避免粗糙海面对辐射亮温产生影响，区域内风速范围是 0～7 m/s。

（3）离岸距离超过 2 个面元，即扫描微波辐射计试验区域离岸 200 km，校正微波辐射计试验区域离岸 100 km。

3）雷达高度计

（1）具有密集的潮汐测量网络，如验潮仪、GPS 浮标等。

（2）潮汐和洋流小且变化平稳。

（3）场区内风浪场等环境要素较均匀。

（4）包含卫星轨道的地面轨迹。

根据现有微波辐射研究和初步普查的结果，海上微波辐射校正场为南海海域包括海南岛以东区域、海上监测平台、西沙群岛。场区内将安置海洋气象观测设备、海面环境参数观测设备、辐射亮温和后向散射观测设备、以及激光测距设备。这些设备将安放在海面监测平台、水下监测平台以及机动监测平台之上。其中海面监测平台包括海上固定平台、海面浮标阵、GPS 浮标、验潮仪等，这些设备可通过不同角度、不同覆盖范围、不同观测频率、不同工作方式，全面地观测试验场的海面状况；机动监测平台包括飞机、飞艇以及调查船。

4）过境时间计算和观测计划制定

（1）卫星的过境时间可以根据卫星测控系统发布的 TLE 两行报进行精确计算出来，在预定观测区域内可以通过卫星轨道计算工具计算卫星过境的精确时间。

（2）根据载荷的观测范围和几何观测来确定精确的观测位置，然后使用 Arcgis 等地图软件制作过境时间和位置图。

5）现场观测计划

根据以上确定的过境时间和区域来制定现场观测计划，包括观测时间计划表和试验组织计划表。

（1）观测时间计划表。

根据计算的卫星过境时间制定详细的观测时间计划表，包括各个载荷的观测时间。

（2）试验组织计划表。

组织试验需要的观测平台、观测仪器、试验人员，根据试验需求确定观测的平台，包括石油平台、船舶、飞机等试验平台；观测仪器在试验前进行精密定标，并且安装于试验平台之上；安排试验任务所需的试验人员数量和分工。

6）定标检验观测内容

（1）水文气象环境观测。

水文气象环境观测建立在海洋站、海洋石油平台、调查船、浮标、岛屿观测站的平台基础之上，按照各个不同载荷分为以下几类。

① 扫描微波辐射计

扫描微波辐射计定标检验的水文气象环境观测包括：海面温度、海水盐度、海面风速、大气水汽含量、大气液态水含量。

② 微波散射计

微波散射计定标检验的水文气象环境观测包括：海面温度、海面风速、大气水汽含量、大气液态水含量。

③ 雷达高度计

雷达高度计定标检验的水文气象环境观测包括：海面风速、有效波高、海平面高度、大气水汽含量、大气液态水含量。

④ 校正微波辐射计

扫描微波辐射计定标检验的水文气象环境观测包括：海面温度、海水盐度、海面风速、大气水汽含量、大气液态水含量。

（2）载荷模拟器观测。

① 扫描微波辐射计

扫描微波辐射计定标检验的模拟器观测包括：使用星载辐射计相同观测角度，测量各频率和极化下的海面亮温，以及大气下行辐射亮温。

② 微波散射计

微波散射计定标检验的模拟器观测包括：使用星载散射计相同观测角度，测量各频率和极化下的海面后向散射系数。

③ 雷达高度计

雷达高度计定标检验的模拟器观测包括：垂直角度测量各频率和极化下的后向散射系数，以及海平面高度。

④ 校正微波辐射计

校正微波辐射计定标检验的模拟器观测包括：垂直测量各频率和极化下的海面亮温、各频率和极化下的大气下行辐射亮温。

8.6 业务应用分系统

8.6.1 分系统的组成

HY－2A 卫星业务应用分系统由硬件及网络系统、系统软件、商业软件和自主开发的 6 个业务应用子系统四部分组成。

HY－2A 卫星业务应用分系统组成结构见图 8－36 所示。

1）业务应用分系统硬件及网络系统

HY－2A 卫星载有 4 个遥感器，产品的数据量较大，精度和时效性要求都很高。因此，业务应用分系统的硬件环境需要一个高可靠性、高可用性和高效的计算机网络应用支撑环境，为 HY－2A 卫星的数据应用和展示提供高性能的技术平台。

业务应用分系统由高性能 UNIX 服务器、高档图像处理工作站（包括 Web 服务器）、数据存储的盘阵、PC 服务器、彩色激光打印机和其他外置设备组成。网络设备是一台具有万兆上连端口的千兆交换机。服务器、图像处理工作站和 PC 机均以千兆网与子系统交换机相连，充分利用网络资源，减少数据的传输时间。用于产品输出的网络打印机等外围设备以百兆网与交换机相连。

2）系统软件

（1）UNIX 服务器。

操作系统：64 位 UNIX。

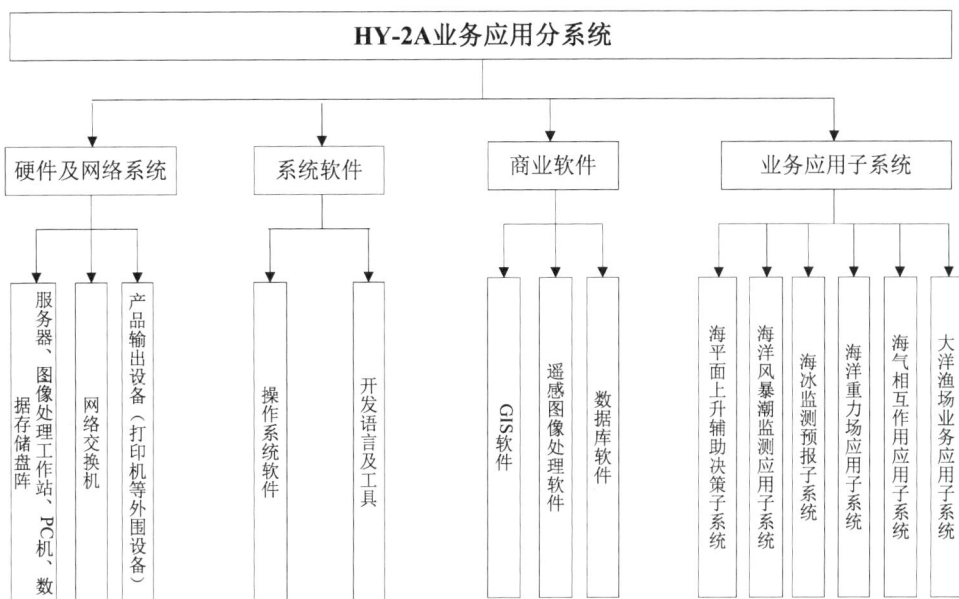

图 8-36　HY-2A 业务应用分系统组成结构

开发语言及工具：C/C++，Fortran 77/90，IDL。

（2）Web 服务器。

操作系统：Linux。

Web 服务器软件：Apache。

开发语言：C/C++。

（3）PC 机。

操作系统：Windows 专业版。

开发语言及工具：Visual C++，Fortran 77/90，Matlab，IDL。

3）商业软件

GIS 软件：ArcGIS；遥感图像处理软件：ENVI；数据库软件：Oracle。

4）业务应用子系统

业务应用分系统由海平面上升辅助决策子系统、海洋风暴潮监测应用子系统、海冰监测预报子系统、海洋重力场应用子系统、海气相互作用应用子系统和大洋渔业业务应用子系统 6 个子系统组成。系统软件根据各子系统的不同研究内容和功能，实现数据处理和应用成果的 WEB 发布等功能。

8.6.2　主要任务和功能

业务应用分系统的主要任务如下。

（1）开展 HY-2A 卫星雷达高度计、微波散射计和扫描微波辐射计 3 个星载遥感器遥感数据在海洋监测预报上的应用技术研究。

（2）开展 HY-2A 卫星遥感业务应用的计算机网络系统开发平台建设。

（3）建立 6 个 HY-2A 卫星数据业务应用子系统，全面开展 HY-2A 卫星数据应用工作。

（4）业务化生产 HY－2A 卫星 L4 级数据产品。

（5）为海洋管理、海洋研究以及其他涉海业务部门提供海洋动力环境信息服务。

利用 HY－2A 卫星雷达高度计、微波散射计和扫描微波辐射计 3 个星载遥感器遥感数据，并适当结合其他卫星数据和现场观测数据，建立 HY－2A 业务应用分系统，主要功能如下。

（1）提供海洋动力环境信息产品。

业务应用分系统通过建立海平面上升辅助决策、风暴潮监测、海冰监测、海洋重力场应用、海气相互作用应用和大洋渔场业务应用 6 个应用子系统，全面开展 HY－2A 卫星数据应用工作，生产制作相应的 HY－2A 卫星 L4 级应用产品，满足我国海洋管理、海洋环境预报、海洋灾害监测、海洋公益服务、海洋安全和海洋科学研究等各方面的信息需求。

（2）开展 HY－2A 卫星产品数据质量的应用评价。

业务应用分系统处于地面应用系统的最末端，也是 HY－2A 卫星成果的主要展示窗口之一，其应用效果受到前端各分系统的影响，同时也能对前端产品质量进行评价。业务应用分系统将应用评价结果反馈给数据预处理、定标与真实性检验以及资料处理等分系统，进而保障卫星产品质量的科学性和可靠性。

（3）展示 HY－2A 卫星的应用能力，并进一步挖掘 HY－2A 卫星的应用潜能。

8.6.3　主要技术指标

HY－2A 卫星业务应用分系统的技术指标主要体现为 6 个业务应用子系统的应用指标，包括：

1）海平面上升辅助决策子系统技术指标

（1）定期制作月均、季均和年均海平面上升专题产品。

（2）平均海平面上升专题产品空间分辨率分别不低于 1°。

（3）海平面上升的预测趋势准确率优于 95%。

（4）海平面上升辅助决策的决策时效不短于 2 年。

2）海洋风暴潮监测应用子系统技术指标

（1）风暴潮漫滩水深精度 0.5 m。

（2）淹没面积精度为 125 km²。

（3）增水精度为 10 cm。

（4）台风（位置和强度）识别准确率大于 85%。

（5）台风中心定位平均偏差不超过 4 个风矢量单元。

3）海冰监测预报子系统技术指标

（1）海冰外缘线精度为 3 个像素。

（2）海冰密集度反演精度优于 10%。

（3）海冰信息产品空间分辨率为 25 km。

（4）海冰外缘线和密集度产品时间周期为 1 天、1 月。

（5）海冰范围变化异常产品和发展趋势预测产品时间周期为 1 月、1 年。

（6）海冰产品空间覆盖区域为南北极。

4）海洋重力场应用子系统技术指标

（1）多年平均海平面高度、网格化垂线偏差、大地水准面、重力异常监测专题图、海洋水深产品均为全球覆盖。

（2）多年平均海平面高度、网格化垂线偏差、大地水准面、重力异常监测专题图空间分辨率 $2' \times 2'$。

（3）平均海平面高度精度 5~10 cm。

（4）海洋重力异常监测精度 3~5 mGal（宽阔海域）。

（5）全球海深产品精度优于 270 m（与 ETOPO5、TBASE 等海深模型比较）。

5）海气相互作用应用子系统技术指标

（1）产品周期为 1 天、5 天、1 月。

（2）产品空间覆盖率为全球。

（3）空间分辨率优于 $1°$。

6）大洋渔场业务应用子系统技术指标

（1）中尺度涡与锋面位置误差小于 10 km。

（2）海流精度：强流区流速精度为 ±0.20 m/s、流向精度 ±30°。

（3）渔场位置预报精度优于 70%。

（4）产品制作和渔场速报时效为 6 h。

（5）渔场环境专题产品时间周期为 1 周、1 月、1 季和半年。

8.6.4 分系统工作流程

业务应用分系统通过数据接口从产品存档与分发分系统获取 HY-2A 卫星的 L2 级和 L3 级产品，结合其他辅助数据作为业务应用分系统的输入。经过质量控制等预处理后，分别进入业务应用分系统的 6 个子系统（海平面上升辅助决策子系统、海洋重力场应用子系统、海冰监测预报子系统、海气相互作用应用子系统、大洋渔业业务应用子系统和海洋风暴潮监测应用子系统）进行各子系统的相关处理，生成 HY-2A 卫星 L4 级产品。对 HY-2A 卫星 L4 级产品进行专题产品图制作，生成相应产品的专题产品图。HY-2A 卫星 L4 级产品和专题产品图通过数据接口在产品存档与分发分系统中进行产品存档与分发。同时根据 HY-2A 卫星 L4 级产品和产品专题图的应用效果对其进行精度和应用能力评价。

业务应用分系统工作流程见图 8 37 所示。

由于业务应用分系统主要由 6 个子系统构成，下面分别阐述各子系统的工作流程。

1）海平面上升辅助决策子系统工作流程

海平面上升辅助决策子系统利用资料处理分系统处理生成的 HY-2A 雷达高度计 L2 级 GDR 数据和国外同类卫星雷达高度计（Jason-1/2）数据，结合我国沿海台站、极地海洋站的海面高度监测数据和其他辅助数据，开展海平面上升监测，建立海平面上升辅助决策子系统。海平面上升辅助决策子系统流程主要包括数据预处理、海平面测高数据的融合、海平面上升监测及分析预测、海平面上升影响评估与辅助决策。

海平面上升辅助决策子系统流程见图 8-38 所示。

2）海洋风暴潮监测应用子系统

海洋风暴潮监测应用子系统利用资料处理分系统处理生成的 HY-2A 卫星雷达高度计海

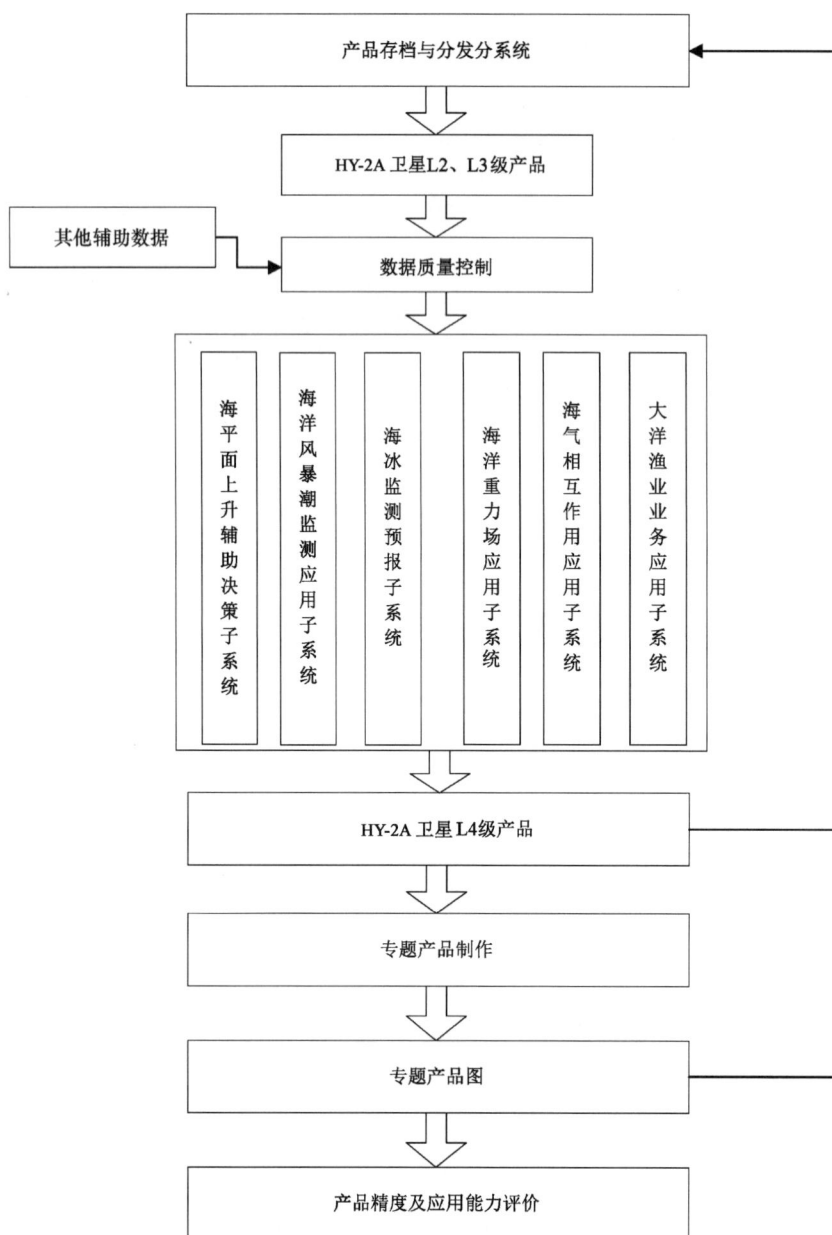

图 8-37 业务应用分系统工作流程

面高度的 L2 级 GDR 数据、HY-2A 卫星微波散射计 L2 级数据、HY-2A 卫星扫描微波辐射计 L2 级数据，结合我国沿海台站、极地海洋站的海面高度监测数据和其他国内外卫星数据辅助资料，开展风暴潮监测应用研究，建立风暴潮监测应用子系统。风暴潮监测应用子系统流程包括数据预处理、热带台风风暴潮监测、温带风暴潮监测、热带风暴潮数值预报、温带风暴潮数值预报和风暴潮灾后评估等模块。

海洋风暴潮监测应用子系统流程见图 8-39 所示。

3）海冰监测预报子系统

海冰监测预报子系统输入数据为 HY-2A 卫星扫描微波辐射计亮温数据和微波散射计数

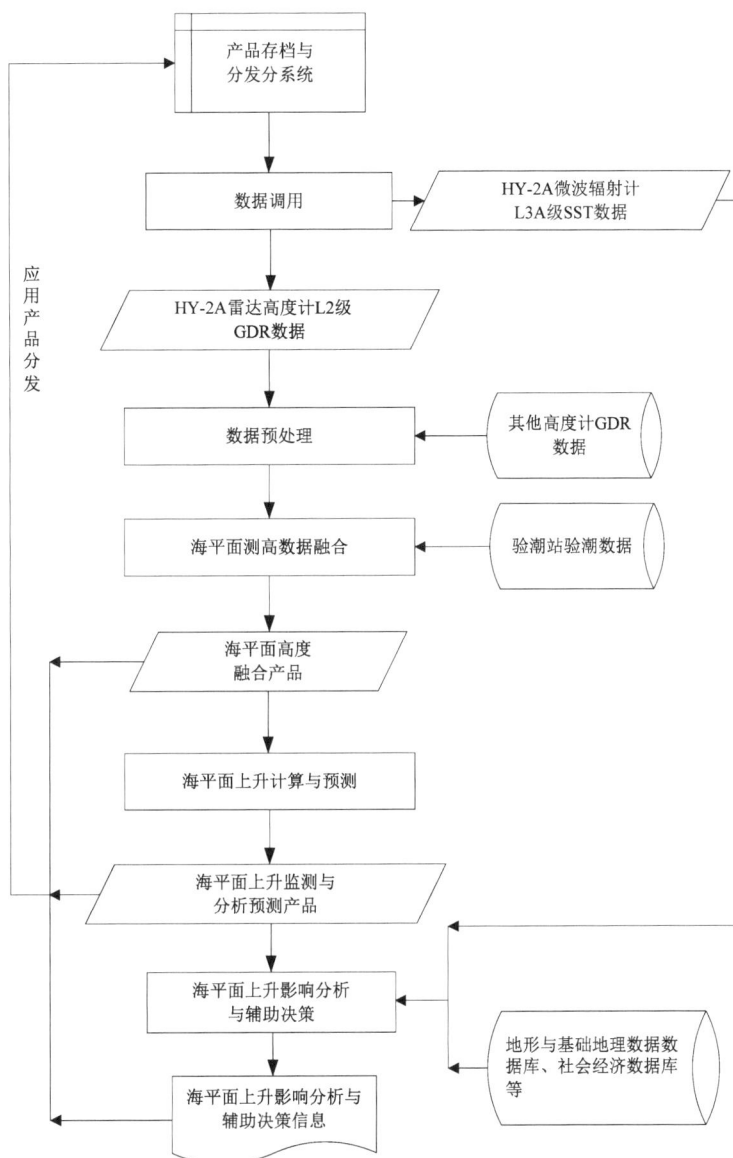

图 8-38　海平面上升辅助决策子系统流程

据，用于进行冰水识别、海冰密集度反演、一年冰多年冰区分及密集度、海冰变化趋势，在计算海冰变化趋势时需要的历史数据采用 NSIDC 提供的利用辐射计数据得到的极区海冰变化数据。

　　利用扫描微波辐射计亮温数据计算海冰密集度，首先需要从存档与分发分系统调用 L3A 亮温数据，然后对数据进行质量控制和预处理，利用不同频段不同极化方式的亮温数据反演海冰信息，主要包括 25 km 空间分辨率的海冰（一年冰和多年冰）密集度；基于美国国家冰雪数据中心的历史数据，监测海冰变化异常、预测海冰变化趋势；利用多时相数据计算海冰漂移信息。

　　利用微波散射计反演海冰信息，首先需要从存档与分发分系统调用 L1B 数据，然后对数据进行质量控制和预处理，得到极化比、入射角相关性和后向散射系数的标准偏差，用来区

```
                    产品存档与分发分系统
                            ↓
                        数据调用
                            ↓
              HY-2A微波散射计L2级数据,
              HY-2A雷达高度计L2级GDR
              数据,潮汐、水深、DEM数据
                            ↓
                        数据预处理
                    ↓                   ↓
          热带台风风暴潮监测          温带风暴潮监测
                ↓                       ↓
          热带台风风暴潮              温带台风风暴潮
            监测产品                    监测产品
                ↓                       ↓
        热带台风风暴潮数值预报        温带风暴潮数值预报
                ↓                       ↓
          热带台风风暴              温带风暴潮
          数值预报产品              数值预报产品
                    ↓
              热带台风风暴潮监测
                    ↓
              热带台风风暴潮
                监测产品
```

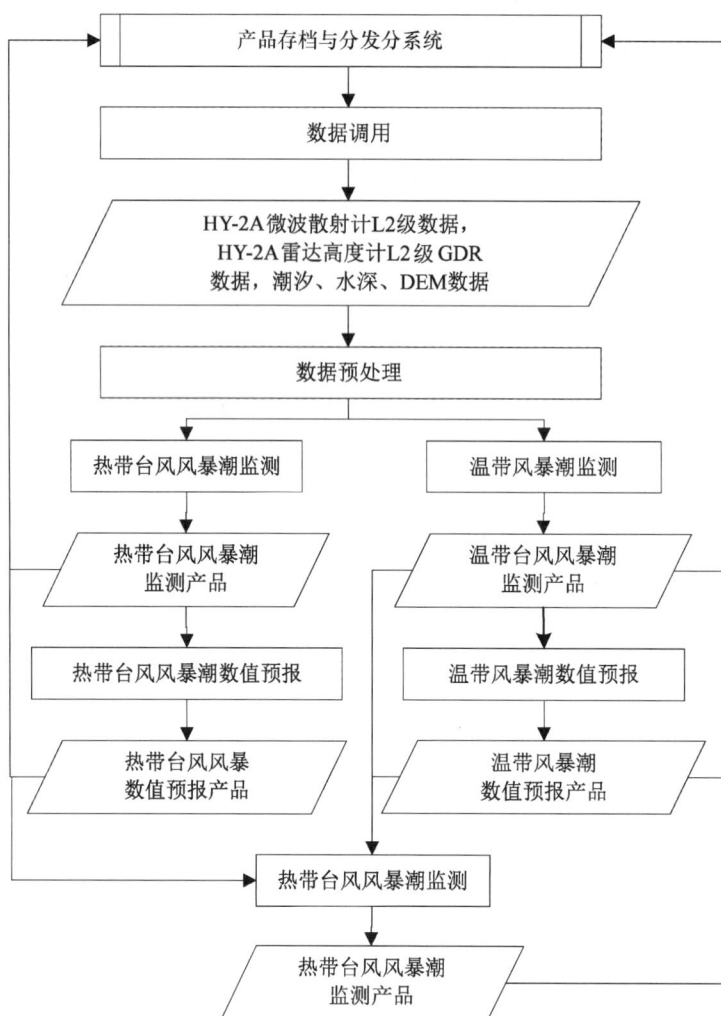

图 8 – 39   海洋风暴潮监测应用子系统流程

别海水和海冰,得到海冰外缘线产品。

本子系统得到的产品,还需要进一步验证和应用示范:验证主要是利用较高分辨率的卫星数据获取的海冰产品进行个例验证和利用国外相似的海冰产品进行对比验证;应用示范主要是为极地海冰预报模式提供初始场,评估其应用结果。

海冰监测预报子系统流程图见图 8 – 40 所示。

4)海洋重力场应用子系统

海洋重力场应用子系统利用 HY – 2A 卫星雷达高度计海面测高的 L2 级 GDR 数据,选择适当参考重力场模型、海深模型和相应的计算方法,并根据需要联合其他卫星(Jason – 1/2 等)高度计 GDR 数据,建立海洋重力场应用子系统。该子系统流程主要包括数据预处理、海平面测高数据网格化处理、海洋垂线偏差计算、海洋大地水准面计算、海洋重力场异常监测和海洋水深计算。

海洋重力场应用子系统处理流程见图 8 – 41 所示。

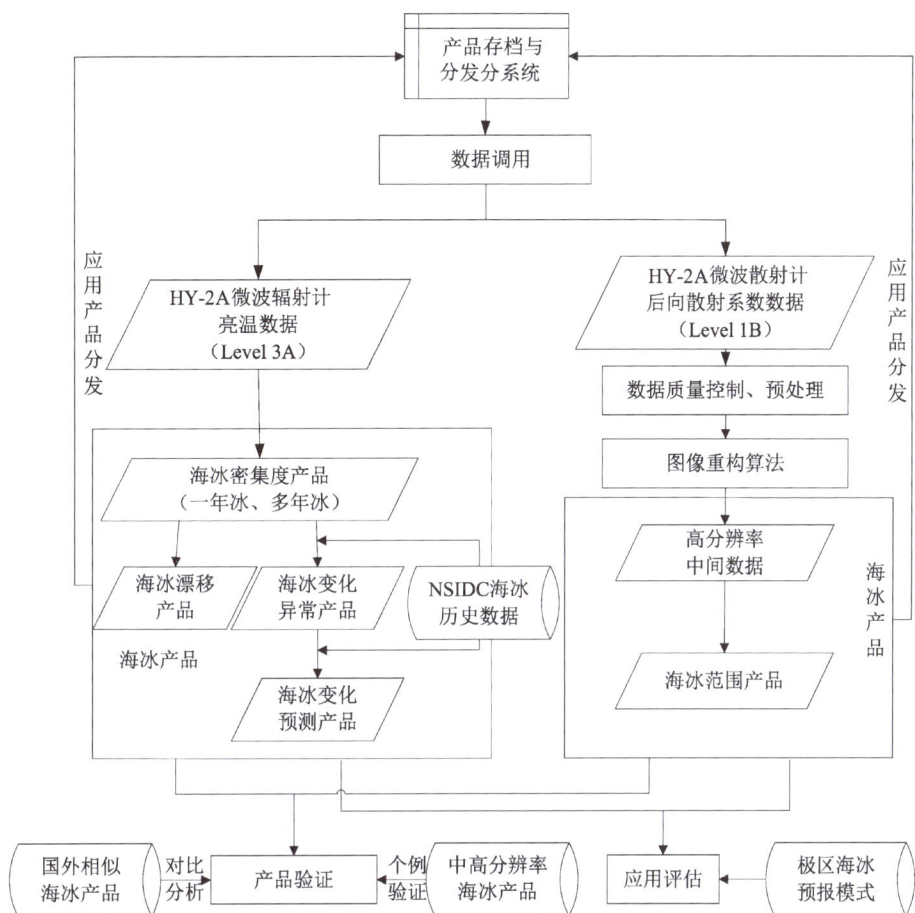

图8－40 海冰监测预报子系统流程

5）海气相互作用应用子系统

海气相互作用应用子系统利用资料处理分系统处理生成的 HY－2A 卫星地球物理参数数据，结合国外相似卫星产品，经过数据融合算法处理，产生空间分辨率和覆盖率更高的融合产品，作为海气相互作用模型的输入，生成海气相互作用产品，为气候变化研究提供基础数据。海气界面相互作用应用子系统流程主要包括：数据质量控制和预处理、数据融合、海气相互作用产品生成、产品质量评估、产品应用示范。

海气相互作用应用子系统流程见图8－42所示。

6）大洋渔场业务应用子系统

大洋渔场业务应用子系统以 HY－2A 卫星雷达高度计 L2 级 GDR 数据、微波散射计 L2 级数据和扫描微波辐射计 L2 级数据为主，结合国内外其他卫星遥感数据和现场实测数据，开展大洋渔业业务应用研究，建立大洋渔场业务应用子系统。了系统包括数据预处理模块、数据融合模块、海洋环境信息快速处理模块、渔场鱼情预报速报服务模块。

大洋渔场业务应用子系统流程见图8－43所示。

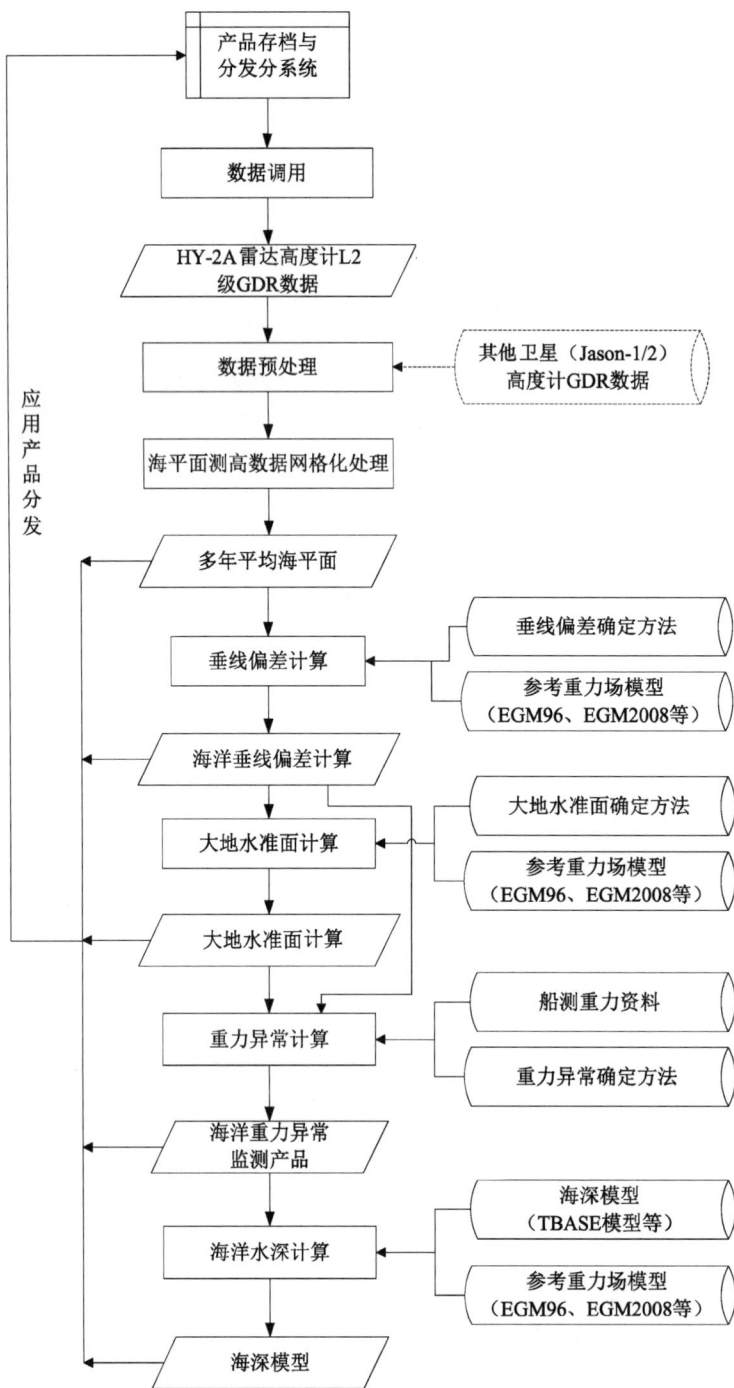

图 8 – 41 海洋重力场应用子系统流程

产品存档与
分发分系统

数据调用

HY-2A 地球物理参数
微波辐射计 Level 3A 数据
微波散射计 Level 3A 数据

国外类似卫星
数据产品

数据质量控制、预处理

数据质量控制、预处理

数据融合算法

数据融合产品

海气相互作用模型

海气相互作用产品

应用产品分发

国外相似海气
相互作用产品

对比
分析

质量评估

统计
验证

现场测量

时空变化分析

具体应用

气候模式

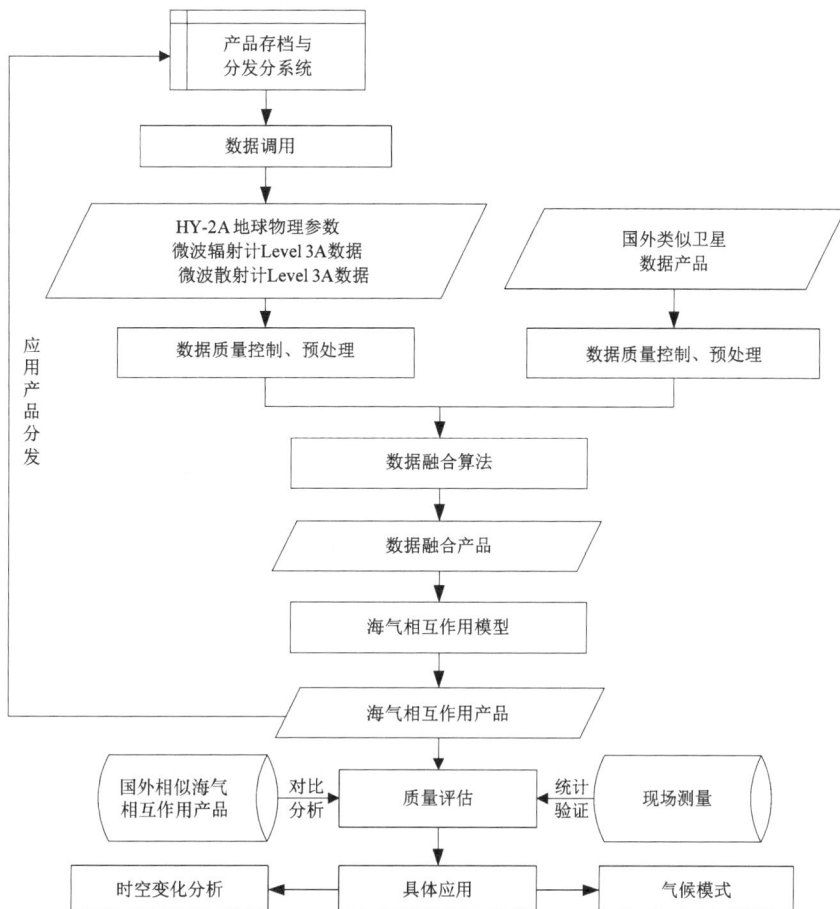

图 8－42　海气相互作用应用子系统流程

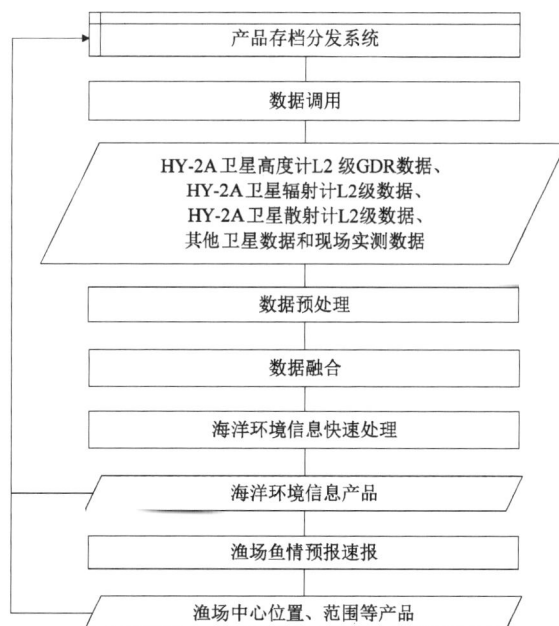

产品存档分发系统

数据调用

HY-2A 卫星高度计 L2 级 GDR 数据、
HY-2A 卫星辐射计 L2 级数据、
HY-2A 卫星散射计 L2 级数据、
其他卫星数据和现场实测数据

数据预处理

数据融合

海洋环境信息快速处理

海洋环境信息产品

渔场鱼情预报速报

渔场中心位置、范围等产品

图 8－43　大洋渔场业务应用子系统流程

8.7 产品存档与分发分系统

8.7.1 分系统组成

本系统由产品存档和资料分发两子系统构成，为了保证数据的安全性，产品存档和资料分发子系统采用网闸隔离的方式。

8.7.1.1 存档子系统（内网）组成

针对 HY－2A 数据处理系统大容量、海量存储以及快速响应的要求，为构建完整的和性能优良的数据存储体系。存储系统采用三级存储架构。采用先进的磁盘阵列作为在线存储，通过千兆以太网交换机连接成 NAS 架构，实现数据采集和处理服务器以及可视化服务器共享数据。一级存储采用高可靠光纤磁盘阵列，用于地面系统 3 个月内生成各级产品的存储；二级存储采用大容量 SATA 盘阵，用于长期的数据归档；三级存储采用模块化磁带库系统和 DVD 刻录系统，用于数据备份。

系统拓扑结构见图 8－44 所示。

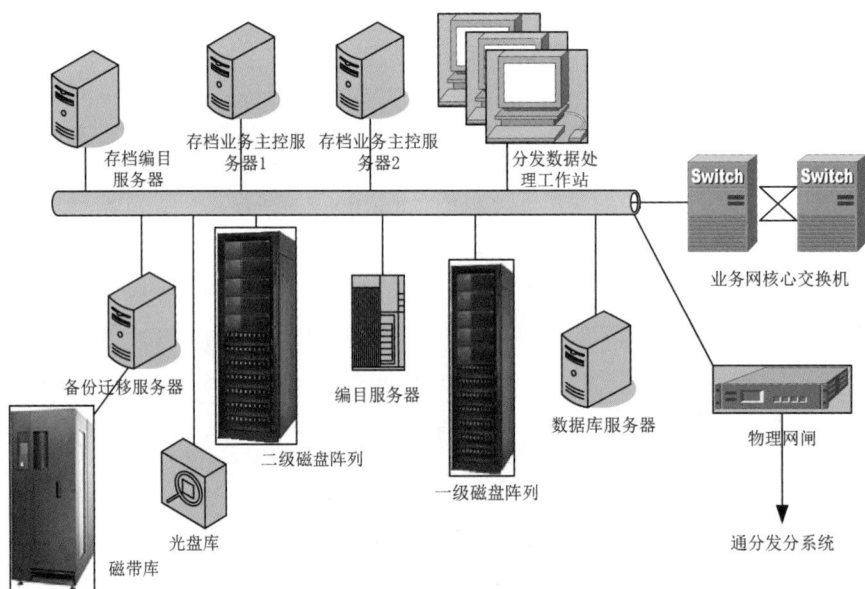

图 8－44　存档系统（内网）拓扑结构

服务器和存储设备之间通过千兆以太网交换机连接成 NAS 架构，实现不同平台服务器之间的文件共享，消除数据拷贝和等待，从而确保在用户规定的时间内完成数据处理，为地面应用系统和其他用户提供标准产品。内网数据库通过物理网闸与分发分系统外网数据实现准实时同步，及时更新外网产品数据库。

硬件主要设备包括：

（1）存档编目服务器 1 台，用于存档数据编目。

（2）一级存储。

（3）二级存储。

（4）磁带（机）库。

（5）存档业务主控服务器 2 台，用于数据存档业务的状态监控。

（6）备份服务器用于安装备份软件，管理磁带库。

（7）分发数据处理工作站 2 台，用于用户的订单数据处理，按用户需求下载数据及相应的数据加工服务。

（8）A0 幅面彩色喷墨绘图仪，主要用于大幅面存档分发数据的出图使用。

（9）A3 幅面彩色激光打印机，主要用于一般存档分发数据的出图使用。

（10）A4 幅面黑白激光打印机，用于业务值班人员值班报表的输出。

（11）网络设备。

（12）物理网闸 1 台。

8.7.1.2　分发子系统（外网）组成

产品分发子系统基于产品库和产品信息库，建立用户查询检索、订单管理和客户管理的方法，并根据用户需求，从存档产品信息数据库中调出相关的产品数据资料进行相应的加工，通过内部局域网、人工方式或互联网络（E－mail 或 FTP）将产品分发给用户，同时更新用户数据库的用户服务记录。产品分发子系统还具有制作各类介质产品（磁/光介质及影像产品）的能力，以满足不同户的需求。系统的拓扑结构图见图 8－45 所示。

平台内部通过千兆网络互联。对外服务出口依托单位的百兆互联网，接入端口与 Internet 连接，并通过软件防火墙、防毒墙实施系统屏障保护。Web 门户网站是系统平台对外的唯一服务端口。数据共享服务网站与平台信息管理系统门户网站都部署在一台 Web 服务器上。因此，单位内部的平台运行管理员可以通过 SSL 安全协议链接直接访问信息管理网站，完成业务管理操作任务。

整个平台系统在一个单一域环境中，由两台互为备份的域控制承担域的网络管理任务。数据库服务器存档管理着业务数据的所有记录信息，是系统平台核心层数据节点之一。数据存储服务器承担所有业务数据文件（影像产品数据文件、快视浏览图像、JPEG2000 影像文件）的存储管理任务，也是核心数据节点之一。IWS 服务器将存储服务器中 JPEG2000 格式的影像文件通过 OGC－WMS 访问接口对内部进行影像发布。Web 应用层软件通过此接口来为用户提供海量影像的网络快速浏览服务。

硬件主要设备包括：

（1）WWW、WebGIS、DNS 服务器。

（2）海量影像网络服务引擎（IWS）服务器，主要用途：遥感影像网络发布服务器 IWS（Image Web Server）。

（3）数据库服务器（2 台互为备份）。

（4）网络域控制服务器（2 台互为备份）。

（5）元数据信息接入、数据分发 FTP 服务器。

（6）Mail、DNS 服务器。

（7）10T SATA 磁盘阵。

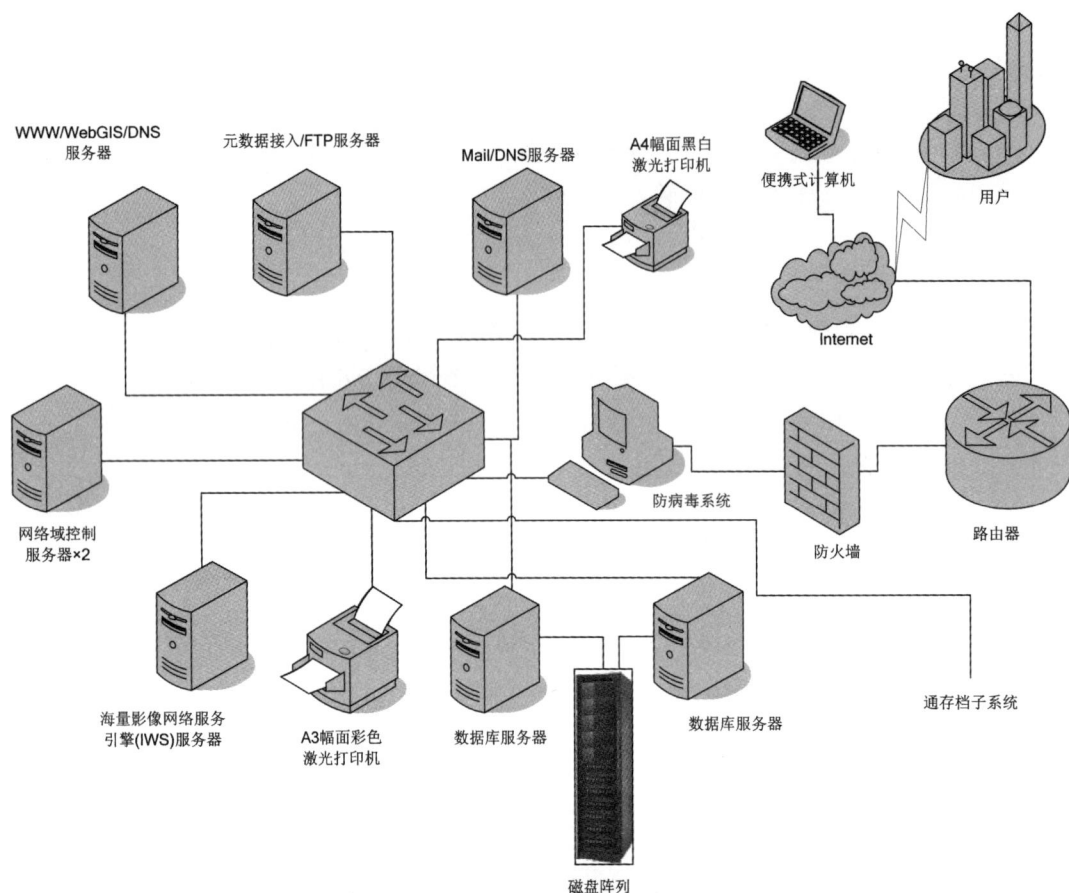

图 8 - 45　分发系统（外网）拓扑结构

（8）A3 幅面彩色激光打印机。

（9）A4 幅面黑白激光打印机。

（10）便携式计算机。

WWW、WebGIS、DNS 服务器主要用于门户、用户数据查询检索网站，WebGIS 软件安装及备份 DNS 软件安装使用。

便携式计算机主要用于分发系统的用户网络测试，保证外部用户的正常使用。

SATA 磁盘阵主要用于 3 年的产品数据 1∶1 原始影像快视图存储，容量约 2 Tbyte，3 年元数据库的容量约 2 ~ 3 Tbyte 以及用于给用户 FTP 数据分发服务，系统备份使用空间。

8.7.1.3　软件平台

1）开发环境

操作系统：Windows Server 2007 企业版

开发工具：MS Visual Studio . NET 2008

网络地图服务：ESRI ArcIMS 9.0

空间数据库服务：ESRI ArcSDE 9.0

数据库服务器：Oracle 10g

Web Server：IIS 6.0

海量影像服务引擎：IWS 8.0

2）软件支撑环境

Web 服务应用程序：需要运行于 Windows Server 2007 服务器操作系统平台之上，另外 IIS 7.0、ASP. NET Engine 、ArcIMS . NET Link Connector、防病毒软件 、防火墙软件必备。Web 服务器为 IIS6.0，平台为 Windows 平台，开发工具 MS Visual Studio . NET 2008。

WebGIS 地图服务和空间引擎服务软件（ArcIMS 应用服务器、空间引擎服务器、ArcS-DE）：需要运行于 Windows Server 2007 服务器操作系统平台之上（或 Linux AS 服务器操作系统平台之上），另外 JAVA 运行环境是必备的。

Oracle 数据库服务器软件平台：需要运行于 Windows Server 2007 服务器操作系统平台之上（或 Linux AS 服务器操作系统平台之上）。

海量空间影像网络化服务软件平台：需要运行于 Windows Server 2007 服务器操作系统平台之上。

数据分发子系统应用程序：需要运行于 Windows Server 2007 服务器操作系统平台之上。

分发数据处理工作站所需要专业应用软件 ERDAS Imagine，IDL，PCI 等用户常用通用遥感软件。针对数据分发的 ArcGIS 软件二次开发环境平台。

备份服务器所需要的备份软件平台。

Mail、DNS、FTP 服务器所需软件为 Mail Server（含 WebMail）、DNS Server、FTP Server。

8.7.2　主要任务和功能

8.7.2.1　主要任务

产品存档与分发分系统是 HY –2A 卫星地面应用系统数据管理中心。其基本任务是要完成 HY –2A 卫星 ORG 数据及 0 级、1 级、2 级、3 级标准数据产品、辐射定标场现场观测数据、其他辅助数据以及专题信息产品及相应的产品 1∶1 快视图数据存档并对用户进行数据分发。

产品存档与分发分系统在运行控制分系统的统一指挥协调下，通过与接收预处理分系统、资料处理分系统、应用示范分系统和辐射校正与真实性检验分系统间的数据接口，接收待存档数据。通过存档编目管理平台（存档子系统）自动生成分类的产品库（文件系统）和产品信息库（数据库系统），对存档产品进行管理。同时还要建立基于 Web 的数据产品用户服务平台（分发子系统），向用户提供产品信息查询检索和订单提交服务，对授权用户进行产品分发。

8.7.2.2　主要功能

1）存档分发分系统总的功能

（1）数据库管理与文件系统管理相结合。

产品库原则上采用文件系统管理。产品信息库完全由数据库管理系统来分类管理。产品信息库与产品库之间实现动态连接。

（2）在线存储、近线存储与离线存储相结合。

采用 FC 高性能盘阵、大容量 SATA 磁盘阵列与磁带库技术，实现数据的在线、近线和离线存储。

（3）产品分发优先级。

对实时用户与非实时用户的产品分发实行优先级原则，能优先保证实时用户的业务需求。

2）存档部分（内网）功能

内网是中心内部面向运行服务的网络支撑平台，网络设备彼此间应高速互联，可以达到千兆连接速率。

业务流程描述：存档子系统按照业务需要，将 HY – 2A 卫星 ORG 数据、0 级、1 级、2级、3 级产品数据文件进行统一的自动存档管理，自动生成分类的产品库和产品信息库。内部工作人员通过存档服务平台，实现产品数据的查找定位及获取。通过订单处理服务系统实现产品数据向固定、授权用户进行产品分发。

海量产品数据存储管理系统：针对 HY – 2A 卫星，建立三级海量存储系统（在线—近线—离线），实现多级产品数据的存储及备份。在线存储总容量达到 80 TB。产品数据文件按照定义好的层次结构进行统一的存储。存档编目信息（元数据）在数据文件进入存储系统的同时被同步保存到编目数据库中，成为数据查询检索系统实现数据查询和数据定位服务的数据源。

业务数据编目信息库：数据存储系统中的数据单元描述信息被收集整理，并按照一定的描述标准（也就是通常所说的元数据信息）保存在编目数据库中，成为查询检索应用服务系统的数据源。

辅助数据信息库：包括地理空间矢量数据，订单、任务单数据，系统访问日志，系统操作日志，系统的分级管理，系统配置信息等。

数据查询检索、浏览及获取：满足存档管理的海量数据分发及获取需要。

订单处理：满足订单信息的人工交互式处理需要。对于用户提交的订单，操作员可以查看订单相关的所有信息；通过订单获取原始产品数据文件，按照订单要求调用数据子区生产模块实现子区的数据文件生成任务；按照用户订单约定的交付方式，将最终结果数据记录到介质中进行交付，或将文件传递到外部网络环境中并通知用户，通过网络手段交付给用户。

3）分发部分（外网）功能

通过访问面向广域网的数据查询检索服务系统，外部网络用户可以及时了解存档数据产品状况，以及产品数据质量等相关服务信息；通过产品数据订购服务来提交产品数据申请；通过影像下载服务，可以免费获取期望的影像文件（仅供浏览和一般应用）。

产品数据编目信息库：与内网的信息应该保持一致。为外部网络用户提供存档产品数据信息。

辅助数据信息库：与内网的信息应该保持一致。

数据的查询检索：数据的查询浏览功能应该与内网的功能保持一致。

原分辨率产品影像快速浏览显示：产品影像可以匹配地图进行显示，并且用户可以通过放大、缩小、漫游功能实现直到原分辨率级别的影像查看，帮助用户了解产品数据的细节信息。

产品影像数据文件下载功能：外部授权用户可以直接下载需要的影像文件和订购的产品。

产品数据订购：可以在线收集授权用户的产品数据申请和订单。这些提交的申请将由内部工作人员按照业务规则进行处理，实现产品数据的分发。

8.7.3 主要技术指标

系统可用度：≥99.98％。

存储单元（磁盘阵和磁带库）平均无故障工作时间（MTBF）不小于 250 000 h。

文件管理系统和数据库管理系统能满足 300 TB 海量数据存储分发管理能力。

编目存档时效：接到运控指令后，应在 5 min 内完成编目存档过程，包括元数据采集、数据库更新、反馈存档运行状态。

查询检索响应：数据的网络查询检索响应速度不大于 3 s。

网络分发速度：采用 FTP 下载方式下载的数据传输率不小于 512 kbit/s。

服务能力：能同时满足 100 个用户进行远程产品信息检索；具备同时向 20 个授权用户定时传输标准产品的能力；定制产品的制作一般应在 2～3 个工作日内完成；具备多种介质的存储方式。

可准实时向用户发布产品信息。

可靠的防黑客、防病毒解决方案。

可以实现海量产品影像（预先生成，JPEG2000 格式）直至原分辨率级别的在线快速浏览显示。

可以支持任意幅宽大小的海量影像浏览显示。

系统可以支持 TB 级影像的网络快速浏览显示。

影像浏览可以匹配矢量地图同步显示，以方便用户进行空间位置定位。

数据的空间条件设置手段灵活多样：矩形、任意多边形、任意半径的圆区域、精确地名、模糊地名、地形图分幅。

数据查询检索结果显示图文并茂，灵活友好的图文互操作使用户方便定位数据条目。

数据及用户的分级管理，可以实现灵活的权限配置控制，满足各种复杂应用逻辑需要。

建立内部产品数据运行控制管理平台及外部产品数据网络检索与浏览服务平台，实现海量影像及综合信息库存储设计可以满足卫星设计寿命的需要。

对外网络出口带宽不低于 10 Mbit/s。

内部网络带宽达到 1 Gbit/s。

数据的网络查询检索响应速度不大于 3 s。

可以接收标准数据单元空间范围内任意大小子区的数据订购申请。

用户数据下载的并发数，以及单个下载连接的速率可以通过配置文件进行灵活地控制。

8.7.4　分系统工作流程

产品存档的主要业务流程是：先从接收分系统获取 ORG、0 产品数据及 1 级产品数据、从资料处理分系统获取 2 级、3 级产品、元数据文件及对应的产品快视图，从应用示范分系统获取 L3 级产品、元数据文件及对应的产品快视图加载至产品库、产品影像库和产品信息库，同时将 ORG、0 级、1 级、2 级、3 级产品保存在二级磁盘和三级磁带上，供分发子系统调用。

产品分发的主要工作流程是：通过物理网闸将各级产品的元数据文件及对应的产品快视图放在外网中，通过数据接入子系统自动生成外网产品信息检索数据库及产品影像库，建立用户查询检索子系统、订单管理子系统和客户管理子系统，根据用户查询检索形成的订单文件，通过分发处理接口子系统在内网的存档产品库自动获取相关的产品数据，并在内网根据用户需求进行相应的加工处理后，形成介质产品（磁/光介质），然后通过人工邮寄方式或互联网络（E - mail 或 FTP）将产品分发给用户，同时更新用户数据库的用户服务记录。

产品存档与分发分系统业务流程见图 8 – 46 所示。

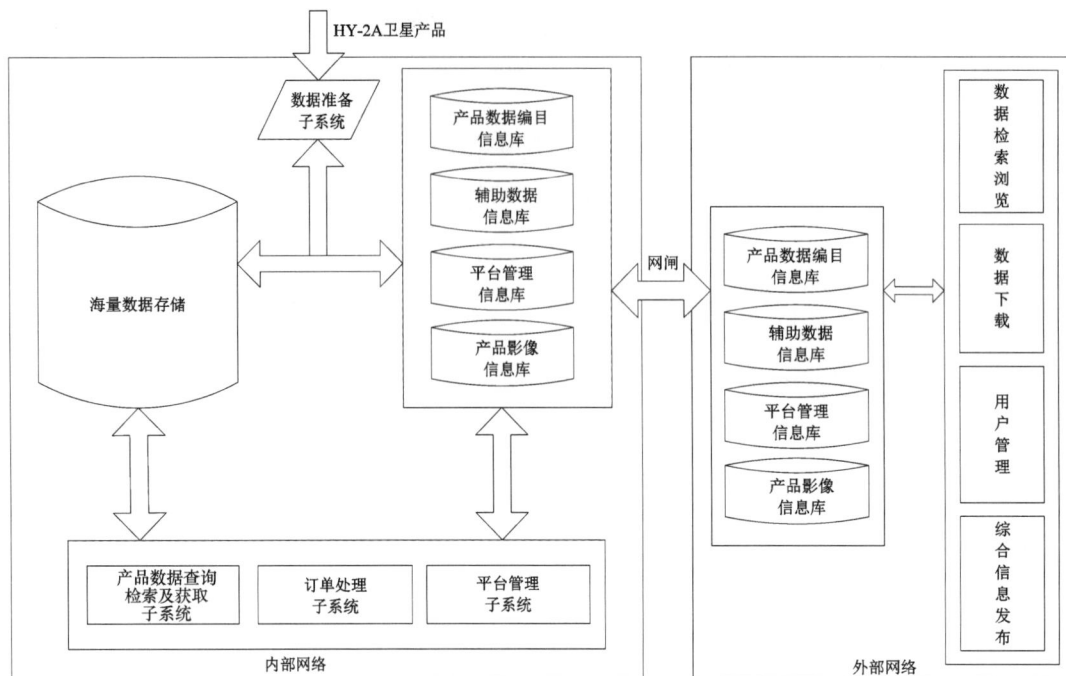

图 8 – 46　产品存档与分发分系统业务流程

资料处理分系统生产出来的产品数据通过网络自动传递到数据网关服务器上，数据准备子系统在运控系统的统一调度下，定时检取网关服务器中的产品数据，并按照设计好的业务处理规则进行分类处理，处理结果被送入不同的信息库中分类存储。

内部网络的产品数据查询检索及获取子系统为内部用户提供存档产品数据的查询检索、影像浏览、产品数据文件定位及获取服务，它是内部网络用户实现数据发现和数据访问的有效工具。

订单处理子系统按照订单要求提取原始产品数据文件，然后通过调用产品数据子区加工生产模块实现订单数据的生成任务。最后，工作人员按照用户订单要求交付手段执行数据分发。

业务平台信息管理子系统实现平台运行的基本管理和配置任务。

内部与外部网络间的部分业务数据信息通过物理网闸准实时同步实现交换及传递，以保证业务运作信息的连续性。

第9章　卫星精密定轨方案

9.1　各主要海洋动力环境卫星的定轨途径及定轨精度

在卫星雷达高度计出现以前，对确定卫星轨道的精密程度要求不是很高。雷达高度计的出现，由于轨道误差，使得高度计数据在应用上受到了限制，因此高度计数据的应用加速了精密定轨技术的进步。近 20 年来，精密定轨技术取得了很大进步，尤其 T/P 的发射，使卫星精密定轨技术获得惊人的提高。在 1978 年 Seasat 卫星发射时，卫星轨道误差（这里轨道误差主要指的是径向误差，因为高度计数据中最关心的是轨道径向误差）RMS 为 5 m 左右。在 20 世纪 80 年代早期构想 T/P 时，高度计数据误差还是在 1 m 左右。那时希望获得 1 cm 误差，如果在引力场模型、轨道数据和空间覆盖以及模型和轨道程序所有其他方面都能有很大的进展，期待 T/P 误差能达到 13 cm。在所有科研人员和工程师的共同努力下，T/P 卫星高度计数据取得了引人瞩目的结果。典型的高度计卫星轨道精度的提高过程（除了 T/P 卫星外）如图 9-1 所示。T/P 轨道误差达到应用研究期望的水平为 2 cm。

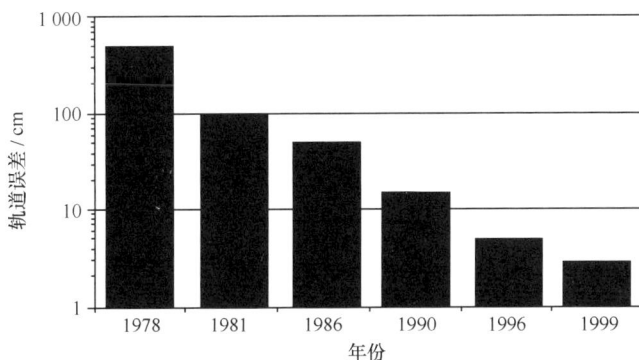

图 9-1　径向轨道误差发展状况

轨道精度的提高除了轨道动力学模型的改进之外，跟踪技术的提高也是至关重要的。SLR 测距精度由 20 世纪 60 年代几百米量级提高到现在的毫米级；定轨途径也在发生着变化，早期高度计卫星定轨主要采用 TRANET/OPNET 和 SLR 跟踪技术，欧洲 ERS-1/2 采用 PRARE 跟踪技术，T/P 采用 GPS 和 DORIS 跟踪系统，由于密集分布的跟踪网和高精度的测量数据使得定轨精度有了显著提高。表 9-1 列出了海洋动力环境卫星采用的定轨途径和定轨精度。

表9-1 国外海洋动力环境卫星的定轨途径及其定轨精度

卫星	发射周期	跟踪技术	测量精度/cm	轨道精度/cm
Skylab	1973-05—1975		85~100	
Geos-3	1975-04—1978-10	SLR	25	~500
Seasat	1978-06—1978-10	TRANET/OPNET SLR	5	~100
Geosat	1985-03—1989-10	TRANET/OPNET	4	30~50
ERS-1	1991-07—2000-03	PRARE, SLR	3	8~15
T/P	1992-08—2005-10	TDRSS, GPS, DORIS, SLR	2	2~3
ERS-2	1995-04—2003-06	PRARE, SLR	3	7~8
ENVISAT-1	2002-03—2012-05	DORIS, SLR, GPS	3	2~3
Jason-1	2001-12—2013-06	DORIS, SLR, GPS	3	2~3
Jason-2	2008-06 至今	DORIS, SLR, GPS	3	2~3

从表9-1可以看到，在早期定轨技术中，采用的是 TRANET/OPNET 和 SLR 跟踪技术，由于早期 SLR 测距水平还比较低，TRANET/OPNET 测速精度不高，还有动力模型误差较大，使得定轨精度没有达到比较理想的水平；随着 T/P 的发射，定轨精度达到了惊人的水平，这里除了在模型和计算方法上有所提高之外，跟踪技术的提高也起到了举足轻重的作用，对于 T/P 轨道精度起主要作用的是 GPS，DORIS 和 SLR 跟踪手段。

9.2 各种精密定轨技术的综合分析与比较

目前经典动力学定轨方法已经非常成熟，对定轨精度影响最大的就是定轨技术。定轨技术的各种测量特性、时间覆盖、地理覆盖以及精度水平决定了该技术的定轨水平。国际上海洋动力环境卫星定轨主要跟踪技术和测量精度见表9-2所示。对于大多数卫星定轨都采用了激光跟踪系统，在星上安装了激光反射器阵列。Geosat 跟踪手段仅采用了美国国防测绘机构传输网（U. S. Defence Mapping Agency's Transit Network（TRANET））和较小的美国海军业务跟踪网（smaller U. S. Nasy Operational Tracking Network（OPNET））。T/P 是第一个为高度计定轨载有 DORIS 接收机和试验性 GPS 接收机的卫星。在这些卫星定轨中，仅有跟踪系统是不够的，利用交叉点处的高度计数据也可以用于定轨。当利用跟踪和数据中继卫星系统（TDRSS）数据发射链时，速度信息可以用于轨道确定（Teles et al.，1980）。TDRSS 数据在某些情况下定轨精度在米级（Rowlands et al.，1997；Visser & Ambrosous，1997），其不常用来为高度计卫星精密定轨，这里不作详细的讨论。

在 T/P 采用的定轨技术中，只有 SLR 和 DORIS 数据用来确定轨道，此轨道用来确定后来的 T/P 地球物理数据记录。激光数据虽然精度高，但是受到多云天气的限制。由于 DORIS 系统能够不受天气影响，这提供了定轨中必备的时间和地理覆盖范围，补充了激光跟踪的绝对精度。SLR 和 DORIS 联合跟踪技术为 T/P 提供了接近连续的高精度跟踪数据。

表9-2　高度计卫星跟踪系统和测量精度

跟踪技术	观测量	测量精度	发射卫星
SLR	斜矩	0.5~5 cm	Geosat除外的所有卫星
DORIS	斜矩变化率	0.5 mm/s	T/P, Jason-1, Envisat
PRARE	斜矩，斜矩变化率	2.5 cm, 0.25 mm/s	ERS-2
GPS	相位	0.2~0.5 cm	T/P, Jason-1, Envisat
TRANET/OPNET	斜矩变化率	2~10 mm/s	Seasat, Geosat
TDRSS	斜矩变化率	0.3 mm/s	T/P
高度计	高度交叉点	5 cm	所有卫星

T/P上载有6个通道的摩托罗拉全球定位系统示范接收机（GPSDR）提供独立的高精度三维的、连续的跟踪数据（Melbourne et al.，1994）。这个实验确认了卫星接收的GPS数据是可以支持精密定轨的，也为模型的改进和独立地轨道精度估计提供了一个非常有价值的工具。

9.2.1　TRANET/OPNET

TRANET多普勒系统是1978年跟踪Seasat的主要跟踪工具，这个系统全球有40多个地面跟踪站，通过精密定轨能够为美国海军航海卫星（NAVSAT）系统提供测地调查。TRANET也能为美国海军测地卫星（Geosat）从1985—1989年提供主要的跟踪数据。Geosat卫星也由TRANET/OPNET系统跟踪，TRANET/OPNET跟踪网只有4个站用来支持NAVSAT轨道确定。在GPS、DORIS和PRARE出现之前，无线电波卫星跟踪中TRANET/OPNET是当时最先进的跟踪技术，能够提供单程双频距离变化率，精度达到几个mm/s的量级。Anderle（1986）对NAVSAT做了详细的讨论来支持TRANET和OPNET跟踪系统（Seeber，1993）。应该指出的是多普勒系统数据指的是距离变化率，测量的是固定时间间隔内的距离变化，而不是瞬时的速度。

考虑了Geosat动力模型的重大改进之后，尤其是引力场模型的引入使得TRANET跟踪系统提供的轨道精度不升反降，从卫星发射早期的10 cm下降到卫星后期的30~40 cm，此时增加的太阳辐照的影响降低了Geosat高度计数据的质量，加大了大气阻尼（Shum C K et al.，1990；Chelton D B和Schlax M G，1994）。对于Geosat的一个主要问题是TRANET跟踪站参考系的不确定度。Geosat卫星上没有装载激光反射器阵列，因此不可能将Geosat轨道和TRANET站转化成像激光站那样的同样参考系，在两个系统之间也没有足够的研究来确定两者的相互关系。在引力场EGM-96中尝试通过公共的Seasat跟踪网将Geosat跟踪站与其他跟踪网联系起来，但是这也无法满足定轨需求。尤其在Z方向上TRANET参考系的不确定度在轨道和高度计数据中都能反映出来，结果认为TRANET参考系是TRANET不能成为精密定轨重要跟踪系统的根本原因。

9.2.2　SLR跟踪技术

激光跟踪系统（Satellite Laser Ranging-SLR）成为主要跟踪系统已经超过30年了（Degnan，1985）。虽然DORIS跟踪系统在为高度计数据获得高精度轨道中起到举足轻重的作用，但是SLR跟踪系统在T/P卫星定轨中已作为基准跟踪系统。SLR跟踪系统测量的是地面发射器发射的脉冲到卫星上激光反射器，再由激光反射器反射到地面跟踪站接收系统的双程时间。从跟踪精度上看 SLR 代表最先进的跟踪系统，精度达到几个毫米，绝对精度对于最好的仪器可以达到 1 cm。对于所有的陆地跟踪数据，大气延迟可以计算，与无线电波相比，激光所在的波段不受电离层的影响，而且水汽的影响也比无线电波小。对于所有跟踪观测，卫星质心的修正是非常必要的，因为再积分轨道星历时需要用到卫星质心的位置坐标。

因为 SLR 提供精确的从跟踪站到卫星的距离观测量，这些观测量通过与轨道运动模型融合，在一段延长的时间范围内能够给出高分辨率的卫星位置三维分量。这一点对于轨道误差估计时非常重要的。另外跟踪站的位置和速度能够得到很好的确定，如跟踪 LAGEOS（Ray et al.，1991）获得了很高精度结果。SLR 数据在陆地参考系下能够获得精确的确定，在轨道 Z 轴方向，SLR 数据给出了严格约束。T/P 卫星 SLR 站地理分布如图 9 - 2 所示。SLR 系统主要弱点就是跟踪站稀疏的地理分布和非晴朗天气的限制。

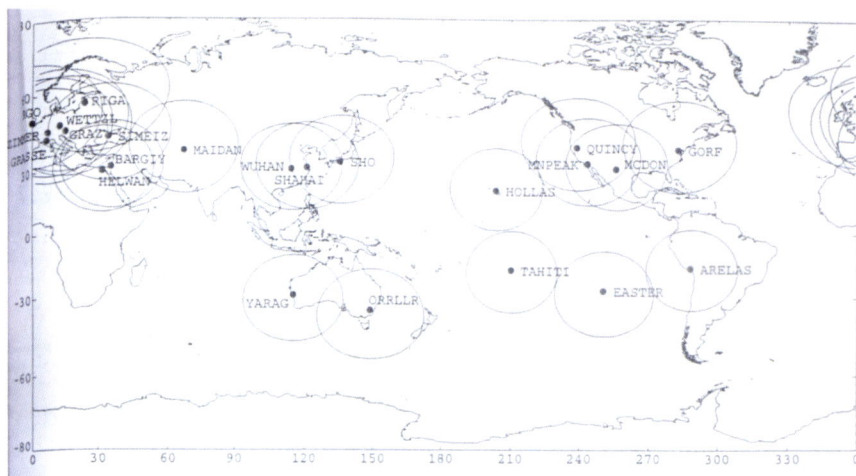

图 9 - 2　在跟踪 T/P、ERS - 1 和 ERS - 2 卫星期间全球 SLR 跟踪站地理分布

9.2.3　DORIS 系统

DORIS 多普勒地球轨道和无线电定位系统（Doppler Orbitography and Radiopositioning Integrated by Satellite，DORIS）是单程地面到卫星的多普勒系统，它是由一系列地面信标站连续的、全方向的播放频率 2 036.25 MHz 和 401.25 MHz 的信号（Kuijper et al.，1995；Agnieray，1997）。该系统是由法国空间研究中心（CNES）、法国地球物理研究院（IGN）和法国空间大地测量研究组（GRGS）开发作为低轨卫星轨道确定的系统，精度可达 10 cm 水平。星上接收机接收和测量多普勒频移，以此可以推算出卫星关于信标的距离变化率，这里距离变化率定义是在很短的计数时间间隔（7~10 s）内距离的变化。通过接收星上跟踪数据，及时地获得分布在全球的跟踪站数据是没有困难的，而且所有的数据标记的时间形式是一致的。双频的使用可以消除电离层折射的影响。由于信标振荡器和由信标传感器提供的现场气象数据短期稳定性非常好，DORIS 系统提供距离变化率的平均精度可达 0.5 mm/s。

因为多普勒观测量是差分距离测量，本身不能够分辩卫星位置，尤其不能分辩轨道平面法向的分量。然而这一点可以通过 DORIS 密集的地理分布和高精度多频次的测量数据得到补偿。通过 DORIS 系统提供的距离变化率，轨道估计程序可以给出与观测距离变化率对应的唯一轨道（带有一定误差）。DORIS 系统 50 多个跟踪站广泛的分布，曾经跟踪 T/P，ENVISAT-1 和 Jason-1，现在用来跟踪 Jason-2 等高度计卫星参考图 9-3 所示。

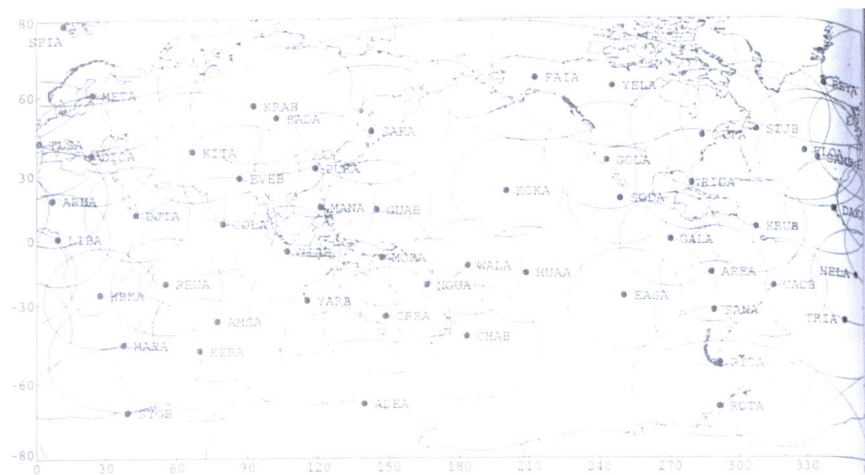

图 9-3　在跟踪 T/P 期间 DORIS 跟踪站地理分布

因为 DORIS 系统接近连续的数据分布，对于 SLR 系统是个极好的补充，为满足 T/P 严格的跟踪要求，DORIS 系统起到非常必要的作用（Noüel et al.，1994）。对于 DORIS 和 SLR 数据在 T/P 定轨贡献的分析，DORIS 数据对于轨道精度起到了主要作用，SLR 数据使整个轨道精度有了轻微的提高。

对于所有无线电跟踪系统的频率范围内，大气对流层湿项修正是很难模拟的，对流层折射误差的估计作为轨道估计过程的一部分。另外 DORIS 测量是单程的，在卫星每经过地面站上空，都要估计发射机和接收机之间的频率偏差。

9.2.4　PRARE 系统

精密距离和距离变化率设备（PRARE）在 20 世纪 80 年代后期由德国空间局开发。虽然 PRARE 在 ERS-1 运行时失败得很早，但在 ERS-2 运行中执行得很好，没有明显的问题。PRARE 系统提供双程双频距离和距离变化率数据（Wilmes et al.，1987；Massmann et al.，1997）。数据是在星上接收的，处理是在 GFZ（Reigber et al.，1997）。

PRARE 空间中心发射两个信号到地面，一个是 X 波段（8.489 GHz），另一个是 S 波段（2.048 GHz）。这两个信号都用同样的伪噪声（PN）码调制。接收后地面站解调这两个信号，然后将这两个重建的 PN 码进行相关处理，确定 S 波段与 X 波段的时间延迟。这个时间延迟是测量的单程电离层延迟。

在每次获取卫星信号之前，地面接收站利用内嵌的异频雷达接收机进行一次初始的内部延迟测量。内部延迟是地面站接收卫星信号到再发射的时间。对于卫星每次通过时，地面接收站每隔几秒通过监测接收机的电压和噪声、多普勒频率、地面站各部件的温度来调整修正内部延迟时间。计算出的内部时间延迟就可以用于对 PRARE 的测距观测值进行改正，内部时间延迟的误差有可能非常明显，而且会随时间的不同而变化。这些误差最终会导致距离测量值的偏差，在每个测站上，这些偏差随着时间的不同而不同；代表性的值为 ±30 cm，必须在定轨过程中予以考虑。对单个的测站而言，则取决于偏差的稳定性，可以假设其在几天的时间内是常数，也可以对每次通过估计一个单独的偏差值。

因为 PRARE 系统是双程的地面站，比 DORIS 信标中心复杂的多，导致地面站比较少，在全球分布不是很广泛。然而在整体运行过程中，对于 ERS–2 卫星，PRARE 系统接收弧段的次数比 SLR 接收得多，这主要是由于无线电信号不受天气的限制。使用 PRARE 数据改进的引力场模型，对于 ERS–2 轨道精度可以优于 4 cm（Bordi et al.，2000）。

9.2.5 雷达高度计

雷达高度计提供的高度测量精度为几厘米量级。通过地面轨迹交叉点海洋表面的高度差包含的关于轨道径向误差的信息，对稀疏的跟踪网可以作为补充（Shum et al.，1990）。例如，在 ERS–1 中 PRARE 空基部分损坏，轨道确定不得不单独依靠 SLR 跟踪系统。最初 SLR 数据很稀疏，轨道质量受到影响。通过利用同一卫星（ERS–1 与 ERS–1）的交叉点和不同卫星（ERS–1 与 T/P）的交叉点数据，带入定轨程序，轨道误差得到明显的降低。对于 ERS–1 来讲高度计交叉点数据用来定轨是有效的。ERS–2 卫星由于 PRARE 跟踪系统可用，高度计交叉点数据没有获得特别的帮助（Anderson et al.，1998）。

对于 T/P，交叉点之差大约为 6 cm，这个值包括大气和海洋表面信号带来的误差，这些误差量级是刚好能够估计出的，因此在这种情形下，轨道误差就很小，可以认为交叉点之差几乎完全由其他误差而来，这样交叉点数据就不需进行轨道误差估计。因此，6 cm 的交叉点之差代表了海洋波动、高度计测量误差和洋潮模型误差。北美五大湖（Grate Lake）那里表面高度和潮汐波动非常小，在交叉点残差的测试中，轨道误差小于几个厘米（Morris 和 Stephen，1994），就可以直接进行高度计和现场海面高度观测量的比较。

9.2.6 GPS

全球定位系统（GPS）是美国国防部批准的由海陆空联合研制的以空间为基础的无线电导航系统（Hoffman W 等人，1993；Parkinson B W 等人，1996），英文全称 Navigation Satellite Timing and Ranging/Global Positioning System。GPS 空间系统是由 24 颗卫星组成，卫星轨道为圆轨道，轨道高度为 20 200 km，24 颗卫星均匀分布在 6 个轨道面中，每 4 颗卫星在一个轨道面，各个轨道平面之间相距 60°，各轨道升交点赤经各相差 60°。这种卫星群设计使得在地球表面任何一个 GPS 用户总是能同时观测到 6~11 颗 GPS 卫星。

传统的利用 GPS 卫星定位方法采用伪距定位法。伪距定位是由 GPS 接收机在某一时刻测出得到的四颗以上 GPS 卫星的伪距以及已知的卫星位置，采用距离交会的方法求解接收机天线所在点的三维坐标。所测伪距就是由卫星发射的测距码到达 GPS 接收机的传播时间乘以光速所得出的量测距离。由于卫星钟、接收机钟的误差以及无线电信号经过电离层和对流层钟的延迟，实际测出的距离与卫星到接收机的几何距离有一定的差值，因此一般称量测出的距离为伪距。用 C/A 码进行测量的伪距为 C/A 码伪距，用 P 码测量的伪距为 P 码伪距。伪距法定位虽然一次定位精度不高（P 码定位误差约为 10 m，C/A 码定位误差为 20~30 m），但因其具有定位速度快，且无多值性问题等优点，仍然是 GPS 定位系统进行导航的最基本的方法。

为了理解利用测量精度为 10~30 m 的跟踪系统来确定轨道精度几个厘米这个问题，必须理解 GPS 信号结构和 GPS 观测量数据处理的方式。大量的 GPS 应用仅仅使用特定的测距码来确定位置和时间。这些码是以二进制的形式，包含着伪信息，测距码之所以这样设计是为了使其载有同样的广播频率，不考虑从卫星引起的频率（这里隐含着来自不同 GPS 卫星的信号都是正交的，即使在同一频率它们彼此之间不能混淆）。精（P）码通过调制加载到两个 L 波段载波上，L1 和 L2 分别是 1 575.42 MHz 和 1 227.60 MHz。这两个微波频率能修正电离层折射。L1 发射时也载有一个粗（C/A）码，也就是众所周知的民码（civilian code）。由于 C/A 码带宽窄，缺乏电离层修正所需要的第二个频率，因此其伪距没有 P 码精度高。然而当敌对势力干扰信号给 P 码加密时，还是一直能获得 C/A 码。当激活加密函数时，就称 GPS 星群处于反干扰（AS）模式。1994 年 4 月以来，除了短暂的一段时间，AS 一直处于激活状态。当 AS 被激活时，加密 P 码又称为 Y 码，只有获得授权的用户，加载了能够解码的接收机才能直接接收到 Y 码。然而先进的"无码"民用接收机没有解码钥匙就能够从 Y 码中获得距离信息，只是精度轻微的下降。而且对于许多 GPS 用户最有益的是 C/A 于 2003 年被加载到 L2 载波上（Divis，1999），这第二个频率直接可以作为 C/A 电离层延迟的一阶修正。

由于测距码的码元长度较大，对于一些高精度应用来讲其测距精度还显得过低而无法满足需求。为了满足科学应用的要求，精密的位置确定不能来自测距码，而是应该来自 L 波段的载波。载波通过与内部产生的本振频率拍频，GPS 接收机接收到的观测量是受多普勒频移影响的卫星信号载波相位与接收机本机振荡产生信号相位之差，再将接收到的信号进行处理，载波相位测量精度接近波长的 1%，对于 L1 波长 19 cm，精度将近 2 mm（Parkinson B W 等人，1996）。这样仅仅单独通过载波相位测量就可以获得高精度的距离变化，而不再需要绝对的距离观测。载波信号是正弦信号，在开始测量时存在整周数不确定的问题。尽管这样，载波相位测量由于其高精度和连续的特性使其具有相当重要的价值。与传统的多普勒测量距离变化相比，距离变化的测量时间间隔可以较长。

当双频载波相位和伪距一起处理时，就能实现 GPS 全部潜在的价值。伪距精度远低于载波相位的精度，提供的伪距可以作为绝对距离的补充。对于大多数先进的无码 GPS 接收机伪距的精度在 1 m 以下，反过来载波相位可以用来平滑伪距和作为伪距的限制条件。

对于厘米级定位的最后障碍是误差，这里指的是 GPS 时钟和广播星历实际引起的和故意造成的误差。由于缺乏降低 GPS 卫星误差的手段，载波相位精度亚厘米级基本上是放弃了。为了避免这个问题，额外的 GPS 接收机安放在精密确定的位置上。由用户接收机和基准 GPS 接收机同时获取的差分数据能够消去卫星钟差，包括 AS 的影响。差分也足以降低 GPS 轨道误差的影响。值得一提的是国际 GPS 组织（IGS）提供 GPS 星历和时钟产品，精度分别优于 10 cm 和 1 ns（Beutler et al.，1999）。IGS 产品根据多种参与机构的计算结果经过加权综合，产品适合大多数科学应用的要求，其中包括精密定轨。

为了充分发挥 GPS 系统显著的潜能，利用 GPS 系统本身来精密确定卫星轨道的概念开始出现（Van L et al.，1979；Yunck，1996）。GPS 信号可以延伸到地球上空 3 000 km，一个在低轨的 GPS 用户接收机与地面 GPS 基准用户接收到 GPS 卫星的能力几乎相同，这种丰富的观测几何结构可以不以动力模型为基础就能够确定低轨卫星的三维位置。GPS 这种强大的能力是与其他跟踪系统的重要区别。

对于大多数卫星现在都载有 GPS 接收机，根据星上接收机确定卫星位置，精度 10 ~ 30 cm 足够用了。高度计卫星明确要求较高的定轨精度，对于这样的发射任务，GPS 跟踪系统作为提供厘米级精度的手段之一，Ondrasik 和 Wu（1982）及 Yunck 等（1985）提出了 GPS 定轨技术，这项技术建立在卫星接收机和全球地面接收机基准网之间的差分载波相位测量事后处理的基础上。这项技术已经得到相当可观的发展，GPS 估计的 T/P 轨道精度已达到 2 cm 的水平（Bertiger et al. , 1994；Schutz et al. , 1994）。

9.3 各种定轨方法的综合比较

精密定轨的方法是将一个弧段内的测量值综合起来估计卫星的初始状态，力模型和测量模型中的参数，随着新弧段观测数据的加入，可以随时更新轨道和模型参数。动力模型和测量模型的可靠性，跟踪数据的精度，定轨方法的有效性一起决定了最后定轨的精度。精密定轨方法有很多，这里主要介绍通常采用的几种定轨方法。

9.3.1 经典动力法（dynamic strategy）

我们所描述的卫星精密定轨，简言之就是在某一指定的历元（即通常所说的时刻）获取卫星在某一选定的坐标参考框架中的状态（即位矢和速度矢）。定轨的基本流程开始于以一定的技术手段获得的与卫星运动状态有关的独立观测值。一般来讲，这些观测值都只是测量了卫星运动的几个分量，如，相对于海洋表面的高度、视线方向的距离（line - of - sight range）或者视线方向距离在较短时间间隔上的变率（change in line - of - sight range），卫星与某些参考站的距离等等。一般，要想直接观测卫星的三维位置矢或者速度矢通常是不可行的，但是，观测值总是以某种方式与卫星的状态相关，有一定的函数关系。因此，这些观测值就包含着有助于定轨的信息。如果我们选定卫星在某一历元的初始状态，根据卫星所受到的各种摄动力（包括太阳、月球和其他行星的引力和大气阻尼、洋潮、地球固体潮、太阳光压、地球辐射压等非引力的摄动力）建立卫星的动力学模型，那么通过轨道积分就可以以一定的时间间隔给出卫星的参考轨道。由于对轨道初始状态的估计存在误差，同时描述作用在卫星上的力的数学模型也存在不足，而且，这些摄动力数学模型中的参数也不精确，由此而确定的轨道存在很大的误差。为了修正动力学模型和初始轨道，必须独立地获得卫星运动的观测量。这些观测量一般观测运动参数如卫星高度、观测站到卫星质心的距离（斜矩）和斜矩变化率等。如果要测得全部卫星的三维位置和速度几乎是不可能的，但只要观测量依赖于卫星运动，就含有帮助确定轨道的信息。为了用于轨道估计，观测量必须也有一个一致的数学模型，此模型不仅依赖于卫星运动，而且还与跟踪站位置、卫星指向有关。观测模型一定涉及跟踪仪器的位置到卫星质心的位置，质心是随着星上燃料的消耗逐渐变化的。跟踪模型还要获得空间精确的指向。它是通过卫星姿态控制模型或从卫星姿态传感器测得一系列观测量来确定。同时跟踪站是在转动地球上，由于潮汐和板块运动使地球表面变形，观测站可比作另外的轨道卫星，最后观测模型必须考虑大气折射和其他偏差或仪器影响。

假设观测量是可靠的，在初始条件下计算观测量和实测观测量之差——残差，通过线性最小二乘法，通过判断残差最小，可以获得最佳的初始条件和被估计的参数。数据模型在某些方面总会存在瑕疵，通过残差比较可以获得调整后的初始条件和被估计的参数，再利用这些提高了的初始条件和被估计参数，重新计算残差，再获得调整后的初始条件和被估计参数，通过迭代过程，可以鉴别不可靠的观测量，将它们剔除掉，每一次迭代过程初始条件和被估计参数的调整值越来越小，最终可以获得稳定的初始条件和被估计参数值。最后再将这些稳定的初始条件和被估计参数值代入卫星运动模型中，通过积分可以获得改进后的卫星轨道，即精密定轨。整个这个过程就是经典动力法精密定轨过程。

与卫星激光测距（SLR）/DORIS 轨道相比，获得最精确星载 GPS 动力轨道的例子是高度约为 1 300 km 的 T/P 卫星。该卫星利用 GPS 和 SLR/DORIS 数据、采用同样的动力学模型，最后获得的径向、切向和横向轨道均方差分别为 3 cm、10 cm 和 9 cm（Schutzl，1994）。

这种方法考虑到了同时对其他参数进行的估计，使得改进的轨道与跟踪数据之间符合程度增加，同时仍然保持动力模型中观测参数的有效程度。这些参数可以分为摄动力（如重力系数）、几何参数（如地面观测站坐标）和经验参数。在给定的长弧段动力模型足够的情况下，解方程时瞬间跟踪测量噪声的影响有所减弱，然而此模型中的长弧段将导致系统误差增长，如模型中经验参数估计的比较差，当降低低轨卫星高度时，经验参数的估计会有所提高。

由于 GPS 的出现，有了其他方法，但动力学定轨技术仍然是，也很可能一直是提供最重要的精密轨道的主要手段之一。

9.3.2　运动（非动力）法（kinematic strategy）

在运动或非动力法中，去除了估计过程中由动力约束引起的轨道平滑。这样做的基本原理是：尤其在较低的卫星高度下，低轨卫星的实际轨迹相距精密 GPS 位置比通过动力法确定的轨道近。连同卫星状态和表示每次测量历元的 3 个力修正的过程噪声矢量，在 Kalman 滤波估计理论中可以应用这种方法，通过提高过程噪声几乎完全能够削减动力模型效应。对于约 700 km 高度地球观测卫星，给定将近 1 天的弧段数据，模拟结果径向精度可达 3 cm（Yunck，1996）。

因此，运动法确定轨道实际上是根据潜在的动力方程，避开了动力模型误差。这种方法几乎完全依赖于 GPS 观测数据的精度和观测量几何强度——也就是低轨卫星和地面接收机相对于 GPS 星群的相对位置和星载 GPS 接收机和地面接收机获得连续的 GPS 卫星跟踪数据。直到最近，由于星载接收机的限制和地面接收机的缺乏使得这些测量要求遇到严重的问题。

9.3.3　简化动力学方法（reduced − dynamic strategy）

在定轨过程中使用卡尔曼滤波器会发现一些传统的动力学定轨方法有趣的差别。特别是它让我们在某种程度上，从精密定轨过程中总是要考虑卫星运动力模型这一复杂工作中解放出来。这种方法，我们称之为简化动力学方法，具体实现上，是通过将没有建模或模型不准确的加速度当作为平稳的随机过程，以此来解释观测的卫星轨道与预计的卫星轨道之间的偏离。GPS 系统的特点是可以全天候获得高精度的卫星星历，而其他的数据组合，如 DORIS/SLR，可以支持简化动力学定轨方法的变化。一般来讲，简化的动力学定轨方法寻求的是将局部的几何观测值改正到动态确定的收敛的轨道解上去，从而最大限度地利用可观测性。

简化的动力法定轨实际上就是纯动力法定轨和运动学定轨的一种中间策略。对简化动力学定轨方法，其使用的程度可以通过设置控制航天器随机加速度行为的参数来实现。通常，这些加速度被视为一阶 Gauss − Markov 随机过程，具有一个相关时间和定态的方差。当把相关时间设置为一个大数，而方差设为0时，简化动力学方法就完全成为了动力学方法；如果反过来，把相关时间设为0而方差为一个大数时（白噪声），则简化动力学定轨将产生一个纯粹的运动学轨道解。在后一种情况中，相对GPS跟踪观测值而言，滤波器独立地在每个测量时间处估计三个加速度改正值。必须记住，运动学定轨对观测的几何图形的失常和跟踪数据的异常非常敏感，如果跟踪过程中GPS卫星失锁了，那么跨越跟踪空白区的运动学方法平差就会是无约束的。与此相反，这种数据中断对纯动力解就没有什么损害。

在简化的动力学方法精密定轨中，确定如何达到动力法和运动法的最佳平衡并不是很容易的。与动力法定轨需要考虑卫星轨道的特点（特别是姿态），力模型的质量和星载GPS接收机的跟踪能力相对应，简化动力学方法定轨一个很明显的需要考虑的因素是如何选择观测值的权重。T/P卫星早期的轨道解与动力法轨道的偏离比后期的要大得多，原因就在于T/P卫星发射后，围绕调节其动力模型参数方面做了大量的工作，因而，力模型参数的精度得到了极大的改进，从而具备了用动力法定轨的能力。在这些努力前，与地理相关的轨道误差源于地球重力场模型中静态和随时变化的分量的误差，这一现象是由GPS跟踪数据，根据简化的动力学方法确定的卫星轨道揭示出来的，同时也验证了在这种定轨方式中GPS观测值的作用。

由于T/P卫星动力模型达到了史无前例的精度，就相对动力学定轨这种比较保守的方法而言，简化动力学方法仅仅对观测值定权所带来的好处是可以切实感受到的。

9.3.4　几何法（Geometric strategy）

对于低轨卫星，由于轨道很低，具有复杂的轨道运动状态如卫星复杂的维数和复杂的质量分布，如果不考虑动力模型效应，经典轨道确定方法的用途将大大降低了，而且经典轨道改进指的是对不连续的和不精确的跟踪数据的不同历元的初始轨道的改进。这种情况不是针对连续的、精确的星载GPS跟踪数据。针对这种情况，由Bisnath提出了不是很复杂但很有效的跟踪方法，这个过程基本利用了一个GPS相对位置的扩展形式：对低轨接收机和地面接收机同时测得的数据进行处理来估计卫星轨道相对于地面接收机的位置。

这种方法在GPS跟踪航天器的发展早期中提出过，但是由于需要估计大量的参数使得数据的有效性大大减弱，那时不可能获得精密的GPS轨道，在确定低轨卫星位置时必须同时估计GPS轨道，这就要求具有大量的全球地面参考站，这在当时几乎是不可能的。假定理想状况下，模拟结果预测可获得厘米量级的位置精度（Yunck et al.，1985）。如果GPS轨道不能同时估计出来，低轨卫星位置精度将限制在米的量级。

随着全球地基连续运行站的到来，在国际GPS服务中心（IGS）的组织和赞助下，精密GPS轨道、大量地面GPS接收站数据以及与此相关的接收站坐标和对流层天顶路径延迟估计都已成为可能。这些数据的产生涉及大量的努力，与以往要么重新估计这些数据，要么忽略这些数据相反，几何法具有一个能够充分利用这些数据机会。这种方法主要考虑减少动力法中的计算负担，对轨道精度有所让步，这一想法在1997年由Davis等进行了试验。

此法的输入数据有：精密GPS星历、地基接收站测量数据、接收站坐标和对流层天顶路径延迟估计、双频伪距和载波相位星载GPS接收机数据。测量数据不是用动力学轨道估计的数据，几何法不需要动力学模型。双频伪距测量（可修正电离层）用来确定具有米量级噪声的绝对LEO位置估计。邻近历元之间的双频载波相位测量（可修正电离层）被用来估算较高精度（厘米量级噪声）的低轨卫星位置变化。这种量测处理技术是载波存在伪距平滑的一种产生形式。低噪声载波相位信息用来形成伪距信息是非常有效的，这一点在每次观测中得到了证实。

因为几何法仅依靠测量数据，影响所有参数的测量精度必须要考虑。首先，与星载GPS接收机测量能力有关的测量因素，这些包括观测量类型、观测量噪声等级、硬件跟踪频道的可能的数量。其次是低轨硬件星载GPS天线：增益类型、相位中心稳定度、观测场。数据采集参数——数据弧段长度和数据采样率是最重要的，因为这种方法是以地面接收站相对位置、数量和分布为基础的。最后与数据采集参数有关的因素，连同真实轨道的复杂性，涉及的插值算法将要影响轨道估计的精度。

9.4　精密定轨方案选择

海洋动力环境卫星的定轨与其他的应用卫星不同，由于涉及对海面高度观测值的定量分析，因此卫星对轨道提出了很高的要求，定轨问题也成了卫星任务成败的关键。前以叙及，应用于卫星定轨任务的跟踪系统比较多，随着技术的发展，有些方法已经没有发展前途。通常卫星精密定轨使用的跟踪系统包括：SLR、DORIS、GPS。为了保证卫星的精密定轨，在考虑到任务成本的情况下一般会使用多种跟踪系统进行卫星定轨。主要原因就是为了保证整个跟踪系统的可靠性；同时，轨道跟踪系统各有长短，使用多种跟踪系统可以充分发挥它们的特点，获得高精度的定轨结果。

卫星跟踪技术可以大致分为无线电跟踪和激光跟踪。前者的跟踪精度由于大气湿对流层的影响难于提高精度；而SLR的跟踪受后者影响很小，因此，SLR具有更高的精度。这项技术跟踪精度目前是最高的；SLR跟踪系统最复杂的部分主要在地面，卫星上只需要安放激光反射阵列，因此，系统的可靠性高，不会出现像有些跟踪系统那样由于空基部分工作不正常而无法正常定轨的情况。正是因为这样的原因，大部分卫星都带有激光反射阵列，作为实现卫星定轨的保留手段。在各种卫星定轨技术手段中，我国对SLR技术的掌握也是最好的，因此，有必要也有条件携带激光反射阵列实现卫星轨道。由于SLR台站分布稀疏，因此SLR数据分辨率不高，在轨道后处理过程中，SLR数据一般用作其他方法的检核标准，并在其他方法无法胜任时作为定轨的手段。

SLR跟踪的精度具有不确定性。最好的仪器可以达到优于1 cm的精度，而有些台站的精度只能达到2 cm。其可能的观测误差主要来自大气层的影响和测距硬件的影响，如果设备老化或由于其他的原因，引起的误差估值在0.5~1.5 cm之间。但是，可靠的SLR系统可以将误差控制在±1 cm的绝对精度内。如果实现双色SLR系统并采用新的质量控制措施，有可能实现毫米级的精度。

SLR技术的发展前景可以参考美国NASA/GSFC提出的目标：在21世纪，SLR跟踪站要实现无人操纵；单发射的精度为1 cm或更优；其目的要实现24 h的跟踪覆盖。同时，大幅降低SLR的投资，作用费用。目前SLR系统的主要费用为各个子系统的维护费用，以及为了保证工作人员不受到激光威胁的费用。而新一代的SLR系统将简化硬件设备，将主动技术改为被动技术。

DORIS跟踪系统作为试验研究阶段是在SPOT2卫星上使用，随后作为T/P卫星精密定轨跟踪系统主要手段之一，由于其密集分布的跟踪网和高精度的测量数据使得 DORIS 跟踪系统在 T/P 上定轨精度达到 0.5 mm/s 水平。随后在 Jason - 1、Envisat、SPOT3 和 SPOT4 卫星上均采用了 DORIS 跟踪系统，并在接收机质量、体积和消耗等性能做了改进，更加微型化，使得 DORIS 跟踪系统称为更加广泛应用的精密定轨技术之一。

利用 GPS 技术实现卫星的精密定轨首次应用在 T/P 测高任务中。该任务是由美国和法国共同实施的，其轨道精度接近 2 cm。T/P 卫星携带有激光反射棱镜阵列，空基 GPS 接收机，DORIS 系统。其中，GPS 定轨只是一个试验性任务。但是事后的结果却显示了利用 GPS 技术实现精密定轨的巨大前景，T/P 卫星任务也获得了巨大的成功，在大地测量卫星精密定轨中具有划时代的意义。如果有条件，我国 HY - 2A 也应该携带空基 GPS 接收机。从任务目的来看，利用星载 GPS 数据进行定轨可以获得高质量的定轨成果从而扩大卫星测高数据的应用范围和深度。从整个学科的发展来讲，随着空间大地测量学的发展，国家必将展开进一步的空间科学研究，许多研究将进一步深化。作为支撑这一发展的基础学科之一的地球重力学也必然要加大发展步伐。借鉴国外的发展经验，为了发展我国的国家安全和经济建设，将来必然要加大对地球外部重力场的研究力度，而且，我国也的确在卫星导航与定位领域开始赶超国际先进水平。卫星重力数据的应用也必须要有精密轨道的支撑，反过来，精密定轨也要有高精度的地球重力场模型的支持。从这点来看，精密定轨是我们必须突破的一项关键技术，如果 HY - 2A 能实现这一点，不仅能够提高我国的定轨水平，而且能够提高我国卫星应用的整体水平，对国家的卫星应用计划产生良好的示范作用。利用 GPS 技术实现精密定轨也为将来我们利用北斗导航系统实现我国的卫星定轨任务提供技术储备。

针对 GPS、SLR 和 DORIS 跟踪技术的精度及覆盖密集程度，HY - 2A 卫星精密定轨拟采用两种定轨方案：一是利用 GPS 和 SLR 精密定轨技术综合定轨，以 GPS 技术为主要定轨技术，以 SLR 作为检验标准；二是利用 DORIS 和 SLR 定轨技术综合定轨，以 DORIS 技术为主要定轨技术，SLR 技术为检验标准。

利用 SLR 和 DORIS 跟踪手段精密定轨，采用经典动力学精密定轨方法；利用 GPS 跟踪手段采用动力法和简化动力法两种定轨方法。

9.4.1 GPS 精密定轨系统方案

在 T/P 卫星上试验了利用 GPS 系统来测定卫星的精确位置并达到了 4 cm 的定轨精度水平以来，GPS 精密定轨已经是很多低轨卫星首选的星载卫星定位系统。

GPS 定位技术量测的是 GPS 卫星信号发射端相位中心到 GPS 接收机天线相位中心的距离，见图 9 - 4 所示。它是通过测量时间差或接收信号和接收机信号的相位差来确定的，然后利用距离交会原理确定低轨卫星位置。星载 GPS 定轨主要有码伪距观测、相位伪距观测、高低模式的双差观测和非差观测方法。

星载 GPS 观测数据处理方法也可以归结为载波相位观测值的差分方法和非差方法（由于海洋动力环境卫星定轨精度的要求，利用伪距法定轨无法达到精度要求，所以在此不讨论该方法）。T/P 卫星上采用了双频载波相位 GPS 获得了厘米级的定轨精度。

1) 载波相位观测值的差分方案

载波相位差分技术是建立在处理两个测点的载波相位基础上，由参考站通过数据链实时将其载波观测量及站坐标信息一同传送给用户，用户接收到 GPS 卫星载波相位与来自参考站

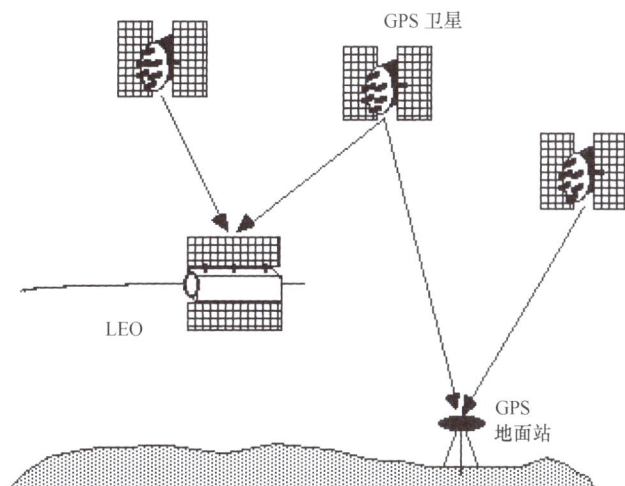

图9-4 GPS定轨示意

的载波相位组成相位差分观测值进行实时处理，获取定位数据。载波相位观测值的精度高至毫米，要达到精密的定位也只能采用相位观测值。

差分GPS精密定轨系统组成为：

① 星载双频载波相位GPS接收机及软件。

② GPS跟踪地面站网络。

③ 数据处理（软件系统）。

2）载波相位观测值的非差分方案

GPS非差分定轨技术就是利用GPS非差分观测值确定卫星轨道。利用非差观测值对LEO卫星定轨的优点是数据利用率高，可实现全弧段跟踪。另一个最大优点是不必需要地面设置基准站，进行差分跟踪实现几何法定轨，也可实现几何动力法联合定轨。保留了所有观测信息；能直接确定轨道坐标；不同地面测站的观测值不相关，测站与测站之间无距离限制等优点。因此，GPS非差分定轨方法成为海洋动力环境卫星精密定轨的主要方法。

非差分GPS精密定轨系统组成为：

① 星载双频载波相位GPS接收机及软件。

② 数据处理（软件系统）。

非差分GPS精密定轨与差分GPS精密定轨区别在于GPS跟踪地面站网络和观测模型上，另外还需考虑各利用模型估计的方法消除误差的影响。

3）GPS接收机方案

在GPS观测量中包含了卫星和接收机的钟差、大气传播延迟、多路径效应等误差，在定位计算时还要受到卫星广播星历误差的影响，在进行相对定位时大部分公共误差被抵消或削弱，因此定位精度将大大提高，载波相位观测值的精度可以达到毫米，而且双频接收机又可以根据两个频率的观测量抵消大气中电离层误差的主要部分，在精度要求高，接收机间距离较远时（大气有明显差别），应选用双频载波相位接收机。

4）数据处理

依据 GPS 观测模型、误差处理技术和算法等观测数据处理方法和软件，进行 GPS 观测数据的处理，给出精密轨道数据。虽然非差定轨与双差定轨相比，GPS 观测值模型更复杂，而且必须利用模型估计的方法消除误差的影响。另外估计的参数也远比双差模型的多，并且受误差残差的影响，整周模糊度的确定问题也更加复杂。但保守力、非保守力、误差源等还是基本相同的。

另外，分析现有 GPS、DORIS 和 SLR 的处理方法，在数学模型上，除了观测值模型不同外，保守力、非保守力、误差源等也是基本相同。因此，将 GPS、DORIS 和 SLR 的数据处理方案放在一节中论述。

9.4.2 SLR 精密定轨系统方案

SLR 精密定轨基本原理是利用激光跟踪仪器记录从参考点到卫星反射器来回的激光脉时间，并由此计算出从参考点到卫星反射器的单程距离，来获得卫星精密位置的。SLR 精密定轨系统的构成如下：

（1）星载反射镜阵列。

（2）地面跟踪站。

（3）数据处理。

1）星载反射镜阵列

星载反射镜阵列是由装在星上镜片组成，在技术上不存在任何难度。

2）地面跟踪站

地面跟踪站由激光跟踪仪器组成，用预测量卫星的高度。激光跟踪仪器和卫星地面站国内的技术已经很成熟，而且有多家天文台有现成的设备，可供海洋动力环境卫星精密定轨使用。

3）数据处理

激光跟踪仪器可以记录激光脉冲从参考点到卫星反射器来回的时间，据此计算出卫星反射器的单程（one-way）距离，对 SLR 观测值的对流层延迟改正采用与 GPS 同样的模型。此外，还应考虑地面站地壳形变引起的位移，地壳形变包括潮汐和板块运动影响，其采用的模型与 GPS 所用的一致，进行数据处理。可以从全球激光网的 IGS 及时得到地面的激光站跟踪数据和 GPS 卫星精密星历。

9.4.3 DORIS 精密定轨系统方案

DORIS 能够实现对低地球轨道卫星的精确确定，从而为雷达高度计数据处理提供高精度的轨道高度，其轨道确定径向精度可以达到 10 cm 或者更优。在 1992 年发射的 TOPEX 卫星上 DORIS 定轨得到应用，在此之前，1990 年发射的 SPOT-2 对地观测卫星上已得到了验证。

DORIS 系统可以执行飞行器轨道确定和地面信标定位，该系统由星上设备及软件、地面信标网络和控制与数据处理中心组成。其基本原理是基于精确测量星上接收机收到的地面信标所发射的无线电信号的多普勒频移。其中，2 036.25 MHz 用来精确测定多普勒频移，401.25 MHz 用来电离层校正。通信链路的设计保证信标的全自动运行和卫星收到的数据很容易地传到 DORIS 数据处理中心。DORIS 星上设备已在 SPOT 系列地球观测卫星和 TOPEX 海洋观测卫星以及 ENVISAT 和 TOPEX 后续卫星上得到飞行或即将飞行。DORIS 地面段轨道确定信标全球布站，由 IGN（French National Geographic Institute）负责安装和维护，时间基准由位于法国的 Toulouse 和法属圭亚纳的 Kourou 的主信标站提供。控制与处理中心位于法国的 Toulouse，由 CLS 公司负责运行。精密定轨由 CNES 的一个部门负责实施。图 9－5 为 DORIS 系统的全球地面信标站网。

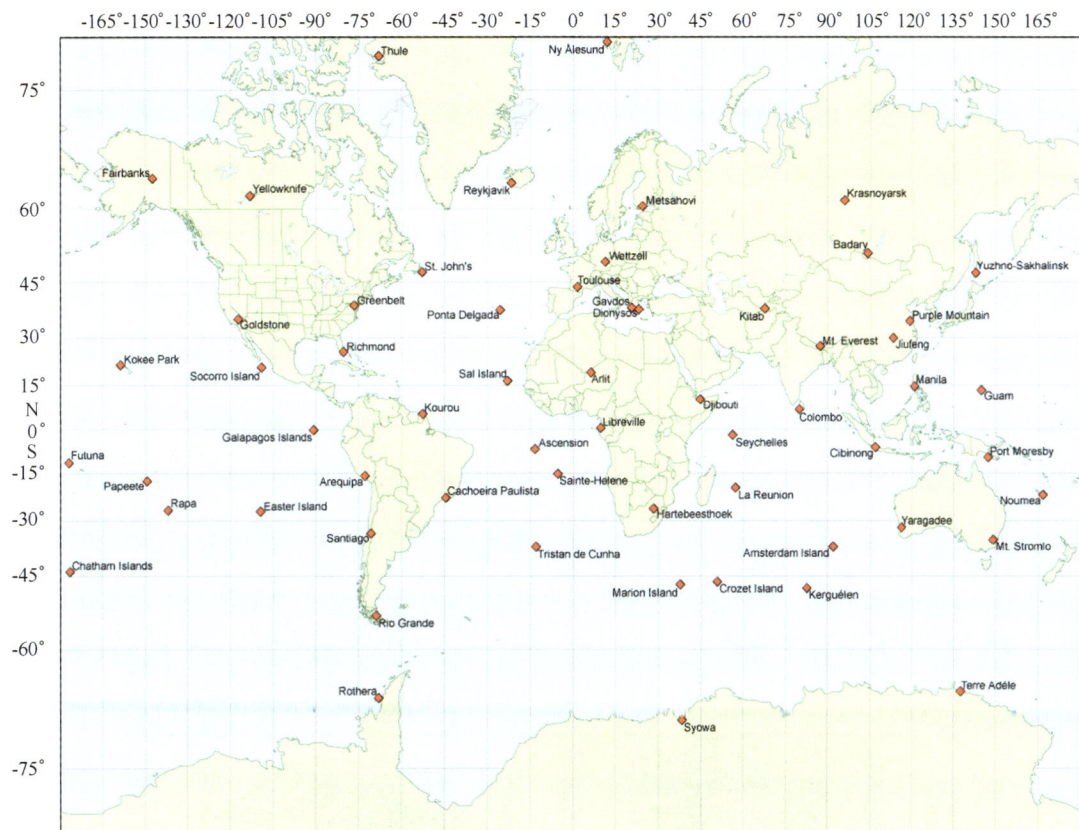

图 9－5　DORIS 系统的全球地面信标站网

DORIS 系统将在未来的卫星项目中得到更多的应用，现在正在进行功能的进一步的扩展，包括：星载仪器的自动编程、星载轨道确定软件的自动初始化、以 1 m 为目标的星载实时轨道确定精度的进一步提高、同时处理两个信标，从而实现一个通道用于精密定轨另一个通道用于精确定位等等。CNES 正在研究 DORIS 系统的更广泛的应用领域，包括：星座的导航、星座的管理、卫星对卫星的跟踪、地面信标位置的确定以及姿态的确定。为此，CNES 确定了进一步将星载设备体积、质量和功耗减小的目标，并开展扩谱测距可能性的研究。

精密定轨需要一定量的处理计算和时间，包括需要提供外部的数据（比如地球旋转参数、太阳参数等），这种参数的获得可能需要 1 个月的时间，因此，精确的轨道确定是事后处理获得的。TOPEX 系统利用 DORIS 测量数据的处理结果实现了轨道径向确定精度 2～3 cm 的水平，满足了 HY－2A 卫星所要求的 5～8 cm 精度的需求。

DORIS 控制和数据处理中心还可以在 48 h 内实现 20 cm（RMS）径向轨道确定精度的快速处理结果。

星上 DORIS 接收机及其处理软件也可以实时提供轨道确定数据，其设计目标是 25 m（RMS），实际结果可以达到 4 m 精度。

总之，DORIS 系统可以提供以下 3 种方式定轨服务，并能达到如下的技术指标。

（1）实时模式。

① 处理中心：星上设备及其软件。

② 可获得的精度：位置小于 4 m（RMS）三轴、速度小于 0.4 cm/s、无延时。

（2）业务运作模式。

① 处理中心：DORIS 控制和数据处理中心（CNES、TOULOUSE、FRANCE）。

② 可获得的精度：径向小于 20 cm（RMS）。

③ 时间延时：48 h。

（3）精密定轨模式。

① 处理中心：精密定轨服务中心（CNES，TOULOUSE，FRANCE）。

② 可获得的精度：径向小于 5 cm（RMS）。

③ 时间延时：1 月。

DORIS 系统本身也在不断发展，据最新报道，第二代 DORIS 接收机期望得到实时轨道确定径向精度 10 cm 的指标。

（1）DORIS 设备方案。

星上 DORIS 设备包括接收机、超稳振荡器、开关和全向天线。DORIS 接收机已在 ENVI-SAT 卫星上对产品做了进一步的小型化设计，它具有双信标接收能力和精度达 1 m（rms）的实时计算轨道星历的能力（径向 30 cm）。图 9 - 6 给出了 DORIS 系统星上接收机天线和设备的外形图。星上 DORIS 设备可以采取与法国合作研制或直接购买其产品的方式。

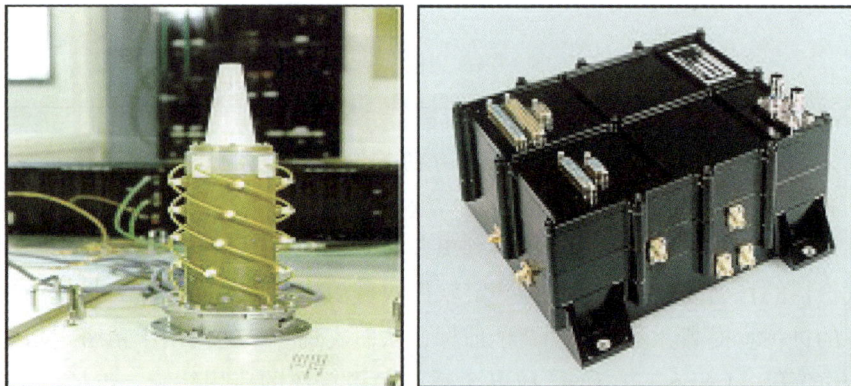

图 9 - 6　DORIS 接收天线及设备外形

（2）数据处理。

卫星与地面信标之间的相对运动产生多普勒频移，通过多普勒频移测出卫星的速度和每隔 10 s 的同步信号的接收时间。在地面处理中充分利用这些数据，可以得到高精度定轨数据。除了 DORIS 的观测模型外，对 DORIS 观测值模型的修正可以采用与 GPS 同样的模型，进行数据处理。

第4篇　HY-2A卫星工程应用

第10章　雷达高度计数据应用

10.1　海面高度

影响 HY－2A 卫星雷达高度计海面高度测量精度的因素很多，主要包括雷达高度计测高涉及的干湿对流层路径延迟、电离层路径延迟、海况偏差、大气逆压等误差。根据测量原理，

$$海面高度 = 轨道高度 - 校正后测量距离 \tag{10-1}$$

$$校正后测量距离 = 实际测量距离 + 湿对流层延迟修正 + 干对流层延迟修正 +$$

$$大气逆压延迟修正 + 电离层误差修正 + 海况偏差修正 \tag{10-2}$$

HY－2A 卫星雷达高度计是我国首颗星载高度计，没有成熟的误差校正算法可以借鉴。本书借鉴国外同类雷达高度计误差的相关校正算法，并结合 HY－2A 雷达高度计的特点进行 HY－2A 卫星雷达高度计测高误差校正，在此基础上利用 Jason－1/2 卫星雷达高度计产品进行验证。具体比对方法是将 HY－2A 卫星雷达高度计和 Jason－2 卫星雷达高度计数据进行星星交叉比对。比对数据为 2011 年 12 月 HY－2A 卫星雷达高度计和 Jason－2 卫星雷达高度计海面高度数据。将 2011 年 12 月数据按照每 3 天为一组进行交叉比对。在星星交叉比对时，选取的空间窗口为 50 km。以 12 月 12—14 日为例，HY－2A 卫星雷达高度计与 Jason－2 卫星雷达高度计地面轨迹共有 909 个交叉点，交叉点处海表面高度差位于 ［－0.1 0.1］ 区间内有 730 个点，占交叉点总数的 80.31%。计算交叉点处 HY－2A 卫星雷达高度计与 Jason－2 雷达高度计海面高度的均方根误差，计算得到的均方根误差为 6.6 cm。

在下面 10.1.1~10.1.5 节将分别介绍 HY－2A 雷达高度计大气干湿对流层、电离层和海况偏差的校正方法和精度验证。

10.1.1　干对流层延迟校正

10.1.1.1　校正算法

雷达高度计发射的电磁波信号要穿过地球大气层，由于大气层的折射现象的存在，使得电磁波的实际传播速度会小于真空中的光速值，因此获得的高度计测量值总会比真实值大。

干对流层路径延迟量（Full & Anny cazenave，2001）

$$PD_{\text{dry}} - 0.227\,7P_0(1 + 0.002\,6\cos 2\varphi) \tag{10-3}$$

式中，PD_{dry} 的单位为 cm，P_0 为海面大气压（SLP），单位为 10^2 Pa，φ 为星下点地面纬度。

海面压强数据采用 NECP 提供的压强数据。该数据为 1 天 4 次（00：00，06：00，12：00，18：00UTC），1°×1°网格化全球数据，可通过空间插值获得与高度计时空匹配的数据。

10.1.1.2　算法验证

基于 Jason – 2 的 Cycle114 数据，得到干对流层路径延迟校正算法计算值与 Jason – 2 GDR 数据干对流层校正值的比较结果如表 10 – 1 及图 10 – 1 和图 10 – 2 所示。

表 10 – 1　干对流层校正算法计算结果与 Jason – 2 GDR 数据干对流层校正值比对结果

参数	最大偏差/cm	最小偏差/cm	平均绝对误差/cm	RMS/cm
干对流层校正	22.81	0.00	0.19	0.46

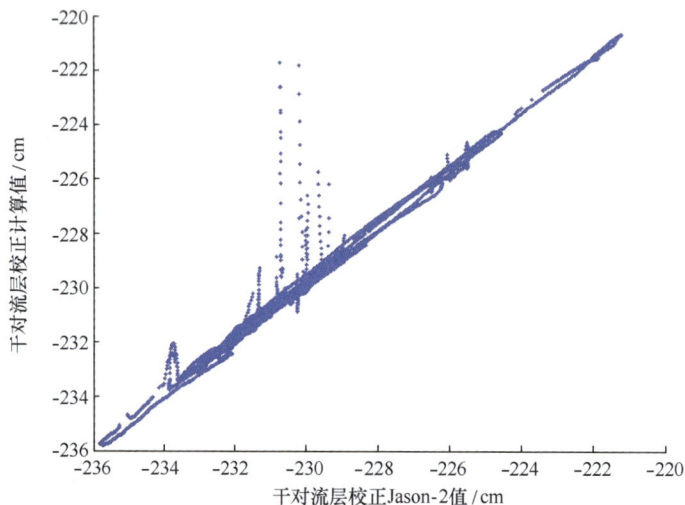

图 10 – 1　干对流层校正计算结果与 Jason – 2 数据比较散点（10 000 点）

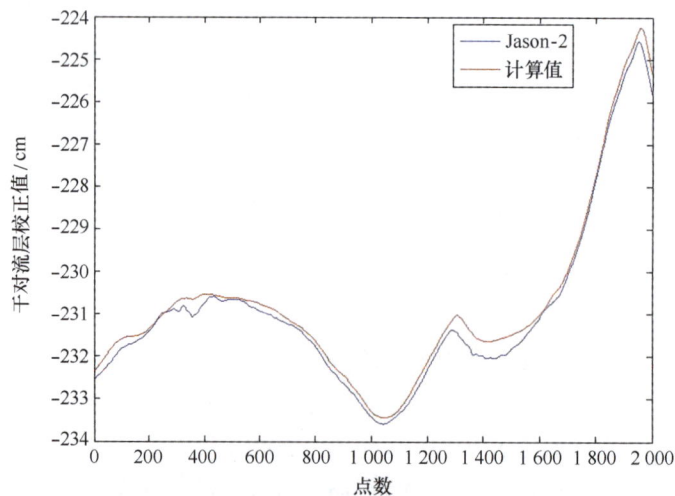

图 10 – 2　单 pass 干对流层校正计算值与 Jason – 2 GDR 数据干
对流层校正值比较（2 000 点）

10.1.2　湿对流层延迟校正

10.1.2.1　校正算法

大气湿对流层延迟校正主要有两种方法：第一种是采用校正微波辐射计测得亮温，根据亮温与路径延迟的转换关系进行校正；第二种方法是基于当地气压，利用校正模型计算得到。但不管用哪种方法，湿对流层校正算法是相同的。

HY－2A 校正微波辐射计的频率为 18.7 GHz，23.8 GHz 和 37 GHz，湿对流层路径延迟可以通过测量临近 22.235 GHz 水汽线的亮温计算得到，该部分内容为校正微波辐射计数据处理内容，在此不再赘述。

湿对流层路径延迟包括两部分：水蒸气导致的路径延迟和云液态水导致的路径延迟。水蒸气导致的路径（Boudouris，1963）

$$PD_V = 1.763 \times 10^{-3} \int_0^H (\rho_V/T)\,\mathrm{d}z \qquad (10-4)$$

云液态水导致的路径延迟（Hans & Liebe，1989）

$$PD_L = 1.6L_z = 1.6\int_0^H \rho_L(z)\,\mathrm{d}z \qquad (10-5)$$

总的湿对流层距离延迟（Keihm et al.，2000）

$$PD_W = PD_L + PD_V \qquad (10-6)$$

式中，PD_V，PD_L，PD_W 分别为水蒸气、云中液态水和总的路径延迟，单位为 cm；ρ_V，ρ_L，T 分别为水蒸气、云中液态水的密度剖面和大气温度剖面数据，单位分别为 g/cm³，g/cm³；K，H 为卫星高度，单位为 cm。

本文使用的数据为 NCEP 提供的 1°×1° 网格化位势，温度、相对湿度剖面数据和云液态水含量数据，通过空间插值得到高度计星下点位置的相应数据。为保证时间上的相关性，选择与卫星过境时间最接近的 NECP 数据进行计算。

其中位势剖面数据转化为卫星到海面的高度，温度和相对湿度剖面数据用下式转化为水蒸气密度剖面数据（Keihm et al.，2000）：

$$\rho_V = 1.739 \times 10^9 \times RH \times \theta^5 \times \exp(-22.64\theta) \qquad (10-7)$$

式中，RH 为相对湿度，$\theta = 300/T$。

10.1.2.2　算法验证

基于 Jason－2 的 Cycle114 数据，得到模型湿对流层路径延迟校正算法计算值与 Jason－2 GDR 数据模型湿对流层校正值的比较结果如表 10－2 及图 10－3 和图 10－4 所示。

表 10－2　模型湿对流层校正算法计算值与 Jason－2 GDR 数据中模型湿对流层校正值比较结果

参数	最大偏差/cm	最小偏差/cm	平均绝对误差/cm	RMS/cm
湿对流层校正	10.18	0.00	1.08	1.42

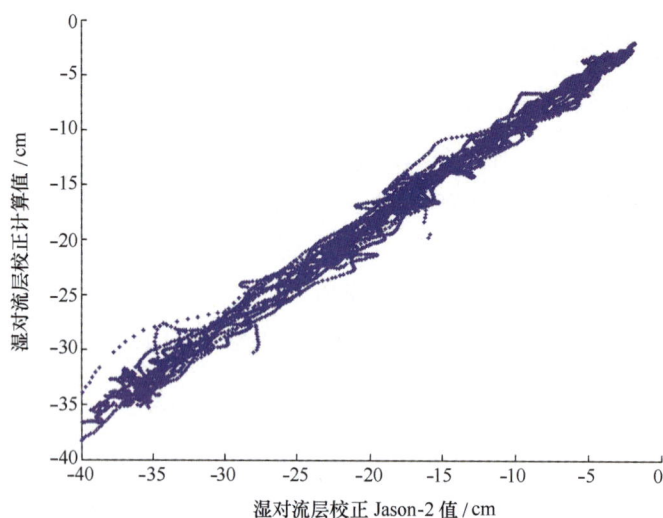

图 10 – 3　湿对流层校正计算值与 Jason – 2 数据湿对流层校正值比较散点（10 000 点）

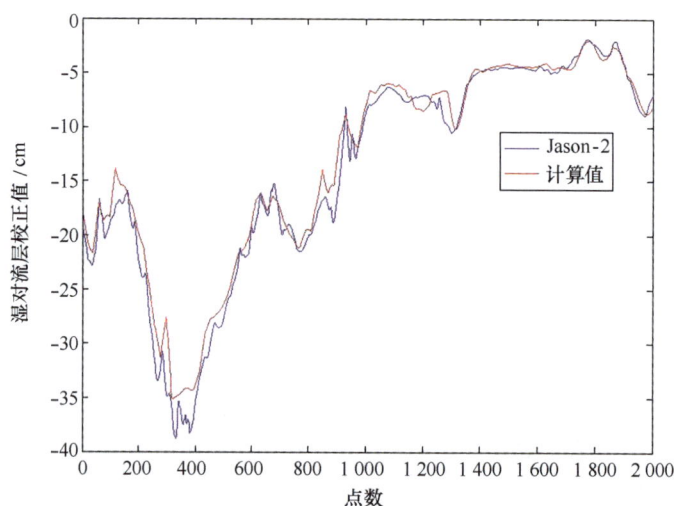

图 10 – 4　单 pass 模型湿对流层校正计算值与 Jason – 2 数据湿对流层校正值比较（2 000 点）

10.1.3　大气逆压延迟校正

10.1.3.1　校正算法

HY – 2A 卫星雷达高度计大气逆压延迟校正采用一个与海面气压和全球海面平均气压有关的模型方法进行校正，即大气逆压校正量

$$IB = -\frac{1}{\rho_w g}(p_a - \bar{p}_a) = -0.9948(p_a - \bar{p}_a) \tag{10-8}$$

式中，IB 的单位为 cm；ρ_w 为海水密度，取值 1.025 g/cm³；g 为重力加速度，取值为 980.6 cm/s²；p_a 为海面大气压（SLP），单位为 10² Pa；$\bar{p}_a$ 为加权的当前 cycle 的全球海面平均气压，单位为 10² Pa。

206

10.1.3.2　算法验证

基于Jason－2的Cycle114数据，得到大气逆压校正算法计算值与Jason－2 GDR数据大气逆压校正值的比较结果如表10－3及图10－5和图10－6所示。

表10－3　对流层校正算法和大气逆压校正算法计算值与Jason－2数据比对结果

参数	最大偏差/cm	最小偏差/cm	平均绝对误差/cm	RMS/cm
大气逆压校正	99.29	0.00	0.87	1.93

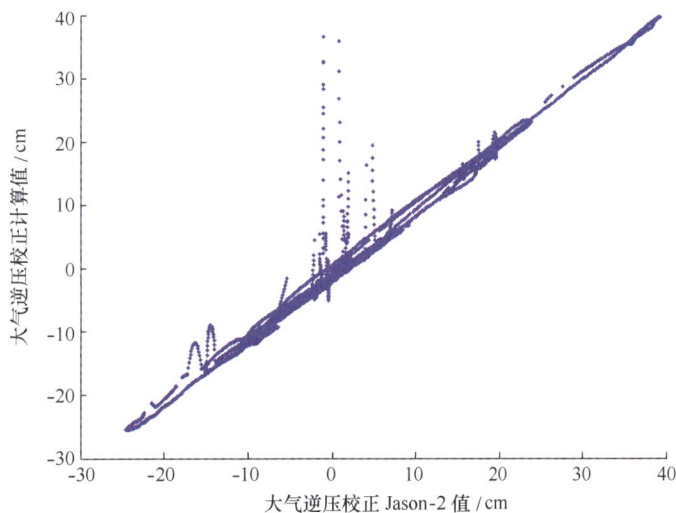

图10－5　大气逆压校正计算值与Jason－2数据比较散点（10 000点）

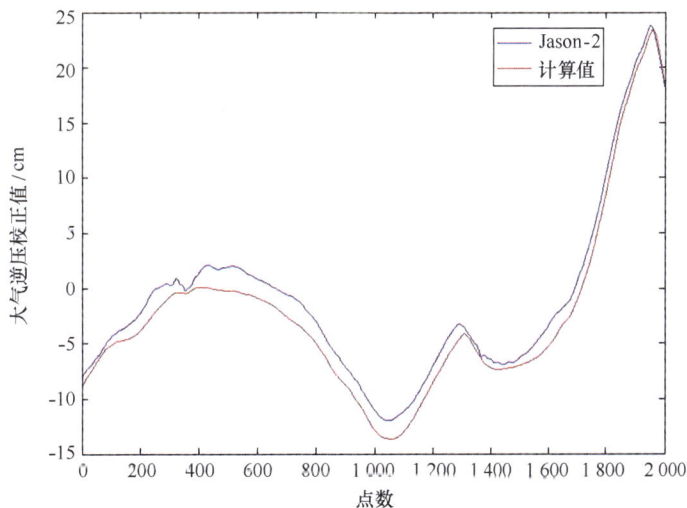

图10－6　单轨大气逆压校正计算结果与Jason－2数据比较（2 000点）

10.1.4 电离层路径延迟校正

10.1.4.1 修正算法

电磁波经过电离层时会发生折射，大气中的电离层折射是由与自由电子有关的上层大气介电特性决定的。电离层折射引起的误差范围通常为 0.2 ~ 40 cm，需要对电离层路径延迟进行校正。HY‑2A 卫星雷达高度计电离层校正采用双频高度计方法。

设 Ku 波段和 C 波段的测量值分别为 h_{Ku} 和 h_C，则

$$\begin{cases} h_{Ku} = h_0 + A_{Ku}I/f_{Ku}^2 + b_{Ku} + c \\ h_C = h_0 + A_C I/f_C^2 + b_C + c \end{cases} \tag{10-9}$$

HY‑2A 卫星雷达高度计工作在 Ku 波段和 C 波段，满足二次相位误差的限制条件，所以高阶频率的色散影响可以完全忽略。其中，$A_{Ku}S$ 和 A_C 在忽略高阶频率色散影响时，$A = A_{Ku} = A_C$，都等于 40.3 $m^3/(el \cdot s^2)$，b_{Ku} 和 b_C 表示其他与频率相关的误差校正项（如电磁偏差），变量 c 是与频率无关的其他误差。设给定 b_{Ku} 和 b_C，可以利用 h_{Ku} 和 h_C 来计算电离层误差和电离层总电子含量，通过上面公式可得

$$I = \frac{(h_C - h_{Ku} + b_{Ku} - b_C)}{A\left(\dfrac{f_{Ku}^2}{f_C^2} - 1\right)} \tag{10-10}$$

令 $K = (f_{Ku}/f_C)^2$，得

$$I = \frac{f_{Ku}^2(h_C - h_{Ku} + b_{Ku} - b_C)}{A(K - 1)} \tag{10-11}$$

$$\Delta h_{ion} = \frac{A}{f^2}I = \begin{cases} \dfrac{h_C - h_{Ku} + b_{Ku} - b_C}{K - 1} & （当 f = f_{Ku} 时） \\ \dfrac{Kh_C - h_{Ku} + b_{Ku} - b_C}{K - 1} & （当 f = f_C 时） \end{cases} \tag{10-12}$$

对 HY‑2A 卫星雷达高度计，$f_{Ku} = 13.58$ GHz、$f_C = 5.25$ GHz，则 $K = 6.69$。

电离层路径延迟精度还与电磁偏差计算精度有关，由于海况偏差也与频率有关，因此在电离层修正之前，需对两个频段的海况偏差作修正。

实测数据中，两个频段的海况偏差的差别约为波高的 0.5%，当有效波高为 4 m 时，此时由其引起的电离层校正项的误差约为 3.5 mm，可以忽略不计。因此，电离层误差修正项 $\Delta h_{ion} = \dfrac{h_C - h_{Ku}}{K - 1} - \dfrac{b_C - b_{Ku}}{K - 1}$，在忽略电磁偏差时，可简化为

$$\Delta h_{ion} = \frac{h_C - h_{Ku}}{K - 1} \tag{10-13}$$

参考 1994 年 Imel 的结果，两波段测高偏差可假定为有效波高 SWH 的函数（Imel，1994），可以看出，在 SWH 达 8 m 时，电离层校正项标准偏差为 1.0 cm（表 10‑4）。

表 10－4　误差结果

SWH/m	σ (Ku) /cm	σ (C) /cm	σ (ion_ Ku) /cm
2	1.5	4.5	0.3
4	3.3	10	0.6
8	5.5	16.5	1.0

10.1.4.2　算法验证

利用 Jason－1 12 个 cycle 的 Ku 和 C 波段测高数据，计算出 Ku 波段双频校正值，结果与 Jason－1 Ku 波段双频校正值比较，取 65 000 个点得到散点图如图 10－7 所示。

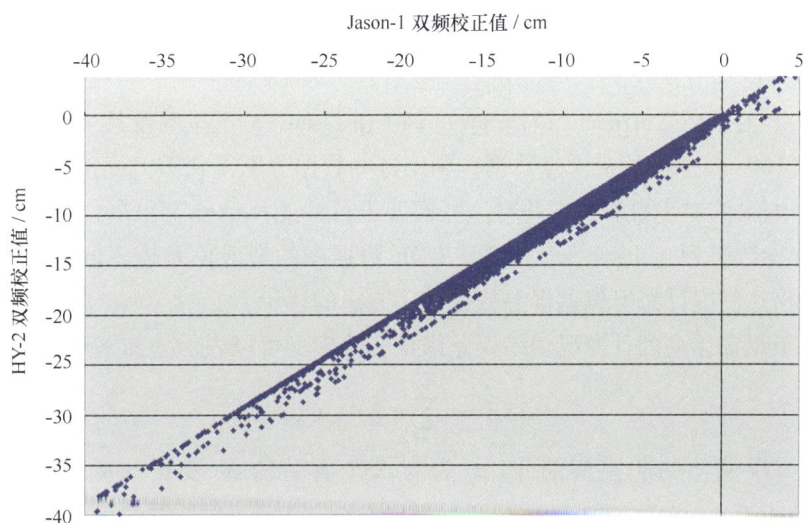

图 10－7　Ku 波段双频校正计算值与 Jason－1 Ku 波段双频校正值比较散点图

按照 Jason－1 的数据编辑准则，将电离层校正值小于－40 cm 和大于 4 cm 的值作为异常数据剔除后，Ku 波段双频校正值与 Jason－1 Ku 波段双频校正值的比较结果如表 10－5 所示。

表 10－5　Ku 波段双频校正计算值与 Jason－1 Ku 波段双频校正值比较

文件	时间	平均差值/cm	标准偏差/cm
Cycle001	2002 年 1 月	0.362 7	0.274 0
Cycle004	2002 年 2 月	0.313 9	0.274 0
Cycle007	2002 年 3 月	0.370 0	0.274 6
Cycle010	2002 年 4 月	0.328 2	0.242 8
Cycle013	2002 年 5 月	0.329 1	0.275 1
Cyclo016	2002 年 6 月	0.259 8	0.255 7
Cycle019	2002 年 7 月	0.294 7	0.286 5
Cycle023	2002 年 8 月	0.297 2	0.248 4
Cycle026	2002 年 9 月	0.361 3	0.305 7
Cycle028	2002 年 10 月	0.304 5	0.249 2
Cycle032	2002 年 11 月	0.320 5	0.252 5
Cycle035	2002 年 12 月	0.321 1	0.279 7

10.1.5 海况偏差校正

10.1.5.1 校正算法

电磁（EM）偏差、斜偏差和跟踪偏差统称为海况偏差（SSB），其典型值在 -1% 和 $-4\%\,SWH$ 之间。海况偏差在总 RMS 中所占的比重非常大。理论推导的 SSB 模型并不适用于雷达高度计的海况偏差校正。本研究采用 Gaspar 和 Schlax（1994）及 Chelton（1994）描述的 SSB 经验模型算法。对高度计数据推导的相对于参考椭球面的海表面高度（SSH）、风速（U）和有效波高（SWH）进行交叉点差值，得到交叉点不符值 ΔSSH、ΔU、ΔSWH。利用这 3 组数据进行线性回归得到最佳的海况偏差经验参数模型。最终利用 HY－2A 卫星高度计的有效波高和风速值求出 SSB。

分别从 T/P 卫星高度计 cycle 141—cycle 240 和 Jason－1 卫星高度计 cycle 041—cycle 140 的数据中提取 100 个 cycle 的交叉点数据，利用这些数据分别得到 T/P 高度计海况偏差参数模型和 Jason－1 海况偏差参数模型，并对这些模型进行性能评价确定出最佳的参数模型，最后对得到的最佳参数模型与 Jason－1 高度计 GDR 数据中的海况偏差校正值进行比对，完成对 HY－2A 卫星雷达高度计海况偏差误差修正采用方法的评价。

HY－2A 卫星雷达高度计海况偏差误差修正经验模型可以表示为如下形式

$$SSB = \sum_{i=1}^{p} a_i X_i + \varepsilon_{SSB} \qquad (10-14)$$

其中，ε_{SSB} 为海况偏差的非模型部分，a_i 为与 SSB 有关的 X_i 变量的参数，X_i 为有效波高（SWH）、风速（U）、波龄相关量（$\rho = (rSWH/U^2)^{-0.5}$）或者它们的任意组合。则方程（10－14）变为

$$\Delta SSH'_m = \sum_{i=1}^{p} a_i \Delta X_i + \Delta \varepsilon_{SSB} + \Delta \eta + \Delta \varepsilon_{h'_a} \qquad (10-15)$$

将所有误差合为零平均噪声（ε）和偏差（a_0）的和，则可重新表示为

$$\Delta SSH'_m = \sum_{i=0}^{p} a_i \Delta X_i + \varepsilon \qquad (10-16)$$

式中，ΔX_0 假定为单位变量。那么此问题成为一个典型的多元线性回归问题。给定（$\Delta SSH'_m$，ΔX_i）的若干个观测值，参数的标准线性最小二乘估计为

$$\hat{a} = (\Delta X^T \Delta X)^{-1} \Delta X^T \Delta SSH'_m \qquad (10-17)$$

如果 ΔX 和 ε 不相关，则估计量无偏。

根据实际情况将经验模型定为有效波高和风速以及这两个变量的各种组合形成的泰勒展开式。根据实际情况把展开式限制在二次。得到如下形式的经验算法模型

$$\frac{SSB_m}{SWH} = a_1 + a_2 SWH + a_3 U + a_4 SWH^2 + a_5 U^2 + a_6 SWH \cdot U \qquad (10-18)$$

式中，$\dfrac{SSB_m}{SWH}$ 为相对海况偏差，各组参数模型保留常数项 a_1，可以得到 1 个常数模型，5 个双参数模型，10 个三参数模型，10 个四参数模型，5 个五参数模型，1 个六参数模型，共计 6 组 32 种形式。

10.1.5.2　海况偏差校正算法模型性能评价和选择

利用100个cycle高度计数据对32个经验模型进行线性回归得出各个模型的参数 a_i 之后即得出经验模型的具体形式。对各模型进行性能分析，确定最终的经验模型。利用Jason-1和T/P高度计数据得到的四参数模型的参数分别如表10-6和表10-7所示。

表10-6　Jason-1高度计数据得到的四参数模型的参数

模型	a_0	a_1	a_2	a_3	a_4	a_5	a_6
1234	0.047 122	-0.033 459	-0.003 652	0.000 074	0.000 446		
1235	0.047 485	-0.048 718	0.001 832	-0.000 961		0.000 049	
1236	0.046 807	-0.045 936	0.000 37	-0.000 478			0.000 119
1245	0.047 092	-0.032 836	-0.003 79		0.000 451	0.000 006	
1246	0.047 012	-0.032 528	-0.003 854		0.000 433		0.000 024
1256	0.047 051	-0.054 737	0.002			0.000 006	0
1345	0.047 493	-0.042 478		-0.000 936	0.000 154	0.000 048	
1346	0.046 901	-0.045 905		-0.000 324	0.000 08		0.000 085
1356	0.047 079	-0.039 914		-0.001 141		0.000 034	0.000 114
1456	0.047 273	-0.047 608			0.000 215	0.000 016	-0.000 047

表10-7　T/P高度计数据得到的四参数模型的参数

模型	a_0	a_1	a_2	a_3	a_4	a_5	a_6
1234	0.034 081	-0.069 164	0.006 886	0.000 063	-0.000 142		
1235	0.034 755	-0.050 911	0.004 309	-0.001 305		0.000 067	
1236	0.033 892	-0.055 071	0.003 873	-0.000 207			0.000 059
1245	0.033 886	-0.068 153	0.006 557		-0.000 13	0.000 008	
1246	0.033 921	-0.068 084	0.006 656		-0.000 152		0.000 021
1256	0.034 636	-0.068 332	0.006 614			0.000 037	-0.000 128
1345	0.034 737	-0.031 877		-0.001 318	0.000 284	0.000 068	
1346	0.033 759	-0.037 269		-0.000 332	0.000 22		0.000 089
1356	0.033 675	-0.025 795		-0.001 757		0.000 044	0.000 204
1456	0.034 457	-0.039 658			0.000 415	0.000 032	-0.000 101

对得到的参数模型按照残差与回归项 ΔU 和 ΔSWH 的相关系数，解释方差与模型方差的比值和模型计算海况偏差校正计算值与Jason-1高度计GDR数据中海况偏差校正值的偏差、RMS、相对RMS的3个标准进行评价最终确定最优模型。

求出模型残差最终求出残差与回归项 ΔU 和 ΔSWH 的相关系数，相关系数的绝对值越小则说明模型性能越好。

可解释方差就是在进行SSB校正之前交叉点SSH不符值的方差与进行SSB补偿之后的方差之间的差值。可解释方差可以理解为交叉点SSH不符值方差中SSB能够解释的部分。可解释方差反映了SSB模型的有效性。模型方差是利用高度计数据中的有效波高和风速值代入所求出的参数模型中计算得到的海况偏差计算值的方差。二者的比值越接近于 1 说明模型性能越好。

表 10 – 8　Jason – 1 高度计数据得到的四参数模型评价指标

模型	残差与 U 相关系数/10^{-3}	残差与 SWH 相关系数/10^{-9}	相对 RMS	RMS	解释方差/模型方差
1234	1.8	– 0.278 62	0.088	0.013 923	0.902 521
1235	9.3	– 3.365 5	0.119 329	0.018 414	0.826 621
1236	1.02	1.188 2	0.085 43	0.012 423	0.868 176
1245	– 4.0	4.156 5	0.090 588	0.013 772	0.892 161
1246	– 0.853 2	9.268 3	0.088 634	0.013 706	0.894 715
1256	– 3.1	– 1.814 7	0.093 055	0.017 511	0.847 585
1345	9.4	– 8.944 6	0.114 533	0.014 034	0.850 059
1346	8.7	– 8.891 3	0.086 688	0.012 259	0.863 344
1356	12.9	– 1.762 3	0.097 84	0.011 359	0.891 097
1456	– 3.9	– 0.029 45	0.096 749	0.012 697	0.853 736

表 10 – 9　T/P 高度计数据得到的四参数模型评价指标

模型	残差与 U 相关系数/10^{-3}	残差与 SWH 相关系数/10^{-9}	相对 RMS	RMS	解释方差/模型方差
1234	– 0.73	– 1.109 2	0.134 65	0.021 406	0.559
1235	9.9	– 0.822 77	0.175 855	0.019 745	0.613
1236	3.4	– 1.58	0.134 405	0.015 098	0.651
1245	– 12.7	– 7.316 7	0.137 517	0.021 043	0.601
1246	– 3.4	3.451 6	0.135 191	0.020 878	0.603
1256	– 17.1	9.115 6	0.155 056	0.021 899	0.586
1345	7.3	– 0.217 94	0.181 458	0.030 468	0.680
1346	3.4	4.213 6	0.140 345	0.025 637	0.731
1356	15.4	2.361 7	0.172 995	0.035 483	0.782
1456	– 19.8	– 0.995 78	0.155 875	0.027 145	0.697

由表 10 – 8 和表 10 – 9 经过比对可以得出 Jason – 1 高度计数据和 T/P 高度计数据所得到参数模型中都是 1236 参数模型的模型性能最佳。式（10 – 19）和（10 – 20）则分别表示了最佳的 Jason – 1 数据得到的参数模型和 T/P 高度计数据得到的参数模型。

$$SSB = SWH(-0.045\ 936 + 0.000\ 37SWH - 0.000\ 478U + 0.000\ 119SWH \cdot U)$$

$$(10 - 19)$$

$$SSB = SWH(-0.055\ 071 + 0.003\ 873SWH - 0.000\ 207U + 0.000\ 059SWH \cdot U)$$

$$(10 - 20)$$

选取 cycle15 – cycle51 的 Jason – 1 高度计全年 GDR 数据，视 Jason – 1 高度计 GDR 数据中的海况偏差校正值为真值记为 SSB – GDR，利用 TP 模型得到的海况偏差计算值为 SSB – TP，利用 Jason –1 模型得到的海况偏差计算值为 SSB – Jason，对这 3 组数据进行比对。

　　图 10 –8（a）和 10 –8（b）分别表示了 T/P 高度计参数模型海况偏差计算值和 Jason –1 参数模型海况偏差计算值与 Jason –1GDR 数据中海况偏差校正值的关系，散点分布越接近直线 $y = x$ 则说明二者之符合度越好。图 10 –8 中（a）、（b）两图说明 T/P 模型和 Jason –1 模型与真值的符合度比较好，但是 Jason –1 模型表现更佳。

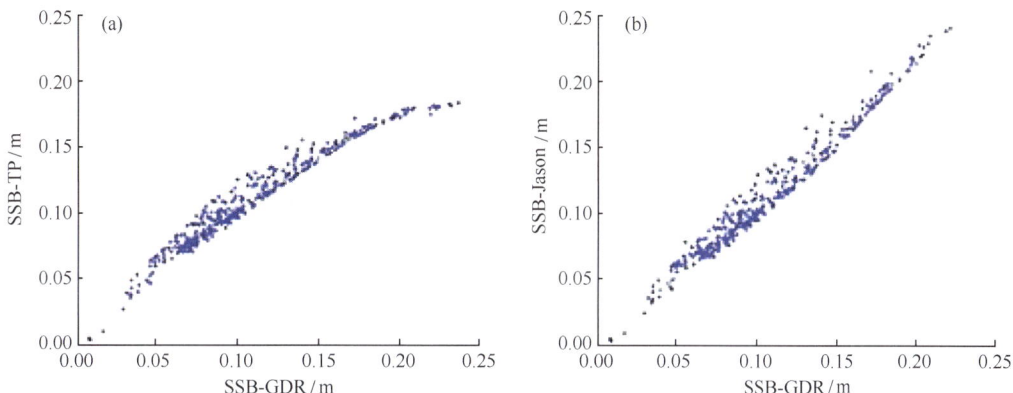

图 10 – 8　海况偏差模型计算值与真值比对

　　图 10 –9 表示了两个模型计算值之间的比对，二者在中小量级（小于 0.15 m）时符合度良好。说明利用相同工作频率的两颗不同高度计的数据（Jason –1 和 T/P）所得到的参数模型具有一定的通用性，Jason –1 模型只是略好一点。所以 HY –2A 卫星雷达高度计海况偏差校正算法采用的就是 Jason –1 模型。

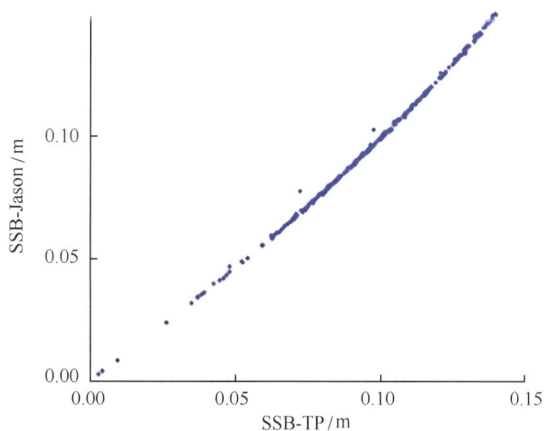

图 10 – 9　T/P 模型计算值与 Jason –1 模型计算值比对

10.1.5.3　算法验证

　　选取 Jason –1 Cycle 355 Pass 033 的 GDR 数据进行比较。得到单 Pass 海况偏差校正值的变化趋势，见图 10 –10 所示。其中，横坐标为数据点位顺序，纵坐标为海况偏差校正值，单位为 m。

　　选取 Jason –2 Cycle 114 数据，Jason –2 GDR 数据中的海况偏差校正值记为 SSB_{Jason}，将

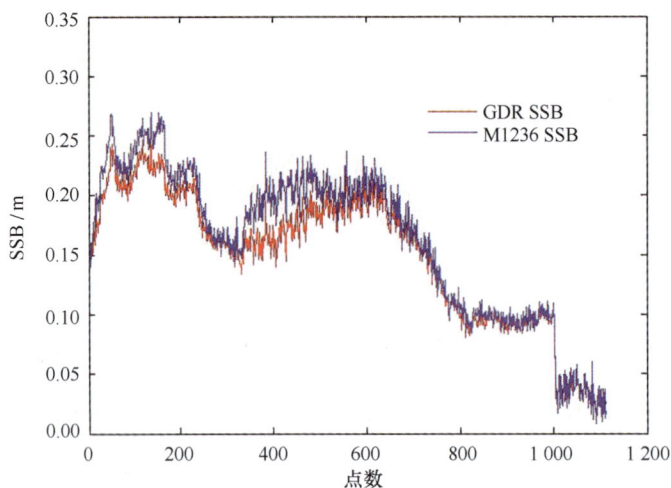

图 10 - 10　Cycle 355Pass033 海况偏差值比较结果

GDR 数据中的有效波高（SWH）和风速值（WSA）代入 HY - 2A 卫星雷达高度计海况偏差误差校正模型中得到的海况偏差模型计算值记为 SSB，对这两组数据进行比对。比较结果如表 10 - 10 以及图 10 - 11 和图 10 - 12 所示。

表 10 - 10　算法模型 SSB 值与 Jason - 2 的 GDR 中 SSB 校正值比对结果

数据项	最大偏差/m	最小偏差/m	平均绝对误差/m	RMS /m
海况偏差	0.037 9	0	0.004 8	0.011 2

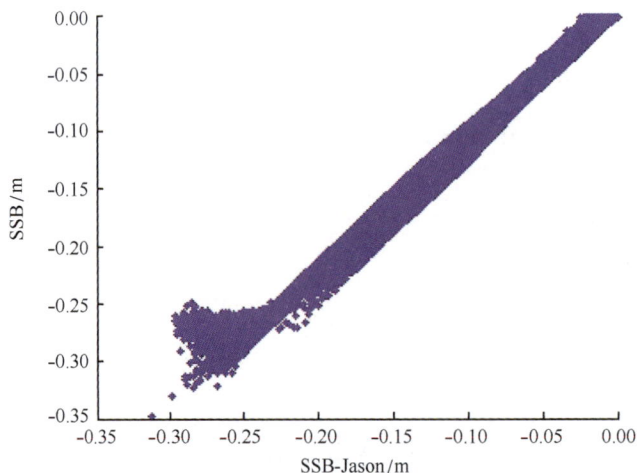

图 10 - 11　海况偏差计算值与 Jason - 2 数据中海况偏差校正值散点比较

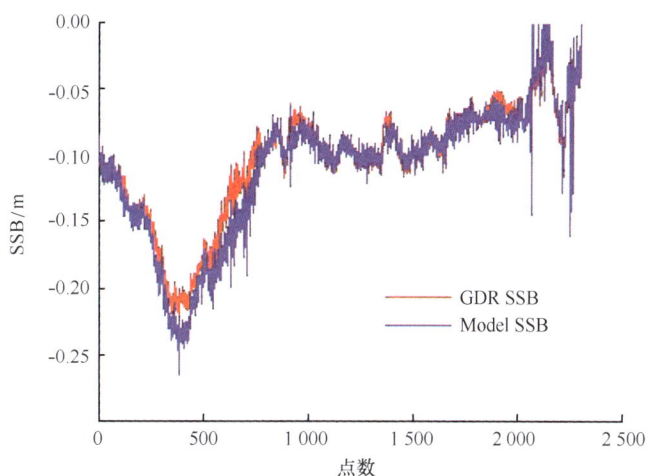

图 10 - 12　单 pass 海况偏差计算值与 Jason - 2 数据比较

10.2　有效波高

10.2.1　数据处理方法

雷达高度计的回波波形中与有效波高有关的系统参数包括：半功率点对应的时间 t_0、星下点偏移角 ξ，参数 σ_c（用于计算有效波高，单位为 s）、波形的峰值 Au。其中，有效波高可由参数 σ_c 计算得到

$$SWH = 2c\sigma_c \tag{10 - 21}$$

式中，c 为光速。

卫星雷达高度计的海面回波波形可解析表示为

$$W(t) = A\exp(-v)[1 + \mathrm{erf}(u)] \tag{10 - 22}$$

式中，$v = a((t - t_0) - \dfrac{a}{2}\sigma_c^2)$，$u = \dfrac{(t - t_0) - a\sigma_c^2}{\sqrt{2}\sigma_c}$，$a = \alpha - \dfrac{\beta^2}{4}$，

$$\alpha = \frac{\ln 4}{\sin^2(\theta/2)}\frac{c}{h}\frac{1}{(1 + h/R)}\cos(2\xi)$$

$$\beta = \frac{\ln 4}{\sin^2(\theta/2)}\Big[\frac{c}{h}\frac{1}{(1 + h/R)}\Big]^{1/2}\sin(2\xi), A = \Big[\exp\Big(\frac{-4\sin^2(\xi)}{\gamma}\Big)\Big]Au$$

式中，h 是卫星高度（m）；R 为地球半径（m）；上式中的未知量为半功率点对应的时间 t_0（用于计算卫星到海面的距离），星下点偏移角 ξ，参数 σ_c，波形的峰值 Au（用于计算风速），其中用于计算有效波高的参数 σ_c 是作为拟合参数中的一个进行计算的。

雷达高度计有效波高反演的算法流程见图 10 - 13 所示。

10.2.2　精度评估

采用美国浮标数据中心（NDBC）浮标有效波高对 HY - 2A 卫星雷达高度计 2011 年 12 月份有效波高数据进行比对评价。首先计算高度计地面轨迹离浮标距离最近的点，当该最小距

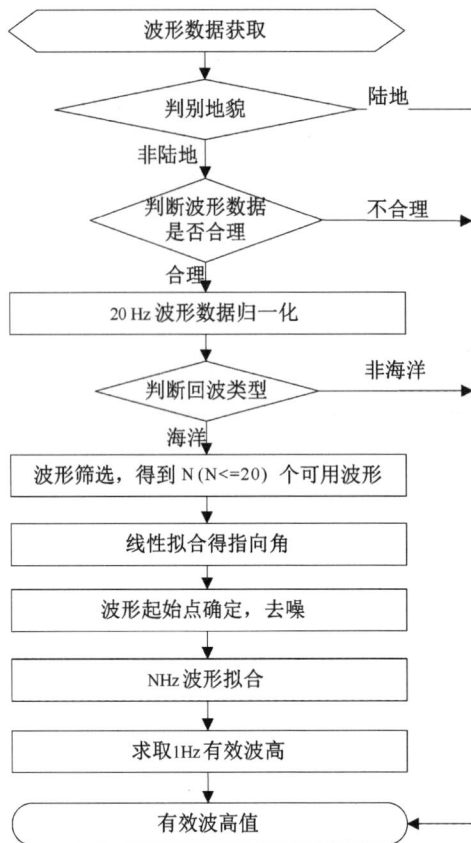

图 10 – 13　卫星雷达高度计有效波高反演算法流程

离小于 50 km 时，将此最近点作为高度计比对点位置；取卫星过境比对点的时间前后共 1 h 内（前后各 0.5 h）有效波高的有效观测值的平均观测值作为现场测量值。取卫星比对点前后共 50 km（前后各 25 km）空间范围内有效观测值的平均值作为对比点卫星有效波高值，以 5 个观测值内有效观测值的平均值作为交叉对比点的值。

计算结果显示 HY – 2A 卫星雷达高度计有效波高与 NDBC 浮标现场测量值比较的均方根误差为 0.42 m（图 10 – 14）。

10.3　海面风速

10.3.1　数据处理方法

海面在风的作用下能够产生厘米尺度的波浪，从而引起海面粗糙度的变化。HY – 2A 卫星雷达高度计对于大于或等于其工作波长（一般为 2 cm 左右）的海面粗糙度变化有敏感的响应。

雷达信号散射理论表明，雷达后向散射截面 σ_0 与表征海面粗糙度的海面均方斜率之间存在下列关系：

$$\sigma^0(\theta) = \frac{\alpha\,|R(0)|^2}{s^2}\sec^4(\theta)\exp\left(-\frac{\tan^2\theta}{s^2}\right) \tag{10 – 23}$$

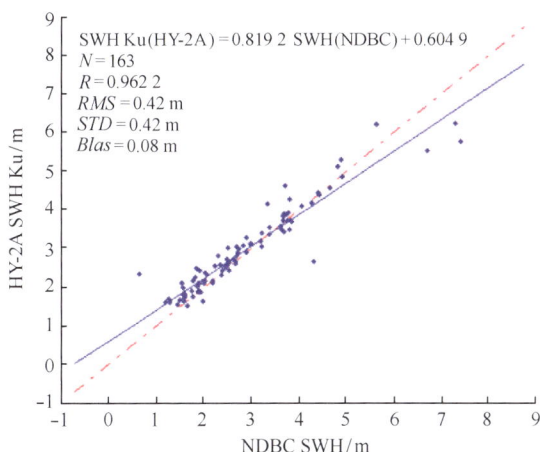

图 10 - 14　HY - 2A 卫星雷达高度计有效波高与 NDBC 浮标有效波高比较

式中，$|R(0)|^2$ 为 Fresnel 反射系数，θ 为入射角，a 为比例系数，s^2 为均方斜率。另一方面，海面风速与海面粗糙度密切相关，20 世纪 50 年代，Cox 和 Munk 将机载照相机拍到的海表面粗超度和地面风速建立关系，得出了海面均方斜率与海上风速之间的经验关系

$$s^2 = 0.005\,12U_{12.5} + 0.003 \tag{10 - 24}$$

式中，$U_{12.5}$ 代表 12.5 m 高风速。

HY - 2A 卫星雷达高度计雷达入射角为 0，这种情况下合并式（10 - 23）和式（10 - 24），得

$$\sigma^0(\theta) = \frac{\alpha|R(0)|^2}{0.005\,12U_{12.5} + 0.003} \tag{10 - 25}$$

卫星雷达高度计测量的标准化雷达后向散射截面和海表面风速之间存在着一种近似非线性反比关系。风速增加，海面粗糙度随之增加，使得雷达脉冲向其他方向散射的能量增加，从而导致高度计接收到的后向散射截面 σ^0 下降。后向散射截面 σ^0 与海表面风速之间的数学关系称为"反演算法"。高度计测量的数据必须通过反演算法才能转换成海表面风速。

随着高度计风速反演算法研究的进一步发展，人们普遍认为在发展风速反演函数时应该引入海洋中波浪的成长状态，方法是在风速反演函数中引入有效波高。HY - 2A 卫星雷达高度计风速反演算法利用 Gourrion 等提出的双参数模型，即

$$U_{10} = \frac{Y - a_{U_{10}}}{b_{U_{10}}} \tag{10 - 26}$$

$$Y = [1 + \exp^{-(\vec{W}_y\vec{X} + \vec{B}_y)}]^{-1} \tag{10 - 27}$$

$$\vec{X} = [1 + \exp(-(\vec{W}_x\vec{P}^{\mathrm{T}} + \vec{B}_x^{\mathrm{T}}))]^{-1} \tag{10 - 28}$$

式中，U_{10} 为距离海面 10 m 处的风速，P 为 SWH 与 σ^0 归一化后的矩阵，维度为 1×2，a_{U10}，b_{U10} 为风速系数，$\vec{W}_x$、$\vec{W}_y$、$\vec{B}_x$、$\vec{B}_y$ 为待定的模型参数矩阵，维度分别为 2×2，2×1，1×2，1×1。该算法既考虑了海面风速同后向散射截面之间的近似反比关系，同时引入了有效波高对风速的影响。利用神经网络模型确定的上述模型中的待定参数如表 10 - 11 和表 10 - 12 所示。

表 10 – 11　Gourrion 模型参数一

参数	a	b
σ^0	– 0.343 36	0.069 09
SWH	0.087 25	0.063 74
U_{10}	0.1	0.028 44

表 10 – 12　Gourrion 模型参数二

参数	矩阵元素	
$\vec{W}_x$	– 33.950 62	– 11.033 94
	– 3.934 28	– 0.058 34
$\vec{W}_y$	0.540 12	10.404 81
$\vec{B}_x$	18.063 78	– 0.372 28
B_y	– 2.283 87	…
$\vec{P}$	$a_{\sigma_0} + b_{\sigma_0}\sigma_0$	$a_{SWH} + b_{SWH}SWH$

根据 HY – 2A 雷达高度计 AGC（自动增益控制）和其 σ_0 得到 Ku 波段线性关系为：$\sigma_0 = AGC – 28.15$。

10.3.2　精度评估

在海面风速精度评估中采用五种不同方法对 HY – 2A 卫星雷达高度计风速反演算法进行验证，结果表明 HY – 2A 卫星雷达高度计业务化产品中使用的双参数模型风速反演算法可以满足 2 m/s 的测量精度。

10.3.2.1　利用 Jason – 1 产品直接验证

Jason 系列卫星无疑是当今世界上测量精度最高的卫星雷达高度计的典范。基于 Jason – 1 卫星雷达高度计 2 级产品中的 σ_0 和有效波高，利用 Gourrion 模型计算对应的风速。随机选取一轨数据进行算法验证，验证结果如图 10 – 15 和图 10 – 16 所示。图 10 – 15 红色曲线为利用 Gourrion 算法模型计算得到的风速，蓝色为 Jason – 1 产品中给出的风速，可以看到二者几乎是相同的。图 10 – 16 是对应的散点图，图中蓝色直线为对角线，红色点为产品结果同利用 Gourrion 算法模型计算结果对比。从图 10 – 16 也可以得出二者是一致的结果。

10.3.2.2　利用 HY – 2A 卫星散射计数据验证

HY – 2A 卫星搭载有雷达高度计和微波散射计等载荷。从探测原理上比较，雷达高度计和微波散射计较为接近，都是通过后向散射系数计算得到的海面风速。从探测范围比较，雷达高度计和微波散射计适合探测中等风速（2 ~ 24 m/s）。虽然 HY – 2A 微波散射计数据尚未经过现场标定，但其探测精度已经被证实达到小于 2 m/s，所以可以利用 HY – 2A 卫星微波散射计星下点风速来验证卫星雷达高度计风速反演算法模型的正确性。

选取 2012 年 10 月 4 日西北太平洋海域海面风场进行比较。选取该时空范围作为研究范围的原因是该时间内研究海域有台风——马力斯影响，所以风速范围比较大。可惜的是由于

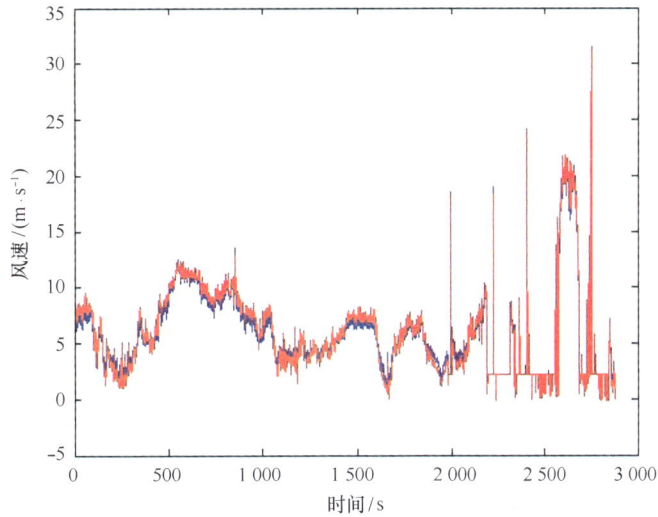

图10－15　风速反演效果（蓝线为 Jason－1 卫星风速，红线为 HY－2A 卫星雷达高度计反演风速）

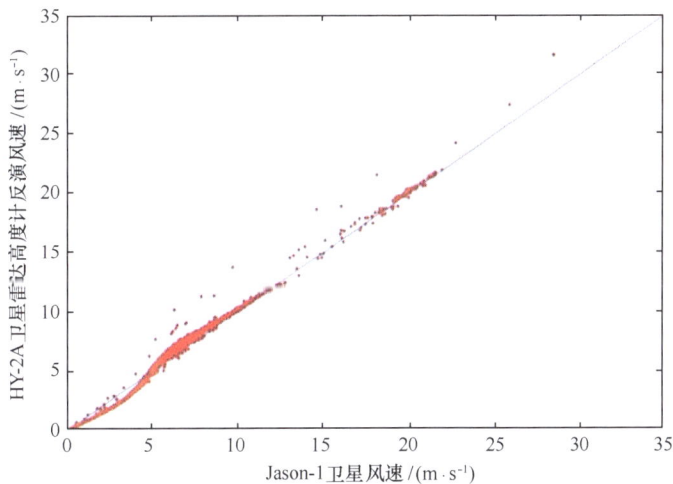

图 10－16　风速反演结果

HY－2A 卫星微波散射计星下点分辨率不高，二者不能一一对应进行定量化比较（图 10－17）。

10.3.2.3　星星比对方法验证

验证时使用的 HY－2A 卫星雷达高度计数据，时间范围为 2011 年 10 月 20 日 00：13—2011 年 11 月 13 日 23：58，连续 25 天观测数据；使用的 Jason－1 卫星雷达高度计数据，Cycle 361 Pass 004—Cycle 363 Pass 136 IGDR 数据，与 HY－2A 高度计数据时间覆盖范围相同；Jason－2 卫星雷达高度计数据，Cycle 121 Pass 131—Cycle 124 Pass 010 IGDR 数据，与 HY－2A 高度计数据时间覆盖范围相同。取交叉点前后共 100 km 连续观测点的值（交叉点前后各 50 km），以该空间范围内沿迹连续观测值（1 s 观测值）中有效观测值的平均值作为交叉对比点的值（图 10－18）。

219

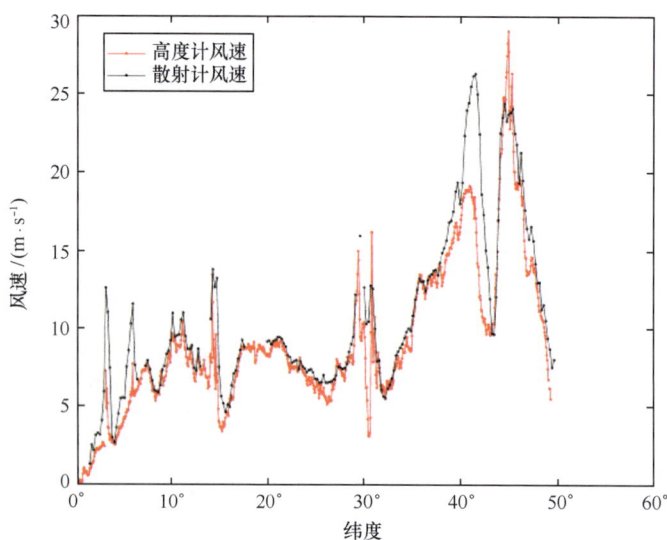

图 10 - 17　雷达高度计和微波散射计探测风速对比

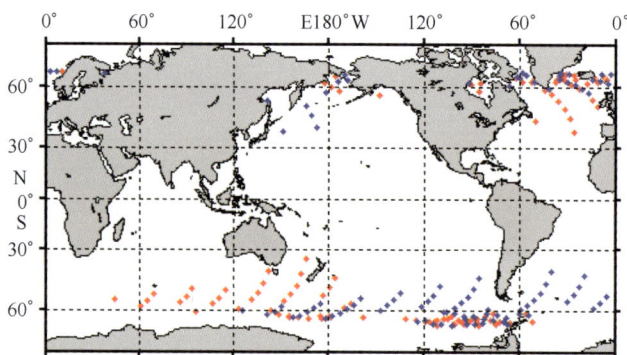

图 10 - 18　HY - 2A 卫星高度计与 Jason - 1/2 卫星高度计地面轨迹交叉对比点分布

（时间窗口 1 h，红色实点为 HY - 2A 与 Jason - 1 地面轨迹交叉点，

蓝色实点为 HY - 2A 与 Jason - 2 地面轨迹交叉点）

　　结果表明 HY - 2A 高度计海面风速与 Jason - 1 和 Jason - 2 星星交叉比较的均方根误差分别为 0.84 m/s 和 0.78 m/s（图 10 - 19 和图 10 - 20）。

10.3.2.4　利用 NDBC 浮标数据验证

　　NDBC 测量数据的时间范围与 HY - 2A 卫星雷达高度计测量数据的时间范围相同。NDBC 数据包括 cwind 浮标风速数据和 c - man 观测站观测数据，其数据格式为每 10 min 提供一个风速数据，每个风速数据为 8 min 浮标观测的平均值和 2 min 观测站观测值的平均。

　　搜索高度计地面轨迹离浮标距离最近的点，当该最小距离小于 50 km 时，将该最近点作为高度计比对点位置；取卫星过境比对点的时间前后共 1 h 内海面风速作为现场测量值，取卫星比对点 50 km 空间范围内有效观测值的平均值作为对比点。

　　结果显示 HY - 2A 高度计海面风速大小与 NDBC 浮标现场测量值比较的均方根误差为 1.98 m/s（图 10 - 21 和图 10 - 22）。

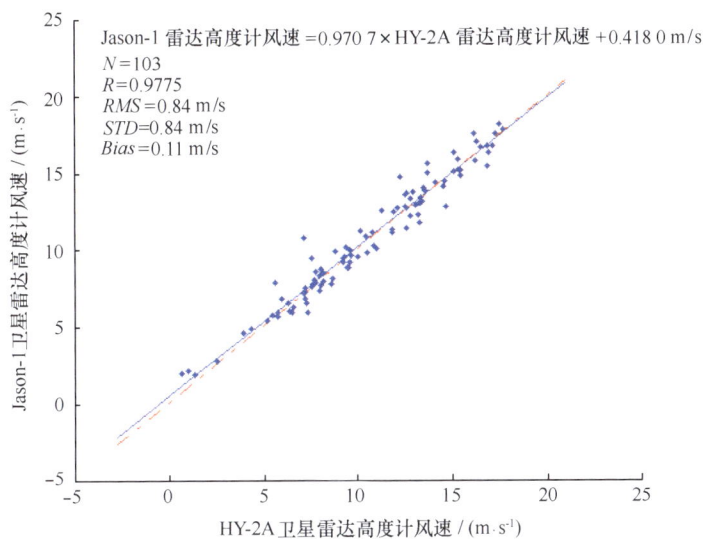

图 10 – 19　HY－2A 与 Jason－1 雷达高度计海面风速比较

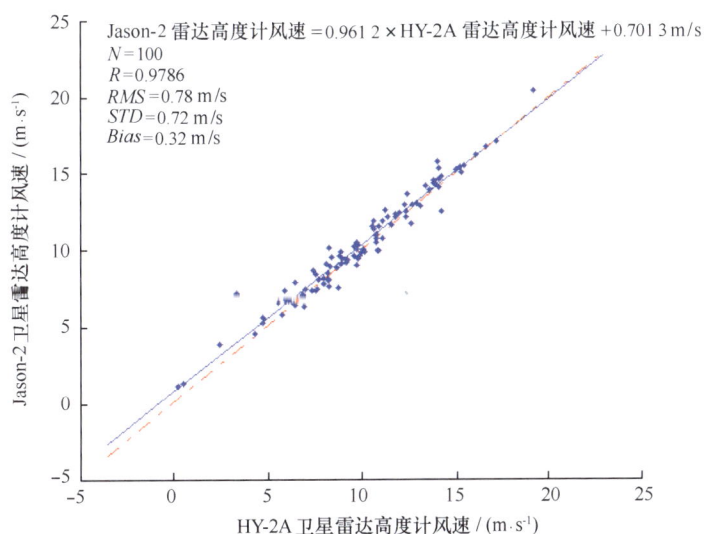

图 10 – 20　HY－2A 与 Jason－2 雷达高度计海面风速比较

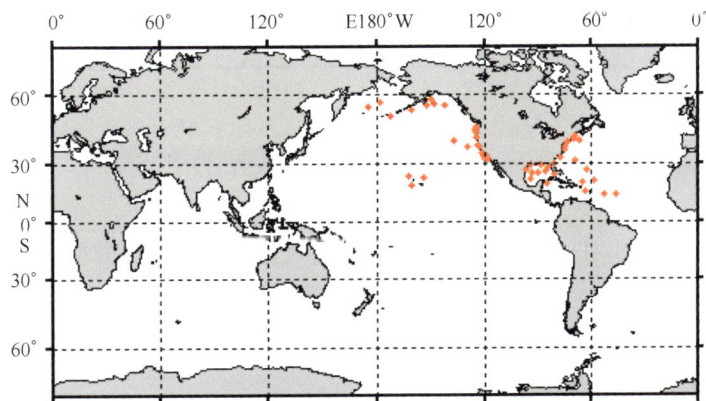

图 10 – 21　HY－2A 卫星雷达高度计海面风速数据匹配的 NDBC 浮标位置

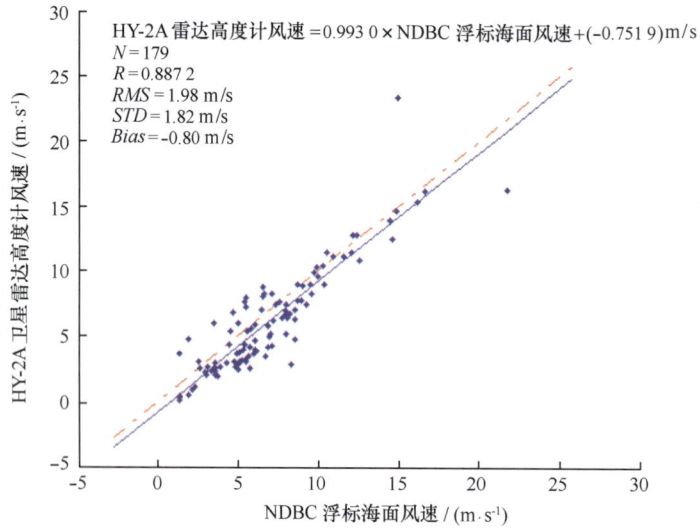

图 10 - 22   HY - 2A 卫星雷达高度计与 NDBC 浮标海面风速比较

10.3.2.5   利用 NCEP 数据验证

选取 1°×1° 网格的 NCEP 10 m 高再分析数据。取卫星过境时间与 NCEP 数据时间 1 h 内的风速有效观测值的平均观测值作为待检验值。对于 HY - 2A 高度计反演得到的风速,交叉点前后连续观测点的有效观测值的标准偏差不大于 2.0 m/s,保留作为对比数据源(图 10 - 23)。

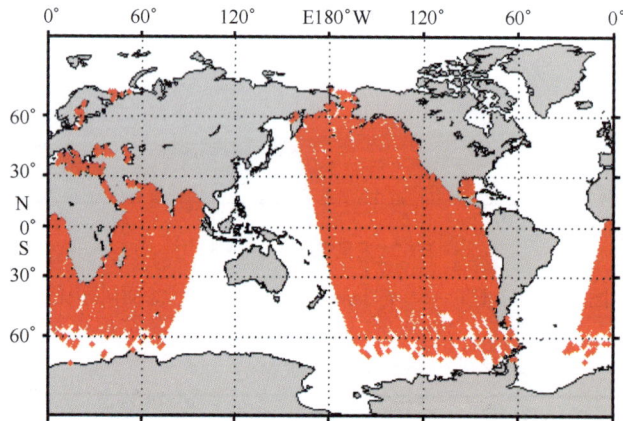

图 10 - 23   HY - 2A 卫星雷达高度计海面风速与 NCEP 风速对比点分布
(2011 年 10 月 20 日—11 月 13 日)

由图 10 - 24 可以知,HY - 2A 高度计海面风速大小与 NCEP 再分析海面风场大小比较的均方根误差为 1.82 m/s。

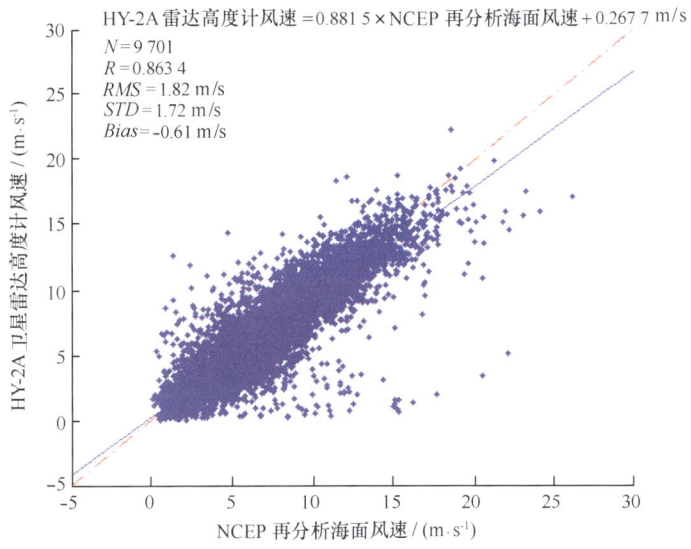

图 10 – 24　HY－2A 卫星雷达高度计与 NCEP 再分析海面风速比较

第 11 章　微波散射计数据应用

11.1　海面风场

11.1.1　数据处理方法

微波散射计数据处理主要包括海面风场反演算法。微波散射计通过准确测量海面的雷达后向散射系数及其测量参数，并结合海陆、海冰分布图、大气校正衰减量以及 NWP 风场等外部辅助数据，利用特定的模型函数和反演算法获取海面风场信息。利用微波散射计数据反演海面风场信息的技术流程见图 11 - 1 所示。

1）风矢量反演算法

HY - 2A 卫星散射计采用最大似然（MLE）法，实现海面风矢量模糊解的反演。根据 MLE 风矢量反演方法，散射计所接收到的后向散射系数由两部分组成

$$z_i = \sigma_i^0(w, \Phi - \phi_i, p_i, \theta_i) + \varepsilon_i(w, \Phi - \phi_i, p_i, \theta_i) \tag{11 - 1}$$

式中，σ_i^0 为无噪声的理想散射计，在特定参数条件下——雷达观测方位角 ϕ_i、入射角 θ_i、极化方式 p_i、风速 w、风向 Φ 测得的雷达后向散射系数，即真实值；ε_i 表示相同条件下的随机测量噪声，满足均值为 0，方差为 V_{ei} 的高斯分布。

模型函数的不确定性导致了真实值与模型预测值之间也存在一个偏差 ε_{Mi}，称为模型误差。模型后向散射系数值由下式定义

$$\sigma_{Mi}^0 = M(w, \Phi - \phi_i, \theta_i, p_i) \tag{11 - 2}$$

则真实值与模型预测值的关系为

$$\sigma_i^0 = M(w, \Phi - \phi_i, \theta_i, p_i) + \varepsilon_{Mi} \tag{11 - 3}$$

这里的 ε_{Mi} 也可看做一个均值为 0，方差依赖于真实风矢量和雷达参数的正态分布随机变量；模型误差随观测参数（方位角和入射角）的变化比较缓慢，以至于可以由测量值 θ_i 和 ϕ_i 来近似估算其方差 V_{eMi}。

同样，测量噪声也可以进一步分解为通信噪声（Communication Noise）和雷达定标噪声（Radar Equation Noise）两部分，其中，定标噪声用来反映由观测几何关系或其他仪器因子的不确定性所导致的误差。如果设 ε_N 和 ε_R 分别为通信噪声和定标噪声，则有

$$\varepsilon_i = \varepsilon_{Ni} + \varepsilon_{Ri} \tag{11 - 4}$$

式（11 - 3）可以重写为

$$z_i = \sigma_{Mi}^0 + \varepsilon_{Mi} + \varepsilon_{Ni} + \varepsilon_{Ri} \tag{11 - 5}$$

对于给定的风矢量 (w, Φ)，测量值 z_i 相对于模型预测值之间的残差 R_i 可定义如下：

$$R_i(w, \Phi - \phi_i, \theta_i, p_i) = z_i - \sigma_{Mi}^0 = \varepsilon_{Ni} + \varepsilon_{Ri} + \varepsilon_{Mi} \tag{11 - 6}$$

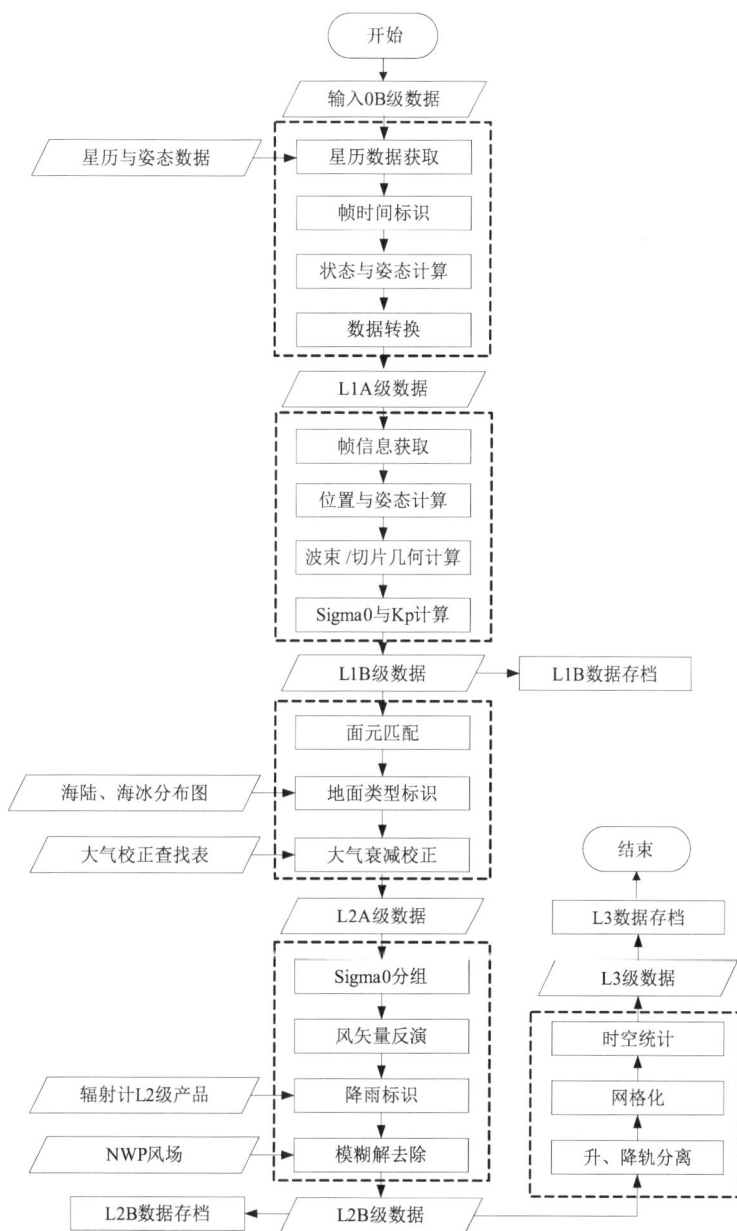

图 11-1　微波散射计海面风场反演技术流程

若假定通信噪声、雷达噪声和模型误差之间完全相互独立，则误差总体方差可表示为

$$V_{Ri} = V_{\varepsilon Ni} + V_{\varepsilon Ri} + V_{\varepsilon Mi} \tag{11-7}$$

在此情况下，总体误差也符合均值为 0，方差为 V_{Ri} 的高斯分布。则根据高斯正态分布的概率密度计算公式，单个测量值总体误差的条件概率密度函数为

$$p(R_i \mid \sigma_i^0) = p(R_i \mid (w, \Phi)) = \frac{1}{\sqrt{2\pi \cdot V_{Ri}}} \cdot \exp\{-(R_i)^2 / 2V_{Ri}\} \tag{11-8}$$

假设某个风矢量单元内有 N 个后向散射系数测量值，所有这些测量值对应同一个未知的风矢量 (w, Φ)。而每个测量值所对应的总体误差是相互独立的，所以这些误差的联合条件概率密度函数为

$$p(R_1, \cdots, R_N \mid (w, \Phi)) = \prod_{i=1}^{N} p(R_i \mid (w, \Phi)) \qquad (11-9)$$

上式的最大似然解对应于使得上式取得最大值的风矢量 (w, Φ)，因此上式通常被称为似然函数。对式（11 - 9）两边取自然对数，即可得到最大似然估计风矢量反演的目标函数

$$J_{\mathrm{MLE}}(w, \Phi) = - \sum_{i=1}^{N} \left[\frac{(z_i - M(w, \Phi - \phi_i, \theta_i, p_i))^2}{2V_{Ri}} + \ln \sqrt{2\pi \cdot V_{Ri}} \right] \qquad (11-10)$$

去掉常数 $2°$，进一步简化得

$$J_{\mathrm{MLE}}(w, \Phi) = - \sum_{i=1}^{N} \left[\frac{(z_i - M(w, \Phi - \phi_i, \theta_i, p_i))^2}{V_{Ri}} + \ln V_{Ri} \right] \qquad (11-11)$$

MLE 风矢量反演方法实际上就是要寻找合适的风矢量（风速、风向），使得式（11 - 11）取得局部最大值。

风矢量反演的算法流程见图 11 - 2 所示。图 11 - 2 中，obj 表示 MLE 目标函数值。

2）模糊解去除算法

模糊解去除的算法流程见图 11 - 3 所示。

（1）矢量园中数滤波算法。

在风矢量反演的过程中，有多个风矢量解可使目标函数式取极大值，其中只有一个解是真实解，其余的称伪解或模糊解。所以在利用 MLE 方法求得使目标函数取得局部最大值的风矢量后，还要进行风向的多解去除，以得到真实解。常用的模糊解去除算法包括基于观测资料以及雷达数据的模糊解去除算法，借助空气动力学的约束条件场方式模糊解去除方法以及中数滤波技术等。HY - 2A 微波散射计业务化运行风向多解去除采用矢量中数滤波算法。中数滤波用无噪声的邻点数据替代误差点数据特别适合于一个风矢量点与周围邻点方向相反时的所谓 $180°$ 模糊问题，特别当用于大气风场时，中数滤波不会把大于所开窗口的低频特性如收敛线、气旋等在风向上变化剧烈的特性滤掉。用 ϕ_{ij1}，ϕ_{ij2}，$\cdots$ 表示模糊风向（由似然值按顺序给出），则风向反演误差与脉冲噪声相类似。真实风向 ϕ_{ij}^t 可作为信号值，用最大似然估计的 ϕ_{ij1}（第一风场解）作为观测值，$\phi_{ij}^t + \pi$ 作为误差值，则脉冲模型可表示如下：

$$\phi_{ij} - \phi_{ij}^t = \delta_{ij}\pi + \varepsilon_{ij} \qquad (11-12)$$

式中，$\delta_{ij} = [-1, 0, 1]$ 是风向反演误差模型，$\varepsilon_{ij} << \pi$ 表示反演过程中其他随机误差。当 $\delta_{ij} = 0$ 时，ϕ_{ij} 表示真实风向，当 $\delta_{ij} = \pm 1$，ϕ_{ij} 相应于与真实风向成 $180°$ 的伪解。

风向模糊排除的目标是从 ϕ_{ijk}（$k = 1, 2, 3, \cdots$）中选择一个风向使得与真风向 ϕ_{ij}^t 最接近，换言之，该方法通过选择下标 k 使 $|\phi_{ijk} - \phi_{ij}^t|$ 最小。真风向在运算过程中未知，但可用矢量中数滤波法对每一个风矢量面元上进行真风向估计。首先，通过选择真风向等于面元周围窗口内风矢量的矢量中数；然后，从模糊解中选择出接近于真风向估计的解；最后，基于这些新选择的解，重新估计真风向值。上述估计真风向的过程连续迭代直到所选风矢量不变或迭代次数超过给定的最大次数。记 ϕ_{ij}^r 表示真风向的估计值（有时称之为参考风向），则第 m 次迭代得到的风矢量 S_{ij}^m 可表示为：

$$\phi_{ij}^r = CMF(\phi_{ijk} \supseteq k = S_{ij}^{m-1}, W_{ij}, N) \qquad (11-13)$$

$$S_{ij}^m = \min_k |\phi_{ijk} - \phi_{ij}^r| \qquad (11-14)$$

式中，CMF 表示一个 $N \times N$ 窗上的矢量中数滤波算子，W_{ij} 为该面元上的权，当风矢量面元上不包含任何风矢量或面元不在刈幅上，$W_{ij} = 0$。

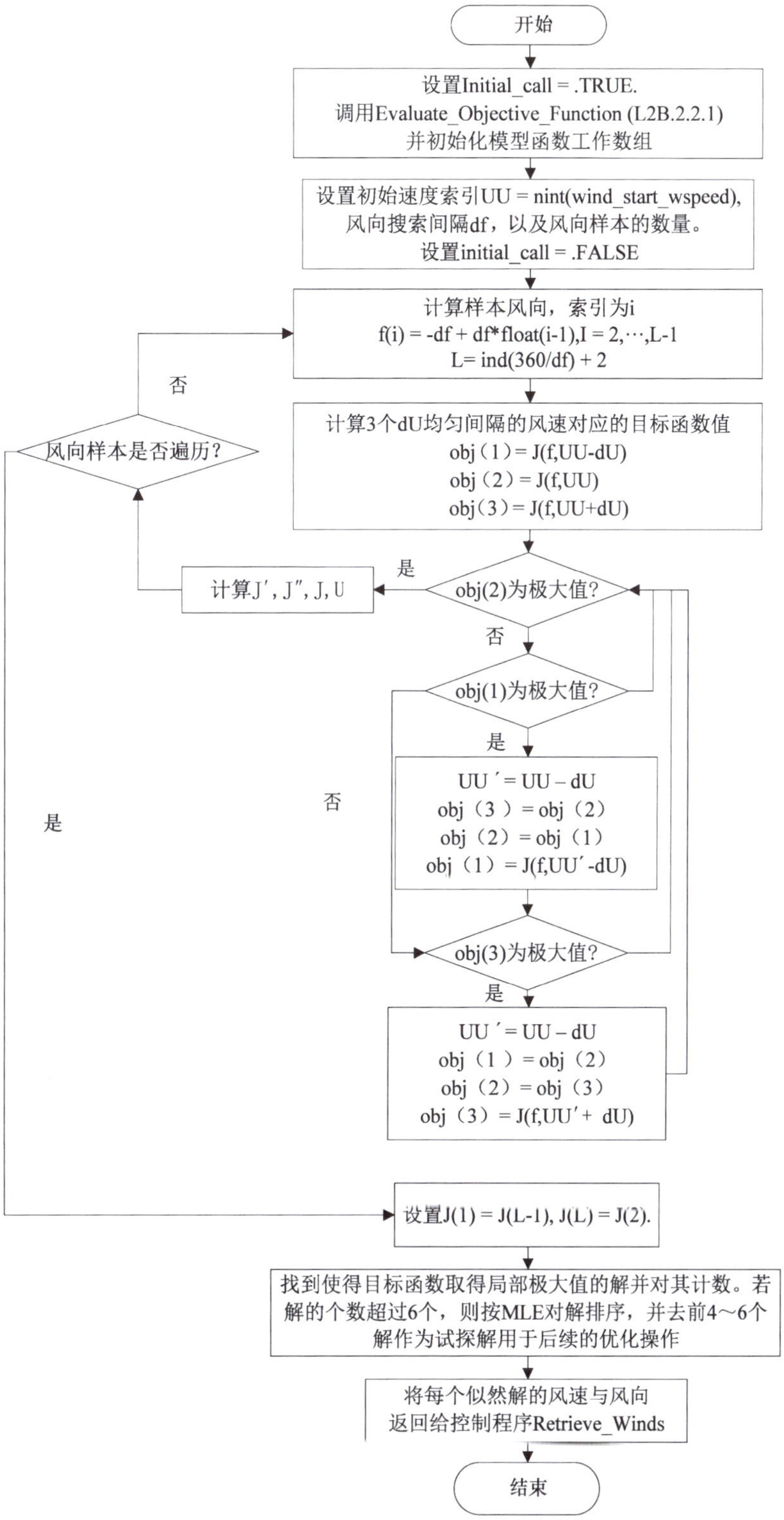

开始

设置Initial_call = .TRUE.
调用Evaluate_Objective_Function (L2B.2.2.1)
并初始化模型函数工作数组

设置初始速度索引UU = nint(wind_start_wspeed),
风向搜索间隔df,以及风向样本的数量。
设置initial_call = .FALSE

计算样本风向,索引为i
f(i) = -df + df*float(i-1),I = 2,···,L-1
L= ind(360/df) + 2

计算3个dU均匀间隔的风速对应的目标函数值
obj(1)= J(f,UU-dU)
obj(2)= J(f,UU)
obj(3)= J(f,UU+dU)

否

风向样本是否遍历?

是

计算J′,J″,J,U

obj(2)为极大值?

否

obj(1)为极大值?

是

UU′= UU – dU
obj(3) = obj(2)
obj(2) = obj(1)
obj(1) = J(f,UU′-dU)

否

obj(3)为极大值?

是

UU′= UU – dU
obj(1) = obj(2)
obj(2) = obj(3)
obj(3) = J(f,UU′+ dU)

是

设置J(1) = J(L-1), J(L) = J(2).

找到使得目标函数取得局部极大值的解并对其计数。若
解的个数超过6个,则按MLE对解排序,并去前4~6个
解作为试探解用于后续的优化操作

将每个似然解的风速与风向
返回给控制程序Retrieve_Winds

结束

图11-2 微波散射计风矢量反演算法流程

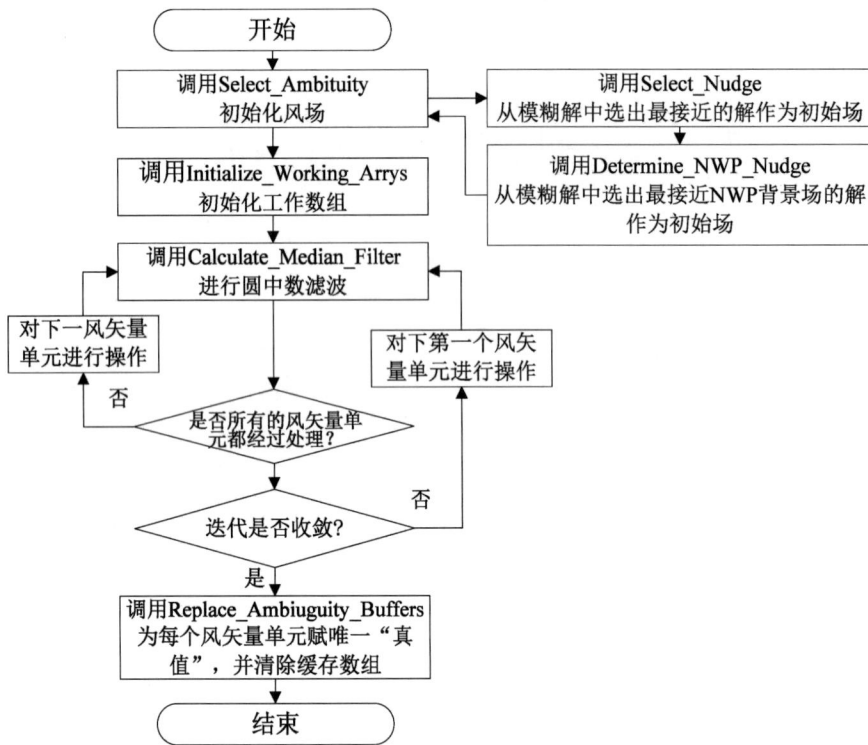

图 11 - 3　微波散射计模糊解去除算法流程

（2）园中数滤波初始场算法。

矢量园中数滤波技术的物理基础是风矢量面元的风向不是独立的，而是与周围风矢量面元风向具有一定的相关性，通过周围风矢量面元的风向，计算出一个中数，然后将风矢量面元中风向与中数最接近的解赋为真值，对每个风矢量面元都做同样的操作，完成一次迭代。经过多次迭代，结果稳定之后，即得到多解的模糊性消除风矢量。关于初始解的选择，可以采用两种方法：第一种是以最可能的风矢量解作为初始解；第二种是以数值天气预报模式风场最为接近的风矢量解作为初始解。

HY - 2A 微波散射计初始场的选择采用第二种方式，即 NWP 初始场优化技术。NWP 初始场优化技术是基于这样的事实：在超过 85% 的情况，与真实风场最接近的解是第一或第二模糊解。此外，通过这两个解可粗略地确定风场流线（但存在方向模糊性）。由于模糊解消除的能力在很大程度上取决于仪器噪声，而非天气物理条件，因此，将物理因素加入到模糊解的选择、初始场的生成，都能够极大地提高模糊解消除的性能。将目标函数值居前两位的模糊解与第三方风向（NCEP 风场）比较，初始场的性能可得到有效提高。

11.1.2　精度评估

利用上述算法对 HY - 2A 卫星微波散射计下传的遥感数据进行处理，所得结果见图 11 - 4 所示。图 11 - 4 给出了 HY2 卫星微波散射计于 2011 年 10 月 11 日观测到的全球海面风场。该结果表明，HY - 2A 卫星微波散射计具有全球海面风场的观测能力，1 天能够覆盖全球

90% 的海域，可以捕捉到全球大部分的气旋。

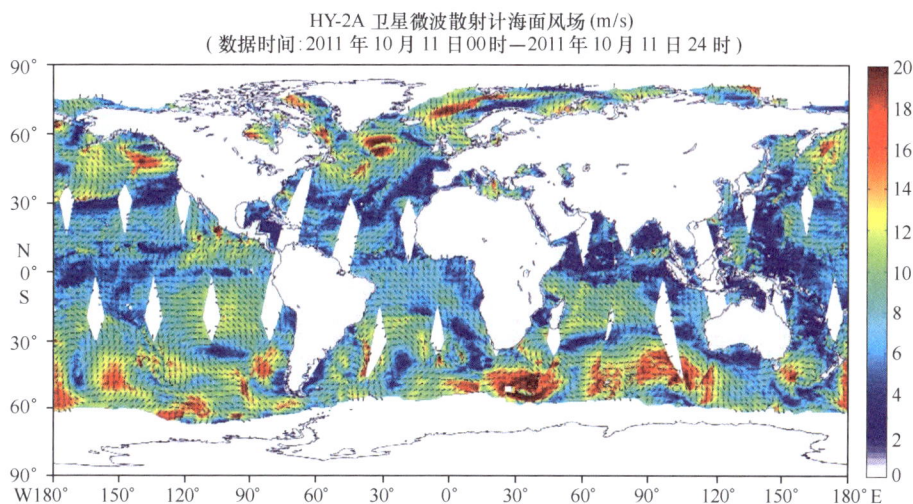

图 11－4 2011 年 10 月 11 日全球风场

为验证 HY－2A 微波散射计海面风场反演精度，分别利用 NDBC 浮标数据和 ASCAT 卫星散射计风场数据对 HY－2A 散射计海面风场反演结果进行检验。

11.1.2.1 利用 NDBC 浮标观测风场数据验证

利用 NDBC 浮标现场观测数据对散射计风速、风向反演结果进行对比验证。选用浮标空间分布如图 11－5 所示。取时间匹配窗口为 10 min，空间匹配窗口为 25 km，即当散射计测量时间与浮标测量时间小于等于 10 min，空间距离小于等于 25 km 时，则认为散射计与浮标测量结果为同步观测，同时采用 2σ 质量控制方法，剔除无效数据。从 2011 年 11 月 1 日到 2011 年 11 月 30 日，共获得 1 043 组同步观测数据，统计分析结果见图 11－6 和图 11－7 所示，该结果表明 HY－2A 卫星微波散射计风速和风向大小与 NDBC 浮标海面风场大小比较的均方根误差为 1.5 m/s 和 19.5°。

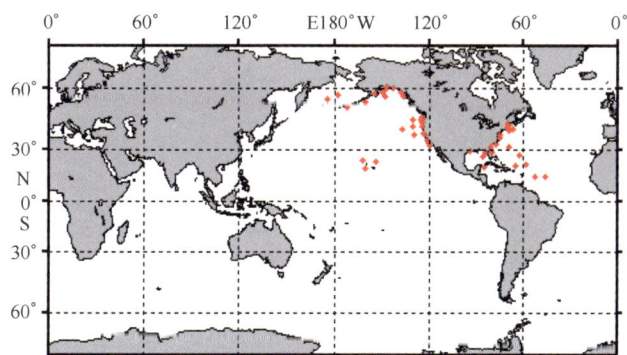

图 11－5 同步观测的 NDBC 浮标位置分布

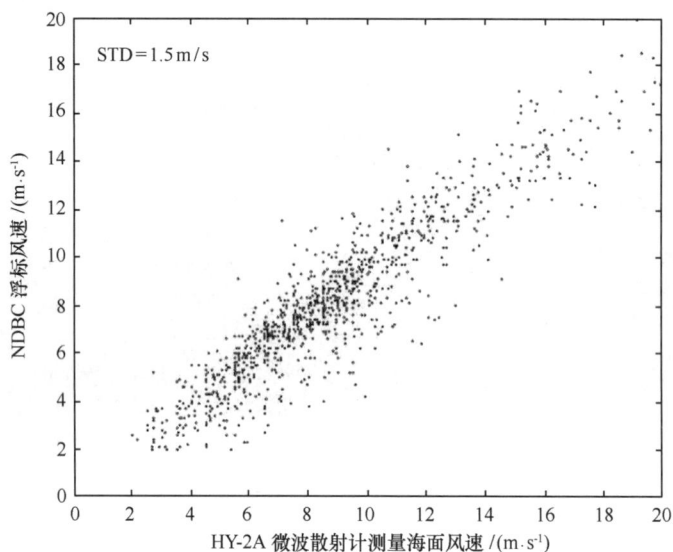

图 11 – 6　HY – 2A 微波散射计测量海面风速与 NDBC 浮标风速对比散点

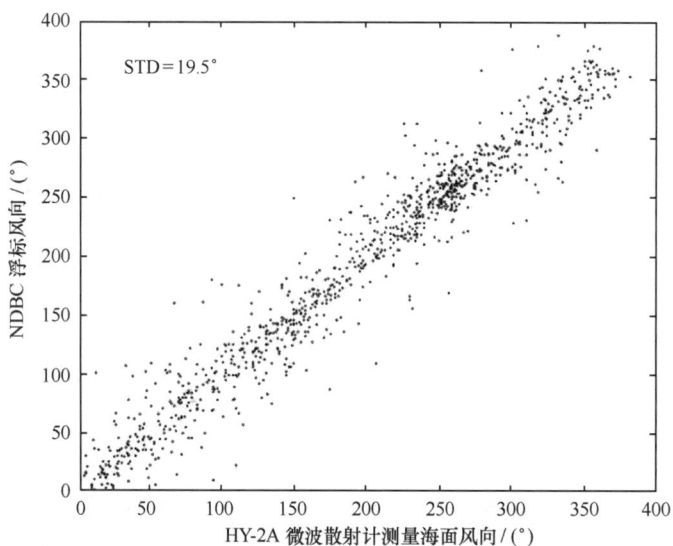

图 11 – 7　HY – 2A 微波散射计测量海面风向与 NDBC 浮标风向对比散点

11.1.2.2　利用 ASCAT 卫星观测风场数据验证

利用 ASCAT 卫星观测风场数据对 HY – 2A 卫星微波散射计风速和风向反演结果进行对比验证。数据匹配时取时间窗口为 2 h，空间匹配窗口为 25 km，即当 HY – 2A 卫星微波散射计测量结果与 ASCAT 卫星测量结果时间间隔小于等于 2 h，空间距离小于等于 25 km 时，则认为 HY – 2A 卫星微波散射计与 ASCAT 卫星观测结果为同步观测，同时采用 2σ 质量控制方法剔除无效数据。从 2011 年 11 月 1 日到 2011 年 11 月 11 日，共获得 7401 组同步观测数据，由于 ASCAT 卫星过境时间分别为世界时 1 点（降轨）和 13 点（升轨），HY – 2A 卫星过境时间为世界时 10 点（升轨）和 22 点（降轨），匹配点主要分布在高纬度地区（图 11-8）。统计分析结果如图 11-9 和图 11-10 所示，统计分析结果表明，HY-2A 散射计海面风速大小相对于 ASCAT 卫星散射计观测值的均方根误差为 1.5 m/s，HY-2A 散射计海面风向大小相对于 ASCAT 卫星散射计观测值为 17.5°。

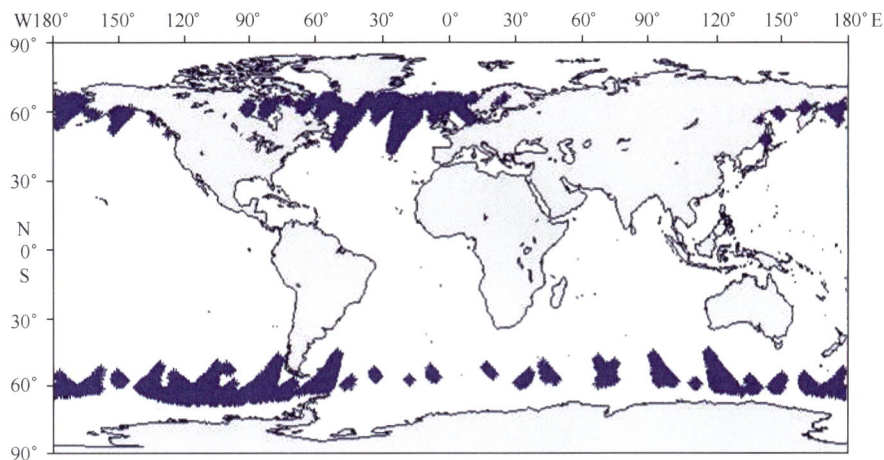

图 11-8 HY-2A 散射计与 ASCAT 观测点匹配位置空间分布

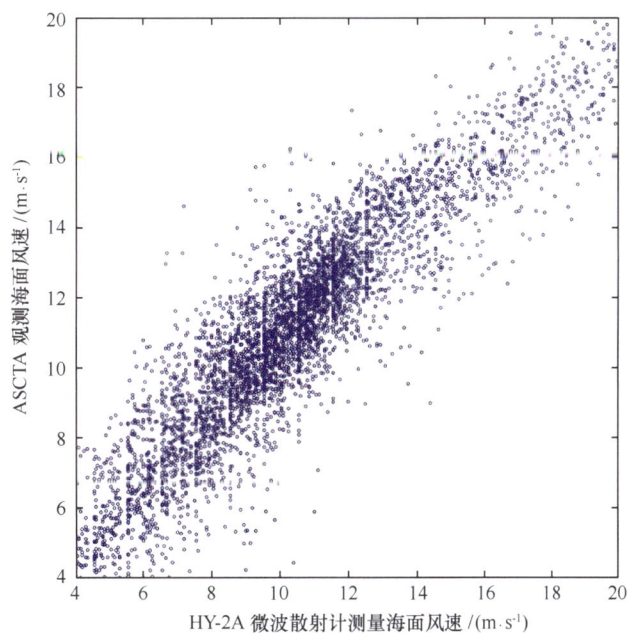

图 11-9 HY-2A 微波散射计测量海面风速与
ASCAT 观测海面风速对比散点

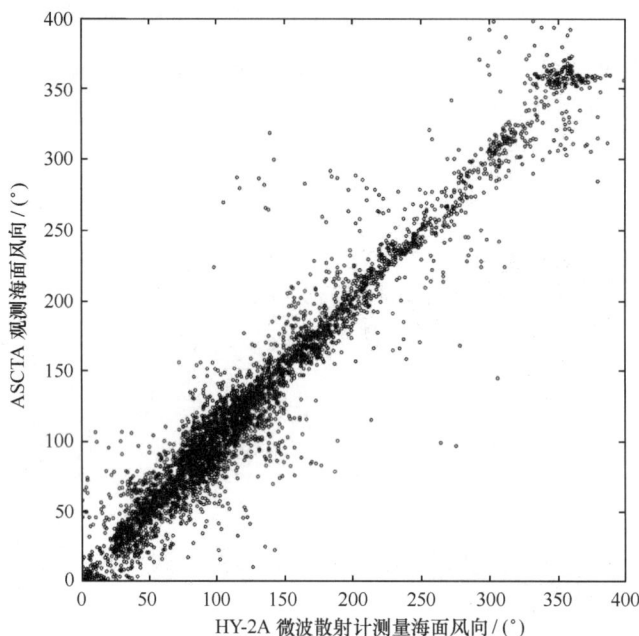

图 11 – 10　HY – 2A 微波散射计测量海面风向与 ASCAT 观测海面风向对比散点

11.2　台风监测

11.2.1　台风中心定位与路径分析

11.2.1.1　台风中心定位

　　台风中心的定位一直是台风研究的重点，台风中心位置的确定对台风路径的预测进而对台风可能造成的破坏的预报非常重要，目前，台风中心位置的确定主要是依靠专业人员利用气象卫星云图，结合多种仪器的实时观测资料，采用人工方式进行。主要包括：① 通过提取台风的形态特征进行定位；② 利用动态图像分析方法进行定位。气象卫星云图的优点是覆盖范围广、时间分辨率高，可以实现对台风的实时动态监测，但它也有自身的缺点，如空间分辨率较低，因此需要利用其他光学卫星的数据如 MODIS 来进行辅助，微波传感器观测数据受天气条件影响较小，因此也经常用于台风研究。利用星载微波散射计的后向散射系数观测数据以及二级海面风场反演产品可以进行台风中心的定位，从后向散射系数信息获得台风中心所在的位置。即，① 从风向推断出台风中心所在的位置；台风的风场结构具有气旋式涡旋特征，涡旋状分布风向的中心，对应台风中心所在的位置。② 通过风速的分布推断台风中心所在的位置；在风眼区风弱、干暖、少云。围绕着眼区，有一环状的最大风速区，平均宽度为 8 ~ 50 km。通过搜索台风发生区域风速的局部最小值，可以得出台风中心所在的位置。③ 通过后向散射系数信息直接获取台风中心所在的位置；原理与②类似。因为在方位角变化不大的条件下，风速越强，对应的后向散射系数越强。所以在风眼处的后向散射系数远低于围绕着风眼大风区的后向散射系数。通过搜索后向散射系数的局部最小值，可以得出台风中心所在的位置。

　　根据上文所述方法，利用 HY – 2A 微波散射计获得的海面风场图再加上海面雷达后向散射系数分布图对 2012 年第 9 号台风进行台风中心定位，从图 11－11 中可以发现，HY－2A 微波散射计观测到海面风场的涡旋结构特征，并且在涡旋的中心存在低风速区，通过搜索局部最小值，辅以台风中心区域的雷达后向散射系数分布情况，定位台风中心的位置，表 11－1 中给出了星载散射计捕捉到的台风中心的地理位置，中央气象台发布的台风实况数据，以及各自对应的时间点。

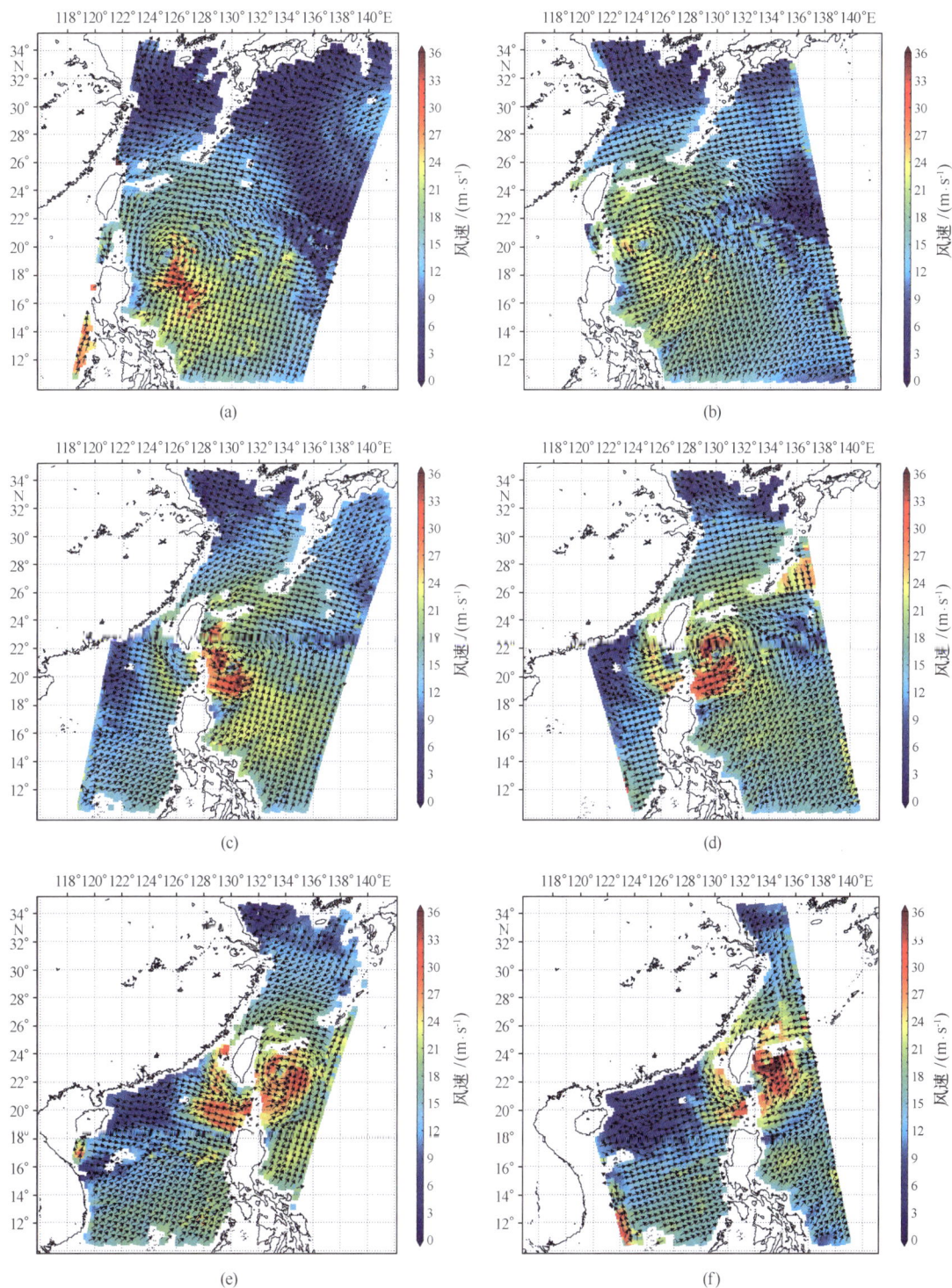

图 11－11　HY－2A 卫星台风中心监测示意

表 11 - 1　HY - 2A 观测数据

轨道号	微波散射计数据			实况数据		
	纬度 N	经度 E	观测时间	纬度 N	经度 E	观测时间
04175	19.5°	125.5°	7 月 30 日　05:43	19.5°	125°	7 月 30 日　05:00
04182	20.3°	124.5°	7 月 30 日　17:15	20.5°	124.6°	7 月 30 日　17:00
04189	20.5°	124.0°	7 月 31 日　06:07	20.8°	123.9°	7 月 31 日　06:00
04196	21.5°	124.0°	7 月 31 日　17:39	21.6°	124.3°	7 月 31 日　17:00
04203	23.0°	123.5°	8 月 01 日　06:30	22.6°	123.9°	8 月 01 日　06:00
04210	23.5°	123.0°	8 月 01 日　18:00	23.7°	123.0°	8 月 01 日　18:00

11.2.1.2　台风路径分析

台风中心的定位是台风路径分析和预测的基础,我们利用表 11 - 1 中的台风位置数据绘制台风"苏拉"中心的变化对比,如图 11 - 12(a)所示,按照离我国海域的远近距离,中央气象台以 3 h 到 15 min 不等的时间间隔给出台风实况数据,HY - 2A 卫星的过境观测时间间隔约为 12 h,文中选择离卫星观测最近的实况数据点,从图 11 - 12(a)中可以看出,两者存在一定的偏差,这是因为一方面两者在时间上不完全吻合,随着时间差的增大,位置偏差也在增大,另外,HY - 2A 微波散射计的空间分辨率是 25 km,对应地面的经纬度约为 0.25°,因此也会对定位精度造成影响,然而两者在变化趋势上是完全一致的。在图 11 - 12 (b)中,用不同的颜色和符号勾勒出"苏拉图中黄色"、"海葵图中红色"、"布拉万图中蓝色" 3 次台风行进过程的实况数据,其中黑色十字符号标志了 HY - 2A 微波散射计观测到的台风中心的位置,两者基本吻合。国外学者利用分辨率增强后的散射计数据对台风中心进行定位研究,结果表明精度有所提高。

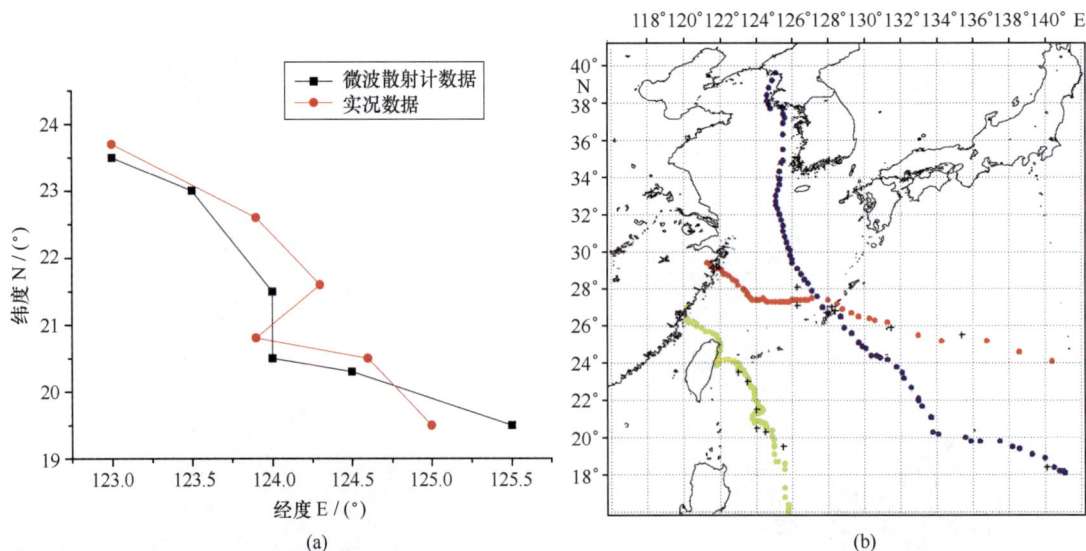

(a)

(b)

图 11 - 12　HY - 2A 卫星观测的台风中心路径

11.2.2　台风结构分析

11.2.2.1　最大风速值及风速剖面分析

2012 年第 10 号热带风暴"达维"于 7 月 31 日早晨在西北太平洋洋面上加强为强热带风暴，于 8 月 1 日 08 时在日本九州岛东南部海面加强为台风，并于 2 日 21 时 30 分前后在江苏省响水县陈家港镇沿海登陆。登陆后，"达维"强度逐渐减弱，3 日 1 时在江苏省北部减弱为强热带风暴，4 时前后进入山东省境内，3 日 9 时在山东省境内减弱为热带风暴，随后进入渤海西部海面。4 日 8 时在河北省东北部近海减弱为热带低压，11 时停止编号（中央气象台）（表 11 – 2）。

表 11 – 2　HY – 2A 卫星观测达维台风最大半径

时间	7 级风最大风速/（m·s⁻¹）	10 级风最大风速/（m·s⁻¹）	7 级大风半径/km	10 级大风半径/km
7 月 30 日　05：43	32.5	30	440	70
7 月 30 日　17：15	27.2	33	440	90
7 月 31 日　06：07	35.1	33	440	90
7 月 31 日　17：39	34.4	33	440	90
8 月 01 日　06：30	35.3	33	440	90
8 月 01 日　18：00	37.8	40	500	100

11.2.2.2　等值线图与大风半径分析

大风半径是衡量台风可能的影响范围和破坏程度的重要依据，是气象预报员非常关心的参数，中央气象台的实况数据中给出了 7 级风（13.9～17.1 m/s）和 10 级风（24.5～28.4 m/s）的半径，林明森等（1997）利用 Seasat – A 卫星上的散射计（SASS）数据反演台风条件下的海面风场矢量，绘制风速等值线，确定大风半径的数值（图 11 –13），并将结果与气象报告的结果进行对比分析，研究结果表明，星载微波散射计能够帮助改善大风半径的准确定义。与 SASS 相比，HY – 2A 卫星搭载的微波散射计在灵敏度、准确性和观测刈幅上都有较大幅度的提高，这有助于台风大风半径的确定。

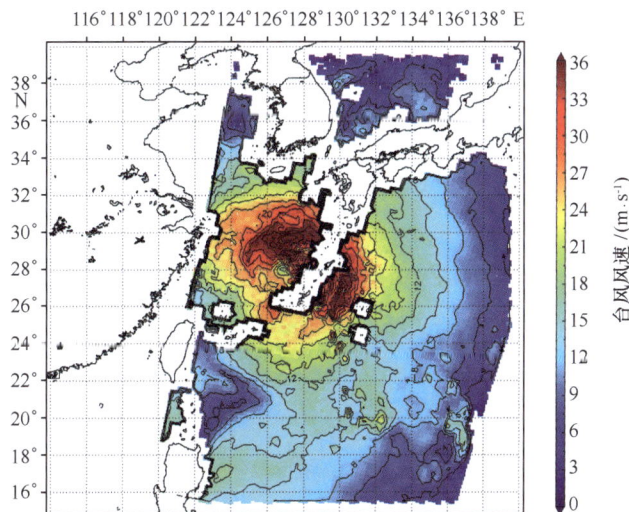

图 11 –13　Seasat – A 卫星散射计的台风风速等值线

第 12 章 扫描微波辐射计数据应用

12.1 数据处理方法

扫描微波辐射计有三种海洋参数反演算法：多元线性回归算法、非线性迭代算法和发射后现场回归算法。前两种算法是用辐射传输理论推导出的物理算法，第三种算法完全是统计方法，不考虑其中的物理意义。这里采用多元回归算法对 HY－2A 卫星扫描微波辐射计进行产品反演，反演产品包括海面温度、海面风速、大气水汽含量和云液水含量。通过与 WindSat 卫星反演数据对比，分析产品反演的精度。

12.1.1 多元线性回归反演算法

考虑一个列向量 X 作为一组输入，列向量 Y 作为一组输出的线形过程，这个过程通过矩阵 A 把 Y 和 X 联系起来。

$$Y = AX \tag{12-1}$$

Y 的测量值通常包括噪声 ε，表示为：

$$Y' = Y + \varepsilon = AX + \varepsilon \tag{12-2}$$

反演就是用给定的来估算 X。估算 X 最常使用的方法是找到 X 的值，使得 Y 和 Y' 之间的方差最小。通常使用最小二乘法解决这个问题：

$$\hat{X} = (A^T \Xi A)^{-1} A^T \Xi Y' \tag{12-3}$$

其中，Ξ 是误差向量 ε 的相关矩阵。如果误差是不相关的，那么 Ξ 就是对角矩阵。

对于遥感应用而言，系统输入向量 X 是一系列地物参数 P，输出向量 Y 是一系列 T_B 测量值。注意到 X 和 Y 是 P 和 T_B 的非线性函数，不违反 X 和 Y 之间线性度的要求。例如，T_B 和大气参数 V、L 可以近似表示为：

$$T_B \approx T_E \{1 - R\exp[-2\sec \theta_i (A_o + a_V V + a_L L)]\} \tag{12-4}$$

式中，T_E 是海洋–大气系统的有效温度，是一个相对常量，那么

$$\ln(T_E - T_B) = \ln(RT_E) - 2\sec \theta_i (A_o a_V V + a_L L) \tag{12-5}$$

从此可以看出，通过把 $Y = T_B$ 变形为 $Y = \ln(T_E - T_B)$ 就可以把 T_B 和 V、L 之间的关系线性化。Wilheit 等（1980）使用了这种方法并且令 $T_E = 280$ K，当进一步展开时，Y 就会包括高次项如 T_B^2 等。

同理，输入 X 也可以成为地物参数 P 的非线性转化。例如，T_B 对风速的变化量随着风速增加而增加。这种关系可用下面的多个线性关系表示：

$$W' = W \quad W < W_1 \tag{12-6a}$$

$$W' = W + M_1(W - W_1)^2 \quad W_1 \leqslant W \leqslant W_2 \tag{12-6b}$$

$$W' = M_2W - M_3 \quad W > W_2 \tag{12-6c}$$

这样，线性度的要求在形式上就有所改变，一个总的线性统计回归算法可以表示为：

$$P_j = \Re\left[c_{0j} + \sum_{i=1}^{I} c_{ij}\Im(T_{Bi})\right] \tag{12-7}$$

式中，$\Re$ 和 $\Im$ 是线性函数。下标 i 代表辐射计的通道，下标 j 代表要反演的参数（1 表示海温，2 表示风速，3 表示水汽含量，4 表示云液态水含量）。

12.1.2　HY－2A 扫描微波辐射计海洋参数反演

HY－2A 扫描微波辐射计的产品反演算法基于物理辐射传输模型（RTM），包括了大气氧气、水汽和云液水吸收模型，海面温度、海水盐度和海面风速风向的海面发射率模型。扫描微波辐射计的观测能量通常表达成亮温（TB）的形式，通过 RTM（Wentz，2000）模型，亮温表达为如下形式：

$$T_{B\uparrow} = T_{BU} + \tau[E \times T_S + (1-E)(T_{BD} + \tau T_{BC})] \tag{12-8}$$

这里 T_{BU} 表示为上行大气辐射，T_{BD} 是下行大气辐射，τ 是从表面到大气顶部总路径的透过率，在低于 100 GHz 的微波波段，它们受到氧气、大气水汽和云液水含量的共同作用的影响。E 是海表发射率，主要受到了海面温度、海面风速风向和海水盐度的共同影响。T_S 表示海面温度，T_{BC} 表示冷空背景辐射。

海洋产品反演算法是一种基于上述物理模型计算亮温值和不同海洋大气物理参数的经验关系，利用 RTM 模型进行经验回归得到。

首先，根据全球的经验数据库，得到全球不同区域和时期的海水盐度、海面温度、海面风速、风向、水汽含量和液水含量的组合，利用 RTM 模型计算 9 个通道的亮温值，然后根据最小二乘回归找到反演参量和物理模型计算亮温的线性经验方程的系数，线性经验方程如下：

$$P = \sum_{i=1}^{9} c_iF_i + c_{10} \tag{12-9}$$

$$F_i = TB_i - 150 \quad i \neq 7 \tag{12-10}$$

$$F_i = -\log_{10}(290 - TB_i) \quad i = 7 \tag{12-11}$$

P 表示产品海面温度（SST）、海面风速（SSW）、大气水汽含量（WV）和云液水含量（CLW），c_i 表示线性经验方程的系数，F_i 表示线性经验方程，下标 i 表示扫描微波辐射计不同的通道（1 = 6.6 V，2 = 6.6 H，3 = 10.7 V，4 = 10.7 H，5 = 18.7 V，6 = 18.7 H，7 = 23.8 V，8 = 37.0 V，9 = 37 0 H）。表 12-1 列出了海面温度、风速、水汽含量和液态水含量相应的反演系数。

表 12-1　反演系数

产品	c_1	c_2	c_3	c_4	c_5	c_6	c_7	c_9	c_{10}	c_{11}
海温	3.023 83	−2.035 8	0.546 15	−0.493 08	−0.507 95	0.138 24	18.673 8	−1.102 4	0.662 81	297.8
风速	−0.331 1	0.680 17	0.245 75	−0.336 91	0.258 64	−0.074 98	−7.980 2	−1.530 11	0.945 13	65.140
水汽	0.151 14	0.062 06	−0.272 75	0.119 93	−0.478 68	−0.598 82	130.737	−0.702 02	0.395 08	647.746
液态水	−0.003 06	0.002 93	0.000 99	−0.002 22	0.000 23	0.001 25	−0.071 78	0.003 17	0.002 68	0.000 68

12.2　精度评估

匹配经纬度误差 0.25°，经纬度范围为 88°S 至 88°N 环全球，匹配时间误差为 0.5 h，时间范围 2012 年 1 月 1 日 00：00：00—2012 年 1 月 31 日 23：59：59。数据剔除标准为：大于 3 倍标准偏差的数据剔除，离岸 150 km 之内的数据剔除，云液态水含量大于 100 g/m², 即降雨情况下反演的数据剔除。

HY-2A 和 WindSat 海面温度比对结果如图 12-1 所示，总共匹配点数 49 042 个，相关性好，达到 0.98，二者匹配的样本集存在 -0.066℃ 的偏差，均方根误差为 1.45℃。

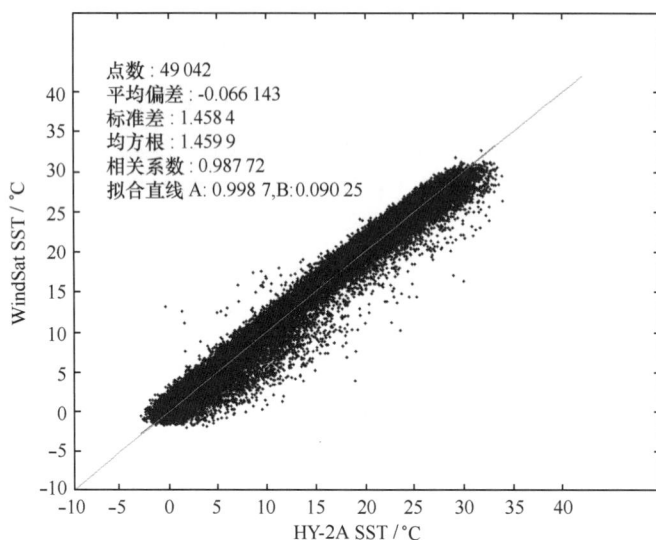

图 12-1 2012 年 1 月 HY-2A 和 WindSat 海温产品比对散点

HY-2A 和 WindSat 海面风速比对结果如图 12-2 所示，总共匹配点数 61 090 个，相关性好，达到 0.91，二者匹配的样本集存在 -0.07 m/s 的偏差，均方根误差为 1.34 m/s。

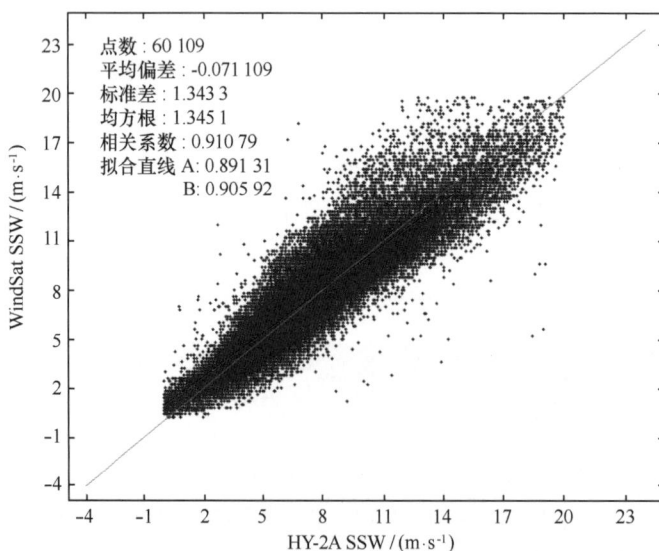

图 12-2 2012 年 1 月 HY-2A 和 WindSat 海面风速产品比对散点

HY-2A 和 WindSat 大气水汽含量比对结果如图 12-3 所示，总共匹配点数 61 090 个，相关性好，达到 0.99，二者匹配的样本集存在 -0.003 mm 的偏差，均方根误差为 1.13 mm。

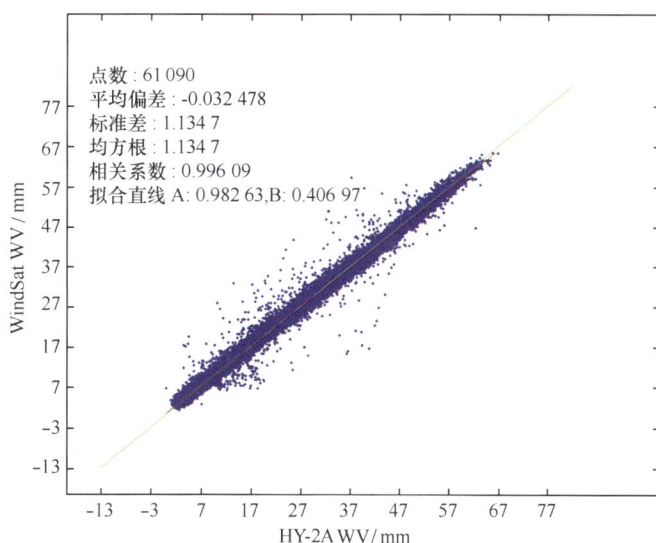

图 12－3　2012 年 1 月 HY－2A 和 WindSat 水汽含量产品比对散点

　　HY－2A 和 WindSat 云液态水含量比对结果如图 12－4 所示，总共匹配点数 66 178 个，相关性较好，达到 0.76，二者匹配的样本集存在 4.63 g/m² 的偏差，均方根误差为 31.57 g/m²。

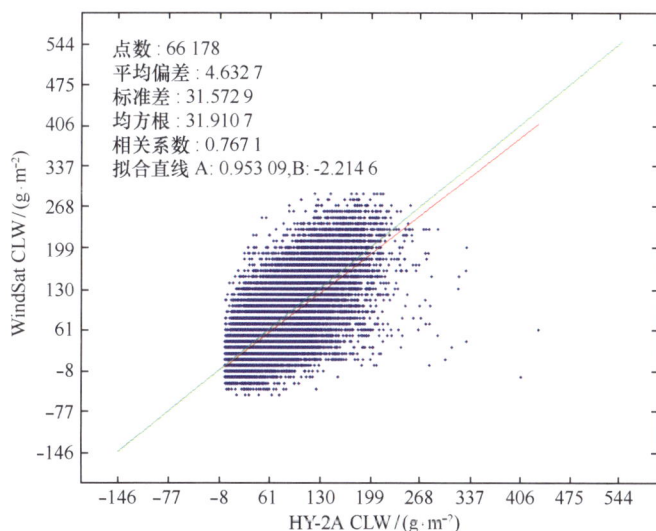

图 12－4　2012 年 1 月 HY－2A 和 WindSat 云液态水含量产品比对散点

　　采用扫描微波辐射计辐射传输模型，计算 HY－2A 扫描微波辐射计不同条件下的各频率极化方式下的理论亮温，模型具有较好的精度，而且由于可以使用海面温度、海面风速、水汽含量和云液态水含量模拟亮温，因此可以直接建立 4 个地球物理模型和亮温之间的线性回归模型，拟合反演系数。使用多元线性回归算法反演 HY－2A 微波扫描辐射计地球物理参数，经过星星交叉对比 WindSat 微波辐射计数据，结果显示：冷空修正和反演获得了很好的效果，反演模型的精度很高，而且反演产品的精度也较好，特别是水汽含量达到了较高的指标，这与亮温和水汽非线性关系能很好地通过这个模型的描述有关，当然也与水汽通道的观测精度高有直接关系。

第 13 章　精密定轨技术与评估

13.1　HY－2A 精密定轨系统组成

HY－2A 卫星精密定轨系统由数据收集和交换子系统、精密轨道预报子系统、精密定轨计算子系统组成（如图 13－1）。

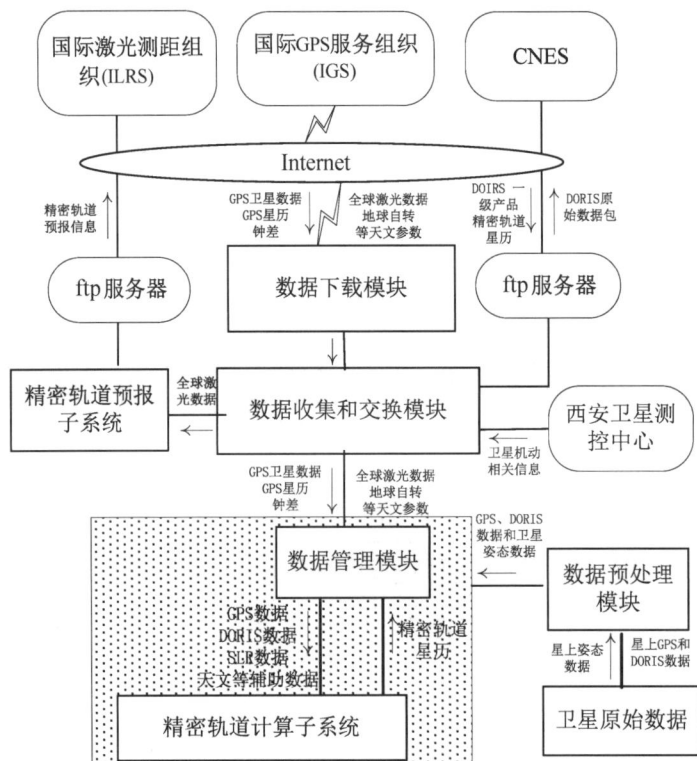

图 13－1　HY－2A 卫星精密定轨系统组成

数据收集与交换子系统由数据预处理模块、数据下载模块、数据收集和交换模块构成。卫星原始数据通过数据预处理模块对原始数据包进行预处理，获得 DORIS 数据包、卫星姿态数据以及 GPS RINEX 2.2 一级产品；通过与 Internet 网络连接，数据下载模块通过 IGS 数据和产品中心、IERS 产品中心、DORIS 以及 SLR 服务中心完成各类精密定轨相关产品与天文辅助数据的下载；再通过数据收集与交换模块实现与法国之间的数据交换功能以及完成所有数据的收集管理。并通过物理网闸完成 Internet 网络与业务网之间的数据传输。

精密轨道预报子系统利用全球激光站观测数据计算卫星预报轨道，并实时向国际激光测距组织提供 HY－2A 卫星轨道预报数据。

　　精密定轨计算子系统由 GPS 结合激光测距（GPS/SLR）精密定轨、DORIS 结合激光测距精密定轨、综合精密定轨和独立 SLR 精密定轨组成。它们分别由 4 个机构独立完成，实时提供 HY－2A 精密定轨 MOE 和 POE 产品。

　　GPS/SLR 精密定轨子系统采用简化动力学方法，提供调用轨道积分器获取卫星位置以及动力学偏导数，同时调用误差模型改正模块，线性化模块获取几何偏导数和预测残差，最后输入非差参数估计模块并调用非差模糊度固定模块进行参数估计；然后调用数据编辑模块，将估计模块生成的验后残差输入数据再编辑模块，获取粗差和周跳探测信息。

　　DORIS/SLR 精密定轨子系统采用动力学法，利用 DORIS 观测数据，联合地面 SLR 跟踪观测数据，通过数据质量控制、误差处理等预处理过程，采用动力学定轨实现 HY－2A 卫星的 MOE 及 POE 轨道计算。主要由数据完备性检测、观测数据预处理、精密定轨、轨道预报、初始轨道确定、轨道质量内外部验证等模块组成。

　　GPS/DORIS/SLR 精密定轨子系统采用简化动力学方法，使用 GPS、SLR、DORIS 观测数据、常数文件、卫星本体参数等数据，完成卫星轨道积分、观测方程线性化与建模、轨道简化动力学拟合、动力学模型计算、参数估计、测量数据残差分析处理等工作。

　　独立 SLR 精密定轨子系统采用简化动力学方法，利用全球 SLR 观测数据实现 HY－2A 卫星精密定轨，主要由初始化、轨道积分、O－C 计算以及参数估计模块组成。

13.2　HY－2A 精密定轨策略

　　HY－2A 卫星精密定轨解算两类轨道：中等精度轨道星历（Medium accuracy Orbit Ephemeris，MOE）和精密轨道星历（Precise Orbit Ephemeris，POE）。MOE 弧长 30 h，相邻弧段重叠 2 h，时效延迟 26 h；POE 弧长 7 d，相邻弧段重叠 4 h，时效延迟 30 d。

　　HY－2A 定轨策略采用 GPS/SLR、DORIS/SLR、GPS/DORIS/SLR 和独立 SLR 定轨 4 种定轨策略，另外法国 CNES 提供一套独立的定轨产品。

13.2.1　GPS 结合激光测距（GPS/SLR）定轨策略

　　GPS/SLR 定轨策略采用简化动力学法，其中，GPS 跟踪系统在精密定轨中起主要作用，SLR 跟踪系统在卫星精密定轨中作为基准跟踪系统。表 13－1 给出了在 MOE 和 POE 轨道确定中所采用力模型、数据和待估参数，其中，MOE 和 POE 轨道除数据处理时间段有所不同外，其他差异主要在所采用的 GPS 轨道和钟差产品不同，MOE 定轨采用本软件解算的超快速 GPS 轨道和钟差，而 POE 则采用欧洲定轨中心（CODE）提供的精密轨道和钟差。

表 13－1　HY－2A 卫星 GPS/SLR 精密定轨策略

力模型	
平均重力场	EIGEN－GL04C［零潮模型，100（100 阶）］
地球重力场低阶项长期变化	IERS Conventions 2003
三体引力	JPL DE405 行星星历
地球固体潮	IERS Conventions 2003
海潮	FES2004 海潮模型（30×30 阶）

续表 13 –1

力模型	
相对论效应	IERS Conventions 2003
大气阻力	DTM94 大气密度模型
太阳光压	Box – wing 模型
参考框架	
惯性参考系	J2000.0
岁差和章动模型	IAU 2000A
地球自转	IERS EOP 08 C04 （IAU200A）
观测数据	
HY2A 星载 GPS 观测值	非差双频消电离层组合，30 s 采样率，弧段长度为 30 h，相邻弧段重复 6 h
GPS 轨道	POE：CODE 精密轨道 MOE：WHU 超快速钟差
GPS 钟差	POE：CODE 5 s 精密钟差 MOE：WHU 超快速钟差
估计参数	
HY – 2A 卫星初始状态	三维惯性系位置和速度
载波相位观测值模糊度	每个模糊度弧段、每颗卫星 1 个
大气阻力系数	360 min 1 个
HY2A 星载 GPS 接收机钟差	1 历元 1 个
切向长偏量经验参数	360 min 1 个
切向、法向和径向 1 – CPR 经验参数	360 min 1 个

13.2.2 DORIS 结合激光测距（DORIS/SLR）定轨策略

DORIS/SLR 定轨策略采用简化动力学法，其中 DORIS 跟踪系统在精密定轨中起主要作用，SLR 跟踪系统在卫星精密定轨中作为基准跟踪系统。表 13 –2 给出了在 MOE 和 POE 轨道确定中所采用动力学模型、数据和待估参数。

表 13 –2 HY –2A 卫星 DORIR/SLR 精密定轨策略

动力学模型	
平均重力场	GGM02 （120 × 120）
地球重力场低阶项长期变化	IERS Conventions 2003
三体引力	JPL DE200 行星星历
地球固体潮	IERS Conventions 2003
海潮	CSR3.0 海潮模型
相对论效应	IERS Conventions 2003
大气密度模型	French Drag Model
表面力模型	Box – wing 模型

续表 13－2

动力学模型	
极潮	IERS Conventions 2003
海潮负荷	Merit model
参考框架	
惯性参考系	J2000.0
地固参考系	ITRF2008
岁差和章动模型	IAU 2000A
地球自转	IERS EOP 08 C04（IAU200A）
观测值改正模型	
数据	RINEX DORIS 3.0
对流层延迟	Hopfiled 模型
电离层延迟	双频改正
DORIS 测站位置、速度	ITRF2008
潮汐改正	IERS2003
其他修正	质心偏差、天线安装位置偏差、天线相位中心偏差
估计参数	
HY－2A 卫星初始状态	三维惯性系位置和速度
大气阻力系数	MOE 30 h 1 次 POE 24 h 1 次
九参数经验力模型	MOE 30 h 1 次 POE 24 h 1 次

13.2.3　综合（GPS/DORIS/SLR）精密定轨策略

GPS/DORIS/SLR 定轨策略采用简化动力学法，其中，DORIS 跟踪系统在精密定轨中起主要作用，SLR 跟踪系统在卫星精密定轨中作为基准跟踪系统。表 13－3 给出了在 MOE 和 POE 轨道确定中所采用动力学模型、数据和待估参数。

表 13－3　HY－2A 卫星 GPS/DORIS/SLR 精密定轨策略

动力学模型	
重力场	EIGEN_ GL04S－gins（150×150）
N 体摄动	JPL DE405
大气阻力	大气密度模型 DTM94
太阳光压和地球反照辐射	宏表面力模型
广义相对论	Schwarzschild
固体潮	IERS2003
海潮	COT00
积分器	Gauss－Jackson 积分器
测量模型	
DORIS RINEX3.0	由 CNES 提供，选取其中以 10s 开始的相位观测数据
对流层延迟	Saastamoinen/Niell
电离层延迟	双频改正

动力学模型	
DORIS 测站位置、速度	ITRF2005
潮汐改正	IERS2003
地球旋转参数	IERS Bulletin B
其他修正	质心偏差、天线安装位置偏差、天线相位中心偏差
主要待估参数	
初始轨道	位置和速度
大气阻尼因子	1 个/6 h
T、N 方向经验摄动力	常数经验力、1 天估计 1 套周期性经验力
频偏参数及对流层折射校正因子	每站每圈解算 1 个

13.2.4 独立 SLR 精密定轨策略

独立 SLR 定轨策略采用简化动力学法，SLR 数据作为精密定轨观测数据。表 13 - 4 给出了在 MOE 和 POE 轨道确定中所采用动力学模型、数据和待估参数。

表 13 - 4 HY - 2A 卫星 SLR 精密定轨策略

动力学模型	
重力场	GGM02C 模型（150×150 阶）
N 体摄动	JPL DE/LE 200 大行星历表
大气阻力	大气密度模型 DTM94
太阳光压	Box - Wing 模型（Rim, 1992）
广义相对论	IERS2003 规范（McCarthy & Petit, 2002）
固体潮	IERS96 规范（McCarthy, 1996）
海潮	CSR4.0（Eanes, 1994）
重力场	GGM02C 模型（150×150 阶）
主要待估参数	
初始轨道	位置和速度（72 h 估算一组初轨）
大气阻力参数	分段解算（24 h 估算一组）
T、N 方向经验摄动力	分段解算（24 h 估算一组）

13.3 HY - 2A 精密定轨评估

13.3.1 SLR 数据统计分析

2012 年 5 月，国内外共有 17 个激光站参与对 HY - 2A 卫星跟踪观测，获得 3 385 个观测记录。图 13 - 2 按 SLR 站给出了激光数据的统计。

从图 13 - 2 中可以看出，激光观测站数据不是很均衡，各观测站数据量差距比较大。

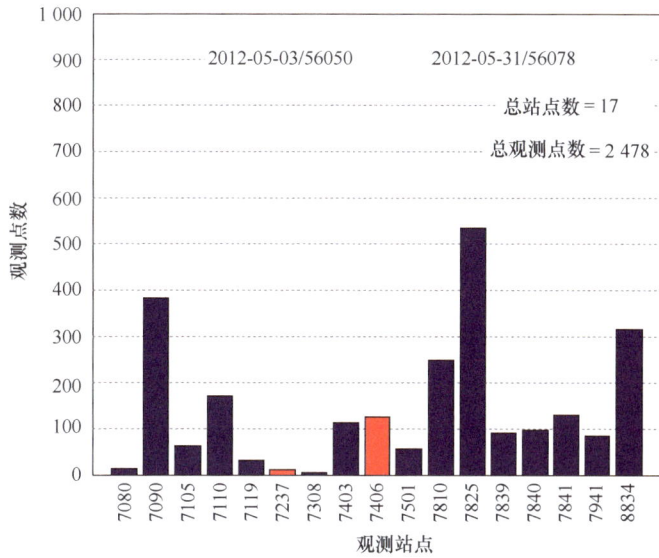

图13－2　SLR站对HY－2A卫星的观测统计

13.3.2　SLR检核轨道精度

由于卫星没有真实的轨迹，对于星载GPS/DORIS定轨，评估其定轨精度的重要手段就是利用高精度的激光测距数据对其定轨结果进行外部检验。检验过程中，SLR残差为SLR直接测得的站星距与星载GPS/DORIS定轨结果计算得到的站星距之差。卫星轨道径向误差检验一般采用仰角大于70°的高仰角激光数据，考虑HY－2A激光数据量，这里采用仰角大于60°的激光数据进行HY－2A卫星轨道径向精度检验。

HY－2A卫星中等精度轨道星历（MOE）共有5套产品，产品弧长30 h，相邻轨道重叠2 h，时效延迟26 h；利用SLR对2012年5月的产品进行检验，5种定轨产品检核结果分别如图13－3至图13－7所示，表13－5给出了5种定轨产品的结果比较。

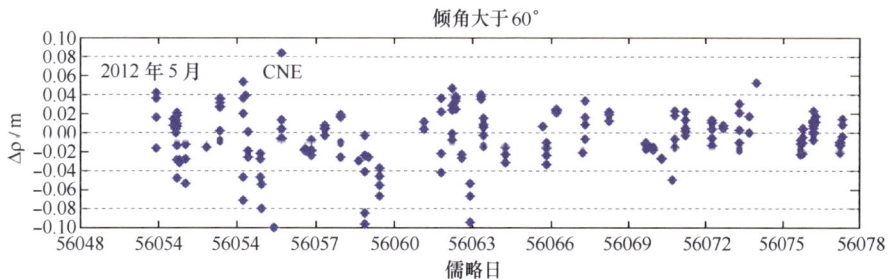

图13－3　法国CNES产品SLR检核结果（2012年5月MOE）

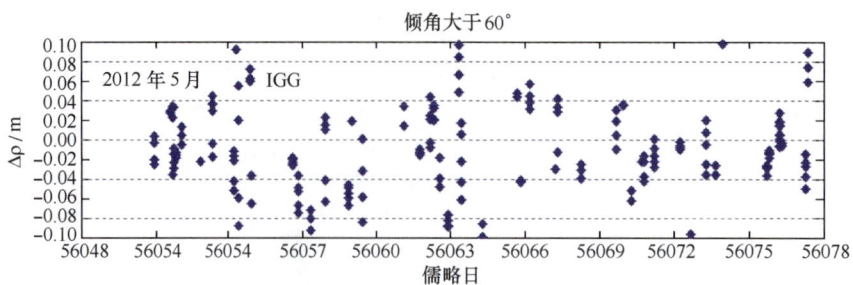

图 13-4　DORIS/SLR 定轨产品 SLR 检核结果（2012 年 5 月 MOE）

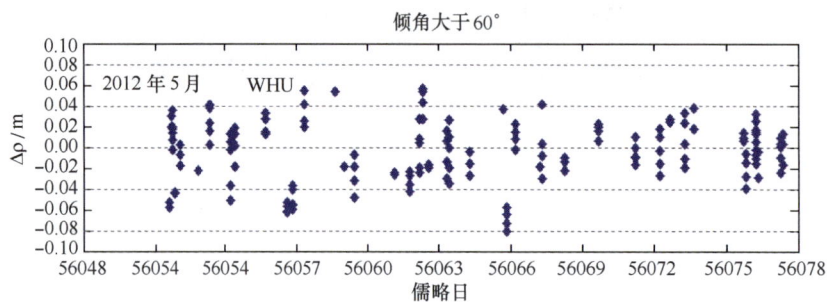

图 13-5　GPS/SLR 定轨产品 SLR 检核结果（2012 年 5 月 MOE）

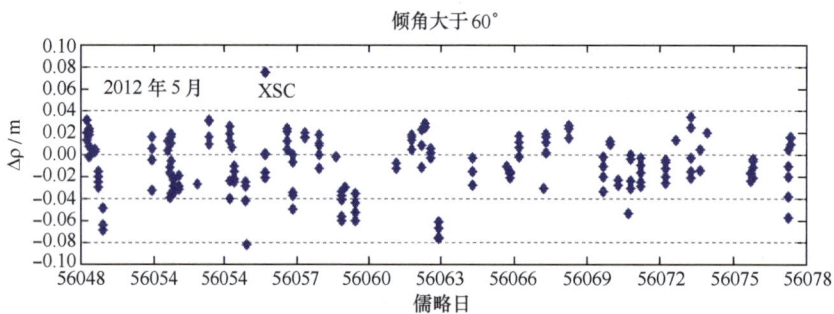

图 13-6　GPS/DORIS/SLR 定轨产品 SLR 检核结果（2012 年 5 月 MOE）

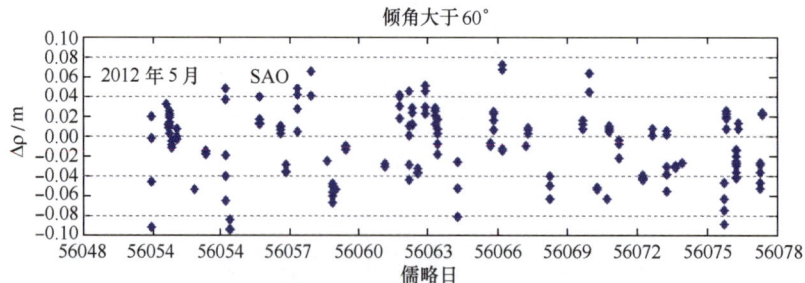

图 13-7　独立 SLR 定轨产品 SLR 检核结果（2012 年 5 月 MOE）

表 13-5　MOE 径向精度 SLR 检核结果　　　　　　　　　　单位：cm

定轨手段	均方差	均值
DORIS（CNES）	2.94	-0.44
GPS/SLR	3.43	-0.47
DORIS/SLR	4.40	-1.07
GPS/DORIS/SLR	3.52	-1.68
SLR	4.44	-0.93

从 SLR 检核结果看，5 种定轨策略均方差（rms）均优于 4.5 cm，其中，GPS/SLR、GPS/DORIS/SLR 和 CNES 定轨精度优于 3.6 cm。由于 SLR 检核结果中 5 种产品均存在一定的偏差，使得精度受到一定的影响，尤其 DORIS/SLR 和 GPS/DORIS/SLR 两种定轨策略的偏差大于 1 cm，使得检核结果影响较大。SLR 检核精度另外一个影响因素是用于检核的 SLR 数据仰角的选取问题，一般采用大于 70°仰角，这里考虑数据量，采用的是大于 60°仰角。

13.3.3　独立轨道比较

评估卫星轨道的另一重要手段是独立轨道比较，独立轨道是指不同机构采用不同软件计算得到的两段独立轨道比较，同时也可指采用不同类型观测数据定轨得到的两段轨道之间的比较。因此具有独立性，并且这种验证方法能够检测系统误差和长期趋势。HY-2A 卫星精密定轨 MOE 径向精度比较结果如表 13-6 所示。

表 13-6　MOE 径向精度独立机构比较结果　　　　　　　　单位：cm

RMS	CNES	DORIS/SLR	GPS/DORIS/SLR	GPS/SLR	SLR
CNES		2.78	1.63	2.62	4.30
DORIS/SLR	2.78		3.10	3.89	4.62
GPS/DORIS/SLR	1.63	3.10		2.71	4.17
GPS/SLR	2.62	3.89	2.71		5.23
SLR	4.30	4.62	4.17	5.23	

可以看出，5 种定轨产品 MOE 径向精度在 2~5 cm 之间，对应的 CNES 产品结果为，GPS/DORIS/SLR 产品 MOE 径向精度为 1.63 cm，DORIS/SLR 产品 MOE 径向精度为 2.78 cm，GPS/SLR 产品 MOE 径向精度为 2.62 cm。

参 考 文 献

1. 蒋兴伟. 2011. HY－2A 卫星工程手册［M］. 北京：国家国防科工局.

2. 李燕初，孙瀛，林明森，等. 1999. 用圆中数滤波器排除卫星散射计风场反演中的风向模糊［J］. 台湾海峡，18（1）：42－48.

3. 林明森，孙瀛，郑淑卿. 1997. 用星载微波散射计测量海洋风场的反演方法研究［J］. 海洋学报，19（5）：35－46.

4. Seelye Martin 著，蒋兴伟，等译. 2006. 海洋遥感导论［M］. 北京：海洋出版社.

5. 王广运，王海瑛. 1995. 卫星测高原理［M］. 北京：科学出版社.

6. 解学通，方裕，陈克海，等. 2006. 一种海面风场反演的快速风矢量搜索算法［J］. 遥感学报，10（2）：236－241.

7. Agnieray P. 1997. The Doris system：performances and evolutions［J］. Coordination of Space Techniques for Geodesy and Geodynamics Bulletin. 73－80.

8. Anderle R J. 1986. Doppler satellite measurements and their interpretation, In "Space Geodesy and Geodynamics" (A. J Anderson and A. Cazenave, Eds), Academic Press, London. 113－167.

9. Andersen P H, Aksnes K, Skonnord H. 1998. Precise ERS－2 orbit determination using SLR, PRARE, and RA observations［J］. Journal of Geodesy, 72（7－8）：421－29.

10. Attema E P W. 1991. The active microwave instrument on－board the ERS－1 satellite［J］. Proc. IEEE, 79：791－799.

11. Barrick D E, Lipa B J. 1985. Analysis and interpretation of altimeter sea echo［J］. Advnces in Geophysics, 27：91－100.

12. Barrick D E. 1972. Remote sensing of the sea state by radar［J］. Engineering in the Ocean Environment, 9（13）：186－192.

13. Bertiger, W I, Bar－Sever Y E, Christensen E J, et al. 1994. GPS precise tracking of TOPEX/POSEIDON：Results and implications［J］. Journal of Geophysical Research, 99（C12）：24449－24464.

14. Beutler G, Rothacher M, Schaer S, et al. 1999. The International GPS Service (IGS)：an interdisciplinary service in support of earth sciences［J］. Advances in Space Research, 23（4）：31－53.

15. Boudouris G. 1963. On the index of refraction of air the absorption and dispersion of centimeter waves by gasses［J］. Res Natl Bur Stand, 67：631－684.

16. Brown G S, Stanley H R, Roy N A. 1981. The wind speed measurement capacity of space borneradar altimeter［J］. IEEE Journal of Oceanic Engineering, 6：59－63.

17. Cerri L, Berthias J. P, Bertiger W. I, et al. 2010. Precision Orbit Determination Standards for the Jason Series of Altimeter Missions［J］. Marine Geodesy, 33（S1）：379－418.

18. Chelton D B, Esbensen S K, Schlax M G, et al. 2001A. Observations of coupling between surface wind stress and sea surface temperature in the eastern tropical Pacific［J］. J Climate, 14：1479－1498.

19. Chelton D B, McCabe P J. 1985. A review of satellite altimeter measurement of sea surface wind speed：with a proposed new algorithm［J］. Journal of Geophysical Research, 90：4707－4720.

20. Chelton D B, Michael G S. 1993. Spectral characteristics of time-dependent orbit errors in altimeter height measurements［J］. Journal of Geophysical Research, 98（C7）：12579－12600.

21. Chelton D B, Ries J C, Haines B J, et al. 2001b. Satellite altimetry［G］//Satellite Altimetry and Earth Sciences, San Diego：Academic Press：1－131.

22. Chelton D B, Schlax M G. 1994. The resolution capability of an irregularly sampled dataset: with application to GEOSAT altimeter data[J]. J Atmos Ocean Tech, 11: 534 – 550.

23. Chelton D B, Wentz F J. 1986. Further development of an improved altimeter wind speed algorithm[J]. Journal of Geophysical Research, 91: 14250 – 14260.

24. Chi C Y, Li F K. 1988. A comparative study of several wind estimation algorithms for spaceborne scatterometers[J]. IEEE Trans. Geosci and Rem Sens, 26 (2): 115 – 121.

25. Cox C S, Munk W H. 1954. Statistics of the sea surface derived from sun glitter[J]. J M R, 13: 198 – 227.

26. Degnan John J. 1985. Satellite laser ranging: current status and future prospects[J]. IEEE Geoscience and Remote Sensing, 4: 398 – 413.

27. Droppleman J D. 1970. Apparent microwave emissivity of sea foam[J]. J Geophys Res, 75: 696 – 698.

28. Dunbar R S, Hsiao S V, Kim Y J. 2001. Science Algorithm Specification for SeaWinds on QuikSCAT and SeaWinds on ADEOS2II[R]. Pasadena, California: 209 – 239.

29. Dvorak V F. 1984. Tropical cyclone intensity analysis using satellite data, NOAA Tech. Rep., Washington, DC, NESDIS 11.

30. Ezraty R, Cavanie A. 1999. Intercomparison of backscatter maps over Arctic sea ice from NSCAT and the ERS scatterometer[J]. J Geophys. Res., 104: 11471 – 11483.

31. Figa Saldana J, Wilson J J W, Attema E, et al. 2002. The advanced scatterometer (ASCAT) on the meteorological operational (MetOp) platform: A follow on for European wind scatterometers[J]. Canadian Journal of Remote Sensing, 28 (3): 404 – 412.

32. Francis C R. 2001. CryoSat Mission and Data Description. ESA Document Number CS – RP – ESA – SY – 0059. Noordwijk: ESTEC.

33. Freilich M H, Dunbar R S. 1999. The accuracy of the NSCAT 1 vector winds: comparison with National Data Center buoys[J]. J Geophys Res, 104: 11231 – 11246.

34. Freilich M H. 2000. SeaWinds Algorithm Theoretical Basis Document[M]. ATBD – SWS – 01. Greenbelt, MD: NASA Goddard Space Flight Center.

35. Fu L L, Anny Cazenave. 2001. Satellite Altimetry and Earth Sciences – A Handbook of Techniques and Applications[M]. Academic Press: 463.

36. Fu L L, Christensen E J, Yamarone C A, et al. 1994. TOPEX/POSEIDON mission overview[J]. J Geophys Res, 99: 24369 – 24381.

37. Fu L L, Holt B. 1982. Seasat Views Oceans and Sea Ice with Synthetic – Aperture Radar. JPL Publication, 81 – 120.

38. Gasper P, Ogor F, Le Traon, et al. 1994. Estimating the sea state of the TOPEX and Poseidon altimeters from crossover differences[J]. J. Geophys. Res., 99: 24981 – 24994.

39. Goldhirsh R E, Dobson E B. 1985. A recommended algorithm for the determination of ocean surface wind speed using a satellite borne radar altimeter[R]. Rep. JHU/APLS1R85U – 005, Applied Physics Laboratory, Johns Hopkins University, Laurel.

40. Gourrion J, Vandemark D, Bailey S, et al. 2002. A two – parameter wind speed algorithm for Ku – band altimeters[J]. Journal of Atmospheric and Oceanic Technology, 19: 2030 – 2048.

41. Grantham W, Bracalentee, Jones W, et al. 1977. The SeaSat – A satellite scatterometer[J]. IEEE Journal of Oceanic Engineering, 2: 200 – 206.

42. Guissard A, Sobieski P. 1987. An approximate model for the microwave brightness temperatureof the sea[J]. Int. J. Remote Sensing, 8: 1607 – 1627.

43. Haines B J, George H B, George W R, et al . 1990. Precise orbit computation for the Geosat exact repeat mission [J]. Journal of Geophysical Research, 95（C3）: 2871 – 2885.

44. Haines B, Bertiger W, Desai S. et al. 2002. Initial orbit determination results for Jason – 1: towards a 1 – cm orbit. Proc. lnst. Navigation GPS 2002 Conference, 2011 – 2021.

45. Hans J, Liebe. 1989. An atmospheric millimeter – wave propagation model［J］. International Journal of infrared and millimeter waves, 10（6）: 631 – 650.

46. Hofmann W, Bernhard, Herbert L, et al. 1993. Global Positioning System: Theory and Practice［M］. 347.

47. Hollinger J P. 1971. Passive microwave measurements of sea surface roughness［J］. IEEE Trans. Geosci. Electron. , 9（3）: 165 – 169.

48. Imel D A. 1994. Evaluation of the TOPEX/POSEIDON dual – frequency ionospher correction［J］. J. Geophys. Res. , 99: 24895 – 24906.

49. Irisov V G, Kuzmin A V, et al. 1991. The dependence of sea brightness temperature on surface wind direction and speed［J］. Theory and experiment. Proc. IEEE Geosci. Remote Sens. Symposium: 1297 – 1300.

50. Johnson J W, Williams L A, Bracalente E M et al. 1980. Seasat – A satellite scatterometer instrument evaluation［J］. IEEE J. Oceanic Eng. , OE – 5（2）: 138 – 144.

51. Katsaros K B, Forde E B, Chang P, et al. 2001. HY – 2's seawinds facilitates early identification of tropical depressions in 1999 hurricane season［J］. Geophysical Research Letters, 28: 1043 – 1046.

52. Keihm S, Zlotnicki V, Ruf C S. 2000. TOPEX Microwave Radiometer Performance Evaluation［J］, IEEE Transactions on Geoscience & Remote Sensing, 38: 1379 – 1386

53. Klein L A, Swift C T. 1977. An improved model for the dielectric constant of sea water at microwave frequencies ［J］. IEEE Trans. Antennas Propag. , AP – 25（1）: 104 – 111.

54. Kuijper D C, Ambrosius B A C, Wakker K F. 1995. SPOT – 2 and TOPEX/POSEISION precise orbit determination from DORIS Doppler tracking［J］. Adv. Space. Res, 6: 45 – 50.

55. Lagerloef G. 2000. Recent progress toward satellite measurements of the global sea surface salinity field［M］. ed. D. Halpern: 309 – 335.

56. Lecomte P, Crapolicchio R, Saavedra L. 2000. Cyclone tracking with ERS – 2 Scatterometer: Algorithm Performances and Post – Processed Data Example, Proceeding of the Envisat & ERS Symposium Gothenburg（S）16 – 20, http: //earth. esa. int/pcs/ers/scatt/ articles/257lecom. pdf.

57. Lefevre J M, Barckicke J. 1994. A significant wave height dependent function for TOPEX/POSEIDON wind speed retrieval［J］. Journal of Geophysical Research 99: 25035 – 25049.

58. Lerch F J, Marsh J G, Klosko, et al. 1982. Gravity model improvement for SEASAT［J］. J. Geophys. Res. , 87: 3281 – 3296.

59. Levy G R. Brown A. 1986. A simple objective analysis scheme for scatterometer data. ［J］. J. Geophys. Res. , 91（c4）: 5153 – 5158.

60. Liu W T. 2002. Progress in scatterometer application［J］. Oceanography, 58: 121 – 136.

61. Long D G, Medel J M. 1990. Model Based estimation of wind field over the ocean from wind scatterometer measrement. I: Development of the field model［J］. IEEE Trans Geosci Remote Sens, 28（3）: 3492360.

62. Luthcke S B, Zelensky N P, Rowlands D D, et al. 2003. The 1 – Centimeter Orbit: Jason – 1 Precision Orbit Determination Using GPS, SLR, DORIS, and Altimeter Data［J］. Marine Geodesy, 26: 399 – 421.

63. Massmann F H, Neumayer K H, Raimondo J C et al. 1997. Quality of the D – PAF ERS orbits before and after the inclusion of PRARE data［M］. Italy. 1655 – 1660 in 3rd ERS Scientific Symposium.

64. Meissner T, Wentz F J. 2002. An updated analysis of the ocean surface wind direction signal in passive microwave

brightness temperatures[J]. IEEE Trans. Geosci. Remote Sens., 40: 1230 – 1240.

65. Meissner T, Wentz F J. 2002. The ocean algorithm suite for the Conical – Scanning Microwave Imaging/Sounder (CMIS). Proc. IEEE Trans. Geosci. Remote Sens., Symposium, 2002 (IGARSS 2002), 2: 813 – 816.

66. Melbourne, William G, Davis E S, et al. 1994. The GPS flight experiment on TOPEX/POSEIDON[J]. Geophysical research letters, 21 (19): 2171 – 2174.

67. Monahan E C, O'Muircheartaigh I G. 1980. Optimal power law description of oceanic whitecap coverage dependence on wind speed[J]. Journal of Physical Oceanography, 10: 2094 – 2099.

68. Morris C S, Stephen K G. 1994. Evaluation of the TOPEX/POSEIDON altimeter system over the Great Lakes[J]. Journal of geophysical research, 99 (C12), 24527 – 24539.

69. Naderi F M, Freilich M H, Long D G. 1991. Spaceborne radar measurement of wind velocity over the ocean – An overview of the NSCAT scatterometer system[J]. Proceedings of the IEEE, 79 (6): 850 – 866.

70. Nouël F, Berthias J P, Deleuze M, et al. 1994. Precise Centre National d'Etudes Spatiales orbits for TOPEX/POSEIDON: Is reaching 2 cm still a challenge? [J]. Journal of Geophysical Research, 99 (C12): 24405 – 24419.

71. Ondrasik V J, Wu S C. 1982. A simple and economical tracking system with sub – decimeter Earth satellite and ground receiver position determination capabilities. SymPosium on the use of Artificial Satellites for Geodesy and Geodynamics. Ermioni, Greece.

72. Parkinson B W, Bradford W, James J Spilker. 1996. Introduction and heritage of NAVSTAR, the Global Positioning System. Theory and Applications (volume One). 3 – 50.

73. Pasch R J, Stewart S R, Brown D P. 2003. Comments on "early detection of tropical cyclones using seawindsderived vorticity"," Bulletin of the American Meteorological Society, 85 (10): 1415 – 1416.

74. Perry K L. 2001. QuikSCATScience Data Product Users Manual, Version 2. 2. NASA Report No. D – 18053. Pasadena, CA: Jet Propulsion Laboratory, California Institute of Technology.

75. Phalippou L, Rey L, de Chateau – Thierry, et al. 2001. Overview of the performances and tracking design of the SIRAL altimeter for the CryoSat mission. Proc. IEEE Trans. Geosci. Remote Sens. Symposium, 5: 2025 – 2027.

76. Ray J R, Ma C, Ryan J W, et al. 1991. Comparison of VLBI and SLR geocentric site coordinates[J]. Geophysical research letters, 18 (2): 231 – 234.

77. Reigber C H, Massmann F H, Flechtner F. 1997. The PRARE system and the data analysis procedure. Coordination of Space Techniques for Geodesy and Geodynamics Bulletin No. 14. in Advanced Space Technology in Geodesy – Achievements and Outlook, (R. Rummel, C. Reigber, and H. Hornik, Eds.) 73 – 80. Deutsches Geodatisches Forschungsinstitut, Munich.

78. Rosenkranz P W, Staelin D H. 1972. Microwave emissivity of ocean foam and its effect on nadiral radiometric measurements. Journal of Geophysical Research, 77: 6528 – 6538.

79. Ross S D. 1974. Sulphates and other oxy – anions of group VI. In V. C. Farmer (Ed.), The infrared spectra of minerals. Mineralogical Society Monograph, vol. 4. London' Mineralogical Society.

80. Rowlands D D, Luthcke S B, Marshall A J, et al. 1997. Space shuttle precision orbit determination in support of SLA – 1 using TDRSS and GPS tracking data[J]. Journal of the Astronautical Sciences, 45 (1): 113 – 129.

81. Schultz H A. 1990. Circular median filter approach for resolving directional ambiguities in wind fields retrieved from spaceborne scatterometer data[J]. Geophys Res, 95 (C4): 5291 – 5303.

82. Schutz B E, Tapley B D, Abusali P A M, HJ Rim. 1994. Dynamic orbit determination using GPS measurements from TOPEX/POSEIDON[J]. Geophysical research letters, 21 (19): 2179 – 82.

83. Seeber Günter. 1993. Satellite geodesy: foundations, methods, and applications, Walter de Gruyter & Co., Berlin: 531.

84. Sharp B J, Bourassa M A, OBrien J J. 2002. Early detection of tropical cyclones using SeaWinds – derived vorticity[J]. Bulletin of the American Meteorological Society, 83: 879 – 889.

85. Shum C K, Yuan D N, Ries J C, et al. 1990. Precision orbit determination for the Geosat exact repeat mission[J]. Journal of Geophysical Research, 95 (C3): 2887 – 2898.

86. Smith A, Visser P, et al. 1995. Dynamic and non – dynamic ERS – 1 radial orbit improvement from ERS – 1/TOPEX dual – satellite altimetry[J]. Adv. Space. Res. , 16: 12123 – 12130.

87. Smith P M. 1988. The emissivity of sea foam at 19 and 37 GHz[J]. IEEE Trans. Geosci. Remote Sens. , GE – 26: 541 – 547.

88. Spencer M W, Wu C, Long D G. 1997. Tradeoff s in the design of a spaceborne scanning pencil beamscatterometer: application to SeaWinds[J]. IEEE Transactions on Geoscience and Remote Sensing, 35 (1): 115 – 126.

89. Spilker J J. 1996. Overview of GPS operation and design. Global Positioning System: Theory and Applications (volume One) 1: 29.

90. Stogryn A. 1967. The apparent temperature of sea at microwave frequencies[J]. IEEE Trans. on 15: 278 – 286.

91. Stogryn A. 1972. The emissivity of sea foam at microwave frequencies[J]. Journal of Geophysical Research, 77: 1658 – 1666.

92. Teles J, Pheung P B, Guedeney V S. 1980. Tracking and Data Relay Satellite System range and Doppler tracking system observation measurements and modeling. NASA Technical Memorandum X – 572 – 80 – 26.

93. Townsend W E, McGoogan J T, Walsh E J. 1981. Satellite radar altimeters – present and future oceanographic capabilities. In Oceanography from Space, ed. J. F. R. Gower: 625 – 636. New York: Plenum Press.

94. Ulaby F T, Moore R K, Fung A. K. 1986. Microwave remote sensing – Active and passive, Volume III. Artech House, Norwood, MA, USA: 1065 – 2137.

95. Van L, Rosen A E, Carrier L M. 1979. The Global Positioning System and its application in spacecraft navigation. in Navigation Satellite Users. 144 – 156.

96. Veldoe C, Bruske K, Kummerow C, et al. 2002. The burgeoning role of weather satellites[M]. Coping with Hurricanes. Chapter Ⅱ. Amer Geophy Union: 217 – 218.

97. Visser P N, Ambrosius B A C. 1997. Orbit determination of topex/poseidon and TDRSS satellites using TDRSS and BRTS tracking[J]. Advances in Space Research, 19: 1641 – 1644.

98. Weast R C. 1976. Handbook of Chemistry and Physics, Boca Raton, FL: CRC Press.

99. Webster W, Wilheit. 1976. Spectral Characteristics of the Microwave Emission from wind Derived foam Coverage Sea[J]. J. Geophys. Res. , 81: 3095 – 3099.

100. Wentz F J, Cardone V J, Fedor L S. 1982. Intercomparison of wind speeds inferred by the SASS, Altimeter and SMMR[J]. J. Geophys. Res. , 87: 3378 – 3384.

101. Wentz F J, Freilich M H, Smith D K. 1998. NSCAT – 2 geophysical model function[C]. San Francisco CA: Proc. Fall AGU Meeting, 1998: 1 – 10.

102. Wentz F J, Mattox L A, Peteherych S. 1986. New algorithms for microwave measurements of ocean winds: applications to SEASAT and the Special Sensor Microwave Imager[J]. J. Geophys. Res. , 91: 2289 – 2307.

103. Wentz F J. 1975. A two – scale model for foam – free sea microwave brightness temperatures. J. Geophys. Res. , 80: 3441 – 3446.

104. Wentz F J. 1983. A model function for ocean microwave brightness temperatures[J]. J. Geophys. Res. , 88: 1892 – 1908.

105. Wentz F J. 1997. A well – calibrated ocean algorithm for SSM/I. J. Geophy. Res. , 102 (C4): 8703 – 8718.

106. Wentz F J. 1992. Measurement of oceanic wind vector using satellite microwave radiometers[J]. IEEE Trans.

Geosci. Remote Sens. ：30960 − 30972.

107. Wentz F J. 1997. A well − calibrated ocean algorithm for Special Sensor Microwave/Imager［J］. Geophys. Res.，102：8703 − 8718.

108. Wilheit T T. 1978. Radiative − transfer in a plane stratified dielectric［J］. IEEE Transactions on Geoscience and Remote Sensing，16：138 − 143.

109. Wilheit T T. 1978. A review of applications of microwave radiometry to oceanography［J］. Boundary − Layer Meteorol. ：13277 − 13293.

110. Wilheit T T. 1979. A model of the microwave emissivity of the ocean'surface as a function of wind speed［J］，IEEE Trans. Geosci. Electron.，GE − 17：244 − 249.

111. Williams G F. 1971. Microwave emissivity measurements of bubbles and foam［J］. IEEE Transactions on Geoscience Electronics，GE − 9：221 − 224.

112. Willy B, Shailen D. D, et al. 2010. Sub − Centimeter Precision Orbit Determination with GPS for Ocean Altimetry［J］. Marine Geodesy，33（S1）：363 − 378.

113. Wilmes H, Reigber C, Schafer W, et al. 1987. Precise Range and Range − rate Equipment，PRARE，on − board ERS − 1. 586 − 596.

114. Witter D L, Chelton D B. 1991. A Geosat altimeter wind speed algorithm and a method for altimeter wind speed algorithm［J］. Journal of Geophysical Research，96：8853 − 8860.

115. Wu C , Liu Y, Kellogg K H. 2003. Design and calibration of the SeaWinds scatterometer［C］. IEEE Transactions on aerospace and elect ronic systems，39（1）：94 − 109.

116. Wu Jin. 1979. Oceanic whitecaps and sea state［J］，J. Phys. Oceanogr.，9：1064 − 1068.

117. Wu S T, Fung A K. 1972. A noncoherent model for microwave emissions and backscattering from the sea surface ［J］. J. Geophys. res.，77：5917 − 5929.

118. Wunsch C, Stammer D. 1998. Satellite altimetry，the marine geoid and the oceanic general circulation［J］. Ann. Rev. Earth Planet. Sci.，26：219 − 253.

119. Yueh S H. 1997. Modeling of wind direction signals in polarimetric sea surface brightness temperatures［J］. IEEE Trans. Geosci. Remote Sens.，35：1400 − 1418.

120. Yueh S H.，Wilson W J, Li K.，et al. 1999. Polarimetric microwave brightness signatures of ocean wind directions［J］. IEEE Trans. Geosci. Remote Sens.，37：949 − 959.

121. Yunck T P, Wu S C, Lichten S M. 1985. A GPS measurement system for precise satellite tracking and geodesy ［J］. J. Astronaut, Soc 33：33367 − 33380.

122. Yunck T P. 1996. Orbit determination. Global Positioning System Theory and Applications. American Institute of Aeronautics and Astronautics，pp. 559 − 592.

123. Zelensky N P, Berthias J P, Lemoine F G. 2006. DORIS time bias estimated using Jason − 1，TOPEX/POSEIDON and ENVISAT orbits［J］. J. Geodesy. 80（8 − 11）：497 − 506.

附 录

附录1 HY-2A 卫星有效载荷各级文件命名规则

一、原始数据和 0 级数据

（一）原始数据

定义：地面站接收的卫星数传下行数据，未分包。文件命名规则如下。

H2A_ snnnnn. yyyydddhhmm. org

H2A：HY-2A 卫星

s = B，M，S，L　B 北京站　M 牡丹江站　S 三亚站　L 拼轨

nnnnn：接收轨道号

yyyy：接收开始时间的年

ddd：接收开始时间儒略日

hh：接收开始时间的 24 h 时间（UTC）

mm：接收开始时间的分钟时间

（二）Level 0 级数据

1. 0A 数据定义

经过分路、解传输帧处理并打上时标的原始数据，按照数据类型分为 9 种，文件命名规则如下。

H2A_ 0Asnnnnn. yyyydddhhmm. aa

H2A：HY-2A 卫星

s = B，M，S，L　B 北京站　M 牡丹江站　S 三亚站　L 拼站（含延时和实时数据拼接）

nnnnn：接收轨道号

yyyy：接收开始时间的年

ddd：接收开始时间儒略日

hh：接收开始时间的 24 h 时间（UTC）

mm：接收开始时间的分钟时间

aa = SM，RM，RC，RA，EP，DR，SL，TT，ME，其中：SM 散射计，RM 辐射计，RC 校正微波辐射计，RA 雷达高度计，EP 卫星星历和姿态，DR DORIS，SL 激光跟瞄，TT 卫星遥测，ME 力学环境

2. 0B 数据定义

该数据只针对散射计数据，将散射计的 0A 数据按照从 90°S 为起始点的轨道号进行分割，并单独存储，文件命名规则如下。

H2A_ 0Byyyymmdd_ NNNNN. SM

H2A：HY－2A 卫星

yyyy：观测开始时间的年

mm：观测开始时间月

dd：观测开始时间的天

NNNNN：从最南端为起始点的轨道号

二、微波散射计数据

1. 1A 数据定义

标识每帧起始时间、每帧地理定位和扫描几何关系格式转换后的数据，文件命名规则如下。

Level 1A：H2A_ SM1Ayyyymmdd_ NNNNN. hdf

2. 1B 数据定义

计算信噪比、*Kp*、后向散射系数、波束定位，入射角方位角计算的数据，文件命名规则如下。

Level 1B：H2A_ SM1Byyyymmdd_ NNNNN. hdf

3. 2A 数据定义

经过地面网格划分，多波束面元匹配，大气校正，海陆冰水掩模后生成的数据，文件命名规则如下。

Level 2A：H2A_ SM2Ayyyymmdd_ NNNNN. hdf

Level 2A XXkm 合成：H2A_ SM2Ayyyymmdd_ NNNNN. CPXX. hdf

4. 2B 数据定义

风场反演数据，文件命名规则如下。

Level 2B：H2A_ SM2Byyyymmdd_ NNNNN. hdf

Level 2B XXkm 合成：H2A_ SM2Byyyymmdd_ NNNNN. CPXX. hdf

5. 3A 数据定义

网格化后的产品，文件命名规则如下。

Level 3A ：H2A_ SM3A. YYYYMMDD. hdf

Level 3A XXkm 合成：H2A_ SM3A. YYYYMMDD. CPXX. hdf

其中，

H2A：HY－2A 卫星

SM：散射计

NNNNN：从最南端为起始点的轨道号

yyyy：观测开始时间的年

mm：观测开始时间月

dd：观测开始时间的天

YYYYMMDD：产品所覆盖的年月日

三、扫描微波辐射计数据

1. 1A 数据定义

标识扫描周期起始时间，轨道中的位置，每扫描点地理定位；存储观测、定标计数的数据；天线温度校正系数，轨道运行状态、平台姿态、入射角、方位角等辅助信息；记录质量信息，计算海陆标志，文件命名规则如下。

Level 1A：H2A_ RM1ALnnnnn. yyyydddhhmm. hdf

2. 1B 数据定义

辐射校正将观测天线温度转换为亮温，文件命名规则如下。

Level 1B：H2A_ RM1Byyyymmddccc_ pppp. hdf

3. 2 级数据定义

海洋大气参数反演的数据，文件命名规则如下。

Level 2A：H2A_ RM2AyyyymmddXXXccc_ pppp. hdf

4. 3 级数据定义

全球、南北极的亮温或者反演产品的日、月平均的数据，文件命名规则如下。

Level 3A ：H2A_ RM3AyyyymmddXXXEE. hdf

其中，

H2A：HY－2A 卫星

RM：辐射计

L：表拼站（含延时和实时数据拼接）数据

yyyy：数据观测的年

mm：数据观测的月

dd：数据观测的日（三级产品中 01～31 为日平均，00 表示月平均）

ccc：回转周期号

pppp：轨道号

XXX：产品要素名称。具体为：0AP 降雨，CLW 云液态水含量，0IC 海冰密度，SST 海面温度，SSW 海表风速，SWE 雪水当量，0WV 水汽含量，0SM 土壤湿度，0TB 亮温，000 所有反演物埋量。

EE：网格化产品区域，GL 全球，PN 北极，SN 南极

四、校正微波辐射计数据

1. 1A 级数据定义

扫描时间，每扫描点地理定位；存储观测、定标计数的数据；天线温度校正系数，轨道运行状态、平台姿态、入射角、方位角等辅助信息；记录质量信息，计算海陆标志，文件命名规则如下。

Level 1A 级：H2A_ RC1ALnnnnn. yyyydddhhmm. hdf

2. 1B 级数据定义

辐射校正将观测天线温度转换为亮温，文件命名规则如下。

Level 1B：H2A＿ RC1Byyyymmdd＿ ccc＿ pppp. hdf

其中，

H2A：HY－2A 卫星

RC：校正微波辐射计

L：表拼站（含延时和实时数据拼接）数据

yyyy：观测开始时间的年

mm：观测开始时间的月

dd：观测开始时间的日

ccc：观测周期

pppp：轨道号

3. 2A 级数据定义

对应雷达高度计每秒一次观测记数，将 1B 中观测亮温平均成每秒一次，文件命名规则如下：

Level 2A 级：H2A＿ RC1＿ 000＿ 2Av＿ ccc＿ pppp. hdf

4. 2B 级数据定义

将 2A 数据反演成海洋大气物理产品，文件命名规则如下。

Level 2B 级：H2A＿ RC1＿ 000＿ 2Bv＿ ccc＿ pppp. hdf

其中，

H2A：HY－2A 卫星

RC：校正微波辐射计

000：对应雷达高度计 L2 产品命名补齐

v：产品版本号 a，b，c，…

ccc：回转周期号

pppp：轨道号

五、雷达高度计数据

1. 1A 级数据定义

经过时间标识和地理定位后的数据。文件命名规则如下。

Level 1A 级：H2A＿ RA1ALnnnnn. yyyydddhhmm. hdf

2. 1B 级数据定义

经过分轨道后，经 FFT 格式转换、高度跟踪值和斜率值格式转换，以及带有定位信息和仪器定标参数及描述信息的数据。文件命名规则如下。

Level 1B 级：H2A＿ RA1Byyyymmdd＿ ccc＿ pppp. hdf

3. 二级产品定义

通过 1 级产品数据进行反演得到的数据。二级产品数据分为临时地球物理数据（Interim Geophysical Data Records，以下简称：IGDR）、遥感地球物理数据（Sensor Geophysical Data Records，以下简称：SGDR）和地球物理数据（Geophysical Data Records，GDR）三种产品。

IGDR 是利用 MOE 定轨数据和波形重构等方法得到的未经校正的数据产品。数据中主要包括了有效波高、海面风速、海面高度及用于计算海面高度所需的相关校正参数。IGDR 数据产品在卫星数据获取后的 2～3 天内制作完成。文件命名规则如下。

IGDR：H2A_ RA1_ IDR_ 2Pv_ ccc_ pppp

H2A_ RA1_ IDR_ 2Pv_ ccc_ pppp. nc

IGDR 是利用 POE 定轨数据和波形重构等方法得到的完全校正后的数据产品。数据中主要包括了有效波高、海面风速、海面高度及用于计算海面高度所需的相关校正参数。GDR 数据产品在卫星数据获取后的 30 d 内制作完成。文件命名规则如下。

GDR：H2A_ RA1_ GDR_ 2Pv_ ccc_ pppp

H2A_ RA1_ GDR_ 2Pv_ ccc_ pppp. nc

SGDR 与 IGDR 和 GDR 基本一致，区别在于其中包含了波形数据。SGDR 数据产品在卫星数据获取后的 2～3 天内制作完成。文件命名规则如下。

SGDR：H2A_ RA1_ SDR_ 2Pv_ ccc_ pppp

H2A_ RA1_ GDR_ 2Pv_ ccc_ pppp. nc

其中，

H2A：HY－2A 卫星

RA：雷达高度计

L：表拼站（含延时和实时数据拼接）数据

二级产品类型：SGDR、IGDR、GDR

v：产品版本号（a，b，c…）

ccc：回转周期号

pppp：轨道号

Level 3 级

4. 三级数据定义

通过 2 级数据经过网格化、月平均、季平均和年平均的产品。具体包括：有效波高、海面风速和海面高度异常网格化、月平均、季平均和年平均产品。文件命名规则如下。

Level 3 级：HY－2A（RA1（＜S/W/H＞P3＜M/Q/Y＞nnnnmmdd（NNNNMMDD. HDF）

其中，HY－2A：卫星名称

RA1：雷达高度计

P3：三级产品

＜S/W/H＞：产品代码（S，有效波高；W，海面风速；H，海面高度异常）

＜M/Q/Y＞：数据平均的时间间隔（M，月平均，Q，季平均，Y，年平均）

nnnnmmdd：观测数据起始年 nn/月 mmm/日 dd

NNNNMMDD：观测数据结束年 NN/月 MM/日 DD

附录2 HY-2卫星有效载荷各级数据格式

一、雷达高度计数据格式

（一）产品级别划分

1. 一级产品

1A：经过时间标识和地理定位后的数据。

1B：经过分轨，FFT格式转换、高度跟踪值和斜率值格式转换，以及带有定位信息及描述信息的数据。

2. 二级产品

通过1级产品数据进行反演并经过海陆标识和质量控制后的产品数据。二级产品数据分为临时地球物理数据（Interim Geophysical Data Records，IGDR）、遥感地球物理数据（Sensor Geophysical Data Records，SGDR）和地球物理数据（Geophysical Data Records，GDR）3种产品。

（1）IGDR。IGDR是利用MOE定轨数据和波形重构等方法得到的未经校正的数据产品。数据中主要包括了有效波高、海面风速、海面高度及用于计算海面高度所需的相关校正参数。IGDR数据产品在MOE数据获取后的2 h内制作完成。

（2）SGDR。SGDR与IGDR和GDR基本一致，区别在于其中包含了波形数据。SGDR数据产品在MOE数据获取后的2 h内制作完成。

（3）GDR。GDR是利用POE定轨数据和波形重构等方法得到的完全校正后的数据产品。数据中主要包括了有效波高、海面风速、海面高度及用于计算海面高度所需的相关校正参数。GDR数据产品在卫星数据获取后的30 d内制作完成。

3. 三级产品。通过二级产品经过网格化的月平均、季平均和年平均的产品。具体包括：有效波高、海面风速和海面高度异常网格化、月平均、季平均和年平均产品。

（二）一级数据产品

雷达高度计一级数据产品由文件头和产品数据组成，按每象元点上的参数排列存储，并经物理量转换和地理定位。数据为Intel格式，字节内高位在前。每个产品文件的前189 byte是文件头信息（附表2-1），描述数据的起始点经纬度等信息。产品数据包括33个参数，长度为2 364 byte（附表2-2）。

附表 2 - 1　雷达高度计一级产品文件头结构

名称	参数类型	起始地址	字节数	常规取值
产品名称	字符型＊2	1	2	为"S"，以"＼0"表示传输结束
处理中心名	字符型＊6	3	6	"NSOAS"
版本号	整型（2B）＊2	9	4	无符号整型数，10 表示 1.0
处理时间	结构体（11B）	13	11	北京时结构
输入的 0 级产品文件名	字符型＊60	24	60	以"＼0"为字符串结束
轨道号	长整型（4B）	84	4	该数据属于轨道的第几圈，包括一个升轨和一个降轨道
周期数	长整型（4B）	88	4	14 天的重复周期为 193 圈和 168 天的重复周期为 2 316 圈
浮点及整型数格式	字符型（1B）	92	1	0—IEEE 标准；1—Intel 标准格式
开始点纬度	长整型（4B）	93	4	尺度因子 = 1 000，（ - 90 ~ 90）
开始点经度	长整型（4B）	97	4	尺度因子 = 1 000，（ - 180 ~ 180）
结束点纬度	长整型（4B）	101	4	尺度因子 = 1 000，（ - 90 ~ 90）
结束点经度	长整型（4B）	105	4	尺度因子 = 1 000，（ - 180 ~ 180）
备用	字符型＊81	109	81	填空，保留
合计			189	

附表 2 - 2　雷达高度计一级数据观测点参数

序号	名　称	参数类型	起始地址	字节数	常规取值或说明
1	Time	结构体（16B）	190	16	扫描点时间（UTC 时），自定义结构
2	Equator_ time	结构体（16B）	206	16	（UTC 时），自定义结构
3	Equator_ longitude	整型（4B）＊1	222	4	过赤道的经度，尺度因子 103 纬度
4	Lat	整型（4B）＊1	226	4	观测点纬度，尺度因子 103 纬度
5	Lon	整型（4B）＊1	230	4	观测点经度，尺度因子 103 经度
OCOG					
6	Ku_ Halt	浮点（4B）＊1	234	4	Ku 波段观测高度，单位 10^{-6} m
7	C_ Halt	浮点（4B）＊1	238	4	C 波段观测高度，单位 10^{-6} m
8	Ku_ AGC	短整型（2B）＊1	242	2	Ku 波段 AGC，单位 10^{-2} dB
9	C _ AGC	短整型（2B）＊1	244	2	C 波段 AGC，单位 10^{-2} dB
10	FFT_ Ku	浮点（4B）＊128	246	512	Ku 波段跟踪 FFT 值，128 个波形采样值
11	FFT_ C	浮点（4B）＊128	758	512	C 波段跟踪 FFT 值，128 个波形采样值
12	α_ RTP	浮点（4B）＊1	1270	4	range tracking parameter（RTP）
13	β_ RTP	浮点（4B）＊1	1274	4	range tracking parameter（RTP）
14	Beam width	短整形（2B）＊1	1278	2	0x55：80M，0xAA：20M，0x3F：320M 工作带宽
15	DSP_ FPGA	短整形（2B）＊1	1280	2	DSP 同步 FPGA 复位控制。0x0F：DSP 随 FPGA 同步复位；0xF0：FPGA 复位时，DSP 不复位

序号	名 称	参 数 类 型	起始地址	字节数	常规取值或说明
16	SBMC	短整形（2B）＊1	1282	2	系统带宽模式控制。0x0F：系统单一 320M 带宽工作；0xF0：系统自动带宽切换
17	TRCW	短整形（2B）＊1	1284	2	Threshold refresh control word。0x0F：刷新；0xF0：不刷新
18	Ku_ RFTV	整形（4B）＊1	1286	4	Ku 距离微调值
19	BWCAGC_ 320M	整形（4B）＊1	1290	4	320M 带宽补偿 AGC 值
20	BWCAGC_ 80M	整形（4B）＊1	1294	4	80M 带宽补偿 AGC 值
21	NID	整形（4B）＊1	1298	4	数据注入次数
22	RNID	整形（4B）＊1	1302	4	数据注入更新次数
23	RN_ FPGA	整形（4B）＊1	1306	4	FPGA 复位次数
24	CHW_ Ku	整形（4B）＊1	1310	4	当前高度字（Ku），高度 =（高度字 + 1）＊1.875 m + 32 640 m
25	TTF	整形（4B）＊1	1314	4	定时器计时次数
26	MFLL	浮点型（4B）＊1	1318	4	失锁门限的乘计算因子
27	MFQ_ OCOG	浮点型（4B）＊1	1322	4	OCOG 量化门限的乘计算因子
28	CHTL_ Ku	浮点型（4B）＊1	1326	4	当前高度跟踪环误差（Ku）
29	MFBS	浮点型（4B）＊1	1330	4	带宽切换乘积因子
30	EAGCTL_ Ku	浮点型（4B）＊1	1334	4	当前 AGC 跟踪环误差（Ku）
31	EAGCTL_ C	浮点型（4B）＊1	1338	4	当前 AGC 跟踪环误差（C）
32	BSP_ 20Mto80M	浮点型（4B）＊1	1342	4	20 ~ 80 MHz 带宽切换参数
33	BSP_ 80Mto320M	浮点型（4B）＊1	1346	4	80 ~ 320 MHz 带宽切换参数
34	NG_ SMLEO	浮点型（4B）＊1	1350	4	SMLE 开启的必要门限
35	EB_ OCOGAGC	浮点型（4B）＊1	1354	4	OCOGAGC 误差基准参数
36	alphaTP_ OCOGAGC	浮点型（4B）＊1	1358	4	OCOG AGC 环 α 跟踪参数
37	CNP_ Ku	浮点型（4B）＊1	1362	4	当前 Ku 噪声功率
38	CNP_ C	浮点型（4B）＊1	1366	4	当前 C 噪声功率
39	CLLG_ Ku	浮点型（4B）＊1	1370	4	当前 Ku 失锁门限
40	SAV_ AGC_ Ku	浮点型（4B）＊1	1374	4	AGC 软件调整值 Ku
41	CQG_ OCOG_ Ku	浮点型（4B）＊1	1378	4	当前 Ku OCOG 量化门限
42	SAV_ AGC_ C	浮点型（4B）＊1	1382	4	AGC 软件调整值 C
43	LLLLG	浮点型（4B）＊1	1386	4	失锁门限的下限
44	LLQG_ OCOG	浮点型（4B）＊1	1390	4	OCOG 量化门限的下限
45	ROV_ I_ Ku	浮点型（4B）＊1	1394	4	Ku I 路偏置值
46	ROV_ Q_ Ku	浮点型（4B）＊1	1398	4	Ku Q 路偏置值
47	ROV_ I_ C	浮点型（4B）＊1	1402	4	C I 路偏置值
48	ROV_ Q_ C	浮点型（4B）＊1	1406	4	C Q 路偏置值
49	NF_ Ku	浮点型（4B）＊1	1410	4	Ku 归一化因子

续附表 2 - 2

序号	名　称	参 数 类 型	起始地址	字节数	常规取值或说明
50	NF_ C	浮点型（4B）＊1	1414	4	C 归一化因子
51	TRD	浮点型（4B）＊1	1418	4	定时复位天数
52	BWCH_ 320M	浮点型（4B）＊1	1422	4	320M 带宽补偿高度
53	BWCH_ 80M	浮点型（4B）＊1	1426	4	80M 带宽补偿高度
54	TH_ Ku	双精度（8B）＊1	1430	8	Ku 跟踪高度
55	HEB_ OCOG	无符号整形（4B）	1438	4	OCOG 高度误差基准参数
56	TMIC	2B	1442	2	跟踪模式注入控制。 0x0F：仅 OCOG 工作 0xF0：OCOG/SMLE 工作
57	BWC_ C	2B	1444	2	C 带宽控制 0xF0：320M 0x0F：160M
58	INMSW_ DSP	短整形（2B）	1446	2	DSP 测量状态字非法次数
59	Spare	字符型＊39	1448	39	备用
			SMLE 跟踪包		
60	Ku_ Halt	浮点型（4B）＊1	1487	4	Ku 波段观测高度，单位 10^{-6} m
61	C_ Halt	浮点型（4B）＊1	1491	4	C 波段观测高度，单位 10^{-6} m
62	Ku_ AGC	短整型（2B）＊1	1495	2	Ku 波段 AGC，单位 10^{-2} dB
63	C _ AGC	短整型（2B）＊1	1497	2	C 波段 AGC，单位 10^{-2} dB
64	FFT_ Ku	浮点型（4B）＊128	1499	512	Ku 波段跟踪 FFT 值，128 个波形采样值
65	FFT_ C	浮点型（4B）＊128	2011	512	C 波段跟踪 FFT 值，128 个波形采样值
66	Alpha_ HTP	浮点型（4B）＊1	2523	4	α 高度跟踪环参数
67	Beta_ HTP	浮点型（4B）＊1	2527	4	β 高度跟踪环参数
68	Slope_ Ku	浮点型（4B）＊1	2531	4	Ku 波段波形斜率，波形前沿斜率
69	Slope_ C	浮点型（4B）＊1	2535	4	C 波段斜率，波形前沿斜率
70	FTRV_ Ku	整型（4B）＊1	2539	4	Ku 距离微调值
71	GRCW	短整形（2B）＊1	2543	2	门限刷新控制字 0x0F：刷新；0xF0：不刷新
72	Ku_ NE	无符号整型（4B）＊1	2545	4	
73	DSP_ FPGA_ SRC	短整形（2B）＊1	2549	2	DSP 同步 FPGA 复位控制 0x0F：DSP 随 FPGA 同步复位；0xF0：FPGA 复位时，DSP 不复位
74	NID	整型（4B）＊1	2551	4	数据注入次数
75	RNID	整型（4B）＊1	2555	4	数据注入更新次数
76	RN_ FPGA	整型（4B）＊1	2559	4	FPGA 复位次数
77	CHW_ Ku	整型（4B）＊1	2563	4	当前高度字（Ku） 高度 =（高度字 +1）＊1.875 m +32 640 m
78	TTF	整型（4B）＊1	2567	4	定时器计时次数

续附表 2－2

序号	名　称	参　数　类　型	起始地址	字节数	常规取值或说明
79	MFLL	浮点型（4B）*1	2571	4	失锁门限的乘计算因子
80	EB_ OCOGAGC	浮点型（4B）*1	2575	4	OCOGAGC 误差基准参数
81	MFBS	浮点型（4B）*1	2579	4	带宽切换乘积因子
82	SAV_ AGC_ Ku	浮点型（4B）*1	2583	4	AGC 软件调整值 Ku
83	SAV_ AGC_ C	浮点型（4B）*1	2587	4	AGC 软件调整值 C
84	NF_ Ku	浮点型（4B）*1	2591	4	Ku 归一化因子
85	EHTL	浮点型（4B）*1	2595	4	当前高度跟踪环误差（Ku）
86	NF_ C	浮点型（4B）*1	2599	4	C 归一化因子
87	EAGCTL_ Ku	浮点型（4B）*1	2603	4	当前 AGC 跟踪环误差（Ku）
88	EAGCTL_ C	浮点型（4B）*1	2607	4	当前 AGC 跟踪环误差（C）
89	ESTL_ C	浮点型（4B）*1	2611	4	当前斜率跟踪环误差（Ku）
90	ROV_ I_ C	浮点型（4B）*1	2615	4	C I 路偏置值
91	SMLECG	浮点型（4B）*1	2619	4	SMLE 关闭门限
92	EB_ SMLEAGC	浮点型（4B）*1	2623	4	SMLE AGC 误差基准参数
93	alphaTP_ SMLEAGC	浮点型（4B）*1	2627	4	SMLEAGC 环 α 跟踪参数
94	alphaTP_ SMLEWH	浮点型（4B）*1	2631	4	SMLE 浪高环 α 跟踪参数
95	CNP_ Ku	浮点型（4B）*1	2635	4	当前 Ku 噪声功率
96	CNP_ C	浮点型（4B）*1	2639	4	当前 C 噪声功率
97	CLLG_ Ku	浮点型（4B）*1	2643	4	当前 Ku 失锁门限
98	ROV_ Q_ C	浮点型（4B）*1	2647	4	C Q 路偏置值
99	LLLLG	浮点型（4B）*1	2651	4	失锁门限的下限
100	ROV_ I_ Ku	浮点型（4B）*1	2655	4	Ku I 路偏置值
101	ROV_ Q_ Ku	浮点型（4B）*1	2659	4	Ku Q 路偏置值
102	TRD	浮点型（4B）*1	2663	4	定时复位天数
103	TH_ Ku	双精度型（8B）*1	2667	8	Ku 跟踪高度
104	INMSW_ DSP	整形（2B）*1	2675	2	DSP 测量状态字非法次数
105	BWC_ C	短整形（2B）*1	2677	2	C 带宽控制 0xF0：320M 0x0F：160M
106	SBWMC	短整形（2B）*1	2679	2	系统带宽模式控制 0x0F：系统单一 320M 带宽工作；0xF0：系统自动带宽切换
107	Spare		2681	39	
				噪声偏置包	
108	NP_ Ku/Smp256_ KuIQ	浮点型（128×4B）或整形（512×1B）	2720	512	Ku 噪声功率谱或者 Ku I/Q 各 256 点采样值
109	NP_ C/Smp256_ CIQ	浮点型（128×4B）或整形（512×1B）	3232	512	C 噪声功率谱或者 C I/Q 各 256 点采样值

续附表 2 – 2

序号	名 称	参 数 类 型	起始地址	字节数	常规取值或说明
110	CN_ AGC	无符号整形（4B）	3744	4	当前噪声 AGC
111	DSP_ FPGA_ SRC	短整形（2B）*1	3748	2	DSP 同步 FPGA 复位控制。0x0F：DSP 随 FPGA 同步复位；0xF0：FPGA 复位时，DSP 不复位
112	SBWMC	短整形（2B）*1	3750	2	系统带宽模式控制。0x0F：系统单一 320M 带宽工作；0xF0：系统自动带宽切换
113	GFCW	短整形（2B）*1	3752	2	门限刷新控制字。0x0F：刷新；0xF0：不刷新
114	NP_ Ku	浮点型（4B）*1	3754	4	Ku 通道噪声功率
115	NP_ C	浮点型（4B）*1	3758	4	C 通道噪声功率
116	CCG_ Ku	浮点型（4B）*1	3762	4	Ku 通道当前捕获门限
117	MF_ AG	浮点型（4B）*1	3766	4	捕获门限的乘计算因子
118	CLLG_ Ku	浮点型（4B）*1	3770	4	Ku 通道当前失锁门限
119	MFLL	浮点型（4B）*1	3774	4	失锁门限的乘计算因子
120	CQG_ OCOG_ Ku	浮点型（4B）*1	3778	4	Ku 通道当前 OCOG 量化门限
121	MFQ_ OCOG	浮点型（4B）*1	3782	4	OCOG 量化门限的乘计算因子
122	LLCG	浮点型（4B）*1	3786	4	捕获门限的下限
123	LLLLG	浮点型（4B）*1	3790	4	失锁门限的下限
124	LL_ VG_ OCOG	浮点型（4B）*1	3794	4	OCOG 矢量化门限的下限
125	ROV_ I_ Ku	浮点型（4B）*1	3798	4	Ku I 路偏置值
126	ROV_ Q_ Ku	浮点型（4B）*1	3802	4	Ku Q 路偏置值
127	ROV_ I_ C	浮点型（4B）*1	3806	4	C I 路偏置值
128	ROV_ Q_ C	浮点型（4B）*1	3810	4	C Q 路偏置值
129	NF_ Ku	浮点型（4B）*1	3814	4	Ku 归一化因子
130	NF_ C	浮点型（4B）*1	3818	4	C 归一化因子
131	MFBS	浮点型（4B）*1	3822	4	带宽切换乘积因子
132	TRD	浮点型（4B）*1	3826	4	定时复位天数
133	NID	无符号整型（4B）*1	3830	4	数据注入次数
134	RNID	无符号整型（4B）*1	3834	4	数据注入更新次数
135	RN_ FPGA	无符号整型（4B）*1	3838	4	FPGA 复位次数
136	TTF	无符号整型（4B）*1	3842	4	定时器计时次数
137	INMSW_ DSP	无符号整型（4B）1	3846	4	DSP 测量状态字非法次数
138	BWC_ C	短整型（2B）	3850	2	C 带宽控制。0x0F：160M；0xF0：320M
139	Spare	140B	3852	140	备用
			捕获包		
140	IQD_ 1P_ Ku	整形（2B）*512	3992	1024	Ku 第 1 个脉冲的 I/Q 数据
141	IQD_ 12P_ Ku	整形（2B）*512	5016	1024	Ku 第 12 个脉冲的 I/Q 数据

续附表 2 – 2

序号	名　称	参　数　类　型	起始地址	字节数	常规取值或说明
142	CMSW	无符号整型（4B）	6040	4	捕获测量状态字 0x0A 粗捕获测量； 0x2A 精捕获测量； 0x4A 快速捕获测量
143	CAGC	无符号整型（4B）	6044	4	捕获 AGC
144	ASRNRG	无符号整型（4B）	6048	4	捕获步长对应的距离门个数
145	DSP_ FPGA	短整形（2B）*1	6052	2	DSP 同步 FPGA 复位控制
146	TCW_ MT	短整形（2B）*1	6054	2	测量/测试模式转换控制字 0x0F 测量转测试模式 0xF0 保持测量模式
147	INMSW_ DSP	短整形（2B）*1	6056	2	DSP 测量状态字非法次数
148	LLO_ PCHW	短整形（2B）*1	6058	2	精捕获高度字下限偏移 高度下限偏移 = 高度字下限偏移 *1.875 m
149	CHW	无符号整型（4B）*1	6060	4	当前捕获高度字 高度 =（高度字 + 1）*1.875 m + 32 640 m
150	LL_ CHW	无符号整型（4B）*1	6064	4	当前捕获高度字下限
151	UL_ CHW	无符号整型（4B）*1	6068	4	当前捕获高度字上限
152	RN_ FPGA	无符号整型（4B）*1	6072	4	FPGA 复位次数
153	CACFN	无符号整型（4B）*1	6076	4	当前捕获连续失败次数
154	NID	无符号整型（4B）*1	6080	4	数据注入次数
155	RNID	无符号整型（4B）*1	6084	4	数据注入更新次数
156	TTF	无符号整型（4B）*1	6088	4	定时器计时次数
157	CNP_ Ku	浮点型（4B）*1	6092	4	当前噪声功率 Ku
158	CNP_ C	浮点型（4B）*1	6096	4	当前噪声功率 C
159	CAG	浮点型（4B）*1	6100	4	当前捕获门限
160	LLCG	浮点型（4B）*1	6104	4	捕获门限的下限
161	LLLLG	浮点型（4B）*1	6108	4	失锁门限的下限
162	ROV_ I_ Ku	浮点型（4B）*1	6112	4	Ku I 路偏置值
163	ROV_ Q_ Ku	浮点型（4B）*1	6116	4	Ku Q 路偏置值
164	ROV_ I_ C	浮点型（4B）*1	6120	4	C I 路偏置值
165	ROV_ Q_ C	浮点型（4B）*1	6124	4	C Q 路偏置值
166	NF_ Ku	浮点型（4B）*1	6128	4	Ku 归一化因子
167	NF_ C	浮点型（4B）*1	6132	4	C 归一化因子
168	MF_ AG	浮点型（4B）*1	6136	4	捕获门限的乘计算因子
169	TRD	浮点型（4B）*1	6140	4	定时复位天数
170	BWC_ C	短整型（2B）*1	6144	2	C 带宽控制

续附表 2 - 2

序号	名 称	参 数 类 型	起始地址	字节数	常规取值或说明
171	SBWMC	短整型 (2B) *1	6146	2	系统带宽模式控制
172	GRCW	短整型 (2B) *1	6148	2	门限刷新控制字
173	Spare		6150	143	备用
			校准 1 包		
174	IQD_ Ku	整形 (2B) *512	6293	1024	Ku IQ 数据
175	IQD_ C	整形 (2B) *512	7317	1024	C IQ 数据
176	C1_ AGC_ Ku	无符号整型 (4B) *1	8341	4	校准 1 AGC Ku
177	C1_ AGC_ C	无符号整型 (4B) *1	8345	4	校准 1 AGC C
178	BWC	整形 (2B) *1	8349	2	带宽控制字 0x55H：80M 0xAAH：20M 0x3FH：320M
179	INMSW_ DSP	无符号整型 (4B) *1	8351	4	DSP 测量状态字非法次数
180	ROV_ I_ Ku	无符号整型 (4B) *1	8355	4	Ku I 路偏置值
181	ROV_ Q_ Ku	无符号整型 (4B) *1	8359	4	Ku Q 路偏置值
182	ROV_ I_ C	无符号整型 (4B) *1	8363	4	C I 路偏置值
183	ROV_ Q_ C	无符号整型 (4B) *1	8367	4	C Q 路偏置值
184	TRD	无符号整型 (4B) *1	8371	4	定时复位天数
185	NID	无符号整型 (4B) *1	8375	4	数据注入次数
186	RNID	无符号整型 (4B) *1	8379	4	数据注入更新次数
187	RN_ FPGA	无符号整型 (4B) *1	8383	4	FPGA 复位次数
188	BWC_ C	短整型 (2B)	8387	2	C 带宽控制
189	DSP_ FPGA	短整型 (2B)	8389	2	DSP 同步 FPGA 复位控制
190	SBWMC	短整型 (2B)	8391	2	系统带宽模式控制
191	GRCW	短整型 (2B)	8393	2	门限刷新控制字
192	Spare		8395	198	备用
			校准 2 包		
193	CPS_ Ku	浮点型 (4B) *128	8593	512	Ku 校准功率谱
194	CPS_ C	浮点型 (4B) *128	9105	512	C 校准功率谱
195	C2_ AGC_ Ku	无符号整型 (4B) *1	9617	4	校准 2 AGC Ku
196	C2_ AGC_ C	无符号整型 (4B) *1	9621	4	校准 2 AGC C
197	BWC	短整型 (2B)	9625	2	带宽控制字 0x55H：80M 0xAAH：20M 0x3FH：320M
198	INMSW_ DSP	无符号整型 (4B) *1	9627	4	DSP 测量状态字非法次数
199	ROV_ I_ Ku	浮点型 (4B) *1	9631	4	Ku I 路偏置值
200	ROV_ Q_ Ku	浮点型 (4B) *1	9635	4	Ku Q 路偏置值

序号	名 称	参 数 类 型	起始地址	字节数	常规取值或说明
201	ROV_ I_ C	浮点型（4B）∗1	9639	4	C I 路偏置值
202	ROV_ Q_ C	浮点型（4B）∗1	9643	4	C Q 路偏置值
203	NF_ Ku	浮点型（4B）∗1	9647	4	Ku 归一化因子
204	NF_ C	浮点型（4B）∗1	9651	4	C 归一化因子
205	SAV_ AGC_ Ku	浮点型（4B）∗1	9655	4	AGC 软件调整值 Ku
206	TRD	浮点型（4B）∗1	9659	4	定时复位天数
207	NID	无符号整型（4B）∗1	9663	4	数据注入次数
208	RNID	无符号整型（4B）∗1	9667	4	数据注入更新次数
209	RN_ FPGA	无符号整型（4B）∗1	9671	4	FPGA 复位次数
210	BWC_ C	短整型（2B）	9675	2	C 带宽控制
211	DSP_ FPGA	短整型（2B）	9677	2	DSP 同步 FPGA 复位控制
212	SBWMC	短整型（2B）	9679	2	系统带宽模式控制
213	GRCW	短整型（2B）	9681	2	门限刷新控制字
214	Spare		9683	186	备用
跟踪原始数据包					
215	IQD_ Ku	整形（2B）∗512	9869	1024	Ku_ I/Q 数据
216	IQD_ Ku/IQD_ C	整形（2B）∗512	10893	1024	Ku_ I/Q 数据或 C_ I/Q 数据
217	CAGC_ Ku	无符号整型（4B）∗1	11917	4	当前 Ku AGC 值
218	CAGC_ C	无符号整型（4B）∗1	11921	4	当前 C AGC 值
219	BWC	短整型（2B）	11925	2	带宽控制字
220	INMSW_ DSP	无符号整型（4B）∗1	11927	4	DSP 测量状态字非法次数
221	NID	无符号整型（4B）∗1	11931	4	数据注入次数
222	RNID	无符号整型（4B）∗1	11935	4	数据注入更新次数
223	RN_ FPGA	无符号整型（4B）∗1	11939	4	FPGA 复位次数
224	CHW_ Ku	整形（4B）∗1	11943	4	当前高度字（Ku）
225	CHTL_ OCOG_ Ku	浮点型（4B）∗1	11947	4	当前 OCOG 高度跟踪环误差（Ku）
226	NP_ Ku	浮点型（4B）∗1	11951	4	噪声功率（Ku）
227	NP_ C	浮点型（4B）∗1	11955	4	噪声功率（C）
228	ROV_ I_ Ku	浮点型（4B）∗1	11959	4	Ku I 路偏置值
229	ROV_ Q_ Ku	浮点型（4B）∗1	11963	4	Ku Q 路偏置值
230	ROV_ I_ C	浮点型（4B）∗1	11967	4	C I 路偏置值
231	ROV_ Q_ C	浮点型（4B）∗1	11971	4	C Q 路偏置值
232	NF_ Ku	浮点型（4B）∗1	11975	4	Ku 归一化因子
233	NF_ C	浮点型（4B）∗1	11979	4	C 归一化因子
234	SAV_ AGC_ Ku	浮点型（4B）∗1	11983	4	AGC 软件调整值 Ku
235	SAV_ AGC_ C	浮点型（4B）∗1	11987	4	AGC 软件调整值 C
236	CAGCTL_ OCOG_ Ku	浮点型（4B）∗1	11991	4	当前 OCOG AGC 跟踪环误差（Ku）
237	CAGCTL_ OCOG_ C	浮点型（4B）∗1	11995	4	当前 OCOG AGC 跟踪环误差（C）

序号	名 称	参 数 类 型	起始地址	字节数	常规取值或说明
238	CHTL_ OCOG_ Ku	浮点型（4B）∗1	11999	4	当前 SMLE 高度跟踪环误差（Ku）
239	CAGCTL_ SMLE_ Ku	浮点型（4B）∗1	12003	4	当前 SMLE AGC 跟踪环误差（Ku）
240	CSTL_ SMLE_ Ku	浮点型（4B）∗1	12007	4	当前 SMLE 斜率跟踪环误差（Ku）
241	TRD	浮点型（4B）∗1	12011	4	定时复位天数
242	FTRV_ Ku	整型（4B）∗1	12015	4	Ku 距离微调值
243	DSP_ FPGA	短整型（2B）	12019	2	DSP 同步 FPGA 复位控制
244	BWC_ C	短整型（2B）	12021	2	C 带宽控制
245	TMCW	整型（2B）	12023	2	跟踪模式控制字
246	SBWMC	整型（2B）	12025	2	系统带宽模式控制
247	GRCW	短整型（2B）	12027	2	门限刷新控制字
248	Spare		12029	143	备用
		搜索包			
249	PSSE_ Ku/SIQD_ Ku	浮点型（128×4B）或整形（512×1B）	12172	512	搜索回波的功率谱或搜索 IQ 数据
250	PSSE_ C/SIQD_ C	浮点型（128×4B）或整形（512×1B）	12684	512	搜索回波的功率谱或搜索 IQ 数据
251	CSV_ AGC	无符号整型（4B）∗1	13196	4	当前搜索 AGC 值
252	SLL_ AGC	无符号整型（4B）∗1	13200	4	搜索 AGC 下限
253	SUL_ AGC	无符号整型（4B）∗1	13204	4	搜索 AGC 上限
254	BWC	短整型（2B）	13208	2	带宽控制字 0x55H：80M 0xAAH：20M 0x3FH：320M
255	CSS	无符号整型（4B）∗1	13210	4	当前搜索步长 搜索步长高度值 = 搜索步长 ∗1.875 m
256	SMC	无符号整型（4B）∗1	13214	4	搜索平均周期数
257	CSHWV	无符号整型（4B）∗1	13218	4	当前搜索高度字值 高度 =（高度字 +1）∗1.875 m +32 640 m
258	LL_ SHW	无符号整型（4B）∗1	13222	4	搜索高度字下限 高度 =（高度字 +1）∗1.875 m +32 640 m
259	UL_ SHW	无符号整型（4B）∗1	13226	4	搜索高度字上限 高度 =（高度字 +1）∗1.875 m +32 640 m
260	NID	无符号整型（4B）∗1	13230	4	数据注入次数
261	RNID	无符号整型（4B）∗1	13234	4	数据注入更新次数
262	RN_ FPGA	无符号整型（4B）∗1	13238	4	FPGA 复位次数
263	TTF	整型（4B）∗1	13242	4	定时器计时次数
264	NP_ Ku	浮点型（4B）∗1	13246	4	噪声功率（Ku）
265	NP_ C	浮点型（4B）∗1	13250	4	噪声功率（C）

序号	名　称	参　数　类　型	起始地址	字节数	常规取值或说明
266	CCG_ Ku	浮点型（4B）*1	13254	4	Ku 通道当前捕获门限
267	MF_ AG	浮点型（4B）*1	13258	4	捕获门限的乘计算因子
268	CLLG_ Ku	浮点型（4B）*1	13262	4	Ku 通道当前失锁门限
269	MFLL	浮点型（4B）*1	13266	4	失锁门限的乘计算因子
270	CQG_ OCOG_ Ku	浮点型（4B）*1	13270	4	Ku 通道当前 OCOG 量化门限
271	MFQ_ OCOG	浮点型（4B）*1	13274	4	OCOG 量化门限的乘计算因子
272	LLCG	浮点型（4B）*1	13278	4	捕获门限的下限
273	LLLLG	浮点型（4B）*1	13282	4	失锁门限的下限
274	LLQG_ OCOG	浮点型（4B）*1	13286	4	OCOG 量化门限的下限
275	ROV_ I_ Ku	浮点型（4B）*1	13290	4	Ku I 路偏置值
276	ROV_ Q_ Ku	浮点型（4B）*1	13294	4	Ku Q 路偏置值
277	ROV_ I_ C	浮点型（4B）*1	13298	4	C I 路偏置值
278	ROV_ Q_ C	浮点型（4B）*1	13302	4	C Q 路偏置值
279	NF_ Ku	浮点型（4B）*1	13306	4	Ku 归一化因子
280	NF_ C	浮点型（4B）*1	13310	4	C 归一化因子
281	MFBS	浮点型（4B）*1	13314	4	带宽切换乘积因子
282	TRD	浮点型（4B）*1	13318	4	定时复位天数
283	INMSW_ DSP	无符号整型（4B）*1	13322	4	DSP 测量状态字非法次数
284	BWC_ C	整型（2B）*1	13326	2	C 带宽控制
285	DSP_ FPGA	短整型（2B）	13328	2	DSP 同步 FPGA 复位控制．0x0F：DSP 随 FPGA 同步复位；0xF0：FPGA 复位时，DSP 不复位
286	SBWMC	短整型（2B）	13330	2	系统带宽模式控制。0x0F：系统单一 320M 带宽工作；0xF0：系统自动带宽切换
287	GRCW	短整型（2B）	13332	2	门限刷新控制字。0x0F：刷新；0xF0：不刷新
288	TCW_ MT	短整形（2）*1	13334	2	测量/测试模式转换控制字。0x0F 测量转测试模式 0xF0 保持测量模式
		姿态码			
289	MSN25_ L	1B	13336	1	25 微秒计数（L）
290	MSN25_ H	1B	13337	1	25 微秒计数（H）
291	S1_ L	1B	13338	1	秒 1（L）
292	S2	1B	13339	1	秒 2
293	S3	1B	13340	1	秒 3
294	S4_ H	1B	13341	1	秒 4（H）
295	RAA_ Φ	1B	13342	1	Φ 滚动姿态角（低字节）
296	RAA_ Φ	1B	13343	1	Φ 滚动姿态角（高字节）

续附表 2－2

序号	名　称	参 数 类 型	起始地址	字节数	常规取值或说明
297	PAA_ Θ	1B	13344	1	Θ 俯仰姿态角（低字节）
298	PAA_ θ	1B	13345	1	θ 俯仰姿态角（高字节）
299	YAA_ Ψ	1B	13346	1	Ψ 偏航姿态角（低字节）
300	YAA_ ψ	1B	13347	1	ψ 偏航姿态角（高字节）
301	RAAV_ φ´	1B	13348	1	φ 滚动姿态角速度（低字节）
302	RAAV_ φ´	1B	13349	1	φ 滚动姿态角速度（高字节）
303	PAAV_ θ´	1B	13350	1	θ 俯仰姿态角速度（低字节）
304	PAAV_ Θ´	1B	13351	1	Θ 俯仰姿态角速度（高字节）
305	YAAV_ ψ´	1B	13352	1	ψ 偏航姿态角速度（低字节）
306	YAAV_ Ψ´	1B	13353	1	Ψ 偏航姿态角速度（高字节）
307	Spare	1B	13354	1	填 00
308	Spare	1B	13355	1	填 00
309	Spare	1B	13356	1	填 00
310	Spare	1B	13357	1	填 00
311	Spare	1B	13358	1	填 00
312	Spare	1B	13359	1	填 00
313	Spare	1B	13360	1	填 00
314	Spare	1B	13361	1	填 00
315	Spare	1B	13362	1	填 00
316	Spare	1B	13363	1	填 00
317	Spare	1B	13364	1	填 00
318	Spare	1B	13365	1	填 00
		GPS 格式			
319	CT/EX_ S	1B	13366	1	实时/外推标记
320	EDS	1B	13367	1	数据有效标记
321	TSFHB_ UTC	1B	13368	1	UTC 时间整秒数最高字节
322	TSSHB_ UTC	1B	13369	1	UTC 时间整秒数次高字节
323	TSSLB_ UTC	1B	13370	1	UTC 时间整秒数次低字节
324	TSFLB_ UTC	1B	13371	1	UTC 时间整秒数最低字节
325	TSHB_ UTC	1B	13372	1	UTC 时间微秒数高字节
326	TSMB_ UTC	1B	13373	1	UTC 时间微秒数中字节
327	TSLB_ UTC	1B	13374	1	UTC 时间微秒数低字节
328	ASN	1B	13375	1	捕获星数
329	XL_ FHB	1B	13376	1	X 位置坐标最高字节
330	XL_ HB	1B	13377	1	X 位置坐标次高字节
331	XL_ LB	1B	13378	1	X 位置坐标次低字节
332	XL_ FLB	1B	13379	1	X 位置坐标最低字节
333	YL_ FHB	1B	13380	1	Y 位置坐标最高字节

序号	名　称	参 数 类 型	起始地址	字节数	常规取值或说明
334	YL_ HB	1B	13381	1	Y 位置坐标次高字节
335	YL_ LB	1B	13382	1	Y 位置坐标次低字节
336	YL_ FLB	1B	13383	1	Y 位置坐标最低字节
337	ZL_ FHB	1B	13384	1	Z 位置坐标最高字节
338	ZL_ HB	1B	13385	1	Z 位置坐标次高字节
339	ZL_ LB	1B	13386	1	Z 位置坐标次低字节
340	ZL_ FLB	1B	13387	1	Z 位置坐标最低字节
341	XV_ FHB	1B	13388	1	X 速度坐标最高字节
342	XV_ HB	1B	13389	1	X 速度坐标次高字节
343	XV_ LB	1B	13390	1	X 速度坐标次低字节
344	XV_ FLB	1B	13391	1	X 速度坐标最低字节
345	YV_ FHB	1B	13392	1	Y 速度坐标最高字节
346	YV_ HB	1B	13393	1	Y 速度坐标次高字节
347	YV_ LB	1B	13394	1	Y 速度坐标次低字节
348	YV_ FLB	1B	13395	1	Y 速度坐标最低字节
349	ZV_ FHB	1B	13396	1	Z 速度坐标最高字节
350	ZV_ HB	1B	13397	1	Z 速度坐标次高字节
351	ZV_ LB	1B	13398	1	Z 速度坐标次低字节
352	ZV_ FLB	1B	13399	1	Z 速度坐标最低字节
353	Spare	1B	13400	1	保留
354	Spare	1B	13401	1	保留
			辅助数据		
355	Gravity_ corr	短整型（2B）∗1	13402	2	卫星质心修正，单位 10^{-4}m
356	Spare	字符型∗39	13404	39	备用
			状态标记		
357	Flag_ land	短整型（2B）∗1	13443	2	陆地标记（0 = land，1 = no land）
358	Spare	字符型∗39	13445	39	备用
	合计			13483	

（三）二级数据产品

每个产品数据文件由头文件（73 个记录）和科学数据（不超过 3 135 个记录）组成，见附表 2 −3 中的数据结构。其中，头文件记录采用 ASCII 格式。科学数据采用二进制整型数的格式。科学数据包括 97 个参数，每个参数采用 1 个字节、2 个字节或 4 个字节存储。

1）头文件包含信息

（1）产品的制作信息

（2）传感器信息

（3）处理信息

（4）产品的数据流信息

（5）产品数据可靠性信息

（6）制作产品所需的辅助数据信息

2）科学数据包含的信息

①时标；②位置和类型；③数据质量和传感器状态；④轨道高度；⑤雷达高度计观测高度；⑥雷达高度计观测高度校正量；⑦有效波高；⑧有效波高校正量；⑨后向散射系数；⑩后向散射系数校正量；⑪天线姿态角；⑫亮度温度；⑬环境参数；⑭标识符。

在科学数据中提供的上述信息大部分为 1 Hz 的数据率，另外，轨道和雷达高度计观测高度也提供 20 Hz 的数据。

3）数据格式

全部观测数据都包含在 2 级产品中。1 个科学数据记录包括 97 个参数，附表 2-3 简要介绍了每个参数。其中，每个数据的类型包括：无字符整型（Unsigned integer，I）、字符整型（Signed integer，SI）和标记位（Bit flag，BF）。

附表 2-3 二级产品科学数据

序号	起始地址	观测要素	注释	数据类型	维数	字节长度	单位
时标							
1	1	time_day	天数（相对参考时间）	I	1	4	d
2	5	time_sec	秒	I	1	4	s
3	9	time_microsec	微秒	I	1	4	μs
地理位置和地面类型							
4	13	latitude	纬度	SI	1	4	μdeg
5	17	longitude	经度	I	1	4	μdeg
6	21	surface_type	地面类型	I	1	1	/
7	22	alt_echo_type	高度计回波类型（0 = 海洋，1 = 非海洋）	BF	1	1	/
8	23	rad_surf_type	辐射计观测的地面类型（0 = 海洋，1 = 陆地）	BF	1	1	/
数据信息和传感器状态							
9	24	qual_1hz_alt_data	1 Hz 高度计数据标记	BF	1	1	/
10	25	qual_1hz_alt_instr_corr	1 Hz 高度计仪器数据标记	BF	1	1	/
11	26	qual_1hz_rad_data	1 Hz 辐射计数据标记	BF	1	1	/
12	27	alt_state_flag	高度计状态标记	BF	1	1	/
13	28	rad_state_flag	辐射计状态标记	BF	1	1	/
14	29	orb_state_flag	轨道状态标记	I	1	1	/
15	30	qual_spare	备用	BF	3	1	/
轨道							
16	33	altitude	1 Hz 卫星相对参考面高度	I	1	4	10^{-4} m
17	37	alt_hi_rate	20 Hz 卫星高度与 1 Hz 卫星高度的差别	SI	20	4	10^{-4} m
18	117	orb_alt_rate	轨道高度变化率	SI	1	2	cm/s

序号	起始地址	观测要素	注释	数据类型	维数	字节长度	单位
19	119	orb_ spare	备用	I	2	1	/
			高度计高度观测				
20	121	range_ ku	1 Hz Ku 频段卫星相对瞬时海面的高度	I	1	4	
21	125	range_ hi_ rate_ ku	20 Hz Ku 频段卫星相对瞬时海面的高度	SI	20	4	10^{-4} m
22	205	range_ c	1 Hz C 频段卫星相对瞬时海面的高度	I	1	4	10^{-4} m
23	209	range_ hi_ rate_ c	20 Hz C 卫星相对瞬时海面的高度	SI	20	4	10^{-4} m
24	289	range_ rms_ ku	Ku 频段卫星相对瞬时海面的高度 RMS	I	1	2	10^{-4} m
25	291	range_ rms_ c	C 频段卫星相对瞬时海面的高度 RMS	I	1	2	10^{-4} m
26	293	range_ numval_ ku	Ku 频段卫星相对瞬时海面的高度有效点数	I	1	1	/
27	294	range_ numval_ c	C 频段卫星相对瞬时海面的高度有效点数	I	1	1	/
28	295	range_ spare	备用	I	2	1	/
29	297	range_ mapvalpts_ ku	计算 Ku 频段卫星相对瞬时海面的高度有效点分布图	BF	1	4	/
30	301	range_ mapvalpts_ c	计算 C 频段卫星相对瞬时海面的高度有效点分布图	BF	1	4	/
			高度计高度观测校正				
31	305	net_ instr_ corr_ ku	Ku 频段高度观测仪器校正	SI	1	4	10^{-4} m
32	309	net_ instr_ corr_ c	C 频段高度观测仪器校正	SI	1	4	10^{-4} m
33	313	model_ dry_ tropo_ corr	模型大气干对流层校正	SI	1	2	10^{-4} m
34	315	model_ wet_ tropo_ corr	模型大气湿对流层校正	SI	1	2	10^{-4} m
35	317	rad_ wet_ tropo_ corr	辐射计大气湿对流层校正	SI	1	2	10^{-4} m
36	319	iono_ corr_ alt_ ku	Ku 频段高度计电离层校正	SI	1	2	10^{-4} m
37	321	model_ Bent	Bent 模型计算电离层校正	SI	1	2	10^{-4} m
38	323	sea_ state_ bias_ ku	Ku 频段海况偏差校正	SI	1	2	10^{-4} m
39	325	sea_ state_ bias_ c	C 频段海况偏差校正	SI	1	2	10^{-4} m
40	327	sea_ state_ bias_ comp	联合海况偏差校正	SI	1	2	10^{-4} m
41	329	swh_ ku	Ku 有效波高	I	1	2	10^{-3} m
42	331	swh_ c	C 有效波高	I	1	2	10^{-3} m
43	333	swh_ rms_ ku	Ku 频段有效波高 RMS	I	1	2	10^{-3} m
44	335	swh_ rms_ c	C 频段有效波高 RMS	I	1	2	10^{-3} m
45	337	swh_ numval_ ku	计算 Ku 频段有效波高的有效点数	I	1	1	/
46	339	swh_ numval_ c	计算 C 频段有效波高的有效点数	I	1	1	/
			有效波高修正				
47	341	net_ instr_ corr_ swh_ ku	Ku 频段有效波高仪器修正	SI	1	2	10^{-3} m
48	343	net_ instr_ corr_ swh_ c	C 频段有效波高仪器修正	SI	1	2	10^{-3} m
			后向散射系数				
49	345	sig0_ ku	Ku 频段后向散射系数	I	1	2	10^{-2} dB

续附表 2 - 3

序号	起始地址	观测要素	注释	数据类型	维数	字节长度	单位
50	347	sig0_ c	C 频段后向散射系数	I	1	2	10^{-2} dB
51	349	sig0_ rms_ ku	Ku 频段后向散射系数 RMS	I	1	2	10^{-2} dB
52	351	sig0_ rms_ c	C 频段后向散射系数 RMS	I	1	2	10^{-2} dB
53	353	sig0_ numval_ ku	Ku 频段后向散射系数有效数据点数	I	1	1	/
54	354	sig0_ numval_ c	C 频段后向散射系数有效数据点数	I	1	1	/
55	355	agc_ ku	Ku 频段 AGC	I	1	2	10^{-2} dB
56	357	agc_ c	C 频段 AGC	I	1	2	10^{-2} dB
57	359	agc_ rms_ ku	Ku 频段 AGC RMS	I	1	2	10^{-2} dB
58	361	agc_ rms_ c	C 频段 AGC RMS	I	1	2	10^{-2} dB
59	363	agc_ numval_ ku	Ku 计算 AGC 有效数据点数	I	1	1	/
60	364	agc_ numval_ c	C 计算 AGC 有效数据点数	I	1	1	/
			后向散射系数修正				
61	365	net_ instr_ sig0_ corr_ ku	Ku 频段后向散射系数仪器修正	SI	1	2	10^{-2} dB
62	367	net_ instr_ sig0_ corr_ c	C 频段后向散射系数仪器修正	SI	1	2	10^{-2} dB
63	369	atmos_ sig0_ corr_ ku	Ku 频段后向散射系数大气衰减修正	SI	1	2	10^{-2} dB
64	371	atmos_ sig0_ corr_ c	C 频段后向散射系数大气衰减修正	SI	1	2	10^{-2} dB
			天线姿态				
65	373	off_ nadir_ angle_ ku_ wvf	Ku 频段波形计算的天线姿态角平方	SI	1	2	10^{-4} (°)^2
66	375	off_ nadir_ angle_ ptf	卫星平台数据计算的天线姿态角平方	SI	1	2	10^{-4} (°)^2
			亮度温度				
67	377	Tb_ 187	18.7 GHz 亮度温度	I	1	2	10^{-2} K
68	379	Tb_ 238	23.8 GHz 亮度温度	I	1	2	10^{-2} K
69	381	Tb_ 370	37 GHz 亮度温度	I	1	2	10^{-2} K
			地球物理参数				
70	383	mss	平均海面高度	SI	1	4	10^{-4} m
71	387	mss_ ra_ along_ trk	HY - 2 RA 沿轨平均海面高度	SI	1	4	10^{-4} m
72	391	geoid	大地水准面高度	SI	1	4	10^{-4} m
73	395	bathymetry	海洋深度/陆地地形	SI	1	2	10^{-4} m
74	397	inv_ bar_ corr	大气逆压校正	SI	1	2	10^{-4} m
75	399	Hf_ fluctuations_ corr	海面地形高频震荡	SI	1	2	10^{-4} m
76	401	geo_ spare	备用	BF	2	1	/
77	402	ocean_ tide_ sol1	海洋潮汐高度（模型1）	SI	1	4	10^{-4} m
78	406	ocean_ tide_ sol2	海洋潮汐高度（模型2）	SI	1	4	10^{-4} m
79	410	ocean_ tide_ eq_ lp	天文长周期海洋潮汐高度	SI	1	2	10^{-4} m
80	412	ocean_ tide_ neq_ lp	非天文长周期海洋潮汐高度	SI	1	2	10^{-4} m
81	414	load_ tide_ sol1	负荷潮高度（模型1）	SI	1	2	10^{-4} m
82	416	load_ tide_ sol2	负荷潮高度（模型2）	SI	1	2	10^{-4} m

序号	起始地址	观测要素	注释	数据类型	维数	字节长度	单位
83	418	solid_ earth_ tide	固体地球潮高度	SI	1	2	10^{-4} m
84	420	pole_ tide	极潮高度	SI	1	2	10^{-4} m
			环境参数				
85	422	wind_ speed_ model_ u	纬向模型风速	SI	1	2	cm/s
86	424	wind_ speed_ model_ v	经向模型风速	SI	1	2	cm/s
87	426	wind_ speed_ alt	高度计观测风速	I	1	2	cm/s
88	428	wind_ speed_ rad	辐射计观测风速	I	1	2	cm/s
89	430	rad_ water_ vapor	辐射计水汽含量	SI	1	2	10^{-2} g/cm^2
90	432	rad_ liquid_ water	辐射计液态水含量	SI	1	2	10^{-2} kg/cm^2
			标志位				
91	434	ecmwf_ meteo_ map_ avail	ECMWF 气象图可靠性	BF	1	1	/
92	435	tb_ interp_ flag	辐射计亮温插值标记	I	1	1	/
93	436	rain_ flag	降雨标记（0：OK，1：rain）	BF	1	1	/
94	437	ice_ flag	海冰标记（0：OK，1：ice）	BF	1	1	/
95	438	interp_ flag	插值标记	BF	1	1	/
96	439	flag_ spare	备用	BF	3	1	/

（四）三级数据产品

（1）三级数据头文件如附表 2 - 4。

附表 2 - 4　三级数据头文件

名　称	参数类型	起始地址	字节数	常规取值或说明
Filetype	char * 11	1	11	HY2A - Level3
Producer_ Agency_ Name	char * 5	12	5	NSOAS（数据制作单位：国家卫星海洋应用中心）
Source_ Name	char * 4	17	4	HY - 2A（项目名称：HY - 2A）
Sensor_ Name	char * 3	21	3	RA1（传感器名称：RA1）
Product_ Creation_ Time	char * 26	24	26	YYYY - MM - DDTHH：MM：SS（数据生成时间（UTC））
LatMin	unsigned short（2B）	50	2	-82（图像最小纬度值）
LatMax	unsigned short（2B）	52	2	82（图像最大纬度值）
LonMin	unsigned short（2B）	54	2	0（图像最小经度值）
LonMax	unsigned short（2B）	56	2	360（图像最大经度值）
NbLatitude	unsigned short（2B）	58	2	915（纬度方向网格点数）
NbLongtitude	unsigned short（2B）	60	2	1 080（经度方向网格点数）
LatLonStep	float（4B）	62	4	0. 333 333°（经纬度间隔）
spare	char	66	100	备用
合计			165	

（2） 三级科学数据

三级科学数据如附表 2 - 5。采用墨卡托投影网格，所有经度方向网格间距为（1/3）°，赤道上纬度方向网格间距为（1/3）°。

附表 2 - 5　三级科学数据

序号	名　称	参 数 类 型	起始地址	字节数	常规取值或说明
1	Longitude	float（4B） *1080	1	4 320	网格点经度值
2	Latitude	float（4B） *915	4 321	3 660	网格点纬度值
3	ssha	float（4B）［1 080］［915］	7 981	3 952 800	网格点平均海面高度异常
4	swh_ ku	float（4B）［1 080］［915］	3 960 781	3 952 800	网格点平均有效波高
5	Ws_ ku	float（4B）［1 080］［915］	7 913 581	3 952 800	网格点平均海面风速
6	spare	char	11 866 381	100	备用
7	合计			11 866 480	

二、微波散射计数据格式

（一） L1A 级数据产品

L1A 产品由地面应用系统中的 L1A 处理程序生成。每个 L1A 数据文件包括 1 轨或少于 1 轨的散射计测量数据。一个轨道文件包括卫星平台围绕其空间轨道旋转一圈所获取的全部数据。按照约定，所有的散射计轨道圈都开始并结束于卫星运动的最南端。

HY - 2A 卫星散射计 L1A 处理程序的主要功能包括科学遥测帧的时间标识、遥测帧星历与姿态信息的插值计算、将数据转化为工程单位等。L1A 数据元素按脉冲获取时间为顺序进行存储。每个遥测帧包含 96 个脉冲。L1A 数据按遥测帧进行分组。在每个遥测帧内，L1A 数据被分为 3 个子集，即遥测帧帧头、脉冲数据和切片数据。遥测帧帧头包含了传感器状态以及卫星位置、速度和姿态等信息。遥测帧帧头中的数据元素都与帧时间相对应。

1） 产品头文件

附表 2 - 6 列出了 HY - 2A 散射计 L1A 产品头文件中包含的所有元素。表中列出了每个元素的名称、说明和数组大小等信息。每个数据元素被存储到一个 HDF 全局属性中。每个全局属性包含 3 行或 3 行以上的 ASCII 码字符用来描述元数据元素。全局属性的名字与它所存储的元数据元素的名字相同。除了 skip_ start_ time、skip_ stop_ time、skip_ start_ frame 和 skip_ stop_ frame 4 个数据元素外，所有其他头文件元素都必须在 L1A 产品文件中。这 4 个数据元素用来界定数据间隙或没有被处理的数据区域。这 4 个元数据元素只有当来自 L0B 产品文件中的数据序列发生丢失时才会出现。

附表 2 - 6　散射计 L1A 产品头文件结构

序号	元素名	元素说明	数组大小
1	LongName	产品全称	［1］
2	ShortName	产品简称	［1］
3	producer_ agency	项目资助机构	［1］

序号	元素名	元素说明	数组大小
4	producer_ institution	项目管理机构	[1]
5	InstrumentShortName	仪器简称	[1]
6	PlatformLongName	平台全称	[1]
7	PlatformShortName	平台简称	[1]
8	PlatformType	平台类型	[1]
9	project_ id	项目标识号	[1]
10	data_ format_ type	数据格式类型	[1]
11	GranulePointer	输出产品指针	[1]
12	QAGranulePointer	质量保证文件指针	[1]
13	InputPointer	输入数据指针	[1]
14	ancillary_ data_ descriptors	辅助数据描述符	[10]
15	OrbitParametersPointer	轨道参数指针	[5]
16	sis_ id	sis 版本号	[1]
17	build_ id	处理软件版本号	[1]
18	HDF_ version_ id	HDF 版本号	[1]
19	ParameterName	参数名称	[1]
20	QAPercentOutOfBoundsData	异常数据百分比	[1]
21	QAPercentMissingData	缺失数据百分比	[1]
22	OperationMode	运行模式	[1]
23	StartOrbitNumber	开始轨道号	[1]
24	StopOrbitNumber	结束轨道号	[1]
25	EquatorCrossingLongitude	经过赤道经度	[1]
26	EquatorCrossingTime	经过赤道时间	[1]
27	EquatorCrossingDate	经过赤道日期	[1]
28	rev_ orbit_ period	轨道运行周期	[1]
29	orbit_ inclination	轨道倾角	[1]
30	orbit_ semi_ major_ axis	轨道半长轴	[1]
31	orbit_ eccentricity	轨道偏心率	[1]
32	rev_ number	轨道圈数	[1]
33	RangeBeginningDate	数据开始日期	[1]
34	RangeEndingDate	数据结束日期	[1]
35	RangeBeginningTime	数据开始时间	[1]
36	RangeEndingTime	数据结束时间	[1]
37	ProductionDateTime	产品生产时间	[1]
38	skip_ start_ time	跳过开始时间	[10]
39	skip_ stop_ time	跳过结束时间	[10]
40	l1a_ expected_ frames	l1a 期望帧数目	[1]
41	l1a_ actual_ frames	l1a 实际帧数目	[1]
42	l1a_ algorithm_ descrptor	l1a 算法描述符	[8]
43	ephemeris_ type	星历类型	[1]
44	attitude_ type	姿态类型	[1]

续附表 2 – 6

序号	元素名	元素说明	数组大小
45	maximum_ pulses_ per_ frame	每帧最大脉冲数	[1]
46	num_ slices_ per_ sigma0	每个 sigma0 的切片数	[1]
47	Skip_ start_ frame	跳过开始帧	[10]
48	Skip_ stop_ frame	跳过结束帧	[10]

2）产品参数

（1）遥测帧帧头

遥测帧帧头是与 L1A 产品中整个遥测帧有关的数目项。数据元素 frame_ time 被存储在一个 HDF Vdata 数据对象中。所有其他数据元素都被存储在一个一维 HDF SDS 数据对象中。这些 SDS 对象的数组索引值与遥测帧相对应。附表 2 – 7 列出了 L1A 产品遥测帧帧头中包含的 HDF 数据对象。

附表 2 – 7 L1A 遥测帧帧头结构

序号	元素名	元素说明	数组大小
1	frame_ time	帧时间	[13 000]
2	frame_ inst_ status	帧仪器状态标记	[13 000]
3	frame_ err_ status	帧仪器错误标记	[13 000]
4	frame_ qual_ flag	帧质量标记	[13 000]
5	num_ pulses	每帧脉冲数	[13 000]
6	x_ pos	卫星位置 x 坐标分量	[13 000]
7	y_ pos	卫星位置 y 坐标分量	[13 000]
8	z_ pos	卫星位置 z 坐标分量	[13 000]
9	x_ vel	卫星速度 x 坐标分量	[13 000]
10	y_ vel	卫星速度 y 坐标分量	[13 000]
11	z_ vel	卫星速度 z 坐标分量	[13 000]
12	roll	测滚角	[13 000]
13	pitch	俯仰角	[13 000]
14	yaw	偏航角	[13 000]

（2）脉冲数据

脉冲数据列出了每个独立脉冲的雷达后向散射测量值。在某些情况下，脉冲数据列出是的仪器定标数据而不是回波测量数据。数据元素 pulse_ mode_ flag 中的定标/测量脉冲标记位表明了相应脉冲是一个定标脉冲还是一个测量脉冲。在脉冲数据集中，每个数据元素用一个 HDF SDS 对象存储。每个 SDS 对象的名字与它所存储的数据元素的名字相同。脉冲数据中的所有数据元素都是二维数组。数组的第一维索引值表示遥测帧。第二维索引代表当前帧中的一个特定脉冲。见附表 2 – 8。

附表 2 – 8　L1A 产品的脉冲数据结构

序号	元素名	元素说明	数组大小
1	pulse_ ibeam	脉冲波束索引	[13 000, 96]
2	pulse_ mode_ flag	脉冲模式标记	[13 000, 96]
3	pulse_ qual_ flag	脉冲质量标记	[13 000, 96]
4	pulse_ power_ DN	回波滤波通道功率值	[13 000, 96]
5	pulse_ noise_ DN	噪声滤波通道功率值	[13 000, 96]
6	precision_ coupler_ temp_ eu	耦合器温度	[13 000, 96]
7	rcv_ protect_ sw_ temp_ eu	接收保护开关温度	[13 000, 96]
8	beam_ select_ sw_ temp_ eu	波束选择转换开关温度	[13 000, 96]
9	receiver_ temp_ m_ eu	接收机主份温度	[13 000, 96]
10	receiver_ temp_ s_ eu	接收机备份温度	[13 000, 96]

（3）切片数据

切片数据元素对应于散射计在高分辨模式下获取的每个切片回波信号。在某些情况下，切片数据列出的是仪器定标数据而不是测量数据。数据元素 pulse_ mode_ flag 中的定标/测量脉冲标记位表明了相应脉冲是一个定标脉冲还是测量脉冲。在切片数据中，SDS 对象存储每一个数据元素。除了 slice_ quality_ flag 以外，所有这些数据元素都是三维数组。第一维索引值对应于遥测帧，第二维索引值表示某个脉冲，第三维索引值代表脉冲测量值中的每个切片。如附表 2 – 9。

附表 2 – 9　L1A 产品的切片数据结构

序号	元素名	元素说明	数组大小
1	slice_ qual_ flag	切片质量标记	[13 000, 96, 6]
2	slice_ power_ DN	回波滤波通道功率值	[13 000, 96, 6]

（二）L1B 级数据产品

L1B 数据以遥测帧的时间为顺序进行存储。每个遥测帧包括 96 个散射计测量脉冲。为了节约存储空间，L1B 产品被划分为 3 个不同的子集：第一个子集针对每个遥测帧，这些数据元素适用于每个遥测帧中的所有脉冲 sigma0 和切片 sigma0；第二个子集是针对每个脉冲的数据元素的集合，这些数据元素适用于每个脉冲 sigma0 及其切片分量；第三个子集是针对每个切片的数据元素的集合，这些数据元素为每个高分辨率切片提供了特定的详细信息。

1）产品头文件

附表 2 – 10 列出了 HY – 2A 散射计 L1B 产品头文件中包含的所有元素。表中列出了每个元素的名称、说明和数组大小等信息。每个数据元素被存储到一个 HDF 全局属性中。每个全局属性包含 3 行或 3 行以上的 ASCII 码字符用来描述元数据元素。全局属性的名字与它所存储的元数据元素的名字相同。除了 skip_ start_ time、skip_ stop_ time、skip_ start_ frame 和 skip_ stop_ frame 4 个数据元素外，所有其他头文件元素都必须在 L1B 产品文件中。这 4 个数据元素用来界定数据间隙或没有被处理的数据区域。这 4 个元数据元素只有当来自 L1A 产品文件中的数据序列发生丢失时才会出现。

附表 2－10　散射计 L1B 产品头文件结构

序号	元素名	元素说明	数组大小
1	LongName	产品全称	[1]
2	ShortName	产品简称	[1]
3	producer_ agency	项目资助机构	[1]
4	producer_ institution	项目管理机构	[1]
5	InstrumentShortName	仪器简称	[1]
6	PlatformLongName	平台全称	[1]
7	PlatformShortName	平台简称	[1]
8	PlatformType	平台类型	[1]
9	project_ id	项目标识号	[1]
10	data_ format_ type	数据格式类型	[1]
11	GranulePointer	输出产品指针	[1]
12	QAGranulePointer	质量保证文件指针	[1]
13	InputPointer	输入数据指针	[1]
14	ancillary_ data_ descriptors	辅助数据描述符	[10]
15	OrbitParametersPointer	轨道参数指针	[5]
16	sis_ id	sis 版本号	[1]
17	build_ id	处理软件版本号	[1]
18	HDF_ version_ id	HDF 版本号	[1]
19	ParameterName	参数名称	[1]
20	QAPercentOutOfBoundsData	异常数据百分比	[1]
21	QAPercentMissingData	数据缺失百分比	[1]
22	OperationMode	运行模式	[1]
23	StartOrbitNumber	开始轨道号	[1]
24	StopOrbitNumber	结束轨道号	[1]
25	EquatorCrossingLongitude	经过赤道经度	[1]
26	EquatorCrossingTime	经过赤道时间	[1]
27	EquatorCrossingDate	经过赤道日期	[1]
28	rev_ orbit_ period	轨道运行周期	[1]
29	orbit_ inclination	轨道倾角	[1]
30	orbit_ semi_ major_ axis	轨道半长轴	[1]
31	orbit_ eccentricity	轨道偏心率	[1]
32	rev_ number	轨道圈数	[1]
33	RangeBeginningDate	数据开始日期	[1]
34	RangeEndingDate	数据结束日期	[1]
35	RangeBeginningTime	数据开始时间	[1]
36	RangeEndingTime	数据结束时间	[1]
37	ProductionDateTime	产品生产时间	[1]
38	skip_ start_ time	跳过开始时间	[10]

续附表 2 – 10

序号	元素名	元素说明	数组大小
39	skip_ stop_ time	跳过结束时间	[10]
40	l1b_ expected_ frames	l1b 期望帧数目	[1]
41	l1b_ actual_ frames	l1b 实际帧数目	[1]
42	l1b_ algorithm_ descrptor	l1b 算法描述符	[8]
43	ephemeris_ type	星历类型	[1]
44	attitude_ type	姿态类型	[1]
45	maximum_ pulses_ per_ frame	每帧最大脉冲数	[1]
46	cell_ kpc_ b	脉冲 kpc 一阶系数	[8, 2]
47	slice_ kpc_ b	切片 kpc 一阶系数	[8, 2]
48	cell_ kpc_ c	脉冲 kpc 零阶系数	[8, 2]
49	slice_ kpc_ c	切片 kpc 零阶系数	[8, 2]
50	num_ slices_ per_ sigma0	每个 sigma0 的切片数	[1]
51	receiver_ gain_ ratio	接收机增益比	[1]
52	Skip_ start_ frame	跳过开始帧	[10]
53	Skip_ stop_ frame	跳过结束帧	[10]

2）产品参数

（1）遥测帧帧头

遥测帧帧头是与 L1B 产品中整个遥测帧有关的数目项。数据元素 frame_ time 被存储在一个 HDF Vdata 数据对象中。所有其他数据元素都被存储在一个一维 HDF SDS 数据对象中。这些 SDS 对象的数组索引值与遥测帧相对应。附表 2 – 11 列出了 L1B 产品遥测帧帧头中包含的 HDF 数据对象。

附表 2 – 11　L1B 遥测帧帧头结构

序号	元素名	元素说明	数组大小
1	frame_ time	帧时间	[13 000]
2	orbit_ time	轨道时间	[13 000]
3	frame_ inst_ status	帧仪器状态标记	[13 000]
4	frame_ err_ status	帧仪器错误标记	[13 000]
5	frame_ qual_ flag	帧质量标记	[13 000]
6	num_ pulses	每帧脉冲数	[13 000]
7	sc_ lat	平台纬度	[13 000]
8	sc_ lon	平台经度	[13 000]
9	sc_ alt	平台高度	[13 000]
10	x_ pos	卫星位置 x 坐标分量	[13 000]
11	y_ pos	卫星位置 y 坐标分量	[13 000]
12	z_ pos	卫星位置 z 坐标分量	[13 000]
13	x_ vel	卫星速度 x 坐标分量	[13 000]

序号	元素名	元素说明	数组大小
14	y_ vel	卫星速度 y 坐标分量	[13 000]
15	z_ vel	卫星速度 z 坐标分量	[13 000]
16	roll	测滚角	[13 000]
17	pitch	俯仰角	[13 000]
18	yaw	偏航角	[13 000]
19	bandwidth_ ratio	带宽比	[13 000]
20	x_ cal_ A	内波束 X 因子	[13 000]
21	x_ cal_ B	外波束 X 因子	[13 000]

（2）脉冲数据

脉冲数据列出了每个独立脉冲的雷达后向散射测量值。在某些情况下，脉冲数据列出是的仪器定标数据而不是回波测量数据。数据元素 sigma0_ mode_ flag 中的定标/测量脉冲标记位表明了相应脉冲是一个定标脉冲还是一个测量脉冲。在脉冲数据集中，每个数据元素用一个 HDF SDS 对象存储。每个 SDS 对象的名字与它所存储的数据元素的名字相同。脉冲数据中的所有数据元素都是二维数组。数组的第一维索引值表示遥测帧。第二维索引代表当前帧中的一个特定 sigma0 测量值。例如，数据元素 cell_ lon［4 367，15］和 snr［4 367，15］分别表示第 4 368 个遥测帧中的第 16 个脉冲的面元中心经度和信噪比。附表 2 － 12 列出了脉冲数据中的所有元素。

附表 2 － 12   L1B 产品的脉冲数据结构

序号	元素名	元素说明	数组大小
1	cell_ lat	脉冲面元纬度	[13000, 96]
2	cell_ lon	脉冲面元经度	[13 000, 96]
3	sigma0_ mode_ flag	sigma0 模式标记	[13 000, 96]
4	sigma0_ qual_ flag	sigma0 质量标记	[13 000, 96]
5	cell_ sigma0	波束 sigma0	[13 000, 96]
6	frequency_ shift	频移	[13 000, 96]
7	cell_ azimuth	波束方位角	[13 000, 96]
8	cell_ incidence	波束入射角	[13 000, 96]
9	antenna_ azimuth	天线方位角	[13 000, 96]
10	cell_ snr	波束信噪比	[13 000, 96]
11	cell_ kpc_ a	波束 kpc 二阶系数	[13 000, 96]

（3）切片数据

切片数据元素对应于散射计在高分辨模式下获取的每个切片回波信号。在某些情况下，切片数据列出的是仪器定标数据而不是测量数据。数据元素 sigma0_ mode_ flag 中的定标/测量脉冲标记位表明了相应脉冲是一个定标脉冲还是测量脉冲。在切片数据中，SDS 对象存储每一个数据元素。除了 slice_ quality_ flag 以外，所有这些数据元素都是三维数组。第一维索引值对应于遥测帧，第二维索引值表示 sigma0 测量值，第三维索引值代表 sigma0 测量值中的每个切片。因此，slice_ sigma0［2 304，11，4］表示第 2 305 个遥测帧、第 12 个脉冲、第 5 个切片的 sigma0 测量值。附表 2 – 13 列出了切片数据中的所有元素。

附表 2 – 13   L1B 产品的切片数据结构

序号	元素名	元素说明	数组大小
1	slice_ qual_ flag	切片质量标记	[13 000，96]
2	slice_ lat	切片中心纬度	[13 000，96，6]
3	slice_ lon	切片中心经度	[13 000，96，6]
4	slice_ sigma0	切片 sigma0	[13 000，96，6]
5	x_ factor	x 因子	[13 000，96，6]
6	slice _ azimuth	切片方位角	[13 000，96，6]
7	slice _ incidence	切片入射角	[13 000，96，6]
8	slice _ snr	切片信噪比	[13 000，96，6]
9	slice _ kpc_ a	切片 kpc 二阶系数	[13 000，96，6]

（三）L2A 级数据产品

1）产品头文件

附表 2 – 14 列出了 HY – 2A 散射计 L2A 产品头文件中包含的所有元素。表中列出了每个元素的名称、说明和数组大小等信息。每个数据元素被存储到一个 HDF 全局属性中。每个全局属性包含 3 行或 3 行以上的 ASCII 码字符用来描述元数据元素。全局属性的名字与它所存储的元数据元素的名字相同。除了 skip_ start_ time 和 skip_ stop_ time 两个数据元素外，所有其他头文件元素都必须在 L2A 产品文件中。这两个数据元素用来界定数据间隙或没有被处理的数据区域。这两个元数据元素只有当来自 L1B 产品文件中的数据序列发生丢失时才会出现。

附表 2 – 14   散射计 L2A 产品头文件结构

序号	元素名	元素说明	数组大小
1	LongName	产品全称	[1]
2	ShortName	产品简称	[1]
3	producer_ agency	项目资助机构	[1]
4	producer_ institution	项目管理机构	[1]
5	InstrumentShortName	仪器简称	[1]
6	PlatformLongName	平台全称	[1]
7	PlatformShortName	平台简称	[1]
8	PlatformType	平台类型	[1]
9	project_ id	项目标识号	[1]
10	data_ format_ type	数据格式类型	[1]
11	GranulePointer	输出产品指针	[1]
12	QAGranulePointer	质量保证文件指针	[1]

续附表 2 – 14

序号	元素名	元素说明	数组大小
13	InputPointer	输入数据指针	[1]
14	ancillary_ data_ descriptors	辅助数据描述符	[10]
15	OrbitParametersPointer	轨道参数指针	[5]
16	sis_ id	sis 版本号	[1]
17	build_ id	处理软件版本号	[1]
18	HDF_ version_ id	HDF 版本号	[1]
19	ParameterName	参数名称	[1]
20	QAPercentOutOfBoundsData	异常数据百分比	[1]
21	QAPercentMissingData	数据缺失百分比	[1]
22	OperationMode	运行模式	[1]
23	StartOrbitNumber	开始轨道号	[1]
24	StopOrbitNumber	结束轨道号	[1]
25	EquatorCrossingLongitude	经过赤道经度	[1]
26	EquatorCrossingTime	经过赤道时间	[1]
27	EquatorCrossingDate	经过赤道日期	[1]
28	rev_ orbit_ period	轨道运行周期	[1]
29	orbit_ inclination	轨道倾角	[1]
30	orbit_ semi_ major_ axis	轨道半长轴	[1]
31	orbit_ eccentricity	轨道偏心率	[1]
32	rev_ number	轨道圈数	[1]
33	RangeBeginningDate	数据开始日期	[1]
34	RangeEndingDate	数据结束日期	[1]
35	RangeBeginningTime	数据开始时间	[1]
36	RangeEndingTime	数据结束时间	[1]
37	ProductionDateTime	产品生产时间	[1]
38	skip_ start_ time	跳过开始时间	[10]
39	skip_ stop_ time	跳过结束时间	[10]
40	maximum sigma0s per_ row		[1]
41	ephemeris_ type	星历类型	[1]
42	l2a_ algorithm_ descrptor	l2a 算法描述符	[8]
43	l2a_ actual_ wvc_ rows	l2a 实际风矢量单元行数	[1]
44	l2a_ expected_ wvc_ rows	l2a 期望风矢量单元行数	[1]
45	sigma0_ granularity	sigma0 粒度	[1]

2）产品参数

HY－2A 散射计 L2A 产品中共包含 24 个数据元素。在 L2A 产品中，每个 HDF 数据对象的名字与它所存储的数据元素的名字相同。对于所有的 L2A HDF 数据对象，其数组元素的第一个索引都用来标识风矢量单元行。见附表 2 – 15。

附表 2 – 15　L2A 产品数据结构

序号	元素名	元素说明	维数
1	wvc_ row_ time	风矢量单元行时间	[1 702]
2	row_ number	风矢量单元行号	[1 702]
3	num_ sigma0	sigma0 测量值数目	[1 702]
4	num_ sigma0_ per_ cell	风矢量单元内 sigma0 数目	[1 702, 76]
5	num_ wvc_ tb_ in	风矢量单元内侧波束亮温数目	[1 702, 76]
6	num_ wvc_ tb_ out	风矢量单元外侧波束亮温数目	[1 702, 76]
7	mean_ wvc_ tb_ in	风矢量单元内侧波束平均亮温	[1 702, 76]
8	mean_ wvc_ tb_ out	风矢量单元外侧波束平均亮温	[1 702, 76]
9	std_ dev_ wvc_ tb_ in	风矢量单元内侧波束亮温标准差	[1 702, 76]
10	std_ dev_ wvc_ tb_ out	风矢量单元外侧波束亮温标准差	[1 702, 76]
11	cell_ lat	sigma0 面元中心纬度	[1 702, 810]
12	cell_ lon	sigma0 面元中心经度	[1 702, 810]
13	cell_ azimuth	sigma0 面元中心方位角	[1 702, 810]
14	cell_ incidence	sigma0 面元中心入射角	[1 702, 810]
15	sigma0	sigma0 测量值	[1 702, 810]
16	kp_ alpha	kp 二阶系数	[1 702, 810]
17	kp_ beta	kp 一阶系数	[1 702, 810]
18	kp_ gamma	kp 零阶系数	[1 702, 810]
19	sigma0_ qual_ flag	sigma0 质量标记	[1 702, 810]
20	sigma0_ mode_ flag	sigma0 模式标记	[1 702, 810]
21	surface_ flag	地表标记	[1 702, 810]
22	cell_ index	风矢量单元索引	[1 702, 810]
23	sigma0_ attn_ rm	sigma0 测量值 rm 衰减量	[1 702, 810]
24	sigma0_ attn_ map	sigma0 测量值气候图衰减量	[1 702, 810]

（四）L2B 级数据产品

HY – 2A 散射计 L2B 产品由 L2B 产品处理软件生成。L2B 产品数据文件，以轨道为单位进行组织，即每个轨道的风矢量测量数据构成一个 L2B 文件。L2B 产品中的每个数据元素都可以通过风矢量单元的行、列号进行索引。L2B 风矢量单元行的延伸方向与星下线相垂直，列的延伸方向与星下线方向相一致。L2B 处理软件利用每个风矢量单元中的 sigma0 测量值和方位角、入射角、极化等辅助信息通过反演得到一组风矢量可能解，这些风矢量可能解被称为模糊解，然后再利用模糊去除算法来确定唯一的风矢量解，最后利用 DIR 算法对模糊去除算法选出的风矢量解作进一步优化处理。L2B 产品中最多给出 4 个风速、风向模糊解，并按似然值由高到低的顺序排列。

当风矢量单元大小为 25 km × 25 km 时，L2B 产品中风矢量单元的行列数分别为 1 624 和 76。

（1）产品头文件

附表 2 – 16 列出了 HY – 2A 散射计 L2B 产品头文件中包含的所有元素。表中列出了每个元素的名称、说明和数组大小等信息。每个数据元素被存储到一个 HDF 全局属性中。每个全局属性包含 3 行或 3 行以上的 ASCII 码字符用来描述元数据元素。全局属性的名字与它所存储的元数据元素的名字相同。除了 skip_ start_ time 和 skip_ stop_ time 两个数据元素外，所有其他头文件元素都必须在 L2B 产品文件中。这两个数据元素用来界定数据间隙或没有被处理的数据区域。这两个元数据元素只有当来自 L2A 产品文件中的数据序列发生丢失时才会出现。

附表 2-16 散射计 L2B 产品头文件结构

序号	元素名	元素说明	数组大小
1	LongName	产品全称	[1]
2	ShortName	产品简称	[1]
3	producer_ agency	项目资助机构	[1]
4	producer_ institute	项目管理机构	[1]
5	InstrumentShorName	仪器简称	[1]
6	PlatformLongName	平台全称	[1]
7	PlatformShortName	平台简称	[1]
8	PlatformType	平台类型	[1]
9	project_ id	项目标识号	[1]
10	data_ format_ type	数据格式类型	[1]
11	GranulePointer	输出产品指针	[1]
12	QAGranulePointer	质量保证文件指针	[1]
13	InputPointer	输入数据指针	[1]
14	ancillary_ data_ descriptors	辅助数据描述符	[10]
15	OrbitParametersPointer	轨道参数指针	[5]
16	sis_ id	sis 版本号	[1]
17	build_ id	处理软件版本号	[1]
18	HDF_ version_ id	HDF 版本号	[1]
19	ParameterName	参数名称	[1]
20	QAPercentOutOfBoundsData	异常数据百分比	[1]
21	QAPercentMissingData	数据缺失百分比	[1]
22	StartOrbitNumber	开始轨道号	[1]
23	StopOrbitNumber	结束轨道号	[1]
24	EquatorCrossingLongitude	经过赤道经度	[1]
25	EquatorCrossingTime	经过赤道时间	[1]
26	EquatorCrossingDate	经过赤道日期	[1]
27	rev_ orbit_ period	轨道运行周期	[1]
28	orbit_ inclination	轨道倾角	[1]
29	orbit_ semi_ major_ axis	轨道半长轴	[1]
30	orbit_ eccentricity	轨道偏心率	[1]
31	rev_ number	轨道圈数	[1]
32	RangeBeginningDate	数据开始日期	[1]
33	RangeEndingDate	数据结束日期	[1]

续附表 2 – 16

序号	元素名	元素说明	数组大小
34	RangeBeginningTime	数据开始时间	[1]
35	RangeEndingTime	数据结束时间	[1]
36	ProductionDateTime	产品生产时间	[1]
37	skip_ start_ time	跳过开始时间	[10]
38	skip_ stop_ time	跳过结束时间	[10]
39	sigma0_ attenuation_ method	sigma0 大气衰减校正方法	[1]
40	median_ filter_ method	中数滤波方法	[1]
41	nudging_ method	初始化方法	[1]
42	rm_ channel	rm 通道	[12]
43	ephemeris_ type	星历类型	[1]
44	l2b_ algorithm_ descriptor	l2b 算法描述符	[8]
45	l2b_ actual_ wvc_ rows	l2b 实际风矢量单元行数	[1]
46	l2b_ expected_ wvc_ rows	l2b 风矢量单元行数期望值	[1]
47	sigma0_ granularity	sigma0 粒度	[1]
48	OperationMode	运行模式	[1]

2）产品参数

HY – 2A 散射计 L2B 产品中共包含 26 个数据元素，除了数据元素 wvc_ row_ time 以外，其他所有的数据项均用一个唯一的 HDF SDS 对象进行存储。每个 HDF 对象的名字与它所存储的数据元素的名字相同。除了数据元素 wvc_ row 以外，所有的 SDS 对象都是一个两维或三维数组。数组的第一个索引值表示风矢量单元的行数，第二个索引表示列数。对于 L2B 产品中的所有三维 SDS 对象，其第三维表示某个风矢量模糊解。附表 2 – 17 列出了 L2B 产品中的每个数据元素。

附表 2 – 17　L2B 产品数据结构

序号	元素名	元素说明	维数
1	wvc_ row_ time	风矢量单元行时间	[1 624]
2	wvc_ row	风矢量单元行	[1 624]
3	wvc_ lat	风矢量单元纬度	[1 624, 76]
4	wvc_ lon	风矢量单元经度	[1 624, 76]
5	wvc_ index	风矢量单元索引	[1 624, 76]
6	num_ in_ fore	内侧波束前向测量值数目	[1 624, 76]
7	num_ in_ aft	内侧波束后向测量值数目	[1 624, 76]
8	num_ out_ fore	外侧波束前向测量值数目	[1 624, 76]
9	num_ out_ aft	外侧波束后向测量值数目	[1 624, 76]
10	wvc_ quality_ flag	风矢量单元质量标记	[1 624, 76]
11	atten_ corr	大气衰减量	[1 624, 76]
12	model_ speed	模型风速	[1 624, 76]

序号	元素名	元素说明	数组大小
13	model_ dir	模型风向	[1 624, 76]
14	num_ ambigs	模糊解数目	[1 624, 76]
15	wind_ speed	风速	[1 624, 76, 4]
16	wind_ dir	风向	[1 624, 76, 4]
17	wind_ speed_ err	风速误差	[1 624, 76, 4]
18	wind_ dir_ err	风向误差	[1 624, 76, 4]
19	max_ likelihood_ est	最大似然值	[1 624, 76, 4]
20	wvc_ selection	选择的模糊索引值	[1 624, 76]
21	wind_ speed_ selection	选择的风速	[1 624, 76]
22	wind_ dir_ selection	选择的风向	[1 624, 76]
23	mp_ rain_ probability	降雨概率	[1 624, 76]
24	nof_ rain_ index	降雨指数	[1 624, 76]
25	rm_ rain_ indicator	rm 降雨指示器	[1 624, 76]
26	srad_ rain_ rate	散射计亮温降雨率	[1 624, 76]

（五）L3 级数据产品

HY - 2A 散射计 L3 数据以 0.25°×0.25°大小的网格形式提供每天的全球海面风场数据，并将升轨和降轨分开。当有多个风矢量单元落入到同一网格单元内时，那么数据值就会被覆盖（over - written），而不是平均。因此，散射计 L3 文件中仅包括了每一天中最近的一次测量值。

1）产品头文件

附表 2 - 18 列出了 HY - 2A 卫星散射计 L3 产品头文件中的所有元素。L3 产品头文件中的元数据元素采用 HDF 数据格式的全局属性（global attribute）模型进行存储。每个全局属性包含 3 行或 3 行以上的 ASCII 码字符用来描述元数据元素。全局属性的名字与它所存储的元数据元素的名字相同。

附表 2 - 18　散射计 L3 产品头文件结构

序号	元素名	元素说明	数组大小
1	LongName	产品全称	[1]
2	ShortName	产品简称	[1]
3	producer_ agency	项目资助机构	[1]
4	producer_ institution	项目管理机构	[1]
5	InstrumentShortName	仪器简称	[1]
6	PlatformLongName	平台全称	[1]
7	PlatformShortName	平台简称	[1]
8	PlatformType	平台类型	[1]
9	project_ id	项目标识号	[1]
10	data_ format_ type	数据格式类型	[1]

序号	元素名	元素说明	数组大小
11	GranulePointer	输出产品指针	[1]
12	QAGranulePointer	质量保证文件指针	[1]
13	InputPointer	输入数据指针	[16]
14	Ancillary_ data_ descriptors	辅助数据描述符	[5]
15	sis_ id	sis 版本号	[1]
16	build_ id	处理软件版本号	[1]
17	HDF_ version_ id	HDF 版本号	[1]
18	ParameterName	参数名称	[1]
19	QAPercentOutOfB oundsData	异常数据百分比	[1]
20	QAPercentMissingData	数据缺失百分比	[1]
21	ProductionDateTime	产品生成时间	[1]
22	wind_ vector_ source	风矢量来源	[1]
23	wind_ vector_ cell_ resolution	风矢量单元分辨率	[1]
24	observation_ date	观测日期	[1]
25	num_ 13_ rows	L3 产品行数	[1]
26	num_ 13_ columns	L3 产品列数	[1]
27	13_ actual_ grid_ cells	实际网格单元数	[1]
28	13_ actual_ grid_ cells_ asc	实际升轨网格单元数	[1]
29	13_ actual_ grid_ cells_ dsc	实际降轨网格单元数	[1]
30	13_ algorithm_ descriptor	算法描述符	[8]
31	OperationMode	运行模式	[1]
32	RangeBeginningDate	数据开始日期	[1]
33	RangeEndingDate	数据结束日期	[1]
34	RangeBeginningTime	数据开始时间	[1]
35	RangeEndingTime	数据结束时间	[1]
36	percent_ rev_ data_ usage	轨道数据使用百分比	[16]
37	OrbitParametersPointer	轨道参数指针	[32]
38	EquatorCrossingLongitude	经过赤道经度	[16]
39	EquatorCrossingTime	经过赤道时间	[16]
40	EquatorCrossingDate	经过赤道日期	[16]
41	StartOrbitNumber	开始轨道号	[1]
42	StopOrbitNumber	结束轨道号	[1]

2）产品参数

HY – 2A 散射计 L3 产品中共包含 12 个科学数据元素，每个科学数据元素用一个唯一的 HDF SDS 对象进行存储，每个 SDS 对象是一个三维数组。在 L3 产品中，SDS 对象的名字与它所存储的数据元素的名字相同。附表 2 – 19 列出了 L3 产品所包含的数据元素及其基本信息。

附表 2-19　L3 产品数据结构

序号	元素名	元素说明	维数
1	rep_ wind_ speed	风速	[720, 1 440, 2]
2	rep_ wind_ velocity_ u	风速 u 分量	[720, 1 440, 2]
3	rep_ wind_ velocity_ v	风速 v 分量	[720, 1 440, 2]
4	rep_ atten_ corr	大气衰减量	[720, 1 440, 2]
5	rep_ time_ of_ day	数据获取时间	[720, 1 440, 2]
6	rep_ rain_ probability	降雨概率	[720, 1 440, 2]
7	rep_ srad_ rain_ rate	散射计亮温降雨率	[720, 1 440, 2]
8	rep_ rm_ rain_ indicator	rm 降雨指示器	[720, 1 440, 2]
9	rain_ flag	降雨标记	[720, 1 440, 2]
10	null_ data_ indicator	无效数据指示器	[720, 1 440, 2]
11	grid_ cell_ quality_ flag	网格单元质量标记	[720, 1 440, 2]
12	grid_ cell_ spare	网格单元备用	[720, 1 440, 2]

三、扫描微波辐射计数据格式

（一）一组数据产品

1. L 1A 数据格式

1）产品头文件

扫描微波辐射计 L1A 产品头文件格式如附表 2-20 所示。

附表 2-20　HY-2 RM L 1A 产品头文件基础信息部分

序号	参量名称	参量说明	数据类型	大小/byte	备注/举例
1	ShortName	产品名缩写	8 - bit character	9	RML1A
2	VersionID	产品版本	8 - bit character	12	RELEASE1
3	SizeMBECSDataGranule	产品大小	8 - bit character	6	8 MB
4	LocalGranuleID	产品命名	8 - bit character	32	L1A 数据名称
5	ProcessingLID	处理级别	8 - bit character	4	L1A
6	ReprocessingActual	再处理时间	8 - bit character	25	2010 - 6 - 30 或者空白
7	ProductionDateTime	产品生成时间	8 - bit character	25	2010 - 6 - 30T07：14：29.000Z
8	RangeBeginningTime	起始观测时间	8 - bit character	13	02：57：17.53Z
9	RangeBeginningDate	起始观测日期	8 - bit character	11	2010 - 6 - 30
10	RangeEndingTime	结束观测时间	8 - bit character	13	04：31：06.81Z
11	RangeEndingDate	结束观测日期	8 - bit character	11	2010 - 6 - 30
12	GringPointLatitude	数据有效范围的纬度	8 - bit character	80	83.71，73.23，34.10，-25.31，-84.97，-73.60，-23.13，36.52
13	GringPointLongitude	数据有效范围的经度	8 - bit character	80	152.28，91.82，-10.34，-24.72，-39.30，-105.73，-40.70，-2 7.99

序号	参量名称	参量说明	数据类型	大小（byte）	备注/举例
14	PGEName	数据处理软件名称	8 – bit character	24	L1A_ Process_ Software
15	PGEVersion	数据处理软件版本	8 – bit character	19	1
16	InputPointer	输入的科学数据文件名	8 – bit character	128	输入的科学数据名称
17	ProcessingCenter	数据处理中心	8 – bit character	12	NSOAS
18	ContactOrganizationName	联系机构名称	8 – bit character	300	NSOAS + 通信地址 + 电话 + 电子邮件
19	StartOrbitNumber	起始轨道号	8 – bit character	8	1 251
20	StopOrbitNumber	结束轨道号	8 – bit character	8	1 251
21	EquatorCrossingLongitude	赤道交叉点经度	8 – bit character	8	– 28. 80
22	EquatorCrossingDate	赤道交叉日期	8 – bit character	11	2010 – 6 – 30
23	EquatorCrossingTime	赤道交叉时间	8 – bit character	13	03：24：14.41Z
24	OrbitDirection	轨道方向	8 – bit character	12	DESCENDING 或者 ASCENDING
25	EphemerisGranulePointer	轨道数据名称	8 – bit character	42	轨道数据名称
26	EphemerisType	轨道数据类型	8 – bit character	5	ELMP（预测的轨道）或者 ELMD（确定的轨道）
27	PlatformShortName	平台缩写名称	8 – bit character	8	HY – 2A
28	SensorShortName	传感器名称	8 – bit character	8	RM
29	NumberofScans	扫描行数	8 – bit character	5	829
30	NumberofMissingScans	缺扫描行数	8 – bit character	5	0
31	ECSDataModel	标识数据模型名称	8 – bit character	8	B. 0
32	DiscontinuityVirtualChannelCounter	信道单元记数连续性	8 – bit character	16	Continuation（连续）或者 Discontinuation（不连续）或者 DEAD Encounter（偶有中断）
33	QALocationPacketDiscontinuity	包顺序记数连续性	8 – bit character	16	Continuation（连续）或者 Discontinuation（不连续）或者 DEAD Encounter（偶有中断）
34	NumberofPackets	数据包总数	8 – bit character	6	3316（829 * 4，扫描数 * 每次扫描的包数）
35	NumberofInputFiles	输入文件数	8 – bit character	2	1（对应第 16 项）
36	NumberofMissingPackets	丢失数据包数	8 – bit character	6	3
37	NumberofGoodPackets	正常数据包数	8 – bit character	6	3 313
38	ReceivingCondition	接收环境	8 – bit character	21	空格
39	EphemerisQA	轨道和姿态数据阈值检查	8 – bit character	3	
40	AutomaticQAFlag	阈值检查结果	8 – bit character	5	轨道（全部自检 OK） FAIL（部分或者全部自检 NG）

续附表 2 – 20

序号	参量名称	参量说明	数据类型	大小 (byte)	备注/举例
41	AutomaticQAFlagExplanation	阈值检查说明	8 – bit character	512	1. MissingDataQA：Less than 20 is available – > OK 2. AntennaRotationQA：Less than 20 is available – > OK， 3. HotCalibrationSourceQA：Less than 20 is available – > OK， 4. AttitudeDataQA：Less than 20 is available – > OK， 5. EphemerisDataQA：Less than 20 is available – > OK， 6. QualityofGeometricInformationQA：Less than 0 is available – > OK， 7. BrightnessTemperatureQA：Less than 20 is available – > OK, All items are OK，'轨道' is employed
42	ScienceQualityFlag	地球物理参数计算质量标记	8 – bit character	5	空白（对于 L 1 产品空白）
43	ScienceQualityFlagExplanation	地球物理参数计算质量说明	8 – bit character	512	空白（对于 L 1 产品空白）
44	QAPercentMisssingData	缺失数据百分比	8 – bit character	4	0（缺失数据在 HDF SDS 中使用'–9999'填充）
45	QAPercentOutofBoundsData	错误数据百分比	8 – bit character	4	0（对于 L 1A 产品，还没有处理成亮温，因此为'0'）
46	QAPercentParityErrorData	奇偶校验错误百分比	8 – bit character	4	0
47	ProcessingQADescription	数据处理错误描述	8 – bit character	12	PROC_ COMP
48	ProcessingQAAttirbute	数据处理质量信息	8 – bit character	128	空白或者记录反常项目名称，规则如下： 第 36 项，NumberofMissingPackets，超过 1% 记录 第 39 项，EphemerisQA，为'NG'时记录 第 44 项，QAPercentMisssingData，超过 1% 记录 第 45 项，QAPercentOutofBoundsData，超过 1% 记录 第 46 项，QAPercentParityErrorData，超过 1% 记录

2）产品参数

HY-2A RM LIA 产品参数如附表 2-21。

附表 2-21 HY-2 RM L1A 产品参数

序号	参量名称	参量说明	大小（byte）	数据类型	比例因子	单位	维数
1	Scan_ Time	扫描时间	8	double	1.0	s	Nscan（Nscan 指每条轨道扫描行数，829）
2	Position_ in_ Orbit	轨道中的位置	8	double	1.0	–	Nscan
3	Navigation_ Data	导航数据	6*4	Float32	1.0	m, m/s	6*Nscan
4	Attitude_ Data	姿态数据	3*4	Float32	1.0	deg	3*Nscan
5	6GHz-V_ Observation_ Count	6G-V 极化观测值	2	signed int	1.0	Count	148*nscan
6	6GHz-H_ Observation_ Count	6G-V 极化观测值	2	signed int	1.0	Count	148*nscan
7	10.7GHz-V_ Observation_ Count	10.7G-V 极化观测值	2	signed int	1.0	Count	148*nscan
8	10.7GHz-H_ Observation_ Count	10.7G-H 极化观测值	2	signed int	1.0	Count	148*nscan
9	18.7GHz-V_ Observation_ Count	18.7G-V 极化观测值	2	signed int	1.0	Count	148*nscan
10	18.7GHz-H_ Observation_ Count	18.7G-H 极化观测值	2	signed int	1.0	Count	148*nscan
11	23.8GHz-V_ Observation_ Count	23.8G-V 极化观测值	2	signed int	1.0	Count	148*nscan
12	37GHz-V_ Observation_ Count	37G-V 极化观测值	2	signed int	1.0	Count	148*nscan
13	37GHz-H_ Observation_ Count	37G-H 极化观测值	2	signed int	1.0	Count	148*nscan
14	Hot_ Load_ Count	热源记数	2	signed int	1.0	Count	26*nscan*9
15	Cold_ Sky_ Mirror_ Count	冷空镜记数	2	signed int	1	Count	17*nscan*9
16	Antenna_ Temp_ Coef（Of+Sl）	天线温度系数	4	Float32	1	K+K/Cnt	18*nscan
17	Rx_ Offset/Gain_ Count	接收器偏移/增量	2	unsigned int	1	Count	18*nscan
18	Lat_ of_ Observation_ Point	观测点纬度	2	signed int	0.01	deg	148*nscan
19	Long_ of_ Observation_ Point	观测点经度	2	signed int	0.01	deg	148*nscan
20	Sun_ Azimuth	太阳方位角	2	signed int	0.1	deg	148*nscan
21	Sun_ Elevation	太阳倾斜角	2	signed int	0.1	deg	148*nscan
22	Earth_ Incidence #2	地面入射角（Offset=55.0）	1	signed char	0.02	deg	148*nscan
23	Earth_ Azimuth	地面方位角	2	signed int	0.01	deg	148*nscan
24	Land/Ocean_ Flag	陆/海比例标记	1	unsigned char	1	%	148*nscan*5
25	Observation_ Supplement	辅助观测数据	2	–	1	–	27*nscan
26	SPC_ Temperature_ Count	信号处理控制单元温度	2	unsigned int	1	Count	20*nscan
27	SPS_ Temperature_ Count	信号处理传感器单元温度	2	unsigned int	1	Count	32*nscan
28	Data_ Quality	质量控制数据	4	Float32	1	–	128*nscan
29	Interpolation_ Flag	冷空镜太阳/月亮修正	1	–	1	–	16*nscan*9
30	Spill_ Over_ 6G	冷空镜地面溢出修正	4	Float32	1	mV	148*200scan*2

2. L1B 数据格式

1）产品头文件

L1B 产品头文件同 L1A 产品头文件。

2）产品参数

产品参数如附表 2 – 22。

附表 2 – 22 HY – 2 RM L1B 产品参数

序号	参量名称	参量说明	大小/byte	数据类型	比例因子	每次扫描的采样数目	单位	维数
1	Scan_ Time	扫描时间	8	double	1.0	1	sec	Nscan（Nscan 指每条轨道扫描行数，829）
2	Position_ in_ Orbit	轨道中的位置	8	double	1.0	1	–	Nscan
3	Navigation_ Data	导航数据	6 * 4	Float32	1.0	6	m, m/s	6 * Nscan
4	Attitude_ Data	姿态数据	3 * 4	Float32	1.0	3	deg	3 * Nscan
5	6GHz – V_ Brightness_ Temperature	6G – V 极化观测亮温	2	signed int	1.0	148	Count	148 * nscan
6	6GHz – H_ Brightness_ Temperature	6G – V 极化观测亮温	2	signed int	1.0	148	Count	148 * nscan
7	10.7GHz – V_ Brightness_ Temperature	10.7G – V 极化观测亮温	2	signed int	1.0	148	Count	148 * nscan * 2
8	10.7GHz – H_ Brightness_ Temperature	10.7G – H 极化观测亮温	2	signed int	1.0	148	Count	148 * nscan * 2
9	18.7GHz – V_ Brightness_ Temperature	18.7G – V 极化观测亮温	2	signed int	1.0	148	Count	148 * nscan * 3
10	18.7GHz – H_ Brightness_ Temperature	18.7G – H 极化观测亮温	2	signed int	1.0	148	Count	148 * nscan * 3
11	23.8GHz – V_ Brightness_ Temperature	23.8G – V 极化观测亮温	2	signed int	1.0	148	Count	148 * nscan * 3
12	37GHz – V_ Brightness_ Temperature	37G – V 极化观测亮温	2	signed int	1.0	148	Count	148 * nscan * 3
13	37GHz – H_ Brightness_ Temperature	37G – H 极化观测亮温	2	signed int	1.0	148	Count	148 * nscan * 3
14	Hot_ Load_ Count	热源记数	2	signed int	1.0	26	Count	26 * nscan * 9
15	Cold_ Sky_ Mirror_ Count	冷空镜记数	2	signed int	1	17	Count	17 * nscan * 9
16	Antenna_ Temp_ Coef（Of + Sl）	天线温度系数	4	Float32	1	18	K + K/Cnt	18 * nscan
17	Rx_ Offset/Gain_ Count	接收器偏移/增量	2	unsigned int	1	18	Count	18 * nscan

序号	参量名称	参量说明	大小/byte	数据类型	比例因子	每次扫描的采样数目	单位	维数
18	Lat_ of_ Observation_ Point	观测点纬度	2	signed int	0.01	148	deg	148 * nscan
19	Long_ of_ Observation_ Point	观测点经度	2	signed int	0.01	148	deg	148 * nscan
20	Sun_ Azimuth	太阳方位角	2	signed int	0.1	148	deg	148 * nscan
21	Sun_ Elevation	太阳倾斜角	2	signed int	0.1	148	deg	148 * nscan
22	Earth_ Incidence #2	地面入射角（Offset =55.0）	1	signed char	0.02	148	deg	148 * nscan
23	Earth_ Azimuth	地面方位角	2	signed int	0.01	148	deg	148 * nscan
24	Land/Ocean_ Flag	陆/海比例标记	1	unsigned char	1	148	%	148 * nscan * 5
25	Observation_ Supplement	辅助观测数据	2	–	1	27	–	27 * nscan
26	SPC_ Temperature_ Count	信号处理控制单元温度	2	unsigned int	1	20	Count	20 * nscan
27	SPS_ Temperature_ Count	信号处理传感器单元温度	2	unsigned int	1	32	Count	32 * nscan
28	Data_ Quality	质量控制数据	4	Float32	1	128	–	128 * nscan
29	Interpolation_ Flag	冷空镜太阳/月亮修正	1	–	1	16	–	16 * nscan * 9
30	Spill_ Over_ 6G	冷空镜地面溢出修正	4	Float32	1	148	mV	148 * 200scan * 2

（二）二级数据产品

1. L2A 数据格式

1）产品头文件

头文件包括以下内容（附表 2 – 23）：

- 产品的制作信息
- 传感器信息
- 处理信息
- 产品的数据流信息
- 产品数据可靠性信息
- 制作产品所需的辅助数据信息

附表 2 – 23　HY – 2A RM L2A 产品头文件

序号	参量名称	参量说明	数据类型	大小/byte	备注/举例
1	ShortName	产品名缩写	8 – bit character	10	RML2
2	GeophysicalName	地球物理量名称	8 – bit character	23	Water Vapor/Cloud liquid water/Precipitation/Sea surface temperature/Sea surface wind speed/Sea ice concentration/Snow water equivalent/Soil moisture（水汽含量/云液态水含量/降雨量/海表温度/海表风速/海冰密度）
3	VersionID	产品版本	8 – bit character	3	0 – 255
4	SizeMBECSDataGranule	产品大小	8 – bit character	4	2.6 MB
5	LocalGranuleID	产品命名	8 – bit character	27	L2 数据名称
6	ProcessingLID	处理级别	8 – bit character	3	L2
7	ProductionDateTime	产品生成时间	8 – bit character	23	2010 – 6 – 30T07：14：29.000Z
8	RangeBeginningTime	起始观测时间	8 – bit character	12	02：57：17.53Z
9	RangeBeginningDate	起始观测日期	8 – bit character	10	2010 – 6 – 30
10	RangeEndingTime	结束观测时间	8 – bit character	12	04：31：06.81Z
11	RangeEndingDate	结束观测日期	8 – bit character	10	2010 – 6 – 30
12	GringPointLatitude	数据有效范围的纬度	8 – bit character	51	83.71，73.23，34.10，– 25.31，– 84.97，– 73.60，– 23.13，36.52
13	GringPointLongitude	数据有效范围的经度	8 – bit character	53	152.28，91.82，– 10.34，– 24.72，– 39.30，– 105.73，– 40.70，– 27.99
14	PGEName	数据处理软件名称	8 – bit character	23	L2_ Process_ Software
15	PGEVersion	数据处理软件版本	8 – bit character	3	1
16	PGEAlgorismDeveloper	数据处理软件算法开发者	8 – bit character	3	
17	InputPointer	输入的科学数据文件名	8 – bit character	83	科学数据名称 L1B 数据
18	ProcessingCenter	数据处理中心	8 – bit character	9	NSOAS
19	ContactOrganizationName	联系机构名称	8 – bit character	102	NSOAS + 通信地址 + 电话 + 电子邮件
20	StartOrbitNumber	起始轨道号	8 – bit character	8	1251
21	StopOrbitNumber	结束轨道号	8 – bit character	8	1251
22	EquatorCrossingLongitude	赤道交叉点经度	8 – bit character	8	– 28.80
23	EquatorCrossingDate	赤道交叉日期	8 – bit character	11	2010 – 6 – 30
24	EquatorCrossingTime	赤道交叉时间	8 – bit character	13	03：24：14.41Z
25	OrbitDirection	轨道方向	8 – bit character	12	DESCENDING 或者 ASCENDING
26	EphemerisGranulePointer	轨道数据名称	8 – bit character	42	轨道数据名称
27	EphemerisType	轨道数据类型	8 – bit character	5	ELMP（预测的轨道）或者 ELMD（确定的轨道）
28	PlatformShortName	平台缩写名称	8 – bit character	8	HY – 2A

序号	参量名称	参量说明	数据类型	大小/byte	备注/举例
29	SensorShortName	传感器名称	8－bit character	8	RM
30	NumberofScans	扫描行数	8－bit character	4	829
31	ECSDataModel	标识数据模型名称	8－bit character	8	B. 0
32	DiscontinuityVirtualChannelCounter	信道单元记数连续性	8－bit character	16	Continuation（连续）或者 Discontinuation（不连续）或者 DEAD Encounter（偶有中断）
33	QALocationPacketDiscontinuity	包顺序记数连续性	8－bit character	16	Continuation（连续）或者 Discontinuation（不连续）或者 DEAD Encounter（偶有中断）
34	NumberofPackets	数据包总数	8－bit character	6	3316（829＊4，扫描数＊每次扫描的包数）
35	NumberofInputFiles	输入文件数	8－bit character	2	2
36	NumberofMissingPackets	丢失数据包数	8－bit character	6	0
37	NumberofGoodPackets	正常数据包数	8－bit character	6	3 316
38	ReceivingCondition	接收环境	8－bit character	21	空格
39	EphemerisQA	轨道和姿态数据阈值检查	8－bit character	3	OK 或者 NG（轨道、姿态等数据中任何一类数据检查中80%的数据不超过阈值，状态为"OK"，其他情况下"NG"）
40	AutomaticQAFlag	阈值检查结果	8－bit character	5	轨道（全部自检 OK）FAIL（部分或者全部自检 NG）
41	AutomaticQAFlagExplanation	阈值检查说明	8－bit character	512	1. MissingDataQA：Less than 20 is available－>OK, 2. AntennaRotationQA：Less than 20 is' available－>OK, 3. HotCalibrationSourceQA：Less than 20 is available－>OK, 4. AttitudeDataQA：Less than 20 is available－>OK, 5. EphemerisDataQA：Less than 20 is available－>OK, 6. QualityofGeometricInformationQA：Less than 0 is available－>OK, 7. BrightnessTemperatureQA：Less than 20 is available－>OK, All items are OK, '轨道' is employed
42	ScienceQualityFlag	地球物理参数计算质量标记	8－bit character	5	空白
43	ScienceQualityFlagExplanation	地球物理参数计算质量说明	8－bit character	512	空白
44	QAPercentMisssingData	缺失数据百分比	8－bit character	4	0（缺失数据在 HDF SDS 中使用'－9999'填充）
45	QAPercentOutofBoundsData	错误数据百分比	8－bit character	4	0

2）产品参数

科学数据包含以下信息（附表2-24）：

- 时标
- 位置和类型
- 数据质量和传感器状态
- 亮温
- 陆海标志

在科学数据中提供的上述信息大部分为1 Hz的数据率，另外，轨道和高度计观测高度也提供20 Hz的数据。

附表2-24 HY-2A RM L2A产品参数

序号	参量名称	参量说明	大小/byte	数据类型	比例因子	每次扫描的采样数目	单位	维数
1	Scan_ Time	扫描时间	8	double	1.0	1	s	Nscan（Nscan指每条轨道扫描次数，829）
2	Position_ in_ Orbit	轨道中的位置	8	double	1.0	1	–	Nscan
3	Geophysical Quantity Data	地球物理量数据	2	signed int	0.1 0.001 0.1 0.1 0.1 1 0.001 1	148	WV: kg/m^2 CLW: kg/m^2 AP: mm/h SSW: m/s SST:℃ IC:%	148 * nscan * 3
4	Lat_ of_ Observation_ Point	观测点纬度	2	signed int	0.01	148	deg	148 * nscan
5	Long_ of_ Observation_ Point	观测点经度	2	signed int	0.01	148	deg	148 * nscan
6	Data_ Quality	质量控制数据	1	Unsigned int	1	148	–	148 * nscan

（三）三级数据产品

1. L3A数据格式

1）产品头文件

头文件包括以下内容（附表2-25）：

- 产品的制作信息
- 传感器信息
- 处理信息
- 制作产品所需的辅助数据信息

附表 2 – 25 HY – 2 RM L3A 产品头文件

序号	参量名称	参量说明	数据类型	大小/byte	备注/举例
1	ShortName	产品名缩写	8 – bit character	10	RML3
2	GeophysicalName	地球物理量名称	8 – bit character	32	Water Vapor/Cloud liquid water/Precipitation/Sea surface temperature/Sea surface wind speed/Sea ice concentration/Snow water equivalent/Soil moisture/Brightness temperatureetc.（水汽含量/云液水含量/降雨量/海表温度/海表风速/海冰密度//极化亮温等等）
3	VersionID	产品版本	8 – bit character	4	0 – 255
4	SizeMBECSDataGranule	产品大小	8 – bit character	5	2 MB
5	LocalGranuleID	产品命名	8 – bit character	27	L3 数据名称
6	ProcessingLID	处理级别	8 – bit character	3	L3
7	ProductionDateTime	产品生成时间	8 – bit character	24	2010 – 6 – 30T07：14：29.000Z
8	RangeBeginningTime	起始观测时间	8 – bit character	13	02：57：17.53Z
9	RangeBeginningDate	起始观测日期	8 – bit character	11	2010 – 6 – 30
10	RangeEndingTime	结束观测时间	8 – bit character	13	04：31：06.81Z
11	RangeEndingDate	结束观测日期	8 – bit character	11	2010 – 6 – 30
12	PGEName	数据处理软件名称	8 – bit character	23	L3_ Process_ Software
13	PGEVersion	数据处理软件版本	8 – bit character	12	1
14	InputPointer	输入的科学数据文件名	8 – bit character	481	科学数据名称 L1B \ L2 数据
15	ProcessingCenter	数据处理中心	8 – bit character	9	NSOAS
16	ContactOrganizationName	联系机构名称	8 – bit character	103	NSOAS + 通信地址 + 电话 + 电子邮件
17	StartOrbitNumber	起始轨道号	8 – bit character	8	1251
18	StopOrbitNumber	结束轨道号	8 – bit character	8	1251
19	OrbitDirection	轨道方向	8 – bit character	10	DESCENDING 或者 ASCENDING
20	PlatformShortName	平台缩写名称	8 – bit character	7	HY – 2A
21	SensorShortName	传感器名称	8 – bit character	8	RM
22	ECSDataModel	标识数据模型名称	8 – bit character	8	B. 0

2）产品参数

（1）科学数据包含的信息

全球网格化日平均亮温、全球网格化月平均亮温、南北极网格化日平均亮温、南北极网格化月平均亮温、全球网格化日平均反演产品、全球网格化月平均反演产品、南北极网格化日平均反演产品和南北极网格化月平均反演产品。见附表 2 – 26 至附表 2 – 31。

附表 2-26　HY-2 RM L3A 产品参数（全球亮温日、月平均）

序号	参量名称	参量说明	大小/byte	数据类型	比例因子	单位	维数
1	6.6GHz-V Mean for Brightness Temperature	6.6 GHz 垂直极化平均亮温	2	Signed int	0.1	K	1442*721
2	6.6GHz-H Mean for Brightness Temperature	6.6 GHz 水平极化平均亮温	2	Signed int	0.1	K	1442*721
3	10.7GHz-V Mean for Brightness Temperature	10.7 GHz 垂直极化平均亮温	2	Signed int	0.1	K	1442*721
4	10.7GHz-H Mean for Brightness Temperature	10.7 GHz 水平极化平均亮温	2	Signed int	0.1	K	1442*721
5	18.7GHz-V Mean for Brightness Temperature	18.7 GHz 垂直极化平均亮温	2	Signed int	0.1	K	1442*721
6	18.7GHz-H Mean for Brightness Temperature	18.7 GHz 水平极化平均亮温	2	Signed int	0.1	K	1442*721
7	23.8GHz-V Mean for Brightness Temperature	23.8 GHz 垂直极化平均亮温	2	Signed int	0.1	K	1442*721
8	23.8GHz-H Mean for Brightness Temperature	23.8 GHz 水平极化平均亮温	2	Signed int	0.1	K	1442*721
9	37.0GHz-V Mean for Brightness Temperature	37.0 GHz 垂直极化平均亮温	2	Signed int	0.1	K	1442*721
10	37.0GHz-H Mean for Brightness Temperature	37.0 GHz 水平极化平均亮温	2	Signed int	0.1	K	1442*721

附表 2-27　HY-2 RM L3A 产品参数（北极亮温日、月平均）

序号	参量名称	参量说明	大小/byte	数据类型	比例因子	单位	维数
1	6.6GHz-V Mean for Brightness Temperature	6.6 GHz 垂直极化平均亮温	2	Signed int	0.1	K	304*448
2	6.6GHz-H Mean for Brightness Temperature	6.6 GHz 水平极化平均亮温	2	Signed int	0.1	K	304*448
3	10.7GHz-V Mean for Brightness Temperature	10.7 GHz 垂直极化平均亮温	2	Signed int	0.1	K	304*448
4	10.7GHz-H Mean for Brightness Temperature	10.7 GHz 水平极化平均亮温	2	Signed int	0.1	K	304*448
5	18.7GHz-V Mean for Brightness Temperature	18.7 GHz 垂直极化平均亮温	2	Signed int	0.1	K	304*448
6	18.7GHz-H Mean for Brightness Temperature	18.7 GHz 水平极化平均亮温	2	Signed int	0.1	K	304*448
7	23.8GHz-V Mean for Brightness Temperature	23.8 GHz 垂直极化平均亮温	2	Signed int	0.1	K	304*448
8	23.8GHz-H Mean for Brightness Temperature	23.8 GHz 水平极化平均亮温	2	Signed int	0.1	K	304*448
9	37.0GHz-V Mean for Brightness Temperature	37.0 GHz 垂直极化平均亮温	2	Signed int	0.1	K	304*448
10	37.0GHz-H Mean for Brightness Temperature	37.0 GHz 水平极化平均亮温	2	Signed int	0.1	K	304*448

附表 2-28　HY-2 RM L3A 产品参数（南极亮温日、月平均）

序号	参量名称	参量说明	大小/byte	数据类型	比例因子	单位	维数
1	6.6GHz-V Mean for Brightness Temperature	6.6 GHz 垂直极化平均亮温	2	Signed int	0.1	K	316*332
2	6.6GHz-H Mean for Brightness Temperature	6.6 GHz 水平极化平均亮温	2	Signed int	0.1	K	316*332
3	10.7GHz-V Mean for Brightness Temperature	10.7 GHz 垂直极化平均亮温	2	Signed int	0.1	K	316*332
4	10.7GHz-H Mean for Brightness Temperature	10.7 GHz 水平极化平均亮温	2	Signed int	0.1	K	316*332
5	18.7GHz-V Mean for Brightness Temperature	18.7 GHz 垂直极化平均亮温	2	Signed int	0.1	K	316*332
6	18.7GHz-H Mean for Brightness Temperature	18.7 GHz 水平极化平均亮温	2	Signed int	0.1	K	316*332
7	23.8GHz-V Mean for Brightness Temperature	23.8 GHz 垂直极化平均亮温	2	Signed int	0.1	K	316*332
8	23.8GHz-H Mean for Brightness Temperature	23.8 GHz 水平极化平均亮温	2	Signed int	0.1	K	316*332
9	37.0GHz-V Mean for Brightness Temperature	37.0 GHz 垂直极化平均亮温	2	Signed int	0.1	K	316*332
10	37.0GHz-H Mean for Brightness Temperature	37.0 GHz 水平极化平均亮温	2	Signed int	0.1	K	316*332

附表 2 – 29　HY – 2RM L3A 产品参数（全球物理反演产品日、月平均）

序号	参量名称	参量说明	大小 /byte	数据 类型	比例 因子	单 位	维数
1	Mean for Geophysical Data	物理产品平均数据	2	Signed int	0.1 0.001 0.1 0.1 0.1 1.0 0.001	WV：kg/m² CLW：kg/m² AP：mm/h SSW：m/s SST：℃	1 440 × 721

附表 2 – 30　HY – 2 RM L3A 产品参数（北极反演海冰浓度日、月平均）

序号	参量名称	参量说明	大小 /byte	数据 类型	比例 因子	单位	维数
1	Mean for Geophysical Data	物理产品平均数据	2	Signed int	1	IC：%	304 × 448

附表 2 – 31　HY – 2 RM L3A 产品参数（南极反演海冰浓度日、月平均）

序号	参量名称	参量说明	大小 /byte	数据 类型	比例 因子	单位	维数
1	Mean for Geophysical Data	物理产品平均数据	2	Signed int	1	IC：%	316 × 332

四、校正微波辐射计数据格式

1．L 1A 数据格式

1）产品头文件

见附表 2 – 32 和附表 2 – 33。

附表 2 – 32　HY – 2 RC L1A 数据基础信息标识

序号	参量名称	参量说明	数据类型	大小 /byte	备注/举例
1	PGEName	数据处理软件名称	8 – bit character	24	L1A_ Process_ Software
2	PGEVersion	数据处理软件版本	8 – bit character	19	V1.0
3	InputPointer	输入的科学数据文件名	8 – bit character	128	科学数据名称
4	SensorShortName	传感器名称	8 – bit character	8	RC
5	NumberofScans	扫描行数	8 – bit character	5	21 824
6	NumberofMissingScans	缺扫描行数	8 – bit character	5	0
7	ECSDataModel	标识数据模型名称	8 – bit character	8	B. 0

续附表 2 - 32

序号	参量名称	参量说明	数据类型	大小 /byte	备注/举例
8	DiscontinuityVirtualChannel-Counter	信道单元记数连续性	8 – bit character	16	Continuation（连续）或者 Discontinuation（不连续）或者 DEAD Encounter（偶有中断）
9	QALocationPacketDiscontinuity	包顺序记数连续性	8 – bit character	16	Continuation（连续）或者 Discontinuation（不连续）或者 DEAD Encounter（偶有中断）
10	NumberofPackets	数据包总数	8 – bit character	6	560（280 ∗ 2，扫描周期数 ∗ 每次扫描周期的包数）
11	NumberofInputFiles	输入文件数	8 – bit character	2	1（对应第 16 项）
12	NumberofMissingPackets	丢失数据包数	8 – bit character	6	3
13	NumberofGoodPackets	正常数据包数	8 – bit character	6	557
14	ReceivingCondition	接收环境	8 – bit character	21	空格
15	EphemerisQA	轨道和姿态数据阈值检查	8 – bit character	3	OK 或者 NG（轨道、姿态等数据中任何一类数据检查中 80% 的数据不超过阈值，状态为 "OK"，其他情况下 "NG"）
16	AutomaticQAFlag	阈值检查结果	8 – bit character	5	轨道（全部自检 OK） FAIL（部分或者全部自检 NG）
17	AutomaticQAFlagExplanation	阈值检查说明	8 – bit character	512	1. MissingDataQA：Less than 20 is available – > OK， 2. AntennaRotationQA：Less than 20 is available – > OK， 3. HotCalibrationSourceQA：Less than 20 is available – > OK， 4. AttitudeDataQA：Less than 20 is available – > OK， 5. EphemerisDataQA：Less than 20 is available – > OK， 6. QualityofGeometric InformationQA：Less than 0 is available – > OK， 7. BrightnessTemperatureQA：Less than 20 is available – > OK, All items are OK, '轨道' is employed
18	ScienceQualityFlag	地球物理参数计算质量标记	8 – bit character	5	空白（对于 L 1 产品空白）
19	ScienceQualityFlagExplanation	地球物理参数计算质量说明	8 – bit character	512	空白（对于 L 1 产品空白）
20	QAPercentMisssingData	缺失数据百分比	8 – bit character	4	0（缺失数据在 HDF SDS 中使用 ' – 9999' 填充）
21	QAPercentOutofBoundsData	错误数据百分比	8 – bit character	4	0（对于 L 1A 产品，还没有处理成亮温，因此为 '0'）
22	QAPercentParityErrorData	奇偶校验错误百分比	8 – bit character	4	0
23	ProcessingQADescription	数据处理错误描述	8 – bit character	12	PROC_ COMP

序号	参量名称	参量说明	数据类型	大小/byte	备注/举例
24	ProcessingQAAttirbute	数据处理质量信息	8 – bit character	128	空白或者记录反常项目名称，规则如下： 第 36 项，NumberofMissingPackets，超过 1% 记录 第 39 项，EphemerisQA，为'NG'时记录 第 44 项，QAPercentMisssingData，超过 1% 记录 第 45 项，QAPercentOutofBoundsData，超过 1% 记录 第 46 项，QAPercentParityErrorData，超过 1% 记录 ）

附表 2 – 33　HY – 2 RC L1A 数据产品信息标识

序号	参量名称	参量说明	数据类型	大小/byte	备注/举例	Fix/Example
1	SatelliteOrbit	卫星轨道类型	8 – bit character	36	963. 592 km 变轨后为 972. 836 km	Fix
2	Altitude	卫星高度	8 – bit character	8	7 341. 732 km 变轨后为 7 343. 836 km	Fix
3	OrbitSemiMajorAxis	轨道半长轴	8 – bit character	11	0. 001 17	Fix
4	OrbitEccentricity	轨道偏心率	8 – bit character	8	90 deg	Fix
5	OrbitArgumentPerigee	轨道近地点幅角	8 – bit character	11	99. 340 15 deg	Fix
6	OrbitInclination	轨道倾斜角	8 – bit character	9	104. 456 0 minutes　变轨后为 104. 500 8 min	Fix
7	OrbitPeriod	轨道周期	8 – bit character	11	14 days 变轨后为 168 days	Fix
8	RevisitTime	轨道重复周期	8 – bit character	6	963. 592 km 变轨后为 972. 836 km	Fix
9	RCChannel	RC 频率	8 – bit character	80	18. 7 GHz, 23. 8 GHz, 37 GHz	Fix
10	RCBandWidth	RC 带宽	8 – bit character	128	250 MHz (18. 7 GHz), 250 MHz (23. 8 GHz), 500 MHz (37 GHz)	Fix
11	RCbeamWidth	RC 波束宽度	8 – bit character	128	18. 7 G – 1. 4 ±0. 2 Deg, 23. 8 G – 1. 1 ±0. 2 Deg, 37 G – 0. 6 ±0. 1 Deg	Fix
12	OffNadir	天底点角度	8 – bit character	34	Blank（此项为 89GHz 两天线天底角，HY – 2 此处为空格）	Fix
13	SpatialResolution (AzXEl)	空间分辨率	8 – bit character	192	24 km (18. 7 GHz), 19 km (23. 8 GHz), 10 km (137 GHz)	Fix
14	DynamicRange	观测范围	8 – bit character	10	3 K – 300 K	Fix
15	DataFormatType	数据格式	8 – bit character	9	NCSA – HDF	Fix
16	HDFFormatVersion	HDF 格式版本	8 – bit character	9	Ver5	Fix
17	EllipsoidName	地球椭球模型	8 – bit character	6	WGS84	Fix
18	SemiMajorAxisofEarth	地球椭球半长轴	8 – bit character	8	7 341. 732 km	Fix

序号	参量名称	参量说明	数据类型	大小/byte	备注/举例	Fix/Example
19	FlatteningRatioofEarth	地球扁率	8 – bit character	7	0.003 35	Fix
20	SensorAlignment	传感器和平台相对位置校准	8 – bit character	33	$R_x = 0.000\,00$，$R_y = 0.000\,00$，$R_z = 0.000\,00$	Example
21	ThermistorCount-RangeWx	电热调节器转换系数的应用范围	8 – bit character	128	60，585，770，872，924，952，961，1 023（8 个 Thermistor 的转换系数）	Example
22	ThermistorConversionTable Wa	电热调节器转换系数 Wa	8 – bit character	128	0.000 000，0.000 015，0.000 161，0.000 618，0.002 331，0.011 459，0.010 101，0.000 000	Example
23	ThermistorConversionTable Wb	电热调节器转换系数 Wb	8 – bit character	128	0.000 000，0.056 460，– 0.109 878，– 0.819 170，– 3.801 865，– 20.783 040，– 18.212 120，0.000 000	Example
24	ThermistorConversionTable Wc	电热调节器转换系数 Wc	8 – bit character	128	– 35.000 000，– 38.250 000，9.220 000，284.170 000，1 582.770 000，9 480.000 000，8 263.350 000，90.000 000	Example
25	ThermistorConversionTable Wd	电热调节器转换系数 Wd	8 – bit character	128	0.0，0.0，0.0，0.0，0.0，0.0，0.0，0.0	Example
26	Platinum #1CountRangeWx	铂金属传感器#1 转换系数的应用范围	8 – bit character	128	1 168，1 296，1 536，1 752，4 095	Example
27	Platinum #1ConversionTable Wa	铂金属传感器#1 转换系数 Wa	8 – bit character	128	0.0，0.0，0.0，0.0，0.0	Example
28	Platinum #1ConversionTable Wb	铂金属传感器#1 转换系数 Wb	8 – bit character	128	0.000 000，0.039 000，0.042 000，0.039 000，0.042 000	Example
29	Platinum #1ConversionTable Wc	铂金属传感器#1 转换系数 Wc	8 – bit character	128	– 35.000 000，– 80.625 000，– 84.000 000，– 80.000 000，– 84.667 000	Example
30	Platinum #1ConversionTable Wd	铂金属传感器#1 转换系数 Wd	8 – bit character	128	0.0，0.0，0.0，0.0，0.0	Example
31	Platinum #2CountRangeWx	铂金属传感器#2 转换系数的应用范围	8 – bit character	128	272，1 536，1 792，2 032，2 288，3 248，3 712，4 095	Example
32	Platinum #2ConversionTable Wa	铂金属传感器#2 转换系数 Wa	8 – bit character	128	0.0，0.0，0.0，0.0，0.0，0.0，0.0，0.0	Example
33	Platinum #2ConversionTable Wb	铂金属传感器#2 转换系数 Wb	8 – bit character	128	0.000 000，0.078 300，0.078 000，0.083 000，0.078 000，0.083 000，0.085 300，0.000 000	Example
34	Platinum #2ConversionTable Wc	铂金属传感器#2 转换系数 Wc	8 – bit character	128	– 140.000 000，– 161.440 000，– 160.000 000，– 169.333 000，– 158.750 000，– 170.667 000，– 177.640 000，140.000 000	Example

序号	参量名称	参量说明	数据类型	大小/byte	备注/举例	Fix/Example
35	Platinum #2ConversionTable Wd	铂金属传感器#2 转换系数 Wd	8 – bit character	128	0.0, 0.0, 0.0, 0.0, 0.0, 0.0, 0.0, 0.0	Example
36	Platinum #3CountRangeWx	铂金属传感器#3 转换系数的应用范围	8 – bit character	128	349, 1 454, 2 000, 2 555, 3 059, 3 566, 4 020, 4 095	Example
37	Platinum #3ConversionTable Wa	铂金属传感器#3 转换系数 Wa	8 – bit character	128	0.0, 0.0, 0.0, 0.0, 0.0, 0.0, 0.0, 0.0	Example
38	Platinum #3ConversionTable Wb	铂金属传感器#3 转换系数 Wb	8 – bit character	128	0.000 000, 0.009 100, 0.009 100, 0.009 100, 0.009 900, 0.009 900, 0.008 500, 0.000 000	Example
39	Platinum #3ConversionTable Wc	铂金属传感器#3 转换系数 Wc	8 – bit character	128	0.000 000, 6.845 000, 6.803 800, 6.803 800, 4.719 500, 4.719 500, 9.835 000, 44.000 000	Example
40	Platinum #3ConversionTable Wd	铂金属传感器#3 转换系数 Wd	8 – bit character	128	0.0, 0.0, 0.0, 0.0, 0.0, 0.0, 0.0, 0.0	Example
41	CoefficientA	天线温度亮温转换系数	8 – bit character	192	18G − 1.025, 23G − 1.032, 36G − 1.029	Example
42	CoefficientAo	冷空亮温转换系数	8 – bit character	192	18G − − 0.022, 23G − − 0.028, 36G − − 0.024	Example
43	CSMTemperature	冷空镜天线温度	8 – bit character	256	18G − − 0.022, 23G − − 0.028, 36G − − 0.024	Example
44	CoRegistrationParametererA1	观测点经纬度计算参数 A1	8 – bit character	128	18G − 0.818 00, 23G − 0.808 00, 36G − 0.722 00	Example
45	CoRegistrationParametererA2	观测点经纬度计算参数 A2	8 – bit character	128	18G − − 0.031 00, 23G − 0.185 00, 36G − − 0.069 00	Example
46	CalibrationCurveCoefficient#1	天线温度定标系数 #1	8 – bit character	280	18G − − 0.031 00, 23G − 0.185 00, 36G − − 0.069 00	Example
47	CalibrationCurveCoefficient#2	天线温度定标系数 #2	8 – bit character	280	18G − − 0.031 00, 23G − 0.185 00, 36G − − 0.069 00	Example
48	CalibrationCurveCoefficient#3	天线温度定标系数 #3	8 – bit character	280	18G − − 0.031 00, 23G − 0.185 00, 36G − − 0.069 00	Example
49	CalibrationCurveCoefficient#4	天线温度定标系数 #4	8 – bit character	280	18G − − 0.031 00, 23G − 0.185 00, 36G − − 0.069 00	Example
50	CalibrationCurveCoefficient#5	天线温度定标系数 #5	8 – bit character	280	18G − − 0.031 00, 23G − 0.185 00, 36G − − 0.069 00	Example

续附表 2-33

序号	参量名称	参量说明	数据类型	大小/byte	备注/举例	Fix/Example
51	CalibrationMethod	采用的定标方法	8-bit character	128	RxTemperatureReferenced, SpillOver, CSMInterpolation, Absolute89GPositioning, NonlinearityCorrection; RxTemperatureReferenced may be changed into HTUCoefficients or ElectromagneticAnalysis	Example
52	HTSCorrectionParameter Version	热源温度校正参数版本	8-bit character	10	ver0002（如果没有则填'*'）	Example
53	SpillOverParameterVersion	冷空太阳/月亮温度校正参数版本	8-bit character	10	ver0001（如果没有则填'*'）	Example
54	CSMInterpolation Parameter Version	冷空地球温度校正参数版本	8-bit character	10	ver0001（如果没有则填'*'）	Example

2）产品科学数据

如附表 2-34。

附表 2-34　HY-2 RC L1A 数据产品科学数据

序号	参量名称	参量说明	大小/byte	数据类型	比例因子	每个扫描周期的采样数目	单位	维数
1	Time_ day	天数	2	unsigned int		78	day	nscan（280,半轨扫描周期数）*78
2	Time_ sec	秒数	2	unsigned int		78	S	Nscan*78
3	Time_ microsec	毫秒数	2	unsigned int		78	us	Nscan*78
4	Lat_ of_ Observation_ Point	观测点纬度	4	signed int		78	udeg	Nscan*78
5	Long_ of_ Observation_ Point	观测点经度	4	usigned int		78	udeg	Nscan*78
6	Rad_ surf_ type	校正微波辐射计陆/海类型	2	unsigned int		12		nscan*12
7	Qual_ 1hz_ rad_ data	1Hz 辐射计数据质量标志				12		nscan*12
8	Satellite_ Attitude_ flag	卫星姿态数据标识	2	unsigned int		12		nscan*12
9	Satellite_ Attitude	卫星姿态数据	3	signed int		12		nscan*12
10	Rad_ state_ flag	辐射计质量控制数据	4	Float32		12	-	nscan*12

续附表 2 –34

序号	参量名称	参量说明	大小/byte	数据类型	比例因子	每个扫描周期的采样数目	单位	维数
11	Orb_ state_ flag	平台质量控制数据	2	unsigned int		12		nscan * 12
12	Off_ nadir_ angle_ ptf	卫星天顶角偏移平方	2	signed int		1	deg	nscan
13	Observation_ count_ flag	观测数据标识	2	unsigned int		1		nscan
14	Channel_ status	主备份通道状态	2	unsigned int		6		nscan * 6
15	Hot_ Load_ Count	热负载记数	2	signed int		6	Count	6 * nscan * 3
16	Cold_ Sky_ Mirror_ Count	冷空镜记数	2	signed int		6	Count	6 * nscan * 3
17	Sun_ Azimuth	太阳方位角	2	signed int		1	deg	nscan
18	Sun_ Elevation	太阳倾斜角	2	signed int		1	deg	nscan
19	Observation_ Supplement	辅助观测数据	2	unsigned int		27		27 * nscan
20	Interpolation_ Flag	冷空镜太阳/月亮修正	1	unsigned int		16		16 * nscan * 3
21	Observation_ temperature_ circuit_ status	测温电路状态	2	unsigned int		6		nscan * 6
22	Observation_ temperature_ flag	测温标识	2	unsigned int		1		nscan
23	Observation_ temperature	32 点测温数据	2	unsigned int		16		nscan * 16
24	18. 7GHz_ Observation_ Count	18.7 GHz 观测记数	2	signed int		78	Count	nscan * 78
25	23. 8GHz_ Observation_ Count	23.8 GHz 观测记数	2	signed int		78	Count	nscan * 78
26	37GHz_ Observation_ Count	37 GHz 观测记数	2	signed int		78	Count	nscan * 78
27	OC_ interp_ flag	观测标志	2	signed int		78		nscan * 78 * 3
28	Antenna_ Temp_ Coef（Of + Sl）	天线温度系数	4	Float32		78	K + K/Cnt	Nscan * 78
29	Rx_ Offset/Gain_ Count	接收器偏移/增量	2	unsigned int		78	Count	Nscan * 78

2. L1B 数据格式

1）产品头文件

L1B 产品头文件同 L1A 产品头文件。

2）产品科学数据

见附表 2 –35。

附表 2 – 35 8 HY – 2 RC L1B 数据产品科学数据

序号	参量名称	参量说明	大小/byte	数据类型	每个扫描周期的采样数目	单位	维数
1	Time_ day	天数	2	unsigned int	78	day	nscan （280, 半轨扫描周期数）＊78
2	Time_ sec	秒数	2	unsigned int	78	S	Nscan＊78
3	Time_ microsec	微秒数	2	unsigned int	78	us	Nscan＊78
4	Lat_ of_ Observation_ Point	观测点纬度	4	signed int	78	udeg	Nscan＊78
5	Long_ of_ Observation_ Point	观测点经度	4	usigned int	78	udeg	Nscan＊78
6	Rad_ surf_ type	校正微波辐射计陆/海类型	2	unsigned int	12	–	nscan＊12
7	Qual_ 1hz_ rad_ data	1Hz 辐射计数据质量标志			12	–	nscan＊12
8	Satellite_ Attitude_ flag	卫星姿态数据标识	2	unsigned int	12	–	nscan＊12
9	Satellite_ Attitude	卫星姿态数据	3	signed int	12	–	nscan＊12
10	Rad_ state_ flag	辐射计质量控制数据	4	Float32	12	–	nscan＊12
11	Orb_ state_ flag	平台质量控制数据	2	unsigned int	12	–	nscan＊12
12	Off_ nadir_ angle_ ptf	卫星天顶角偏移平方	2	signed int	1	deg	nscan
13	Observation_ count_ flag	观测数据标识	2	unsigned int	1	–	nscan
14	Channel_ status	主备份通道状态	2	unsigned int	6	–	nscan＊6
15	Hot_ Load_ Count	热负载记数	2	signed int	6	Count	6＊nscan＊3
16	Cold_ Sky_ Mirror_ Count	冷空镜记数	2	signed int	6	Count	6＊nscan＊3
17	Sun_ Azimuth	太阳方位角	2	signed int	1	deg	nscan
18	Sun_ Elevation	太阳倾斜角	2	signed int	1	deg	nscan
19	Observation_ Supplement	辅助观测数据	2	–	27	–	27＊nscan
20	Interpolation_ Flag	冷空镜太阳/月亮修正	1	–	16	–	16＊nscan＊3
21	Observation_ temperature_ circuit_ status	测温电路状态	2	unsigned int	6	–	nscan＊6
22	Observation_ temperature_ flag	测温标识	2	unsigned int	1	–	nscan
23	Observation_ temperature	32 点测温数据	2	unsigned int	16	K	nscan＊16
24	18.7GHz_ _ Brightness_ Temperature	18.7 GHz 观测亮温	2	signed int	78	Count	nscan＊78
25	23.8GHz_ _ Brightness_ Temperature	23.8 GHz 观测亮温	2	signed int	78	Count	nscan＊78
26	37GHz _ _ Brightness_ Temperature	37 GHz 观测亮温	2	signed int	78	Count	nscan＊78
27	OC_ interp_ flag	观测标志	2	signed int	78	–	nscan＊78＊3
28	Antenna_ Temp_ Coef（Of + Sl）	天线温度系数	4	Float32	78	K + K/Cnt	Nscan＊78
29	Rx_ Offset/Gain_ Count	接收器偏移/增量	2	unsigned int	78	Count	Nscan＊78

3. 二级数据产品

1）L2A 数据格式

（1）产品头文件

头文件包括以下内容，L2 头文件格式与 L1 头文件相同。

- 产品的制作信息
- 传感器信息
- 处理信息
- 产品的数据流信息
- 产品数据可靠性信息
- 制作产品所需的辅助数据信息

（2）产品科学数据

科学数据包含的信息（附表 2 - 36）：

- 时标
- 位置和类型
- 数据质量和传感器状态
- 3 个频段亮温
- 陆海标志

在科学数据中提供的上述信息大部分为 1 Hz 的数据率，另外，轨道和高度计观测高度也提供 20 Hz 的数据。

附表 2 - 36　HY - 2 RC L2A 产品科学数据格式

序号	参量名称	参量说明	大小/byte	数据类型	每秒采样数	单位	维数
1	Time_ day	天数	2	unsigned int	1	day	3134 * 1
2	Time_ sec	秒数	2	unsigned int	1	S	3134 * 1
3	Time_ microsec	毫秒数	2	unsigned int	1	us	3134 * 1
4	Lat_ of_ Observation_ Point	观测点纬度	4	signed int	1	udeg	3134 * 1
5	Long_ of_ Observation_ Point	观测点经度	4	usigned int	1	udeg	3134 * 1
6	Rad_ surf_ type	校正微波辐射计陆/海类型	2	unsigned int	1	–	3134 * 1
7	Qual_ 1hz_ rad_ data	1Hz 辐射计数据质量标志		unsigned int	1	–	3134 * 1
8	Rad_ state_ flag	辐射计质量控制数据	4	Float32	1	–	3134 * 1
9	18.7GHz_ Brightness_ Temperature	18.7 GHz 观测亮温	2	signed int	1	K	3134 * 1
10	23.8GHz_ Brightness_ Temperature	23.8 GHz 观测亮温	2	signed int	1	K	3134 * 1
11	37GHz _ Brightness_ Temperature	37 GHz 观测亮温	2	signed int	1	K	3134 * 1

4. L2B 数据格式

1）产品头文件

头文件包括以下内容：

- 产品的制作信息
- 传感器信息
- 处理信息
- 产品的数据流信息
- 产品数据可靠性信息
- 制作产品所需的辅助数据信息

2）产品科学数据

科学数据包含的信息（附表2-37）：

- 时标
- 位置和类型
- 数据质量和传感器状态
- 3个频段亮温
- 反演总水汽含量
- 反演云中液态水含量
- 反演风速
- 降雨标志
- 陆海标志

附表2-37　HY-2 RC L2B 产品科学数据

序号	参量名称	参量说明	大小 /byte	数据 类型	每秒 采样数	单位	维数
1	Tlme_ day	天数	2	unsigned int	1	day	3134 * 1
2	Time_ sec	秒数	2	unsigned int	1	S	3134 * 1
3	Time_ microsec	毫秒数	2	unsigned int	1	us	3134 * 1
4	Lat_ of_ Observation_ Point	观测点纬度	4	signed int	1	udeg	3134 * 1
5	Long_ of_ Observation_ Point	观测点经度	4	usigned int	1	udeg	3134 * 1
6	Rad_ surf_ type	校正微波辐射计陆/海类型	2	unsigned int	1	–	3134 * 1
7	Qual_ 1hz_ rad_ data	1Hz 辐射计数据质量标志		unsigned int	1	–	3134 * 1
8	Rad_ state_ flag	辐射计质量控制数据	4	Float32	1	–	3134 * 1
9	18.7GHz_ Brightness_ Temperature	18.7 GHz 观测亮温	2	signed int	1	K	3134 * 1
10	23.8GHz_ Brightness_ Temperature	23.8 GHz 观测亮温	2	signed int	1	K	3134 * 1
11	37GHz _ Brightness_ Temperature	37 GHz 观测亮温	2	signed int	1	K	3134 * 1
12	Wind_ speed_ rad	辐射计反演风速	2	signed int	1	cm/s	3134 * 1
13	Rad_ water_ vapor	辐射计反演水汽含量	2	signed int	1	$10-2\ g/cm^2$	3134 * 1
14	Rad_ liquid_ water	辐射计反演云液态水含量	2	signed int	1	$10-2\ g/cm^2$	3134 * 1
15	Rain_ flag	降雨标志	2	signed int	1	–	3134 * 1